Energiemanagement bei Öffentlich-Privaten Partnerschaften

Robin Heidel

Energiemanagement bei Öffentlich-Privaten Partnerschaften

Ein Referenzmodell
für energieeffiziente Hochbauprojekte

Mit einem Geleitwort von
Univ.-Prof. Dr.-Ing. Claus Jürgen Diederichs

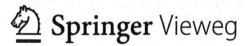

Springer Vieweg

Robin Heidel
Wuppertal, Deutschland

Zugl.: Dissertation, Bergische Universität Wuppertal, 2012

ISBN 978-3-658-01494-0   ISBN 978-3-658-01495-7 (eBook)
DOI 10.1007/978-3-658-01495-7

Die Deutsche Nationalbibliothek verzeichnet diese Publikation in der Deutschen Natio-
nalbibliografie; detaillierte bibliografische Daten sind im Internet über http://dnb.d-nb.de
abrufbar.

Springer Vieweg
© Springer Fachmedien Wiesbaden 2013

Gedruckt auf säurefreiem und chlorfrei gebleichtem Papier

Springer Vieweg ist eine Marke von Springer DE. Springer DE ist Teil der Fachverlagsgruppe
Springer Science+Business Media.
www.springer-vieweg.de

Geleitwort

Die Zerstörung der Atomkraftwerke in Fukushima/Japan durch Erdbeben- und Tsunami-Katastrophen im Februar 2011 macht allzu deutlich, dass die Energiewende durch globalen Ausstieg aus der Atomkraft mit höchster Dringlichkeit beschleunigt und umgesetzt werden muss. Maßnahmen dazu sind einerseits das Umsteigen auf alternative Energiequellen (Wind, Sonne, Wasser) und andererseits deutliche Energieeinsparungen.

Im ersten Bereich ist der Staat durch gesetzgeberische hoheitliche Aufgaben gefordert, im zweiten Bereich durch fiskalische Vorbildfunktion u. a. beim energieeffizienten Bau und Betrieb öffentlicher Hochbauten. Hier setzt die Forschungsarbeit von Heidel an, wobei er den Fokus seiner Untersuchungen auf den Neubau von Verwaltungs- und Schulgebäuden und die Beschaffungsvariante der Öffentlich Privaten Partnerschaft (ÖPP) richtet.

Dieser Fokus ist sinnvoll, da sich die Anzahl der ÖPP-Projekte in Deutschland seit 2002 kontinuierlich erhöht und sich die Beschaffungsvariante ÖPP gegenüber den Alternativen Eigenbau, Leasing, Kauf und Miete in der Betrachtung über die gesamte Nutzungsdauer unter Einbeziehung der Investitions- und Betriebskosten häufig als die wirtschaftlichste erweist.

Die Motivation für seine Studie gewinnt Heidel daraus, dass die öffentliche Hand gemäß § 3 Abs. 3 Energiedienstleistungsgesetz (EDL-G) vom 04.11.2010 im Rahmen ihrer Bautätigkeit Energieeffizienzmaßnahmen ergreifen muss, die wesentlich über die Forderungen der Energieeinsparverordnung (EnEV) vom 01.10.2009 hinausgehen und die Anforderungen der geplanten EnEV 2012 erfüllen.

In der vorliegenden Arbeit entwickelt Heidel daher ein Referenzmodell für den öffentlichen Auftraggeber und den privaten Partner zur Gestaltung energieeffizienter Hochbauprojekte im Rahmen von ÖPP-Projekten.

Zunächst werden die relevanten Grundlagen im Kontext dieser Arbeit erläutert und eine Definition für den Begriff des Energiemanagements bei ÖPP-Projekten gegeben. Des Weiteren werden verschiedene Rechenverfahren zur Ermittlung von Energiemengen analysiert und bewertet sowie spezielle Risikobereiche des Energiemanagements aufgezeigt.

Die eingehende Untersuchung von 26 Fallbeispielen aus den Bereichen Verwaltung, Schule und Sporthalle sowie verschiedene Expertengespräche legen die vorhandenen Defizite in Bezug auf ein effektives Energiemanagement dar. Daraus werden die wesentlichen Schlussfolgerungen für die Entwicklung des Referenzmodells gezogen.

Das ÖPP-System Energiemanagement gliedert Heidel in Arbeitspakete und Prozesse. Aus diesen entwickelt er Handlungsmodule, die nach dem jeweils verantwortlichen Partner AG oder AN, den ÖPP-Projektphasen 1 bis 5, den Handlungsbereichen A bis E gemäß Nomenklatur des AHO (Heft 9) und des DVP sowie durch einzelne Teilprozesse strukturiert werden. Im

Schema des Referenzmodells ordnet Heidel dem AG 10 Handlungsmodule in den Projektphasen 1 bis 5 und dem AN 7 Handlungsmodule in den Projektphasen 3 bis 5 zu.

Abschließend werden ein Praxisbeispiel anhand des Referenzmodells überprüft und Verbesserungsmöglichkeiten dargelegt. Die exemplarische Anwendung des Modells zeigt vorhandene Energieeinsparpotentiale auf und belegt, wie ÖPP-Projekte im Hinblick auf das Energiemanagement effizienter gestaltet werden können.

Der Fortschritt des wissenschaftlichen Erkenntnisstandes und die innovative Leistung (uniqueness) von Heidel bestehen darin, dass er die bisher bestehende Lücke in der Literatur zum Energiemanagement von ÖPP-Hochbauprojekten durch ein systematisch durchstrukturiertes Referenzmodell schließt und dessen Anwendung durch die Beschreibung von 17 Handlungsmodulen mit Ergänzung durch Prozessdiagramme und Werkzeuge ermöglicht.

Die Bedeutung (significance) und Nutzenstiftung der Arbeit ist darin zu sehen, dass er damit eine Handlungsanleitung für Energieeinsparung, CO_2-Reduzierung und energiebewusstes Nutzerverhalten nicht nur für ÖPP-Hochbauprojekte, sondern bei analoger Übertragung auch für gewerbliche Immobilienunternehmen und deren Nutzer schafft.

Dem Werk von Heidel ist daher eine weite Verbreitung und Beachtung nicht nur in der öffentlichen, sondern auch in der gewerblichen und privaten Immobilienwirtschaft zu wünschen.

München   Univ.-Prof. Dr.-Ing. C. J. Diederichs, FRICS

Vorwort

Die intensive Auseinandersetzung mit dem Thema dieser Arbeit begann Mitte 2007, seitdem ich verantwortlicher Projektmanager für ÖPP-Projekte bin. Zugleich markierte der Oktober dieses Jahres den Anfang einer vollständig novellierten Energieeinsparverordnung (EnEV). Das Nachweisverfahren wurde so komplex, dass es nur noch mit EDV-Unterstützung durchgeführt werden konnte. Spannend war, dass zum Zeitpunkt des Inkrafttretens keine kommerzielle Software am Markt verfügbar war, die einen rechnerischen Nachweis ermöglichte.

Natürlich verlangten die Bauaufsichtsbehörden wie auch unsere Auftraggeber, dass die Objekte die neue EnEV einhielten und ein entsprechender Nachweis zu erbringen war – zumindest anfänglich eine nur schwer lösbare Aufgabe.

Generell ist und wird es eine spezifische Herausforderung bleiben, die Energieeffizienz von Gebäuden langfristig sicherzustellen, was der originäre Anlass zu dieser Arbeit war.

Die Umsetzung der gesetzlichen Anforderungen an Energieeffizienz, die besondere Aufgabe tatsächliche Energieverbräuche eines Gebäudes vorherzusagen, lange Diskussionen mit Beratern und Vertretern der öffentlichen Hand waren ebenso Motivation, mich wissenschaftlich mit diesem Thema auseinanderzusetzen. Zu dem Ergebnis der Arbeit haben zahlreiche Menschen beigetragen und einigen möchte ich an dieser Stelle besonderen Dank aussprechen.

Mein ausdrücklicher Dank gilt zuerst meinem Doktorvater, Herrn Prof. Dr.-Ing. Claus Jürgen Diederichs, an dessen Institut für Baumanagement (IQ-Bau) ich die Grundlagen für praxisnahe Wissenschaft erlernt habe. Bei den gemeinsamen Forschungsprojekten hat er mich stets gefordert und gefördert. Er spornte mich zur Promotion an und betreute mich als Doktorvater stets mit zielführenden Anregungen und ausgesprochenem Durchhaltevermögen.

Lieber Herr Professor Diederichs, vielen herzlichen Dank für alles!

Für die Übernahme des zweiten Gutachtens gilt mein Dank Herrn Prof. Dr.-Ing. Hans Wilhelm Alfen. Seine Meinung ist von maßgebender Bedeutung, denn sein Name ist in Deutschland mit Öffentlich-Privaten Partnerschaften verbunden wie kein Zweiter.

Im Rahmen des Prüfungsverfahrens danke ich Herrn Univ.-Prof. Dr.-Ing. Manfred Helmus, der sofort bereit war, den Vorsitz der Prüfungskommission zu übernehmen, und Herrn Prof. Dr.-Ing. Karsten Voss, der als weiteres Mitglied der Kommission zum erfolgreichen Abschluss meines Promotionsverfahrens beigetragen hat.

Die Möglichkeit über das Thema zu promovieren, verdanke auch ich meinem Arbeitgeber der Goldbeck Public Partner GmbH. Hier gebührt ein ganz besonderer Dank Herrn Dr.-Ing. Andreas Iding, der mir als Vorgesetzter und Freund volles Vertrauen geschenkt hat, eine Dissertation neben meiner beruflichen Tätigkeit als Projektmanager zu verfassen. Lieber Andreas, darüber hinaus hast Du mich bei der anfänglichen Ideenfindung und Konzeptionierung der

Arbeit maßgeblich unterstützt, was von entscheidender Bedeutung war - Dir ein großes Dankeschön für Deine Unterstützung!

Für weiteren Ansporn und aufmunternde Worte, wenn zwischenzeitlich meine Arbeitsfortschritte nachließen, danke ich Herrn Dr.-Ing. Stephan Seilheimer. Die gemeinsame Zeit und vielen schönen Erlebnisse am IQ-Bau werden mir immer in guter Erinnerung bleiben.

Meinen Kollegen und externen Partnern danke ich ebenso. Die zahlreichen Diskussionen und Gespräche mit ihnen sowie deren Auskunftsbereitschaft haben zum Gelingen der Arbeit wesentlich beigetragen. Für die Unterstützung beim abschließenden Lektorat, das genaue Korrekturlesen und Formulierungsvorschläge danke ich Frau Dr. phil. Antje Schulenberg.

Zum Schluss freue ich mich ganz besonders für meine Familie, dass es vorbei ist. Ohne ihren Rückhalt, insbesondere meiner Frau, wäre die Arbeit nicht zustande gekommen und vermutlich nie fertig geworden. Zu meinem Glück hat sie immer an mich geglaubt, mehr als ich manchmal selbst. Ihr ständiger Einsatz als „alleinerziehende Mutter" hat sich schließlich gelohnt und mich ans Ziel gebracht.

Anne, auch deshalb liebe ich Dich sehr!

Endlich kann ich wieder mit der Familie ohne „schlechtes Gewissen" die Wochenenden und den Urlaub verbringen. Erstaunte Fragen von Josef oder Johanna wie „Papa kommst Du auch mit?" gehören der Vergangenheit an.

Auf diese neue Zeit freue ich mich sehr und widme diese Arbeit meiner Familie.

Nettelstädt   Robin Heidel

Inhaltsverzeichnis

Abbildungsverzeichnis

Abkürzungsverzeichnis

a.a.O.	am angegebenen Ort
Abs.	Absatz
AH	Arbeitshilfen
AMEV	Arbeitskreis Maschinen- und Elektrotechnik staatlicher kommunaler Verwaltungen
Art.	Artikel
ASR	Arbeitsstätten-Richtlinie
BFH	Bundesfinanzhof
BGBl.	Bundesgesetzblatt
BGF	Bruttogeschossfläche
BHKW	Blockheizkraftwerk
BMVBS	Bundesministerium für Verkehr, Bau und Stadtentwicklung
bspw.	beispielsweise
bzgl.	bezüglich
bzw.	beziehungsweise
BVerfG	Bundesverfassungsgericht
BWZ	Bauwerkszuordnung
CD	Compact Disk
COICOP	Classification of Individual Consumption by Purpose
COP	Coefficient Of Performance
DGNB	Deutsche Gesellschaft für Nachhaltiges Bauen
DIFU	Deutsche Institut für Urbanistik
DVP	Deutscher Verband der Projektmanager in der Bau- und Immobilienwirtschaft e. V.
DWD	Deutscher Wetterdienst
EBF	Energiebezugsfläche
EDV	Elektronische Datenverarbeitung
EEG	Gesetz für den Vorrang erneuerbarer Energien
EEWärmeG	Gesetz zur Förderung erneuerbarer Energien im Wärmebereich
EEX	European Energy Exchange
EG	Europäische Gemeinschaft
EM	Energiemanagement
EnEV	Energieeinsparverordnung
EnWG	Gesetz über die Elektrizitäts- und Gasversorgung (Energiewirtschaftsgesetz)
EPI	Erzeugerpreisindex
EU	Europäische Union

EuGH	Europäischer Gerichtshof
EVU	Energieversorgungsunternehmen
e. V.	eingetragener Verein
f.	folgende (Seite)
Fa.	Firma
ff.	folgende (Seiten)
FM	Facility Management
FTP	File Transfer Protocol
GA	Gebäudeautomation
GEFMA	German Facility Management Association
gem.	gemäß
GEMIS	Globales Emissions-Modell Integrierter Systeme
GG	Grundgesetz
ggf.	gegebenenfalls
GLT	Gebäudeleittechnik
GM	Gebäudemanagement
GmbH	Gesellschaft mit beschränkter Haftung
GO	Gemeindeordnung
GP	Gütersystematik für Produktionsstatistik
GU	Generalunternehmer
GWB	Gesetz gegen Wettbewerbsbeschränkungen
HeizkostenV	Verordnung über die verbrauchsabhängige Abrechnung der Heiz- und Warmwasserkosten
HOAI	Honorarordnung für Architekten und Ingenieure
HGrG	Haushaltsgrundsätzegesetz
HP	Heizperiode
Hrsg.	Herausgeber
HTTP	Hypertext Transfer Protocol
i. d. R.	in der Regel
i. e. S.	im engeren Sinne
IGM	Infrastrukturelles Gebäudemanagement
inkl.	inklusive
ISO	International Standardization Organisation
i. w. S.	im weiteren Sinne
IPCC	Intergovernmental Panel On Climate Change
JAZ	Jahresarbeitszahl
K	Kelvin
KAV	Konzessionsabgabenverordnung
KGSt	Kommunale Gemeinschaftsstelle für Verwaltungsmanagement
KiTa	Kindertagesstätte

LEE	Leitfaden elektrische Energie
LZK	Lebenszykluskosten
m	Meter
mbh	mit beschränkter Haftung
Min.	Minuten
Mio.	Millionen
Mrd.	Milliarden
MS	Microsoft
NIÖ	Neue Institutionenökonomik
NF	Nutzfläche
Nr.	Nummer
NZBau	Neue Zeitschrift für Baurecht und Vergaberecht
ÖPP	Öffentlich-Private Partnerschaft
OPEC	Organization of the Petroleum Exporting Countries
p. a.	per anno
PFI	Public Finance Initiative
Ph	Phase
PHI	Passivhaus Institut
PHPP	Passivhaus-Projektierungspaket
PL	Projektleiter
PM	Projektmanager
PMV	predicted mean vote
PPD	predicted percentage of dissatisfied
PPP	Public Private Partnership
PSC	Public Sector Comparator
PV	Photovoltaik
RLT	Raumlufttechnik
Rn.	Randnummer
SI	Systeme international d'unites (Internationales Einheitensystem)
sog.	sogenannte
SLA	Service Level Agreement
SPV	Special Purpose Vehicle
StromNEV	Verordnung über die Entgelte für den Zugang zu Elektrizitätsversorgungsnetzen
TGM	Technisches Gebäudemanagement
TRY	Test Reference Year (Testreferenzjahr)
u. a.	unter anderem
u. Ä.	und Ähnliche(s)
URL	Uniform Resource Locator
USt	Umsatzsteuer

usw.	und so weiter
VDI	Verein Deutscher Ingenieure
vgl.	vergleiche
VgV	Vergabeverordnung
VOB	Verdingungsordnung für Bauleistungen
VOF	Verdingungsordnung für freiberufliche Leistungen
VOL	Verdingungsordnung für Leistungen
VPI	Verbraucherpreisindex
W	Watt
WLG	Wärmeleitgruppe
WU	Wirtschaftlichkeitsuntersuchung
z. B.	zum Beispiel
Ziff.	Ziffer
z. T.	zum Teil
zz.	zurzeit
zzgl.	zuzüglich

1 Einleitung

1.1 Anlass und Zielsetzung

Die über viele Jahre angewachsene Verschuldung[1] öffentlicher Haushalte sowie der damit einhergehende Investitionsrückgang und der daraus resultierende Instandhaltungsstau[2] zwingen alle Ebenen des föderalen Staats, sich mit neuen Wegen der Bereitstellung öffentlicher Immobilien zu befassen. Damit verbunden sind auch Überlegungen, welche öffentlichen Aufgaben hoheitlichen Charakter haben oder möglicherweise durch Private effizienter erfüllt werden können. Die öffentliche Hand ist gezwungen, sich auf ihre Kernaufgaben zu beschränken.[3] Die Beschaffungsvariante Public Private Partnership[4] (PPP) stellt eine Alternative der öffentlichen Hand zur konventionellen Eigenerstellung dar, bei der durch Zusammenführung von Ressourcen der öffentlichen Hand mit solchen der Privatwirtschaft in einem dauerhaft angelegten Organisationsmodell[5] langfristige Effizienz-, Kosten- und Qualitätsvorteile generiert werden können, sodass durch PPP-Projekte u. a. die öffentlichen Haushalte langfristig entlastet werden können, um neue Spielräume zu gewinnen. Die Anzahl der ÖPP-Projekte in Deutschland nimmt seit 2002 kontinuierlich zu und wird voraussichtlich noch stärker an Bedeutung gewinnen. Die Gründung der ‚Partnerschaften Deutschland AG' ist in diesem Zusammenhang auch als politisches Signal zu verstehen, den Markt für ÖPP-Projekte in Deutschland zu verstärken.[6] Im Vergleich zur konventionellen Beschaffung sind ÖPP-Projekte i. d. R. komplexer und beinhalten die Festlegung auf private Vertragspartner für

---

[1] Die Staatsschulden erreichten am Ende des Jahres 2008 eine Höhe von rund 1.515 Milliarden EURO. Auf den Bund fallen davon 62 %, danach folgen die Länder mit 32 % und die Schulden der Gemeinden betragen etwa 6 %. Quelle: Statistisches Bundesamt und Internetseite des Bund deutscher Steuerzahler, o.V., Online im Internet, URL: <http://www.steuerzahler.de/webcom/show _article.php/_c-43/_lkm-24/i.html#11>; Abruf: 30.05.2009, 11:29 Uhr

[2] Lehmitz, S.: Volkswirtschaftliche Auswirkungen der „Privatisierung" von öffentlichen baulichen Anlagen, Heft 28, Mitteilungen des Fachgebiets Bauwirtschaft und Baubetrieb, Technische Universität Berlin: 2005, S. 22

[3] Vgl. Littwin, F.; Schöne, F.-J. (Hrsg.): Public Private Partnership im öffentlichen Hochbau, Verlag W. Kohlhammer: Stuttgart 2006, S. 1

[4] Der Begriff Public Private Partnership stammt originär aus dem angelsächsischen Sprachraum und wird in Deutschland auch als Öffentlich-Private Partnerschaft (ÖPP) bezeichnet.

[5] Vgl. Bundesministerium für Verkehr, Bau und Stadtentwicklung (Hrsg.): PPP im öffentlichen Hochbau, Kurzzusammenfassung der wesentlichen Ergebnisse, Gutachten der Beratergruppe PricewaterhauseCoopers, Freshfield Bruckhaus Deringer, VBD, Bauhaus Universität Weimar, Creative Concept: Berlin 2003, S. 1, Online im Internet, URL: <http://www.bmvbs.de/dokumente/-,302. 1045592/Artikel/dokument.htm>; Abruf: 1.05.2009, 16:06 Uhr

[6] „Die ÖPP Deutschland AG (Partnerschaften Deutschland) ist das unabhängige Beratungsunternehmen für öffentliche Auftraggeber zur Förderung Öffentlich-Privater Partnerschaften (ÖPP). Das Unternehmen wurde im November 2008 unter der Federführung des Bundesministeriums der Finanzen sowie des Bundesministeriums für Verkehr, Bau und Stadtentwicklung gegründet. Ziel der Bundesregierung ist es, durch die ÖPP Deutschland AG den Anteil von wirtschaftlichen ÖPP-Projekten an öffentlichen Investitionen weiter zu erhöhen."; o.V.: Wer wir sind, Online im Internet, URL: <http://www.partnerschaften-deutschland.de/wer-wir-sind/>, Abruf: 10.11.2011, 17:30 Uhr

mindestens vier Phasen des Lebenszyklus eines Immobilienprojektes, wobei die Betriebsphase begriffsbestimmend ist und erst dann von „echten" ÖPPs im Sinne der Initiative der deutschen Bundesregierung gesprochen wird.[7] Im Rahmen der Betriebsphase von Immobilien ist
das Energiemanagement bzw. sind die Ver- und Entsorgungskosten von besonderer Bedeutung. Zum einen haben sie einen relevanten Anteil an den Gesamtkosten während der Nutzungsphase[8] einer Immobilie und zeigen in verschiedenen Untersuchungen regelmäßig hohes
Optimierungspotential. Zum anderen kommt dem Ziel der Senkung des Energieverbrauchs
von Immobilien in den vergangenen Jahren eine immer größere Bedeutung zu. Viele öffentliche Gebietskörperschaften fragen schon deshalb Immobilien mit hoher Energieeffizienz und
professionellem Energiemanagement nach, um mit positiven Beispielen eine Vorbildfunktion
einnehmen zu können. Beispielhaft ist hier die Verschärfung der Anforderungen der Energieeinsparverordnung in der neuesten Fassung zu nennen, die am 1. Oktober 2009 in Kraft trat.[9]
Daraus resultiert bereits, dass allein aus ordnungsrechtlichen Gründen eine immer stärkere
Betrachtung der energetischen Anforderungen einer Immobilie in den Vordergrund drängt.
Das Energiedienstleistungsgesetz (EDL-G), welches die EU-Richtlinie 2006/32/EG vom
5. April 2006 umsetzt, schreibt nach § 3 Abs. 3 der öffentlichen Hand eine Vorbildfunktion
bei der Steigerung der Energieeffizienz zu. Hierzu müsse sie Energieeffizienzmaßnahmen
ergreifen, „deren Schwerpunkt in besonderer Weise auf wirtschaftlichen Maßnahmen liegt,
die in kurzer Zeit zu Energieeinsparungen führen."[10] Zudem soll die öffentliche Hand insbesondere bei ihrer Bautätigkeit durch Maßnahmen, die „unter Beachtung der Wirtschaftlichkeit
nicht unwesentlich über die Anforderungen zur Energieeffizienz in der Energieeinsparverordnung in der jeweils gültigen Fassung hinausgehen",[11] die Forderung nach Energieeffizienz

---

[7] Vgl. Bundesministerium für Verkehr, Bau und Stadtentwicklung (Hrsg.): Erfahrungsbericht Öffent-
     lich-Private-Partnerschaften in Deutschland, S. 5, Online im Internet URL: <http://www.bmvbs.de/
     Bauwesen/Public-Private-Partnership-PPP/Pressemeldungen-2845.990920/Tiefensee-120-PPP-Pro
     jekte-in-.htm?global.ack=/Bauwesen/Public-Private-Partnership-PPP/-2c2845%2c1/Pressemeldun
     gen.htm%3flink%3dbmv_liste%26link.sKategorie%3d>; Abruf: 31.05.2009, 16:35 Uhr

[8] Vgl. Getto, P.: Entwicklung eines Bewertungssystems für ökonomischen und ökologischen Woh-
     nungs- und Bürogebäudeneubau, DVP-Verlag: Berlin 2002, S. 11, eigene Auswertung in Verbin-
     dung mit Jones Lang Lasalle (Hrsg.): Oscar 2008 - Büronebenkostenanalyse, S. 7, Online im Inter-
     net, URL: <http://www.joneslanglasalle.de/ResearchLevel1/OSCAR%202008%20(DE).pdf>, Ab-
     ruf: 31.05.2009, 18:07 Uhr

[9] Die Energieeinsparverordnung (EnEV) existiert seit dem Jahr 2002 und ist seinerzeit an die Stelle
     der bis dahin geltenden Wärmeschutzverordnung und Verordnung über energiesparende Anforde-
     rungen an heizungstechnische Anlagen und Warmwasseranlagen getreten. Die EnEV wurde 2004
     novelliert und ist im Zuge der Umsetzung der europäischen Richtlinie 2002/91/EG über die Ge-
     samtenergieeffizienz von Gebäuden vollständig überarbeitet worden. In dem Zusammenhang ist
     parallel die DIN V 18599 Normengruppe entwickelt worden. Die neu überarbeitete EnEV trat am
     01.10.2007 in Kraft und wurde bereits am 01.10.2009 hinsichtlich der Anforderungen um 30 %
     verschärft. Vgl. dazu u. a. die von der Bundesregierung am 18.06.2008 beschlossene Verordnung
     zur Änderung der Energieeinsparverordnung (EnEV) mit Begründung, S. 62 f., Online im Internet,
     URL: <http://www.bmwi.de>, Abruf: 14.07.2007, 17:49 Uhr

[10] § 3 Gesetz über Energiedienstleistungen und andere Energieeffizienzmaßnahmen (EDL-G) vom
     04.11.2010 (BGBl. I S. 1483)

[11] ebenda

umsetzen. Dabei gelten Maßnahmen als wirtschaftlich, wenn die notwendigen Aufwendungen innerhalb der üblichen Nutzungsdauern durch die eintretenden Einsparungen amortisiert werden.

Artikel 5 Abs. 2 der Richtlinie 2006/32/EG schreibt vor, diese Maßnahmen auf der geeigneten nationalen, regionalen und lokalen Ebene zu treffen. Damit werden auch Kommunen bei der Umsetzung nicht außen vor bleiben können. Nach der Richtlinie soll ein Schwerpunkt dabei im Beschaffungsbereich liegen. Aus diesem Grund soll u. a. die Vergabeordnung dahingehend geändert werden, dass auch Energieeffizienzkriterien bei der Vergabe öffentlicher Aufträge zu berücksichtigen sind.[12]

Zusammenfassend lässt sich festhalten, dass im Rahmen einer ÖPP-Beschaffung das Thema der Energieeffizienz von besonderer Bedeutung ist und zunehmend an Beachtung gewinnen wird. Nicht zuletzt die Entwicklung bei den ausgeschriebenen und vergebenen ÖPP-Projekten am deutschen Markt zeigt eine wachsende Aufmerksamkeit für dieses Thema.[13]

Um dem Ziel einer energieeffizienten Immobilie im Rahmen eines ÖPP-Modells gerecht zu werden, sind zunächst viele spezifische Aspekte für diese Beschaffungsvariante zu berücksichtigen. Diese beginnen mit der Frage, in welchem Umfang sich staatliche Organisationen wie Bund, Länder und Kommunen bei der Frage nach der Bereitstellung einer energieeffizienten Immobilie von ihren originären bzw. bisherigen Aufgaben zurückziehen und diese an Private übertragen können.

Auch die Frage nach innovativen, technischen und wirtschaftlichen Lösungen gilt es vor dem Hintergrund sich wandelnder Rahmenbedingungen immer wieder neu zu beantworten, bis hin zur Frage, wie die Nutzungsphase ausgestaltet werden muss, um auch nach Fertigstellung der Immobilie einen energieeffizienten Betrieb verbunden mit sinnvollen Anpassungsregelungen über die Vertragslaufzeit gewährleisten zu können.

Zielsetzung der vorliegenden Arbeit ist es daher, die relevanten Prozesse für das Energiemanagement während des Beschaffungsprozesses zu identifizieren und Gestaltungsmöglichkeiten sowie konkrete Lösungen dafür zu erarbeiten, wie die einzelnen Phasen gestaltet werden müssen, damit eine energieeffiziente Immobilie im Rahmen einer ÖPP-Beschaffung gestaltet wird und insbesondere der private Partner die dazu notwendigen Anreize erhält. Eingegrenzt wird die Arbeit auf ÖPP-Projekte im öffentlichen Hochbau mit dem Fokus auf Verwaltungs- und Schulgebäude.[14]

Sie stellen derzeit die größte Anzahl an „echten" ÖPP-Projekten dar und werden auch zukünftig die größte Bedeutung bei den ÖPP-Beschaffungen behalten. Verwaltungs- und Bildungsimmobilien zeichnen sich darüber hinaus durch relativ ähnliche Nutzungsanforderungen aus.

---

[12] Vgl. PricewaterhouseCoopers AG (Hrsg.): pwc: public services Nachrichten für Experten, Ausgabe März 2009, Fritz Schmitz Druck: Krefeld 2009, S. 5

[13] Vgl. dazu Kapitel 3 dieser Arbeit

[14] Die Anforderungen von Spezialimmobilien wie Krankenhäuser, Feuerwachen oder Schwimmbäder sind zu spezifisch, um in dieser Arbeit berücksichtigt werden zu können.

Damit kann zunächst unterstellt werden, dass ein valides Nutzungsprofil vorhanden ist, welches Grundlage für ein Energiemanagement ist; es kann vorausgesetzt werden, dass die zu entwickelnden Handlungsempfehlungen bei sehr vielen Projekten in der Praxis Anwendung finden können. Die praktische Bedeutung des Erkenntnisinteresses ist bei dieser Immobiliennutzung am besten gewährleistet.

1.2   Ergebnis der Literaturrecherche

Am 23. September 2009 wurde eine Literaturrecherche zu der Thematik dieser Arbeit durchgeführt. Die einschlägigen Datenbanken wurden per Schlagwortsuche mit den Begriffen „Energiemanagement", „Contracting", „Energieeffizienz" und „Nachhaltigkeit" durchsucht. Im Anschluss fand eine erneute Suche mit einer Verknüpfung mit dem Begriff „Public Private Partnership" sowie den Kürzeln „PPP" und „ÖPP" statt.

Die Schlagwortsuche wurde zum Ende des Forschungsvorhabens im März 2012 nochmals wiederholt, erweitert und überprüft. Die Ergebnisse sind in Bild 1-1 dargestellt. Bei der Suche wurden die nachfolgend aufgeführten Datenbanken eingesetzt:

- wiso-Datenbank für Wirtschaftswissenschaften (wiso-net WiWi)[15]

- Karlsruher Virtueller Katalog (KVK)[16]

- Literaturdatenbank für Raumordnung, Städtebau, Wohnungswesen, Bauwesen (RSWB)[17]

- Online-Katalog der Deutschen Zentralbibliothek für Wirtschaftswissenschaften (ECONIS)[18]

---

[15] Über die Internetadresse http://www.wiso-net.de stehen folgende Informationspools zur Suchanfrage zur Verfügung: wiso-net Wiwi: Wirtschaftswissenschaften, ca. 2,1 Mio. Dokumente, wiso-net Sowi: Sozialwissenschaften und Politik, ca. 915.000 Dokumente, wiso-net Presse: Auswertung der Presse, Umfang ca. 436.000 Dokumente und wiso-net Pressespider: ausgewählte Presse-Websites. Darunter befinden sich u. a. folgende Datenbanken: BLISS – Betriebswirtschaftliche Literatur, HWWA – Wirtschaftsdatenbank für Wissenschaft und Praxis, IFOLIT – ifo Literaturdatenbank, FITT/ECONPRESS – Auswertung der Wirtschaftspresse, KOELNKAT – Wirtschaftswissenschaftliche Literaturinformationen, MIND – ManagementInfo Wirtschaft.

[16] Über die Internetadresse http://www.ubka.uni-karlsruhe.de/kvk.html erreicht man den Virtuellen Katalog (KVK) der Universitätsbibliothek Karlsruhe. Über diesen Katalog besteht die Möglichkeit, parallel in verschiedenen deutschsprachigen Verbundkatalogen zu recherchieren. Aus Deutschland sind u. a. enthalten: SWB – Südwestdeutscher Bibliotheksverbund, BVB – Bibliotheksverbund Bayern, HBZ – Hochschulbibliotheksverbund des Landes NRW, DDB – Deutsche Bibliothek Frankfurt am Main, ZDB – Zeitschriftendatenbank.

[17] Die RSWB-Datenbank, Internetadresse: http://www.irbdirekt.de/rswb, für Raumordnung, Städtebau, Wohnungswesen und Bauwesen vom Informationszentrum Raum und Bau (IRB) der Fraunhofer Gesellschaft in Stuttgart enthält Hinweise auf überwiegend deutschsprachige Bau- und Planungsfachliteratur, die ab 1975/1976 erschienen ist. Im Jahr 2008 enthält RSWB Hinweise auf ca. 837.000 Veröffentlichungen.

[18] Die Datenbank ECONIS enthält die Nachweise des Bestandes der Deutschen Zentralbibliothek für Wirtschaftswissenschaften. Enthalten sind mehr als 5 Mio. Titelnachweise zu Betriebs- und

- Digitale Bibliothek des Hochschulbibliothekzentrums hbz des Landes Nordrhein-Westfalen (DigiBib)[19]

Die Trefferzahlen zeigen deutlich, dass der Begriff „Energie" und seine Verknüpfung mit Effizienz oder Management an elementarer Bedeutung in der Literatur gewonnen hat. Bei der verknüpften Suche der ausgewählten Begriffe mit den Kürzeln „PPP" oder „ÖPP" etc. fällt auf, dass bislang nur sehr wenige Veröffentlichungen im Umfeld der Immobilien- und Bauwirtschaft publiziert worden sind. Um sicherzustellen, dass alle relevanten Quellen für diese Arbeit berücksichtigt werden, wurden weitestgehend alle Titel und Zusammenfassungen der Ergebnisse gesichtet. In aller Regel handelt es sich um kleinere Beiträge in Fachzeitschriften oder Sammelwerken, die sich mit ersten Ansätzen des Energiemanagements im Zusammenhang mit Public Private Partnerships beschäftigen.

Daneben existieren zahlreiche Arbeiten, die nicht im Bereich von PPP/ÖPP angesiedelt sind und sich vielfach auf die Planungsphase einer Immobilie sowie die Betriebsphase (Energiemonitoring, -controlling usw.) konzentrieren.

Suchbegriffe	Trefferanzahl in Datenbank				
	wiso-net	KVK	RSWB	ECONIS	DigiBib
Energiemanagement	249	145	87	121	489
verknüpft mit "Immobilienwirtschaft"; "PPP"; "ÖPP"	2	4	3	0	15
Contracting	174	109	143	118	346
verknüpft mit "Immobilienwirtschaft"; "PPP"; "ÖPP"	3	1	2	1	9
Energieeffizienz	113	87	98	67	197
verknüpft mit "Immobilienwirtschaft"; "PPP"; "ÖPP"	1	0	0	0	3
Nachhaltigkeit	237	317	204	180	672
verknüpft mit "Immobilienwirtschaft"; "PPP"; "ÖPP"	7	6	8	5	21

Bild 1-1: Trefferzahlen der Literaturrecherche in Datenbanken[20]

Beispielhaft sind hier die Publikationen von *Krimmling*[21] oder *Hausladen et al.*[22] zu nennen. Sie haben jedoch ausschließlich deskriptiven Charakter. Mit dem Fokus auf ÖPP und insbesondere auf den öffentlichen Hochbau sind seit Vergabe der ersten Projekte auf dem deut-

---

Volkswirtschaftslehre sowie praxisnaher Wirtschaftsliteratur. Die Datenbank ist über die Internetadresse http://www.econis.eu erreichbar.

[19] Das Angebot „Die Digitale Bibliothek" (DigiBib) des hbz in NRW ermöglicht die Suche nach Büchern, Aufsätzen und Internetquellen in mehr als 500 Bibliothekskatalogen, Fachdatenbanken, Volltextservern und verschiedenen deutschsprachigen Verbundkatalogen in Deutschland. Es erlaubt eine Metasuche durch Nutzung verschiedenster anderer Datenbanken. Bei der Recherche wurden die bereits genutzten Datenbanken ausgeblendet, damit es zu keinen Redundanzen bei der Literaturauswertung kommt. Das Onlineportal DigiBib des hbz steht unter der URL: http://www.digibib.net im Internet zur Verfügung.

[20] Eigene Erhebung und Darstellung

[21] Vgl. Krimmling, J.: Energieeffiziente Gebäude, 2. Auflage, Fraunhofer IRB Verlag: Stuttgart 2007

[22] Vgl. Hausladen, G.; de Saldanha, M.; Nowak, W.; Liedl, P.: Einführung in die Bauklimatik. Klima- und Energiekonzepte für Gebäude, Ernst & Sohn Verlag: Berlin 2003

schen Markt Ende 2002 zahlreiche Publikationen entstanden. *Miksch*[23] befasst sich mit den Aspekten von Sicherungsstrukturen innerhalb der Vertragsmodelle mit dem Fokus auf Schulprojekte, mit dem gleichen Schwerpunkt lieferte *Gottschling*[24] transparente Grundlagen für die Projektanalyse und Wirtschaftlichkeitsvergleiche.

Boll[25] und *Riebeling*[26] untersuchen ÖPP-Projekte aus der Perspektive von Eigenkapitalinvestoren. *Fischer*[27] entwickelt in ihrer Arbeit einen Value-Management-Ansatz für ÖPP-Projekte und arbeitet Handlungs- und Gestaltungsempfehlungen heraus, die zu einem optimierten Projektergebnis führen. Eine eingehende Betrachtung für ein energieeffizientes Betriebsergebnis bleibt jedoch außen vor.

Zu den jüngsten Publikationen sind an dieser Stelle noch die Arbeiten von *Lohmann*[28] und *Bischoff*[29] zu erwähnen. *Lohmann* entwickelt in ihrer Arbeit ein transparentes Bewertungssytem für das ÖPP-Vergabeverfahren, das als Ausgangsbasis dient, für die Privatwirtschaft ein übergeordnetes Projekt- und Risikomanagementmodell zur Teilnahme im Wettbewerbsverfahren zu beschreiben, und so insgesamt ein effizienteres Verfahren und letztlich Ergebnis ermöglicht. Der Bereich Energieeffizienz wird nicht eingehender betrachtet. *Bischoff* formuliert die Hypothese, dass ÖPP-Projekte im Hinblick auf den „Value for Money"[30] über ein ganzheitliches, anreizorientertes Vergütungssystem gesteuert werden könnten.

Im Rahmen der Untersuchung überträgt er Ansätze aus der Immobilienökonomie, der Neuen Institutionenökonomie[31], Wertschöpfungsketten und der Balanced Scorecard auf ÖPP-Verträge und entwickelt daraus einen Ansatz für ein Vergütungssystem zur Steigerung des „Value for Money". Eine detaillierte Übertragung auf den Aspekt des Energiemanagements im Rahmen von ÖPP-Projekten findet allerdings nicht statt.

---

[23] Vgl. Miksch, J.: Sicherungsstrukturen bei PPP-Modellen aus Sicht der öffentlichen Hand, dargestellt am Beispiel des Schulbaus, Universitätsverlag der TU Berlin: Berlin 2007

[24] Vgl. Gottschling, I.: Projektanalyse und Wirtschaftlichkeitsvergleich bei PPP-Projekten im Hochbau –Entscheidungsgrundlagen für Schulprojekte, Universitätsverlag der TU Berlin: Berlin 2005

[25] Vgl. Boll, P.: Investitionen in Public-Private-Partnership-Projekte im öffentlichen Hochbau unter Berücksichtigung der Risikoverteilung, Immobilien Manager Verlag: Köln 2007

[26] Vgl. Riebeling, K.-H.: Eigenkapitalbeteiligungen an projektfinanzierten PPP-Projekten im deutschen Hochbau, Gabler Verlag: Wiesbaden 2009

[27] Vgl. Fischer, K.: Lebenszyklusorientierte Projektentwicklung öffentlicher Immobilien als PPP – ein Value-Management-Ansatz, Verlag der Bauhaus Universität Weimar: Weimar 2008

[28] Lohmann, T.: Effizienz bei Öffentlich Privaten Partnerschaften, Bauwerk Verlag: Berlin 2009

[29] Bischoff, T.: Public Private Partnership (PPP) im öffentlichen Hochbau: Entwicklung eines ganzheitlichen, anreizorientierten Vergütungssytems, Immobilien Manager Verlag: Köln 2009

[30] "Value for Money (VfM) is defined as the optimum combination of whole-of-life costs and quality (or fitness for purpose) of the good or service to meet the user's requirement. VfM is not the choice of goods and services based on the lowest cost bid.", s. HM-Treasury: Value for Money Assessment Guidance, November 2006, Online im Internet, URL: <http://www.hm-treasury.gov. uk/d/vfm_assessmentguidance061006opt.pdf >, Abruf: 26.07.2009, 16:45 Uhr, S. 7

[31] Bischoff geht dabei insbesondere von den Ansätzen der Principal-Agent- und der Vertragstheorie im Rahmen seiner Arbeit aus. Vgl. Bischoff, T.: a.a.O., S. 13

Es bleibt festzuhalten, dass noch keine relevante Veröffentlichung zu der genannten Zielsetzung dieser Arbeit existiert. Diese Forschungslücke möchte die Dissertation schließen.

1.3 Aufbau der Arbeit

Die vorliegende Arbeit ist in sechs Kapitel gegliedert. Die Einleitung beschreibt die Relevanz und Zielsetzung dieser Forschungsarbeit. Der strukturelle Aufbau sowie die Vorgehensweise werden daraufhin erläutert und in Bild 1-2 veranschaulicht. Der Stand der wissenschaftlichen Erkenntnis wird durch eine umfassende Literaturrecherche im Hinblick auf die Ausgangssituation und die Zielsetzung der Arbeit analysiert.

In Kapitel 2 werden die Grundlagen und relevanten Begriffe erarbeitet. Die für diese Arbeit relevanten Begriffe werden in der Literatur und im allgemeinen Sprachgebrauch nicht einheitlich verwendet, daher werden sie in dem Kapitel angeführt und abgegrenzt. Dazu werden die Public-Private-Partnership-Projekte in den Kontext des öffentlichen Hochbaus eingebettet. Danach wird der Begriff des Energiemanagements für diese Arbeit erläutert und definiert.

Die Relevanz des Energiemanagements bei Öffentlich-Privaten Partnerschaften ist Gegenstand von Kapitel 3. Dazu wird ein Überblick zum Status quo der bislang tatsächlich umgesetzten ÖPP-Projekte in Deutschland erstellt. Eine wesentliche Anzahl dieser Projekte und die dazu vorliegenden Dokumente und Informationen werden hinsichtlich der Zielsetzung dieser Arbeit ausgewertet.

Darüber hinaus wurde die Relevanz durch Expertengespräche verifiziert. Anhand eines Fragebogens wurden Interviews mit zahlreichen Vertretern aus der Praxis geführt. Dabei wurden sowohl die Beteiligten auf Seiten der öffentlichen Hand (Projektverantwortliche und Berater) als auch Vertreter der Privatwirtschaft berücksichtigt.

Die Auswertungen der vorhergehenden Analyse fließen in das Kapitel 4 ein. Hier werden die wesentlichen Prozesse für das Energiemanagement herausgearbeitet und hinsichtlich ihrer technischen und wirtschaftlichen Auswirkungen untersucht. Neben den technischen Indikatoren werden auch die rechtlichen Aspekte im Zusammenhang mit dem Energiemanagement analysiert sowie die Parameter für die Anreizorientierung identifiziert.

Im Kapitel 4 werden neben den Prozessbeschreibungen auch Arbeitshilfen entwickelt sowie konkrete Handlungsempfehlungen gegeben, die bei Anwendung zu einem projektspezifischen Optimum führen.Kapitel 5 wendet das Referenzmodell auf ein konkretes Fallbeispiel an und zeigt das vorhandene Optimierungspotential auf.

Die Arbeit endet mit einer Schlussbetrachtung in Kapitel 6. Dabei werden die gewonnenen Ergebnisse einer kritischen Bewertung unterzogen. Danach folgt eine Zusammenfassung und abschließend wird ein Ausblick auf die gewonnenen Erkenntnisse und zukünftige Forschungsaufgaben gegeben.

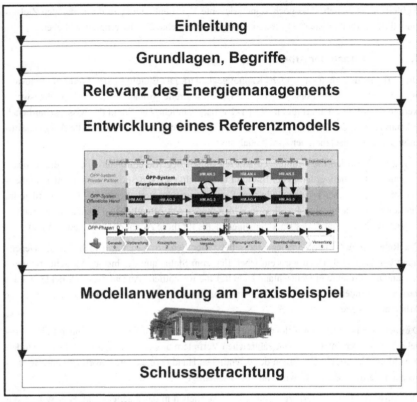

Einleitung

Grundlagen, Begriffe

Relevanz des Energiemanagements

Entwicklung eines Referenzmodells

Modellanwendung am Praxisbeispiel

Schlussbetrachtung

Bild 1-2: Aufbau der Arbeit[32]

―――――――――――――

[32] eigene Darstellung

2   Grundlagen

2.1   Öffentlich-Private Partnerschaft

2.1.1   Definition, Einordnung und Ziele

Der Ursprung des PPP-Begriffs[62] und das damit einhergehende älteste Beispiel ist die Entwicklung in Pittsburgh, USA. Die Abhängigkeit und Folgen der wirtschaftlichen Monokultur mit dem Schwerpunkt Stahlindustrie führten bereits in den 40er Jahren des 20. Jahrhunderts bei bedeutenden Vertretern der dortigen Wirtschaft zu der Erkenntnis, den Standort und insbesondere das Zentrum wiederzubeleben und attraktiver zu gestalten. Kommunal engagierte Unternehmer gründeten 1943 zusammen mit Entscheidungsträgern aus Politik, Verwaltung und Hochschulen die Allegheny Conference on Community Developement (ACCD) zur Entwicklung von neuen Strategien und zur Hilfe bei der Umsetzung.[63]

So entstand innerhalb mehrerer Jahrzehnte ein komplexes Netzwerk öffentlich-privater Zusammenarbeit auf formellem und informellem Wege, dem es gelang, den Niedergang der Region Pittsburgh zu beenden und eine Revitalisierung einzuleiten.[64] Die eigentliche Wortschöpfung PPP wird dem amerikanischen Präsidenten *Carter* zugeschrieben, der damit eine marktwirtschaftlich gesteuerte Stadtentwicklung in seiner Regierungserklärung Ende der 1970er Jahre bezeichnet hat.[65]

Die Verwendung des Begriffs PPP hat sich im Weiteren von der Stadt- und Regionalentwicklung gelöst und international auf viele Bereiche der öffentlichen Aufgabenerfüllung ausgeweitet.[66]

In Europa verfolgte die Regierung Großbritanniens unter Margaret Thatcher Anfang der 1980er Jahre ähnliche Gedankenansätze verfolgt, trieb aber erst zu Beginn der 1990er Jahre durch die sog. Public Finance Initiative (PFI) die Ideen einer PPP mit verstärktem Interesse voran. Grundgedanke bei PFI ist nicht der Verkauf staatlicher Vermögenswerte, sondern die

---

[62] Öffentlich-Private Partnerschaft (ÖPP) und Public Private Partnership (PPP) werden im Rahmen diese Arbeit synonym verwendet.
[63] Vgl. Budäus, D., Grüning, G.: Public Private Partnership Konzeption und Probleme eines Instruments zur Verwaltungsreform aus Sicht der Public Choice-Theorie, 2. Auflage, in Budäus, D. (Hrsg.): Public Management – Diskussionsbeiträge, Heft 26, Universität Hamburg 1996, S. 22
[64] Kruzewicz, M.; Schuchardt, W.: Public-Private-Partnership – neue Formen der lokaler Kooperationen in industrialisierten Verdichtungsräumen, in: Der Städtetag, 1989, S. 763
[65] Vgl. Kirsch, D.: Public Private Partnership – Eine empirische Untersuchung der kooperativen Handlungsstrategien in Projekten der Flächenerschließung und Immobilienentwicklung, Rudolf Müller Verlag: Köln 1997, S. 15
[66] Budäus, D.; Grüning, G.; Steenbock, A.: Public Private Partnership I – State of the Art, in Budäus, D. (Hrsg.): Public Management – Diskussionsbeiträge, Heft 32, Universität Hamburg 1997, S. 23 f.; beispielsweise: Verkehrsbereich, Wohnungsbau, Betrieb von Kultureinrichtungen, Umweltschutz, Forschung, Kommunale Ver- und Entsorgung, Gesundheitswesen, Bildungswesen u. a.

zeitliche Übertragung auf den Privatsektor, die Verantwortung verbleibt beim Staat. PFI-Modelle zeichnen sich durch einen ganzheitlichen auf den Lebenszykluskosten basierenden Ansatz aus, der durch Wettbewerb und Risikoverteilung stärkere Effizienzvorteile generiert.[67]

In Deutschland wurde der zuvor beschriebene PPP-Gedanke u. a. durch das 1994 erlassene Fernstraßenbauprivatfinanzierungsgesetz (FstrPrivFinG) institutionalisiert, durch das Straßeninfrastrukturprojekte im Rahmen sog. Konzessionsmodelle realisiert werden. Die beiden daraus umgesetzten Pilotprojekte – sog. F-Modelle[68] – sind die Warnow- und Trave-Querung in Rostock und Lübeck. Hier handelt es sich um die ersten beiden Projektfinanzierungsmodelle von Verkehrsinfrastruktur in Deutschland.

Zur Abgrenzung der Begriffe Privatisierung und Public Private Partnership kann festgehalten werden, dass eine ÖPP im weiteren Sinne aus einzelnen oder mehreren Elementen der Organisations-, Durchführungs- und Finanzierungsprivatisierung besteht.

I. d. R. bilden sich Mischformen aus verschiedenen Privatisierungstypen durch die Verflechtung öffentlicher und privater Ressourcen. Die in dieser Arbeit untersuchten und ihr zugrunde liegenden ÖPP-Projekte sind Öffentlich-Private Partnerschaften im engeren Sinne (i. e. S.) und der Durchführungsprivatisierung mit Elementen der Finanzierungsprivatisierung zuzuordnen, wie in Bild 2-1 dargestellt.

Bild 2-1: Typologisierung der Privatisierung[69]

Als wesentliche Ziele einer ÖPP lassen sich vier Zielklassen unterscheiden. Dieses sind generelle Ziele, Leistungsziele, Finanzziele und individuelle Ziele.[70] Als generelle oder auch übergeordnete Ziele sind u. a. folgende zu nennen:

---

[67] Vgl. Bischoff, T.: a.a.O., S. 28; McCleary, B.: PFI in Großbritannien – Erfahrungen mit der privaten Finanzierung öffentlicher Projekte, in: Deutsches Architektenblatt, Ausgabe Ost, 24. Jahrgang, Heft 09/09, S. 8 ff.

[68] Das sog. F-Modell, welches auf dem FstrPrivFinG basiert, ist im Wesentlichen für Sonderbauwerke gedacht. Hier erfolgt während des Betriebs eine projektbezogene Mauterhebung durch den Betreiber, sodass die Nutzer des Tunnels etc. eine Gebühr direkt an den Privaten entrichten müssen. Neben dem F-Modell existieren noch die sog. A-Modelle. Sie sind für besonders stark frequentierte Autobahnabschnitte gedacht. Vorhandene vier bzw. sechs Spuren werden dabei auf sechs oder acht ausgebaut. Die Vergütung des privaten Betreibers setzt sich allerdings aus einer Anschubfinanzierung und aus dem jeweiligen Aufkommen aus der LKW-Maut zusammen, es findet dabei keine direkte Mauterhebung statt. Vgl. Littwin, F.; Schöne, F.-J.: a.a.O., S. 382 f.

[69] Eigene Darstellung

[70] Vgl. hierzu Kirsch, D.: a.a.O., S. 118; Hofmann, H.: Private Public Partnership, in Diederichs, C. J. (Hrsg.): Handbuch der strategischen und taktischen Bauunternehmensführung, Bauverlag: Wiesba-

• Der Wettbewerb zwischen der Verwaltung und den Privaten wird verstärkt, was zu einer Verbesserung des Marktes für bisher öffentliche Aufgaben führt.

• Die erforderlichen Ressourcen werden sinnvoll zwischen der öffentlichen Hand und der Privatwirtschaft verteilt und genutzt, wodurch eine höhere Effizienz erreicht wird.

• Angestrebte und notwendige Verwaltungsreformen werden unterstützt und forciert, wie z. B. die Verschlankung des Staates, Konzentration auf die hoheitlichen Kernaufgaben etc.

Folgende Leistungsziele gelten für ÖPP-Projekte:

• Leistungen für den Bürger werden erweitert und qualitativ verbessert.

• Die Bereitstellung von Dienstleistungen wird beschleunigt, bspw. durch die Verkürzung von Planungszeiten oder Entscheidungsabläufen.

• Durch mehr Wettbewerbsdruck werden Innovationen gefördert, z. B. durch Einbindung neuer Technologien.

Zu den Finanzzielen zählen im Weiteren:

• Die Kosten im entsprechenden Leistungsspektrum der öffentlichen Hand werden gesenkt.

• Die finanziellen Handlungsspielräume des Staates werden verbessert.

• Projekte werden unter dem Aspekt der Lebenszykluskosten betrachtet.

• Innovative Finanzierungsinstrumente werden geprüft und genutzt.

Die individuellen Ziele sind nicht systemimmanent für ÖPP-Projekte, sondern richten sich nach den Zielen und zumeist dem Eigennutzen der jeweiligen Beteiligten. Sie sind jedoch Folge und zugleich Ursache der Umsetzungen und demnach zwingend zu berücksichtigen:

• Politische Institutionen streben nach Machterhalt.

• Verwaltungen wollen ihre Kompetenz und Einfluss ausbauen.

• Privatwirtschaftliche Unternehmen beabsichtigen die monetäre Gewinnmaximierung.

Zusammenfassend ist festzuhalten, dass ÖPP-Projekte im verbreiteten Verständnis und im Sinne dieser Arbeit eine Mischform aus Vertrags-, Kooperations- sowie Organisationsmodellen für die öffentliche Hand bei der langfristigen Bereitstellung von Infrastruktur darstellen.

In Anlehnung an die einschlägige Literatur zeichnet ein effektives ÖPP-Projekt sechs charakteristische Merkmale aus, die in Bild 2-2 zusammengefasst sind:[71]

---

den 1996, S. 427 ff.; Reichard, C.: Institutionelle Wahlmöglichkeiten bei der öffentlichen Aufgabenwahrnehmung, in Budäus, D. (Hrsg.): Organisationswandel öffentlicher Aufgabenwahrnehmung, Baden-Baden: 1998, S. 126 f.; Bischoff, T.: a.a.O., S. 24 f.

[71] Vgl. hierzu Alfen, H. W., Fischer, K.: Der PPP-Beschaffungsprozess, in Weber, M., Schäfer, M., Hausmann, F. L. (Hrsg.): Public Private Partnership, Verlag C.H. Beck: München 2006; Littwin, F., Schöne, F. J.: a.a.O.; Siebel, U. R., Röver, J.-H., Knütel, C.: Rechtshandbuch Projektfinanzie-

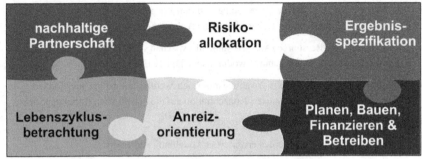

Bild 2-2: Charakteristika eines effizienten ÖPP-Hochbauprojektes[72]

- Es handelt sich um eine langfristige, vertraglich geregelte und partnerschaftliche Zusammenarbeit zwischen öffentlicher Hand und Privatwirtschaft (nachhaltige Partnerschaft).

- Der Leistungsumfang des privaten Partners beinhaltet das Planen, Bauen, Finanzieren und Betreiben, ggf. auch die Verwertung des Objektes.

- Die vorhandenen Projektrisiken werden gemäß deren Einflussmöglichkeiten auf die Projektpartner verteilt (Risikoallokation).[73]

- Die nachgefragte Leistung wird in Form einer funktionalen und ergebnisorientierten Leistungsbeschreibung definiert (Ergebnisspezifikation).[74]

- Der Wirtschaftlichkeitsvorteil des ÖPP-Projektes gegenüber der Eigenrealisierung durch die öffentliche Hand ist geprägt durch die Lebenszykluskostenbetrachtung[75] und somit immanent für ÖPPs (Lebenszyklusbetrachtung).

---

rung und PPP, 2. ergänzte und erweiterte Auflage, Carl Heymanns Verlag: Köln 2008; Gerstelburger, W., Schneider, K.: Öffentlich Private Partnerschaften. Zwischenbilanz, empirische Befunde und Ausblick, Edition Sigma: Berlin 2008; Pfnür, A., Schetter, C., Schöbener, H.: Risikomanagement bei Public Private Partnerships, Springer Verlag: Heidelberg 2009, S. 7 f.

[72] Eigene Darstellung

[73] Das spezifische Risiko soll von dem getragen werden, der es am meisten beeinflussen und steuern kann.

[74] Im Gegensatz zur Beschaffung durch eine detaillierte Leistungsbeschreibung mit Leistungsverzeichnis beschreibt der öffentliche Auftraggeber das erwartete Ergebnis der Leistung. Der Private erhält einen Entscheidungsspielraum, wie er das Ergebnis herbeiführt.

[75] Für die Lebenszykluskosten von Immobilien findet sich derzeit in der deutschsprachigen Literatur keine einheitliche Definition. Eine Vielzahl von Begriffsprägungen werden nebeneinander verwandet, ohne sich eindeutig voneinander abzugrenzen. Bischoff definiert die Lebenszykluskosten wie folgt: „Die Lebenszykluskosten eines PPP-Projektes sind alle Kosten, die bei der öffentlichen Bereitstellung von Immobilien zur Vorbereitung des Vertrages, während der gesamten Vertragslaufzeit und bei der Beendigung des Vertrages entstehen.[...]". Vgl. hierzu Bischoff, T.: a.a.O., S. 46; Pelzeter, A.: Lebenszykluskosten von Immobilien, in Schulte, K.-W. (Hrsg.): Schriften zur Immobilienökonomie, Band 36, Immobilien-Manager-Verlag: Köln 2006, S. 32

- Der Private wird anreizorientiert vergütet, was seinen Niederschlag beispielsweise in Bonus- und Malus-Zahlungen findet (Anreizorientierung).

2.1.2 ÖPP-Strukturen

Wie im vorherigen Abschnitt festgehalten, ist für die erfolgreiche Zusammenarbeit zwischen der öffentlichen Hand und dem Privatsektor eine vertragliche Regelung notwendig. Die unterschiedlichen ÖPP-Modelle bzw. Vertragsmodelle[76] sehen in Abhängigkeit von den Projektbeteiligten und deren Beziehung untereinander verschiedene Verträge vor. Im Mittelpunkt steht der ÖPP-Projektvertrag, der sich in der weiteren Ausgestaltung an den jeweiligen projektspezifischen Strukturen orientiert.

Allen Modellen liegt der Lebenszyklusansatz zugrunde, der das Planen, Finanzieren, Bauen, Betreiben und Verwerten miteinander verbindet. Die wesentliche Differenzierung erfahren die Modelle hinsichtlich folgender Merkmale:[77]

- Eigentumszuordnung

- Leistungsbestandteile

- Risikoverteilung

- Entgeltstrukturen

- Regelungen zu Leistungsstörungen

- Gründung gemischt-wirtschaftlicher Gesellschaften[78]

Die Modelle können grundsätzlich zwischen den ÖPP-Basismodellen (Vertragsmodelle I bis V) und dem PPP-Kombinationsmodell (Vertragsmodell VI) unterschieden werden. Sie eignen sich sowohl für Neubaumaßnahmen als auch für Sanierungsprojekte.

Das Bild 2-3 zeigt mögliche ÖPP-Vertragsmodelle.[79] Die Modelle I und IV sind durch eine geringe Komplexität gekennzeichnet.

---

[76] Das Gutachten „PPP im öffentlichen Hochbau" des BMVBS beschreibt im Band 2: Rechtliche Rahmenbedingungen die verschiedenen Vertragsmodelle ausführlich und dient als Grundlage für die weitere Beschreibung. Vgl. Bundesministerium für Verkehr, Bau und Stadtentwicklung (2003c): PPP im öffentlichen Hochbau, Band II. Rechtliche Rahmenbedingungen, Gutachten der Beratergruppe PricewaterhauseCoopers, Freshfield Bruckhaus Deringer, VBD, Bauhaus Universität Weimar, Creative Concept; Berlin 2003, Online im Internet, URL: <http://www.bmvbs.de/ dokumente/302.1045592/Artikel/dokument.htm>; Abruf: 31.05.2009, 16:35 Uhr, S. 3 ff.

[77] Vgl. Schäfer, M., Schede, C.: Standardisierte PPP-Verträge reichen nicht, in: Immobilienzeitung vom 16.10.2003, Serie „PPP im öffentlichen Hochbau", Teil 1: Vertragsgestaltung, S. 9

[78] In den Modellen wird i. d. R. von der Gründung einer Projektgesellschaft, auch als SPV (Special Purpose Vehicle) bezeichnet, durch den privaten Partner ausgegangen. Dies ist jedoch nicht zwingend erforderlich, sondern hängt von der spezifischen Struktur der jeweiligen Bietergemeinschaft ab. Die Beteiligung des Auftraggebers an einer Projektgesellschaft ist projektspezifisch möglich.

ÖPP-Modelltypen					
Erwerber-modell (Typ I)	FM-Leasing-modell (Typ II)	Vermietungs-modell (Typ III)	Inhaber-modell (Typ IV)	Contracting-modell (Typ V)	Konzessions-/Gesellschafts-modell (Typ VI)

Bild 2-3: Übersicht ÖPP-Modelle[80]

Der private Partner übernimmt hierbei die relevanten Risiken in der Planungs-, Bau- und Bewirtschaftungsphase. Er trägt das Verfügbarkeitsrisiko der Immobilie, während die Sach- und die Preisgefahr i. d. R bei der öffentlichen Hand verbleiben.

Da die Objekte am Ende der Vertragslaufzeit im Eigentum des öffentlichen Auftraggebers verbleiben, profitiert dieser auch von dem grundsätzlichen Wertentwicklungspotential des Projektes. Die Entgelte für den privaten Partner sind fixiert und unterliegen der Wertsicherung im Hinblick auf Inflation durch Kopplung der Entgelte an Indizes des Statistischen Bundesamtes.

Das Contractingmodell (Modelltyp V) ist eine Sonderform, da es nur eine Teilbetrachtung eines Objektes vorsieht. Von den grundlegenden Eigenschaften ist es mit dem Inhaber- und Erwerbermodell vergleichbar.

Die Modelltypen II und III unterscheiden sich von den drei vorherigen Modellen durch die Möglichkeit der verschiedenen Endschaftsregelungen und der Übernahme des dinglichen und wirtschaftlichen Risikos des Objektes durch den privaten Partner, da er während der Vertragslaufzeit Eigentümer ist. Das Wertentwicklungspotential (nach Vertragsende) liegt prinzipiell bei diesen Projekten beim privaten Auftragnehmer,[81] wobei sich der öffentlichen Auftraggeber je nach Modellausgestaltung im Detail eine Kaufoption vorbehält. Insgesamt sind die beiden Modelle komplexer gestaltet als das Inhaber- und Erwerbermodell, da der private Partner auch das Verwertungsrisiko am Ende der Vertragslaufzeit und die klassischen Eigentümerrisiken zu tragen hat.

---

[79] Von den 144 PPP-Projekten, die bis 31.12.2009 erfasst wurden, stellen mit 66 % die Inhabermodelle die am häufigsten anzutreffende PPP-Modellstruktur dar. Mit jeweils 10 % folgen die Mietmodelle und Konzessionsmodelle. Die restlichen 14 % verteilen sich auf die anderen Modelltypen; Eigene Erhebung, Quelle: <http://www.ppp-projektdatenbank.de>; Vgl. Partnerschaften Deutschland AG (Hrsg.): Öffentlich-Private Partnerschaften in Deutschland 2009, Bericht vom 28.01.2010, Online im Internet, URL: <http://www.partnerschaften-deutschland.de>, Abruf: 06.03.2010, 17:44 Uhr, S. 12

[80] Vgl. Cordes, S.: Die Rolle von Immobilieninvestoren auf dem deutschen Markt für Public Private Partnerships (PPPs), Verlag der Bauhaus-Universität Weimar: Weimar 2009, S. 130 f.; Die wesentlichen Eigenschaften der ÖPP-Modelltypen sind im Anhang A.1 zusammengefasst dargestellt.

[81] Im Sinne einer besseren Lesbarkeit der Texte wurde entweder die männliche oder auch die weibliche Form von Personen bezogenen Hauptwörtern gewählt. Dies impliziert keinesfalls eine Benachteiligung des jeweils anderen Geschlechts. Frauen und Männer mögen sich von den Inhalten dieser Arbeit gleichermaßen angesprochen fühlen.

Der Modelltyp VI hat in Relation zu allen anderen Modellen den höchsten Komplexitätsgrad, da der private Partner im Unterschied zu den anderen Modellen das Auslastungsrisiko während der Bewirtschaftung zu übernehmen hat und damit das Risiko, dass die Entgelte der Nutzer für die Refinanzierung der Investitions- und Bewirtschaftungskosten nicht ausreichen. Im Gegenzug eröffnet sich dadurch die Möglichkeit, die Wertsteigerungspotentiale bereits in der Bewirtschaftungsphase durch den privaten Partner zu heben, da z. B. zusätzliche Gewinne aus steigenden Einnahmen durch höhere Nutzerentgelte realisiert werden.[82]

Die Eigentumsverhältnisse sowie die Endschaftsregelungen können hingegen projektspezifisch gestaltet werden. Im Hinblick auf den Untersuchungsgegenstand dieser Arbeit ist es für die Betrachtung des Energiemanagements nicht relevant, welches Modell zur Anwendung kommt, da die Risiken des Energiemanagements stärker von den anderen Einflussgrößen wie bspw. dem Nutzerverhalten abhängig sind als von der Endschaftsregelung oder den Eigentumsverhältnissen der Immobilie. Änderungen und Einflüsse aus rechtlichen oder gesetzlichen Anpassungen werden innerhalb der spezifischen Modelldetails geklärt.

Eine Ausnahme stellt hier abermals das Modell VI dar, welches das Auslastungs- oder Marktrisiko auf den privaten Partner verlagert. Da diese Arbeit jedoch auf Hochbauprojekte abgegrenzt ist und die Konzessionsmodelle derzeit vorwiegend bei Straßenverkehrsprojekten Anwendung finden, werden im Weiteren keine konkreten Untersuchungen im Hinblick auf das Energiemanagement bei der Anwendung von Modelltyp VI vorgenommen.

Unabhängig von dem gewählten Modell verläuft jedes ÖPP-Projekt gem. Bild 2-4 in einer idealtypischen Zeitstruktur, welche nach dem eigentlichen Projektanstoß (Genesis) mit der Eignungsprüfung sowie anschließenden Konzeption beginnt. Sofern diese Voruntersuchung zu der Durchführungsentscheidung des Projektes in der Beschaffungsvariante ÖPP führt, kann die eigentliche Ausschreibung und Vergabe beginnen, an die eine bestimmte Vertragslaufzeit anschließt.[83] Die Ausschreibung und die Vergabe können dabei in drei Abschnitte unterschieden werden:[84]

- Erstellen der Ausschreibungsunterlagen und Vorbereitung der Vergabe

- Durchführung des Vergabeverfahrens

- Vertragsschluss

Während der Vorbereitung definiert die öffentliche Hand und i. d. R. ihre Berater das Leistungssoll und erstellt alle notwendigen Unterlagen zur Durchführung des Verfahrens. Insbesondere die Wertungskriterien[85] für eingehende Angebote sind dabei festzulegen.

---

[82] Vgl. Sester, P., Bunsen, C.: Vertragliche Grundlagen – Finanzierungsverträge, in Weber, M. et al. (Hrsg.): Praxishandbuch Public Private Partnership, C.H. Beck Verlag: München 2006, S. 439

[83] Die Entscheidung für die Umsetzung eines ÖPP-Projektes wird in diesem Kontext vorausgesetzt.

[84] Vgl. Littwin, F.; Schöne, F.-J. (Hrsg.): a.a.O., S. 5

[85] Vgl. hierzu die Ausführungen in Kap. 2.1.5

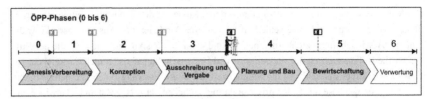

Bild 2-4: Zeitliche Struktur eines ÖPP-Projektes[86]

Im Rahmen des Vergabeverfahrens werden die Angebote der ausgewählten Bieter bewertet und der bevorzugte Bieter ermittelt.

Mit Vertragsschluss werden noch offene Punkte aus dem Verfahren abschließend geklärt, die Finanzierungskonditionen und die damit verbundene letztendliche Vergütung fixiert. Nach Vertragsschluss beginnt die eigentliche ÖPP-Vertragslaufzeit, welche sich in drei Phasen unterteilen lässt:[87]

- Planung und Bau

- Bewirtschaftung

- Verwertung

Die Ausführung der Bauleistungen für den Neubau, Erweiterung oder ggf. die Sanierungsleistungen beginnen i. d. R. sehr zeitnah nach Vertragsschluss, sofern die entsprechenden Genehmigungen vorliegen.[88] Nachdem die Bauleistungen abgeschlossen sind, wird die Immobilie an die öffentliche Hand übergeben und die eigentliche Nutzung beginnt.

Der private Partner übernimmt dabei die von der öffentlichen Hand festgelegten Leistungen wie die Instandhaltung, Reinigung, Ver- und Entsorgung etc. Diese Phase hat typischerweise die längste Laufzeit eines jeden ÖPP-Projektes und ist deshalb von besonderer Bedeutung. Je nach gewähltem Modell geht die Immobilie am Ende der Vertragslaufzeit zurück an die öffentliche Hand als den Betreiber. Im Vertrag sind dazu ebenfalls feste Regularien beschrieben.[89]

---

[86] Eigene Darstellung in Anlehnung an Diederichs, C. J. et al.: Interdisziplinäres Projektmanagement für PPP-Hochbauprojekte, in Schriftenreihe des AHO (Hrsg.), Heft Nr. 22, Bundesanzeiger Verlag: Berlin 2006, S. 2

[87] In der Praxis zeigt sich, dass die Phasen nur bei reinen Neubauprojekten in der beschriebenen Reihenfolge ablaufen. Sobald Sanierungsleistungen oder Bestandsgebäude zum Teil oder ausschließlich das Projekt ausmachen, beginnen Leistungen der Nutzungsphase direkt zu Vertragsbeginn.

[88] Die zu beobachtende Tiefe der Angebotsbearbeitung während des Vergabeverfahrens versetzt den privaten Partner in aller Regel in die Lage, innerhalb kürzester Zeit nach Vertragsunterzeichnung eine Baugenehmigung einzureichen, sodass oftmals nach wenigen Wochen mit bauausführenden Tätigkeiten begonnen werden kann.

[89] Bei einem Mietmodell ist üblicherweise der private Partner auch Eigentümer der Immobilie und hat ggf. auch das Verwertungsrisiko am Ende der Vertragslaufzeit.

2.1.3 Rechtliche Aspekte

Öffentlich-rechtliche Rahmenbedingungen und Voraussetzungen für die Zulässigkeit und Ausgestaltung von PPP-Projekten finden sich bereits im Grundgesetz.[90]

Die Verfassung zieht mittelbare Grenzen im Hinblick auf die Einbeziehung privater Partner bei der staatlichen Aufgabenerfüllung. Dies gilt insbesondere für das Sozialstaats-, Demokratie- und Rechtsstaatsprinzip.[91]

Neben den vorbenannten verfassungsrechtlichen Aspekten spielt das Haushaltsrecht eine wesentliche Rolle. Unter Berücksichtigung der durch den Haushaltszyklus vorgegebenen Differenzierung in die Aufstellung eines Haushaltsplanes, den Haushaltsvollzug sowie die Haushaltskontrolle durch die Rechnungshöfe ergeben sich Vorgaben für die Ausgestaltung von PPP-Projekten.[92] Hier ist als ein wesentlicher Aspekt auf den Grundsatz der Wirtschaftlichkeit und Sparsamkeit gem. § 6 Haushaltsgrundsätzegesetz (HGrG) hinzuweisen.[93,94] Daher werden PPP-Projekte von einer Wirtschaftlichkeitsuntersuchung (WU) begleitet, die in jedem Fall vor der Entscheidung, ob ein Privater den Zuschlag für ein Projekt erhält, überprüft werden. Das Haushaltsrecht definiert nicht die Form, den Inhalt und die Begründungstiefe einer WU. Dadurch gibt es keine konkreten Vorgaben, auf welcher betriebswirtschaftlich-methodischen

---

[90] Zu den rechtlichen Aspekten zählen neben den verfassungsrechtlichen Vorgaben ebenso Aspekte des Arbeitsrechts im Zusammenhang mit Fragen des Arbeitnehmerübergangs von der öffentlichen Hand auf Private wie auch beispielsweise Aspekte aus dem Bereich der öffentlichen Förderung. Die Darstellung aller Aspekte erscheint vor dem Hintergrund dieser Arbeit als nicht relevant, sodass in diesem Kapitel nur ausgewählte Rechtsaspekte aufgeführt und erläutert werden.

[91] Vgl. Schäfer M., Thiersch, S.: Rechtliche Rahmenbedingungen, in Weber, M.; Schäfer, M.; Hausmann, F. L. (Hrsg.): Public Private Partnership, Verlag C.H. Beck: München 2006, S. 85

[92] Grundsätzlich leitet sich das Haushaltsrecht ebenso aus dem Grundgesetz ab und ist in den Artikeln 109 bis 115 geregelt. Eine daran angeknüpfte und regelmäßig wiederkehrende Frage ist, welche Ausgaben mit einem ÖPP-Projekt verbunden sind und ob es sich dabei um eine Kreditaufnahme handelt oder die Ausgaben den Investitionen zugeordnet werden sollte. Da die haushaltsrechtliche Betrachtung von PPP-Projekten im Rahmen dieser Arbeit keine wesentliche Rolle spielt, die ausführlich betrachtet werden muss, wird auf weiterführende Literatur verwiesen: Neumann, D., Szabados, I.: Rechtliche Rahmenbedingungen, Bundes- und Haushaltsrecht, in Weber, M.; Schäfer, M.; Hausmann, F. L. (Hrsg.): Public Private Partnership, Verlag C.H. Beck: München 2006, S. 157 ff.; Gottschling, I.: Projektanalyse und Wirtschaftlichkeitsvergleich bei PPP-Projekten im Hochbau – Entscheidungsgrundlagen für Schulprojekte, Heft 26, Mitteilungen des Fachgebiets Bauwirtschaft und Baubetrieb, Technische Universität Berlin: 2005, S. 50 ff.

[93] Die Haushaltsordnungen des Bundes und der Länder enthalten entsprechende Vorschriften, die durch weitere Verwaltungsvorschriften konkretisiert und Vorgaben ergänzt werden. Die gleichen Grundsätze finden sich in den Gemeindehaushaltsverordnungen wieder. Vgl. Neumann, D., Szabados, I.: a.a.O., S. 167; Gottschling, I.: a.a.O., S. 56 ff.

[94] Einige Gemeindeordnungen enthalten sogar Regelungen, wonach die Erfüllung von Aufgaben in Form von PPPs geboten ist. Beispielhaft sei hier auf § 100 Abs. 3 GO Brandenburg verwiesen: „Die Gemeinde hat im Interesse einer sparsamen Haushaltsführung dafür zu sorgen, dass Leistungen, die von privaten Anbietern in mindestens gleicher Qualität und Zuverlässigkeit bei gleichen oder geringeren Kosten erbracht werden können, diesen Anbietern übertragen werden,[...] Dazu sind Angebote einzuholen und Vergleichsberechnungen vorzunehmen, die der Gemeindevertretung [...] vorzulegen sind." Vgl. Schäfer, M., Karthaus, A.; Kommunalrecht, in Weber, M.; Schäfer, M.; Hausmann, F. L. (Hrsg.): Public Private Partnership, Verlag C.H. Beck: München 2006, S. 196

Basis und Datenqualität eine solche Untersuchung stattzufinden hat.[95] Es wurden jedoch verschiedene Leitfäden und Publikationen erstellt, die regelmäßig Anwendung finden.[96]

Von relevanter Bedeutung sind die Aspekte des deutschen Vergaberechts, deren Grundlagen
in den §§ 97 ff. des Gesetzes gegen Wettbewerbsbeschränkungen (GWB) geregelt sind. Das
GWB-Vergaberecht findet stets Anwendung, wenn entgeltliche Verträge zwischen einem
öffentlichen Auftraggeber und einem Privaten über Bau-, Dienst- oder Lieferleistungen geschlossen werden. Ausnahmen bilden hier Verträge im Zusammenhang mit reiner Grund-
stücksmiete, -pacht oder -erwerb und Grundstücksveräußerungen. PPP-Projekte stellen insofern stets öffentliche Aufträge gem. § 99 GWB dar. zu Die Bestimmungen werden spezifiziert
durch die Verdingungsordnung für Bau-, Liefer- und Dienstleistungen (VOB, VOL, VOF)
sowie die Vergabeverordnung (VgV).[97] Als fundamentale Vergaberechtsgrundsätze gelten
drei Prinzipien, ohne deren Beachtung und Einhaltung ein rechtmäßiger Ablauf eines Vergabeverfahrens nicht möglich ist. Dazu zählen Wettbewerb, Transparenz und das Diskriminie-
rungsverbot.[98]

Diese Vergabeprinzipien sind sowohl im europäischen[99] als auch im deutschen[100] Vergaberecht ausdrücklich festgeschrieben und leiten sich aus den im EG-Vertrag niedergelegten
Grundsätzen ab.[101]

In § 101 Abs. 1 GWB sind vier Arten von Vergabeverfahren benannt, nach denen öffentliche
Aufträge oberhalb der Schwellenwerte[102] erteilt werden. Es wird unterschieden in offene Verfahren,[103] nicht-offene Verfahren,[104] wettbewerblichen Dialog und Verhandlungsverfahren.[105]

---

[95] Vgl. ebenda, S. 169
[96] Vgl. Bundesministerium für Verkehr, Bau und Stadtentwicklung (Hrsg.): PPP-Schulstudie, Leitfaden IV: PPP-Wirtschaftlichkeitsuntersuchungen, Online im Internet: <http:// http://www.
bmvbs.de/Anlage/original_1044737/Leitfaden-4.pdf>, Abruf: 30.10.2009, 17:30 Uhr; Rauschenbach, J., Gottschling, I.: Wirtschaftlichkeitsuntersuchung, in Bundesministerium für Verkehr, Bau
und Städtebau, Deutscher Sparkassen- und Giroverband (Hrsg.): PPP-Handbuch, 1. Auflage, Vereinigte Verlagsgesellschaft: Homburg 2009, S. 297 ff.; Bundesministerium für Verkehr, Bau und
Stadtentwicklung (2003d): PPP im öffentlichen Hochbau, Band III: Wirtschaftlichkeitsuntersuchungen, Gutachten der Beratergruppe PricewaterhouseCoopers, Freshfield Bruckhaus Deringer,
VBD, Bauhaus Universität Weimar, Creative Concept; Berlin 2003, Online im Internet, URL:
<http://www.bmvbs.de/dokumente/-,302.1045592/Artikel/dokument.htm>;   Abruf: 31.05.2009,
16:50 Uhr
[97] Bundesministerium für Verkehr, Bau und Stadtentwicklung (2003c): a.a.O., S. 281
[98] Vgl. Topp-Blatt, B.: Die Verfahren zur Vergabe öffentlicher Aufträge, Lexxion Verlag: Berlin
2008, S. 25
[99] Art. 2, Richtlinie 2004/118/EG des Europäischen Parlamentes und des Rates vom 31. März 2004
über die Koordinierung der Verfahren zur Vergabe öffentlicher Bauaufträge, Lieferaufträge und
Dienstleistungsaufträge
[100] Vgl. § 97 Abs. 1 und 2 GWB
[101] Hausmann, F. L., Mutschler-Siebert, A.: Vergaberecht, in Weber, M.; Schäfer, M.; Hausmann, F.L.
(Hrsg.): Public Private Partnership, Verlag C.H. Beck: München 2006, S. 235
[102] Verfahren oberhalb der Schwellenwerte müssen europaweit ausgeschrieben werden, was bei PPP-
Projekten regelmäßig zu unterstellen ist; vgl. ebenda, S. 243. Der Schwellenwert wurde zum
01.01.2010 für öffentliche Bauaufträge gesenkt und beträgt seit dem 4,845 Mio. EURO; vgl. Art. 1

Grundsätzlich herrscht nach deutschem[106] Vergaberecht zwischen den Verfahren eine Einordnung[107], die der vorherigen Aufzählung entspricht und nur in begründeten Fällen kann das jeweils nachrangige Verfahren gewählt werden.[108]

Der generelle Unterschied vom offenen zum nicht-offenen Verfahren ist, das bei Letzterem eine Einengung des Bieterkreises und insofern eine Einschränkung des Wettbewerbs stattfindet.[109] Kennzeichnend für beide Verfahren ist, dass sie hohen formalen Ansprüchen genügen müssen, eine eindeutige und erschöpfende Leistungsbeschreibung erfordern sowie nach Angebotsöffnung keine Verhandlungen über Angebotsinhalte und Preise möglich sind.[110]

Aufgrund der komplexen Leistungsbestandteile im Rahmen eines PPP-Projektes (Planung, Bau, Finanzierung und Betrieb) und der schon bereits erwähnten ergebnisorientierten Ausschreibung als ÖPP-Erfolgsfaktor ist deutlich, dass weder das offene noch das nichtoffene Verfahren geeignete Verfahren für ein PPP-Verfahren sind. Daher stellt PPP regelmäßig eine Ausnahmekonstellation dar, die die Durchführung eines Verhandlungsverfahrens begründet.[111] Es ermöglicht der öffentlichen Hand einen flexibleren Umgang bei der Definition der zu erbringenden Leistungen und erlaubt als Kernstück, mit den Bietern in einem dynamischen Prozess über die Auftragsbedingungen zu verhandeln.[112] Der wettbewerbliche Dialog soll dem öffentlichen Auftraggeber bei der Vergabe besonders komplexer Projekte (bspw. im Gesundheitswesen bzgl. neuer medizinischer Technologien etc.) helfen, indem zunächst alle Aspekte des Auftrags mit allen potentiellen Bietern erörtert und individuelle Lösungen mit den

---

Verordnung (EG) Nr. 1177/2009 der Kommission vom 30.11.2009 zur Änderung der Richtlinien 2004/17/EG, 2004/18/EG und 2009/81/EG des Europäischen Parlaments und des Rates im Hinblick auf die Schwellenwerte für Auftragsvergabeverfahren.

[103] Auf nationaler Ebene werden die Vergabeverfahren als öffentliche Ausschreibung und beschränkte Ausschreibung ohne und mit vorherigem Teilnahmewettbewerb bezeichnet. Vgl. hierzu § 3 VOB, Teil A.

[104] Das nicht offene Verfahren wird in der VOB als beschränkte Ausschreibung bezeichnet, deren Anwendungsvoraussetzungen näher in § 3 VOB/A beschrieben sind.

[105] Der wettbewerbliche Dialog als eigenständiges Vergabeverfahrens ist in Verbindung mit dem PPP-Beschleunigungsgesetz (Gesetz zur Beschleunigung der Umsetzung von öffentlichen privaten Partnerschaften und zur Verbesserung gesetzlicher Rahmenbedingungen für öffentlich private Partnerschaften, BGBl. Teil I Nr. 56 vom 07.09.2005, S. 2676) vom 01.09.2005 eingeführt worden.

[106] Das offene Verfahren und das nicht-offene Verfahren stehen nach europäischem Vergaberecht gleichberechtigt nebeneinander. Vgl. Topp-Blatt, B.: a.a.O., S. 40

[107] Das deutsche PPP-Beschleunigungsgesetz trifft keine Aussage darüber, ob der wettbewerbliche Dialog zum Verhandlungsverfahren vorrangig anzuwenden ist. Aus der Richtlinie 2004/18/EG Art. 29 ist vielmehr ein Vorrang des wettbewerblichen Dialogs gegenüber dem Verfahren abzuleiten. Vgl. Knauff, M.: Im wettbewerblichen Dialog zur Public Private Partnership, in NZbau 2005, S. 249 ff.

[108] Vgl. Kulartz, H.-P.: § 101 Rn. 37, in Niebuhr, F., Kulartz, H.-P., Kus, A., Portz, N.: Kommentar zum Vergaberecht, Werner Verlag: Düsseldorf 2000

[109] Die Einschränkung des Bieterkreises muss begründet werden. Die Voraussetzungen für eine Einengung und Vorgehensweisen zur Auswahl sind im GWB beschrieben.

[110] Vgl. Roquette, A., Kuß, M.: a.a.O., S. 18

[111] Vgl. Hausmann, F. L., Mutschler-Siebert, A.: a.a.O., S. 258

[112] Vgl. Topp-Blatt, B.: a.a.O., S. 41

jeweiligen Bietern entwickelt werden. Die eigentliche Angebotslegung findet erst im Anschluss an den (wettbewerblichen) Dialog statt. Daher ist der wettbewerbliche Dialog gegenüber dem relativ formlosen Verhandlungsverfahren als schärfer strukturiertes Verfahren zu
sehen, das nach festgelegten Regeln zu führen ist.[113]

In der praktischen Durchführung weisen die beiden letztgenannten Verfahren einige Parallelen auf, und grundsätzlich kann ein Verhandlungsverfahren so gestaltet werden, dass es dem
wettbewerblichen Dialog entspricht.[114] Nach Auffassung der EU-Kommission ist der „wettbewerbliche Dialog" besonders gut geeignet, um PPP-Projekte zu vergeben.[115] Ein anderer
wesentlicher Aspekt aus dem Vergaberecht ist die ggf. notwendige Ausschreibungspflicht des
öffentlichen Auftraggebers, wenn es zu Leistungsänderungen kommt. Aufgrund der langen
Laufzeiten von PPP-Projekten sind diese überaus wahrscheinlich.[116] Dies gilt sowohl für die
Bauphase als auch für die Betriebsphase.

Aus zwei Gründen kann eine erneute Ausschreibung notwendig werden: [117]

• Die Änderung des vertraglichen Leistungssolls ist wesentlich.[118]

• Es ist keine vertragliche Regelung aufgenommen, die eine transparente und genaue Preisanpassung einer Änderung zulässt.[119]

Allerdings hat das EuGH in seiner Entscheidung vom 19.06.2008 klargestellt, dass langfristige Verträge wie z. B. bei ÖPP-Projekten grundsätzlich angepasst werden können, ohne dass
ein erneutes Ausschreibungsverfahren notwendig ist, wenn die wesentlichen Bestimmungen
des Vertrages nicht berührt werden.[120] Insofern ist es gerade für PPP-Projekte mit einer lang-

---

[113] Vgl. Topp-Blatt, B.: a.a.O., S. 123
[114] Vgl. Gesetzesbegründung zum PPP-Beschleunigungsgesetz, Deutscher Bundestag Drucksache 15/5668, S. 11
[115] Vgl. Kommission der Europäischen Gemeinschaften (Hrsg.): Grünbuch zu Öffentlich-Privaten Partnerschaften und den gemeinschaftlichen Rechtsvorschriften für öffentlichen Aufträge und Konzessionen, KOM (2004) 327 endg. vom 30.04.2004, S. 10 f.
[116] So ist im Hinblick auf Schulen zu erwarten, dass sich die Nutzungszeiten verändern, sei es aufgrund der Einführung eines Ganztagsangebotes oder aufgrund einer Abkehr davon. Es könnte ebenso zu einem geänderten Flächenbedarf kommen, da z. B. Standorte zusammengelegt werden.
[117] Vgl. Arendt, S.; Berger, M.; Käsewieter, H.-W.; Marke, D.: Änderungen während der Betriebszeit, in Knop, D. (Hrsg.): Public Private Partnership, Jahrbuch 2009, Eigenverlag ConVent GmbH: 2009, S. 99
[118] Eine wesentliche Änderung von einer nicht wesentlichen Änderung abzugrenzen, ist in jedem Einzelfall zu prüfen. Nach Auffassung des EuGH hat eine Neuvergabe zu erfolgen, wenn die Transparenz des Verfahrens und eine Gleichbehandlung der Bieter nicht gewährleistet sind. Vgl. Urteil des EuGH vom 05.10.200, Kommission / Frankreich, C-337/98, Rn. 44, 46
[119] Vgl. Knauff, M.: Vertragsverlängerungen und Vergaberecht, in NZBau 2007, S. 347 ff.
[120] Vgl. Urteil des EuGH vom 19.06.2008, Pressetext / Republik Österreich (Bund), C-454/06, Rn. 34 - 37; Berger, M.: Vertragsanpassung nach Auftragserteilung; in Betriebswirtschaftliches Institut der Bauindustrie (Hrsg.): PPP-Newsletter Nr. 13/2008 vom 26.03.2008, Online im Internet, URL: <http://www-bwi-bau.de>, Abruf: 02.03.2009, 20:31 Uhr

fristigen Vertragsdauer bedeutsam, vertragliche Regelungen zu vereinbaren, die eine Leistungs- und Preisanpassung nach Art und Höhe konkret definieren.[121,122]

Die steuerrechtlichen Aspekte werden im Rahmen dieser Arbeit keinen wesentlichen Einfluss finden, weshalb auf eine weitere ausführliche Betrachtung verzichtet wird.[123] Anzumerken bleibt hier, dass die umsatzsteuerliche Behandlung der einzelnen Leistungen im Rahmen eines PPP-Vertrages i. d. R. von einem Privaten so kalkuliert werden, dass kein Vorsteuerabzug möglich ist, da die öffentliche Hand als Leistungsempfänger kein Unternehmer nach § 9 Abs. 1 UStG ist, der seinerseits zum Vorsteuerabzug berechtigt ist.[124] Dieser Umstand ist dann im Weiteren zu berücksichtigen, wenn es um die Übertragung von Leistungen auf den Privaten geht, die üblicherweise nicht umsatzsteuerpflichtig sind. Nach wie vor werden die rechtlichen Rahmenbedingungen bei PPP-Projekten als Hemmungsgrund vorgebracht, sodass eine entsprechende Förderung bspw. in der Schaffung und Erarbeitung von Vertragsmustern u. Ä. zur Verbesserung des Beschaffungsprozesses als PPP-Projekt anzustreben ist.[125] Entsprechende Ansätze dazu wurden bereits unternommen und werden auch im Hinblick auf die Zielsetzung dieser Arbeit verfolgt.

2.1.4 Risiken

Wie unter Ziffer 2.1.1 herausgestellt, ist die angemessene Risikoallokation ein wesentlicher Einflussfaktor für die Effizienzsteigerung von PPP-Projekten.[126] Durch eine sinnvolle Risikoverteilung können Risikokosten reduziert werden, da derjenige das Risiko trägt, welches er am besten steuern kann und die damit verbundenen Mehrkosten vermeidet.[127]

Nach *Pareto* ist eine effiziente Lösung erreicht, wenn die erforderlichen Ressourcen in der Art und Weise verteilt sind, dass es keine andere Alternative gibt, die mindestens ein Mitglied

---

[121] Ein Praxisbeispiel aus einem PPP-Projekt beschreibt, dass nach Vertragsschluss ein Berechnungsmodus für die Preisanpassung der Ver- und Entsorgungsleistungen über einen „Mehrleistungsfaktor" entwickelt wurde. Vgl. Arendt, S.; Berger, M.; Käsewieter, H.-W.; Marke, D.: a.a.O., S. 101 f.

[122] Um das Risiko der Nichtigkeit des gesamten Vertrages zu minimieren, kann oder sollte eine Regelung aufgenommen werden, dass die Vertragspartner im Falle der Nichtigkeit einer Anpassungsregelung so gestellt bleiben, wie sie vor der Anwendung der entsprechenden Regelung standen. Zumindest die Vergabekammer Münster hat eine derartige Regelung bereits gebilligt. Vgl. Berger, M.: Änderung von langfristigen Verträgen; in Betriebswirtschaftliches Institut der Bauindustrie (Hrsg.): PPP-Newsletter Nr. 6/2010 vom 01.04.2010, Online im Internet, URL: <http://www.bwi-bau.de>, Abruf: 05.04.2009, 20:31 Uhr

[123] An dieser Stelle wird auf weiterführende Literatur verwiesen: Claudy, P., Ohde, E.: Steuerrecht, in Weber, M.; Schäfer, M.; Hausmann, F.L. (Hrsg.): Public Private Partnership, Verlag C.H. Beck: München 2006; Weinand-Härer, K., Sauerhering, T.: Steuern, in Littwin, F.; Schöne, F.-J. (Hrsg.): Public Private Partnership im öffentlichen Hochbau, Verlag W. Kohlhammer: Stuttgart 2006

[124] Vgl. Claudy, P., Ohde, E.: a.a.O., S. 327

[125] Vgl. Deutsches Institut für Urbanistik (Hrsg.): PPP-Projekte in Deutschland 2009, Eigenverlag: Berlin 2009, S. 41 ff.

[126] Vgl. Miksch, J.: a.a.O., S. 7

[127] Es wird in diesem Zusammenhang auch vom „cheapest cost avoider" gesprochen. Vgl. BMVBS (2003b): a.a.O., S. 5

der Gesellschaft besser stellt, ohne gleichzeitig einen anderen schlechter zu stellen. Bezogen auf die Risikoverteilung kann die Projekteffizienz beispielsweise an den gesamten Lebenszykluskosten gemessen werden.[128]

Die maximale Projekteffizienz wird bei einem pareto-optimalen Risikotransfer erreicht, was in Bild 2-5 veranschaulicht ist. Für den Risikoträger muss der größtmögliche Anreiz darin liegen, die Eintrittswahrscheinlichkeit des spezifischen Risikos und sein Schadenausmaß zu minimieren.

Werden also die Risiken nicht angemessen auf die Partner verteilt, können die möglichen Effizienzvorteile nicht generiert werden und verringern die Vorteile des gesamten PPP-Projektes. Bei der Übertragung zu vieler Risiken auf den privaten Partner ist mit hohen Aufschlägen zu rechnen, die wiederum die Chancen der ÖPP-Beschaffung verringern.[129]

Wesentliche Voraussetzung für eine optimale Risikoallokation sind zunächst das Erkennen und das Klassifizieren der relevanten Risiken. Im Rahmen der Vorbereitung und des anschließenden Vergabeverfahrens müssen die projektspezifischen Risiken überblickt und idealerweise in einem Risikokatalog zusammengefasst werden.

Im Hinblick auf die Zielsetzung dieser Arbeit ist das Risiko aus der Nutzungsphase hinsichtlich der Unsicherheit für den Mehr- oder Minderverbrauch an Energie und Wasser hervorzuheben, da hier sowohl das Nutzerverhalten als auch Fehler in der Planung und Umsetzung des Gebäudes selbst maßgeblich sein können.

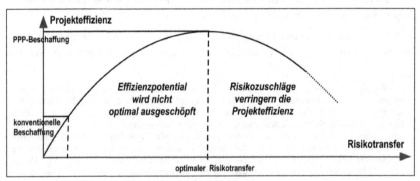

Bild 2-5: Einfluss Risikotransfer auf die Projekteffizienz[130]

---

[128] Vgl. Arndt, R. H.: Getting a fair deal: Efficient risk allocation in the private provision of infrastructure, Dissertation, The University of Melbourne, Melbourne: 2000, S. 72

[129] Vgl. Jacob, D., Winter, C., Stuhr, C.: PPP bei Schulbauten – Leitfaden Wirtschaftlichkeitsvergleich, Freiburger Forschungshefte, Technische Universität Bergakademie Freiberg: 2003, S. 18

[130] Eigene Darstellung in Anlehnung an Jacob, D., Winter, C., Stuhr, C.: PPP bei Schulbauten – Parameter für einen Public Sector Comparator, Freiburger Forschungshefte, Technische Universität Bergakademie Freiberg: 2003, S. 15

Im Ergebnis führt dies beim Privaten zu einer Verringerung seines Gewinns bis hin zur völligen Fehlkalkulation bei einem wesentlich erhöhten Verbrauch oder Preissteigerungen innerhalb der in der Output-Spezifikation definierten und zwischen den Vertragspartnern vereinbarten Nutzerprofile.[131]

Die Risikoidentifikation dient als Basis für deren Bewertung und Allokation. Im Rahmen der Risikobewertung ist die Eintrittswahrscheinlichkeit, die Werte zwischen 0 % und 100 % annehmen kann, sowie deren monetäre Schadensauswirkung zu untersuchen. Allerdings ist festzuhalten, dass selbst objektivierte Eintrittswahrscheinlichkeiten und ermittelte Schadenshöhen aus Ex-post-Betrachtungen nicht immer ohne weiteres auf zukünftige Entwicklungen übertragbar sind.

Selbst Expertenbefragungen führen dabei immer wieder zu subjektiven Einschätzungen.[132] Die Risiken mit den größten Auswirkungen auf den Projekterfolg müssen ermittelt werden. Dazu kann beispielsweise über eine Scoring-Risikomatrix für jedes Risiko eine zusammenfassende Bewertung vorgenommen werden, woraus sich eine Prioritätenliste der wesentlichen Projektrisiken ableiten lässt.[133] Anwendung bei der Bewertung finden dabei qualitative wie auch quantitative Verfahren, wobei die Qualität der vorliegenden Informationen ausschlaggebend ist, welche Methoden grundsätzlich angewandt werden können.[134] Gerade wenn keine fundierte Datenbasis vorliegt, kann mithilfe einer qualitativen Bewertung eine erste Einschätzung der Risiken vorgenommen werden. Auf dieser Grundlage können die Risiken einer genaueren Betrachtung unterzogen werden.[135]

Im Rahmen der Wirtschaftlichkeitsbetrachtung hat sich als quantitative Vorgehensweise das Zuschlagsverfahren etabliert. Dabei wird für jedes Einzelrisiko eine äquivalente Zahlungsgröße ermittelt, die als absolute Kostengröße einfließt.[136] Neben der zuvor dargestellten Risikobewertung ist als maßgeblicher Effizienztreiber bei PPP-Projekten die Risikoverteilung entscheidend. Zu unterscheiden sind dabei die spezifischen übertragbaren Risiken und die generellen zurückbehaltenen Risiken:[137]

---

[131] Vgl. ebenda, S. 8

[132] Vgl. Wolf, K., Runzheimer, B.: Risikomanagement und KonTraG: Konzeption und Implementierung, 2. Auflage, Gabler Verlag: Wiesbaden 2000, S. 46

[133] Alfen, H. W., Elbing, C.: Der Wirtschaftlichkeitsvergleich: Berücksichtigung von Risiken, in Littwin, F.; Schöne, F.-J. (Hrsg.): Public Private Partnership im öffentlichen Hochbau, Verlag W. Kohlhammer: Stuttgart 2006, Rn. 380

[134] Vgl. Kohnke, T.: Die Gestaltung des Beschaffungsprozesses im Fernstraßenbau unter Einbeziehung privatwirtschaftlicher Modelle, Heft 15, Mitteilungen des Fachgebiets Bauwirtschaft und Baubetrieb, Technische Universität Berlin: 2001, S. 153

[135] Eine ausführliche Betrachtung des Risikomanagements bei PPP-Projekten ist in der weiterführende Literatur zu finden: Elbing, C.: Risikomanagement für PPP-Projekte, Josef Eul Verlag: Lohmar 2006; Pfnür, A., Schetter, C., Schöbener. H.: a.a.O.

[136] Vgl. ebenda, S. 41

[137] Vgl. Alfen, H. W., Elbing, C.: a.a.O. , Rn. 396 f.; United Nations Development Industrial Organization (Hrsg.): Guidelines for Infrastructure Development through Built-Operate-Transfer (BOT) Projects, Eigenverlag, Wien 1996, S. 153 ff.

• Lassen die rechtlichen und tatsächlichen Rahmenbedingungen eine Übertragung auf den
  Privaten zu und kann dieser entscheidenden Einfluss auf das Risiko nehmen, dann handelt
  es sich um spezifische übertragbare Risiken.

• Die generellen zurückbehaltenen Risiken sind unabhängig von Eigenrealisierung oder Beschaffung durch PPP. Sie verbleiben bei der öffentlichen Hand.

Im Anhang A.2 ist eine mögliche Risikoallokation bei einem PPP-Projekt dargestellt. PPP-
typisch wird auf den Privaten das gesamte Planungs- und Herstellungsrisiko in der Realisie-
rungsphase des Projektes übertragen, welches i. d. R. auch das Genehmigungsrisiko beinhaltet.

Damit trägt der Auftragnehmer das Risiko, dass seine Planung der Leistungsbeschreibung des
Auftraggebers entspricht, rechtlich genehmigungsfähig und technisch realisierbar ist. Ebenso
schuldet der Auftragnehmer eine fristgerechte Immobilie zum vereinbarten Festpreis, die bei
Abnahme mängelfrei ist.[138] Darüber hinaus ist es sinnvoll, Risiken nicht ausschließlich dem
Privaten oder der öffentlichen Hand zuzuordnen, sondern vielmehr zu prüfen, ob Risiken auch
differenziert verteilt und insofern geteilt werden können.[139] Durch eine Eingrenzung, Typisie-
rung und geeignete Anreizmechanismen kann die Effizienz der Projekte weiter erhöht werden. Sowohl das Vandalismusrisiko[140] als auch das Versorgungsrisiko[141] können hierbei angeführt werden. Bei dem Letztgenannten kann beispielsweise eine Mengenanpassung auf ein
verändertes Nutzerverhalten zurückzuführen sein. Da der private Partner regelmäßig nur in
begrenztem Maße auf dieses Verhalten Einfluss ausüben kann, sollte dieses Risiko ggf. weiter
von der öffentlichen Hand getragen werden.[142]

2.1.5   Wirtschaftlichkeitsvergleich

Von hoher Bedeutung für ein optimales Ergebnis im Energiemanagement sind die vermö-
genswirksamen Konsequenzen bei allen zu treffenden Entscheidungen. Zur Beurteilung der
wirtschaftlichen Vorteilhaftigkeit werden Investitionsrechenverfahren herangezogen. Dabei
sind dem Grunde nach zwei Perspektiven von besonderer Bedeutung:[143]

• Führt die getroffene Entscheidung zu einer absoluten Vorteilhaftigkeit dieser Investition,
  d. h. ist es aus rein wirtschaftlicher Sicht sinnvoll, diese Entscheidung zu treffen oder ist
  die Unterlassensalternative zu bevorzugen?

---

[138] Vgl. Schede, C., Pohlmann, M.: Vertragsrechtliche Grundlagen, in Weber, M.; Schäfer, M.; Hausmann, F. L. (Hrsg.): Public Private Partnership, Verlag C.H. Beck: München 2006, S. 106

[139] Bischoff ergänzt in seiner Arbeit die Kategorie der intermediären Risiken, bei denen die Kontroll-
fähigkeit weder dem privaten Partner noch dem öffentlichen Auftraggeber eindeutig zuzuordnen
sind. Vgl. Bischoff, T.: a.a.O., S. 98

[140] Vgl. Alfen, H. W., Elbing, C.: a.a.O., S. 243 f.

[141] Vgl. Gottschling, I.: a.a.O., S, 170

[142] Vgl. Pfnür, A., Schetter, C., Schöbener. H.: a.a.O., S. 45

[143] Vgl. Diederichs, C. J. (1999): a.a.O., S. 158 f.; Bone-Winkel, S., Schulte, K.-W., Sotelo, R., Allendorf, G. J., Roperts-Ahlers, S.-E.: Immobilieninvestition, in Schulte, K.-W.(Hrsg.): Immobilienökonomie, Bd. 1, 4. Auflage, Oldenbourg Verlag: München 2008, S. 630

- Ist die Entscheidung für diese Investition besser als für eine andere Alternative, d. h. welche Variante A, B oder C besitzt gegenüber anderen einen relativen Vorteil?

Die Anforderungen der Immobilienwirtschaft und insbesondere des Energiemanagements erfordern besondere Merkmale für die Instrumente der Analyse:[144]

- Ansatz realistischer und plausibler Eingangsgrößen

- Darstellung in übersichtlicher und transparenter Form

- Nachvollziehbarkeit der Vorgehensweise

- Möglichkeit der Variation der Eingangsparameter

- Aussagekräftige Ergebnisse und Ableitung von Handlungsempfehlungen

Die dafür anzuwendenden Verfahren lassen sich generell in die Gruppen der monovariablen Wirtschaftlichkeitsberechnungen und multivariablen Nutzen-Kosten-Untersuchungen differenzieren. Die letztgenannte Gruppe ermöglicht die Einbeziehung nicht monetär bewertbarer Nutzen-Kosten-Faktoren.[145] Das Bild 2-6 fasst die Verfahren zusammen.

Die monovariablen Verfahren lassen sich grundsätzlich in die statischen und in die dynamischen Methoden unterscheiden, wobei unterschiedliche Wertigkeiten der Ein- und Auszahlungen in Abhängigkeit von einem Zahlungstermin im Rahmen der statischen Verfahren nicht berücksichtigt werden und damit Zinses- und Zinseszinseffekte vernachlässigt.[146] Der wesentliche Vorteil dieser Methoden liegt in der einfachen Anwendung. Aufgrund ihrer erwiesenen Ungenauigkeiten werden sie in zunehmendem Maße durch die dynamischen Verfahren verdrängt.[147]

Die dynamischen Methoden, die man auch als finanzmathematische Verfahren bezeichnet, versuchen die finanziellen Auswirkungen über einen bestimmten Zeitraum zu erfassen und auszuwerten. Das theoretische Grundmodell dieser Verfahren basiert auf der Prämisse des vollkommenen Kapitalmarktes, d. h. während des zu betrachtenden Investitionszeitraumes kann jeder beliebige Betrag zu einem einheitlichen Zinssatz ausgeliehen oder angelegt werden.[148,149]

---

[144] Vgl. Isenhöfer, B., Väth, A.: Projektentwicklung, in : Schulte, K.-W.(Hrsg.): Immobilienökonomie, Bd. 1, 2. Auflage, Oldenbourg Verlag: München 2000, S. 187

[145] Vgl. Diederichs, C. J.(1999): a.a.O., S. 159

[146] Vgl. Hoffmeister, W.: Investitionsrechnung und Nutzwertanalyse, Verlag Kohlhammer: Stuttgart 2000, S. 33

[147] Vgl. Wöhe, G.: Einführung in die Allgemeine Betriebswirtschaftslehre, 20. Auflage, Verlag Vahlen: München 2000, S. 629

[148] Vgl. Linnhoff, U., Pellens, B.: Investitionsrechnung, in Busse von Colbe, W., Coenenberg, A., Kajüter, P., Linnhoff, U.: Betriebswirtschaft für Führungskräfte, Schäffer-Poeschel Verlag: Stuttgart 2000, S. 152; Wöhe, G.: a.a.O., S. 636

[149] Die Investitionsrealität sieht anders aus. Die Eingangsgrößen können i. d. R. nicht mit Sicherheit prognostiziert werden. In der allgemeinen Betriebswirtschaftslehre führt dies zu sog. stochastischen Investitionsmodellen. Mithilfe von Korrekturverfahren, Sensitivitätsanalysen, Risikoanalysen oder portfoliotheoretischen Ansätzen kann so der Problematik des Investitionsrisikos begegnet werden. Vgl. dazu Wöhe, G.: a.a.O., S. 659 ff.

Bild 2-6: Methoden der Investitionsrechenverfahren[150]

Für die Wirtschaftlichkeitsbewertung von Maßnahmen im Bereich des Energiemanagements sind als relevante Verfahren die Kapitalwert- und Annuitätenmethode zu nennen, die im Folgenden näher dargestellt werden.[151]

Grundlage für die vorgenannten Methoden ist die Finanzmathematik, die sich damit beschäftigt, Zahlungsgrößen, die sich auf unterschiedliche Zeitpunkte beziehen, unter Beachtung der Zins- und Zinseszinsrechnung vergleichbar zu machen. Der Kapitalwert ist einer der am weitesten verbreiteten investitionstheoretischen Kennzahlen.

Er gibt eine Aussage über eine Zahlungsreihe im Zeitpunkt t = 0 an und ist definiert als der Barwert der Rückflusse zuzüglich des Barwertes eines Liquidationserlöses und abzüglich des Barwertes der Anfangszahlung. Die Berechnung sieht so aus, dass die zukünftigen Einnahmen und Ausgaben für die jeweilige Periode saldiert und dann mit einem zu wählenden Kalkulationszinsfuß auf den Zeitpunkt t_0 abgezinst werden. Von den diskontierten Zahlungen ist dann die Investitionsausgabe zu subtrahieren.[152]

Im Rahmen der Beurteilung einer absoluten Vorteilhaftigkeit einer Einzelinvestition sind folgende Ausprägungen des Kapitalwertes zugrunde zu legen:[153]

---

[150] Eigene Darstellung in Anlehnung an Diederichs, C. J. (1999): a.a.O., S. 159; Iding, A.: Entscheidungsmodell der Bauprojektentwicklung, DVP-Verlag: Wuppertal 2003, S. 83

[151] Im Unterschied zur Kapitalwert- und Annuitätenmethode, bei denen die zahlungsrelevanten Vorgänge auf den Zeitpunkt t_0 bezogen werden, zeichnen sich die Vermögensendwertmethoden dadurch aus, dass Zahlungsreihen auf den Endzeitpunkt eines Projektes bezogen werden. Insbesondere sind hierbei die sog. Vollständigen Finanzpläne (VOFI) zu nennen, mit deren Hilfe alle mit der Investition verbundenen Zahlungsströme abgebildet werden, was zu einer exakteren und transparenteren Erfassung sowie Abbildung von deren finanzwirtschaftlichen Konsequenzen führt. Vgl. Ropeter, S.-E.: Investitionsanalyse für Gewerbeimmobilien, Rudolf Müller Verlag: Köln 1998, S. 172; Schulte, K.-W., Allendorf, G., Ropeter, S.-E.: Immobilieninvestition, in Schulte, K.-W.(Hrsg.): Immobilienökonomie, Bd. 1, 2. Auflage, Oldenbourg Verlag: München 2000, S. 537

[152] Bone-Winkel, S., Schulte, K.-W., Sotelo, R., Allendorf, G. J., Roperts-Ahlers, S.-E.: a.a.O., S. 644

[153] Diederichs, C. J. (1999): a.a.O., S. 164

- Der Kapitalwert ist positiv, dadurch verzinst sich das durch die Investition eingesetzte Kapital höher als der Kalkulationszinsfuß. Der Betrag drückt die Vermögenserhöhung aus.

- Der Kapitalwert ist gleich null, dadurch verzinst sich die Investition genau zum zugrunde liegenden Zinsfuß. Es liegt eine Entscheidungsindifferenz vor.

- Der Kapitalwert ist negativ, dadurch verzinst sich das eingesetzte Kapital geringer als der Kalkulationszinsfuß. Der Betrag gibt die Vermögensminderung an.

Ökonomisch betrachtet ist demnach eine Investition absolut vorteilhaft, wenn der Kapitalwert größer Null ist. Im Rahmen des in dieser Arbeit zu betrachtenden Energiemanagements wird es sich um die Betrachtung von Alternativen handeln, sodass die relative Vorteilhaftigkeit zu ermitteln ist. Vorzuziehen ist in diesem Fall die Variante mit dem höchsten Kapitalwert.[154]

Die Annuitätenmethode leitet sich aus der Kapitalwertmethode ab. Die Annuität ist eine Rente aus einem Anfangskapital.[155] Durch Transformation des Kapitalwertes der Zahlungsreihe in eine Reihe gleichhoher Zahlungen zu den einzelnen Zahlungszeitpunkten des Betrachtungszeitraumes erhält man die Annuität. Diese Transformation erfolgt mithilfe des Annuitätenfaktors.

Die Annuität ist eine zeitraumbezogene Größe im Unterschied zum stichtagsbezogenen Kapitalwert. Ökonomisch betrachtet, weist eine positive Annuität den finanzmathematischen Durchschnittsgewinn einer Investition pro Jahr oder ggf. den Durchschnittsverlust aus.[156] Im Gegensatz zum Kapitalwert ist bei der Annuitätenmethode zu berücksichtigen, dass bei einem Vergleich mehrerer einander ausschließender Alternativen insbesondere die spezifischen Laufzeiten zu beachten sind, da sich offensichtlich bei einer Transformation einer gleichhohen einmaligen Zahlung auf Perioden, die eine unterschiedlich lange Laufzeit haben, unterschiedliche Annuitäten ergeben.[157]

Eine Variante im Rahmen des Energiemanagements ist das sog. Verfahren zur Ermittlung der Einsparkosten bei Sanierungsprojekten. Hierbei werden die Kosten der Modernisierungsmaßnahmen mit den eingesparten Energiekosten verglichen. Die Maßnahme ist zu präferieren, wenn die einzusparenden Energiekosten unter Beachtung der Preissteigerung höher sind als die Annuitäten der energetischen Modernisierungskosten.[158]

Im Rahmen von ÖPP-Projekten ist normalerweise nicht nur der Preis des Angebotes des privaten Partners relevant, sondern die Wirtschaftlichkeit unter Berücksichtigung der qualitati-

---

[154] Vgl. Ropeter, S.-E.: a.a.O., S. 99
[155] Vgl. Schneider, D.: Investition, Finanzierung und Besteuerung, 7. Auflage, Gabler Verlag: Wiesbaden 1992, S. 79
[156] Vgl. Diederichs, C. J. (1999): a.a.O., S. 167
[157] Vgl. Iding, A.: a.a.O., S. 113
[158] Vgl. Junghans, A.: Bewertung und Steigerung der Energieeffizienz kommunaler Bestandsgebäude, Gabler Verlag: Wiesbaden 2009, S. 60

ven Kriterien, also das Preis-Leistungs-Verhältnis. [159] Die anzuwendende Methodik und Bewertungskriterien der Vergabestellen variieren dahingehend, müssen jedoch transparent im Ausschreibungs- und Vergabeprozessprozess allen Bietern dargelegt werden.[160] Wie bereits dargestellt sind die nicht monetär bewertbaren Kriterien durch eine Nutzwertanalyse (NWA) und die monetären Kriterien durch eine Nutzen-Kosten-Analyse (NKA) zu bewerten.

NWA und NKA sollten zweckmäßig zu einer Kosten-Wirksamkeitsanalyse (KWA) zusammengeführt werden, um so die relative Vorteilhaftigkeit der Angebote zu erhalten.[161] In der gängigen Praxis werden auch beiden Komponenten Kosten und Qualität Punktwerte zugeordnet und in unterschiedlicher Gewichtung zusammengerechnet. Dabei wird der Barwert über eine von der Vergabestelle vorgegebene Preistabelle errechnet und über eine Transformation in einen Punktwert überführt. So kann bspw. dem niedrigsten Barwert (BW) die höchste zu erreichende Punktzahl (z. B. 100 Punkte) zugeordnet werden. Die anderen Angebote bzw. Barwerte (BW_n) werden dann gem. nachfolgendem Ansatz dazu gewertet:[162]

$$Erreichte\ Punktzahl = (BW_{min}/BW_n) \times 100$$

Entsprechend würde sich exemplarisch bei den folgenden drei Angeboten eine Auswertung gem. Bild 2-7 ergeben.

Angebot	Angebotener Barwert	Maximale Punktzahl	Erreichte Punktzahl	Rang
Bieter 1	10.980.000,00 €	100	92	2
Bieter 2	10.150.000,00 €	100	100	1
Bieter 3	12.200.000,00 €	100	83	3

Bild 2-7: Barwerttransformation in Punktzahlen[163]

Um nun eine Gesamtbewertung der Angebote vorzunehmen, sind noch die qualitativen Aspekte der Angebote auszuwerten und mit einer entsprechenden Punktzahl zu belegen. Dabei werden typischerweise den verschiedenen Qualitätskriterien und ggf. gewichteten Unterkriterien zu erreichende Punktzahlen zugeordnet und bei der Auswertung der Angebote der Erfüllungsgrad gemessen, sodass es bei der Zusammenfassung möglich ist, dass kein Angebot die höchste (qualitative) Punktzahl erreicht, da die Erfüllungsgrade nicht durchgängig zu 100 % erreicht werden. Um das mit der Gewichtung der Gesamtkriterien beabsichtigte Verhältnis

---

[159] Vgl. Berner, F., Hirschner, J. (Hrsg.): Entwicklung eines standardisierten Verfahrens zur Gesamtkalkulation von PPP-Projekten - Band 1 - Grundlagen, Online im Internet, URL: <http://www.ppp-kalkulation.de>, Abruf: 18.06.2010, 23:10 Uhr, S. 86; Alfen, H. W., Daube, D.: Der Wirtschaftlichkeitsvergleich, in Littwin, F.; Schöne, F.-J. (Hrsg.): Public Private Partnership im öffentlichen Hochbau, Verlag W. Kohlhammer: Stuttgart 2006, S. 184
[160] Das Transparenzgebot ist im Vergaberecht in § 97 Abs. 1 GWB festgehalten.
[161] Diederichs, C. J. (2005): Führungswissen für Bau- und Immobilienfachleute 1. Grundlagen, 2. erweiterte und aktualisierte Auflage, Springer-Verlag: Berlin 2005, S. 239 ff.
[162] Alternativ kann eine vordefinierte Abstufung über prozentuale Abweichungen erfolgen, sodass bspw. bei einer Abweichung vom geringsten Barwert über 20 % nur noch 100 von 100 Punkten erreicht werden.
[163] Eigene Darstellung

von Kosten und Qualität durchgängig sicherzustellen, kann ggf. ein Korrekturfaktor eingesetzt werden, sodass der in einem Teilkriterium beste Bieter grundsätzlich die höchst mögliche Punktzahl erreicht. Die Berechnung wird in Ergänzung zum vorherigen Beispiel fortgesetzt:

- Maximale Punktzahl „Qualität" 100 Punkte

- Bieter 1: 81 Punkte

- Bieter 2: 55 Punkte

- Bieter 3: 90 Punkte

Da der Abstand von Bieter 3 zur höchsten Punktzahl 10 % beträgt, ergibt sich daraus ein Korrekturfaktor von 1,11. Daraus ergeben sich korrigierte Punktzahlen für die Bieter:

- Bieter 1: 81 Punkte x 1,11 = 90 Punkte

- Bieter 2: 55 Punkte x 1,11 = 61 Punkte

- Bieter 3: 90 Punkte x 1,11 = 100 Punkte

Berücksichtigt man zusätzlich bei der Gesamtbewertung eine unterschiedliche Gewichtung der Kriterien Kosten und Qualität mit der höheren Bedeutung der monetären Größe, kann die Auswertung zu dem dargestellten Ergebnis in Bild 2-8 führen. Dabei wird deutlich, dass sich bei der exemplarischen Bewertung nicht das preislich günstigste Angebot durchsetzt, sondern die qualitativen Merkmale entsprechend ihrer festgelegten Bedeutung den Ausschlag geben.

Angebot	Preis (Gewicht: 60 %)		Qualität (Gewicht: 40 %)		Gesamte Punktzahl	Rang
	Erreichte Punktzahl	Maximale Punktzahl	Erreichte Punktzahl	Gewichtete Punktzahl		
Bieter 1	92	55	90	36	91	1
Bieter 2	100	60	61	24	84	3
Bieter 3	83	50	100	40	90	2

Bild 2-8: Gesamtauswertung Kosten und Qualität[164]

2.1.6 Vertragstheoretische Merkmale

Es existieren zwei verschiedene Ansätze zur Erreichung eines wissenschaftlichen Fortschritts. Ein Weg ist, neue Lösungsansätze für bekannte Fragen zu entwickeln. Eine andere Möglichkeit besteht darin, bekannte Lösungsansätze auf neue Probleme anzuwenden.[165] Die neuen Problemfragestellungen bei ÖPP-Projekten hinsichtlich der Ausgestaltung von Vertrags- und Prozessstrukturen lassen die zweite Vorgehensweise als geeigneter erkennen. Die Neue Institutionenökonomie (NIÖ) hat in dem Zusammenhang große Bedeutung für die Immobilien-

---

[164] Eigene Darstellung
[165] Vgl. Schneider, D.: Allgemeine Betriebswirtschaftslehre, 3. Auflage, Oldenbourg Verlag, 1987, S. 595

wirtschaft und insbesondere für ÖPP-Projekte. Diese sind durch ihre Austauschbeziehung zwischen privatem Partner und der öffentlichen Hand gekennzeichnet.[166] Bei der NIÖ sind neben den eigentlichen Prozessen beim Austausch zwischen den Vertragspartnern auch der institutionelle Rahmen Teil der Untersuchung. Dabei steuern im Wesentlichen zwei institutionelle Ebenen die ÖPP-Projekte. Zum einen existiert ein institutioneller Rahmen, der von außen auf die handelnden Personen wirkt und somit entsprechende Verhaltensregeln vorgibt. Die andere institutionelle Ebene stellt die Verhaltensregeln innerhalb der verschiedenen Akteure dar.[167] Mithilfe der NIÖ können nicht nur monetäre bzw. wirtschaftliche Einflussgrößen berücksichtigt, sondern auch rechtliche, politische und gesellschaftliche Faktoren einbezogen werden.[168] Aus dieser Sichtweise können für ÖPP-Projekte sowohl institutionelle Rahmenbedingungen als auch projektspezifische Mechanismen (Handlungssystem) erkannt und systematisiert werden. Im Mittelpunkt dieser Arbeit steht weniger das institutionelle Regelsystem als vielmehr das eigentliche Handlungssystem. Es ist dazu geeignet, Anreizsysteme, Kontroll- und Steuerungsmechanismen bei ÖPP-Projekten zu ergründen.[169]

Die NIÖ umfasst verschiedene Ansätze, die sich erst in den vergangenen 20 Jahren entwickelt haben und versucht, die Defizite der neoklassischen Herangehensweise zu verbessern. Sie analysiert die Wirkungen verschiedener Unvollkommenheiten der Märkte,[170] während die Neoklassik von den folgenden Annahmen geprägt ist. Die Modellwelt der neoklassischen Wirtschaftstheorie mit dem zentralen Konzept des Wettbewerbsmarktes geht davon aus, dass Angebot und Nachfrage über den Preis geregelt werden. Einzelne Marktakteure bestimmen nicht den sich daraus ergebenden Gleichgewichtspreis.[171]

Die institutionellen Rahmenbedingungen aus Politik, Wirtschaft, Recht und Moral haben keinen direkten Einfluss auf den Wirtschaftsablauf, deren Wirkung als neutral angenommen wird.[172] Die folgenden Annahmen sind für die neoklassische Modellwelt kennzeichnend:[173]

• Eigentumsrechte sind vollständig spezifiziert und den Wirtschaftsakteuren auf eindeutige Weise zugewiesen.

[166] Vgl. Fischer, K.: a.a.O., S. 59
[167] Vgl. Williamsons, O. E.: The Mechanisms of Governance, Oxford University Press: New York 1996, S. 234
[168] Vgl. Welter, F.: Strategien, KMU und Umfeld, Handlungsmuster und Strategiegenese in kleinen und mittleren Unternehmen, Dunkler & Humblot Verlag: Berlin, 2003, S. 100
[169] Vgl. Fischer, K.: a.a.O., S. 50
[170] Vgl. Jansen, H.: Neoklassische Theorie und Betriebswirtschaftslehre, in Horsch, A., Meinhövel, H., Paul, S.: Institutionenökonomie und Betriebswirtschaftslehre, Vahlen Verlag: München 2005,S. 59 ff.
[171] Erlei, M., Leschke, M., Sauerland, D.: Neue Institutionenökonomik, Schäffer-Poeschel Verlag: Stuttgart 1999, S. 45; Bischoff, T.: a.a.O., S. 127
[172] Vgl. Picot, A., Dietl, H., Franck, E.: Organisation: eine ökonomische Perspektive, 3. Auflage, Schäffer-Poeschel Verlag: Stuttgart 2002, S. 42 f.; Richter, R., Furbotn, E. G.: Neue Institutionenökonomie, eine Einführung und kritische Würdigung, 2. Auflage, Mohr Siebeck Verlag: Tübingen 1999, S. 9 f.
[173] Feldmann, H.: Eine institutionalistische Revolution? Zur dogmenhistorischen Bedeutung der modernen Institutionenökonomie, Duncker & Humblot Verlag: Berlin 1995, S. 12

- Die handelnden Akteure sind mit vollständigen Informationen und vollkommener Voraussicht versehen. Die Informationen zwischen Bieter und Nachfrager sind symmetrisch verteilt.

- Wirtschaftssubjekte sind in der Lage, vollständige Verträge anzuschließen. Diese werden mit absoluter Genauigkeit kontrolliert und durchgesetzt.[174]

- Die Suche nach Vertragspartnern, das Aushandeln der Verträge sowie die Kontrolle der Einhaltung der vertraglichen Regelungen können vernachlässigt werden.

- Die Existenz von Transaktionskosten und deren Beeinflussbarkeit durch Institutionen werden nicht berücksichtigt.[175] Alle gewünschten Informationen sind sofort und kostenlos zu erhalten und können verarbeitet werden.[176]

Die Annahmen der Neoklassik sind zu vereinfacht in Bezug auf die komplexe Wirklichkeit der Wirtschaft. Der neoklassische Markt geht davon aus, dass es immer viele Wettbewerber gibt, die das Gleiche anbieten und insofern stets dieselben Ausgangsbedingungen herrschen. Tatsächlich ist aber durchaus zu beobachten, dass zwischen zunächst unbekannten Vertragspartnern vertrauensvolle Vertragsbeziehungen entstehen und die erbrachten Leistungen sowie die Partner sich schätzen lernen.[177]

Die NIÖ versucht den Anwendungsbereich der neoklassischen Theorie zu erweitern, indem sie realitätsnähere Prämissen annimmt. Sie bestehen aus mehreren verwandten, vergleichsweise einfach gehaltenen Ansätzen, mit deren Hilfe in logisch stringenter Weise Ergebnisse abgeleitet werden können.[178] Sie geht davon aus, dass die Akteure bei allen individuellen Wahlhandlungen stets versuchen, ihren Nutzen zu maximieren.[179]

Sie beschäftigt sich vornehmlich mit den Auswirkungen von Verträgen, Organisationen etc.[180] auf das menschliche Verhalten und stellt insgesamt keine einheitliche Theorie dar, sondern vielmehr drei Ansätze, die sich in Teilen überschneiden, ergänzen und wiederum unterscheiden:[181]

---

[174] Vgl. Richter, R., Furbotn, E. G.: a.a.O., S. 10 f.
[175] Die moderne Analyse der Institutionen im Markt geht auf Coase zurück. Er stellte die These auf, dass die Kosten der Marktbenutzung wesentlichen Einfluss auf die Entscheidung der Wirtschaftsakteure haben. Vgl. Coase, R.H.: The Nature of the Firm, Economica, 4, 1937, S. 386-405
[176] Vgl. Storn, A.: Totes Kapital – Die Neue Institutionenökonomik verändert das Denken von Wissenschaftlern und Politikern, in: DIE ZEIT vom 27.11.2003, S. 30 f.
[177] Vgl. Göbel, E.: Neue Institutionenökonomik, Konzeption und betriebswirtschaftliche Anwendungen, Schäffer-Poeschel Verlag: Stuttgart 2002, S. 141
[178] Vgl. Picot, A.: Transaktionskostenansatz in der Organisationstheorie. Stand der Diskussion und Aussagewert, in: Die Betriebswirtschaft, 42. Jahrgang, 1982, H. 2, S. 267 ff.
[179] Vgl. Richter, R., Furubotn, E. G.: a.a.O., S. 3
[180] Der Begriff der Institutionen wird hierfür synonym verwandt. Richter und Furubotn verstehen die Institution als „ein System miteinander verknüpfter, formgebundener (formaler) und formungebundener (informeller) Regeln (Normen) einschließlich der Vorkehrungen zu deren Durchsetzung". Vgl. Richter, R., Furubotn, E. G.: a.a.O., S. 7
[181] .Vgl. Picot, A., Dietl, H., Franck, E.: a.a.O., S. 54 f.

- Verfügungsrechts-Theorie (Property-Rights-Ansatz)

- Transaktionskostentheorie

- Prinzipal-Agenten-Theorie (Agencytheorie)

Das Verhältnis der Ansätze zueinander bzw. eine trennscharfe Abgrenzung ist in der Literatur nicht eindeutig. Die Schwierigkeit der eindeutigen Zuordnung besteht darin, dass die vom jeweiligen Ansatz betonten Problemfelder in der Praxis stets mit den anderen Bereichen auftreten und untereinander Interpendenzen aufweisen.[182,183] Dies gilt generell bei jedem ÖPP-Projekt, weil Verfügungsrechte von Personen berührt werden, Transaktionskosten auftreten und i. d. R. mehrere Vertragspartner involviert sind, die unterschiedliche Interessen verfolgen.[184] Für diese Arbeit ist die Agencytheorie von größerer Bedeutung, daher werden deren Grundzüge im Folgenden kurz dargestellt.

Die Prinzipal-Agenten-Theorie analysiert die Beziehung zwischen dem Auftraggeber (Prinzipal) und Auftragnehmer (Agenten), die grundsätzlich durch eine Asymmetrie der Informationen, spezifische Investitionen und Unsicherheit geprägt sind.[185] Wie beim Transaktionskostenansatz geht auch der Prinzipal-Agenten-Ansatz davon aus, dass es keine vollkommene und kostenlose Markttransparenz gibt.

Die Grundidee ist die Bewältigung von Vertragskonflikten zwischen Prinzipal und Agent, die vor allem durch die Schwierigkeit der Bewertung und Messung von Leistung und Gegenleistung gekennzeichnet ist. Die kostenpflichtige Marktnutzung und Informationsdefizite bergen die Gefahr der Täuschung der Vertragspartner in sich.

Bei der Agencytheorie werden der Wissensstand, die Informationsmöglichkeiten und die Risikoausprägung des Auftraggebers und -nehmers als unabhängige Variable, die Vertragsgestaltung als Entscheidungsvariable und die Agencykosten[186] als Entscheidungskriterium ver-

---

[182] Richter und Furubotn ordnen den Verfügungsrechtsansatz den anderen über. Sie sehen die Agencytheorie und den Transaktionskostenansatz als spezielle Verfügungsrechtstheorie. Vgl. Richter, R., Furubotn, E. G.: a.a.O., S. 10 ff.

[183] Erlei, Leschke und Sauerland betrachten wiederum die Agencytheorie und die Prinzipal-Agenten-Theorie als spezielle Form der Transaktionskostentheorie. Vgl. Erlei, M., Leschke, M., Sauerland, D.: a.a.O., S. 13 ff.

[184] Vgl. Göbel, E.: a.a.O., S. 60

[185] Vgl. Picot, A.: Ökonomische Theorien der Organisation – Ein Überblick über neuere Ansätze und deren betriebswirtschaftliche Awendungspotential, in: Ordelheide, D., Rudolph, B., Büsselmann, E. (Hrsg.): Betriebswirtschaftslehre und ökonomische Theorien, Schäffer-Poeschel Verlag: Stuttgart 1990, S. 150

[186] Aus den Problemfeldern der Prinzipal-Agenten-Theorie entstehen drei Arten von Agencykosten: Ausgaben für die Überwachung und Kontrolle des Agenten, Signalisierungskosten des Agenten aufgrund der Kontrollansprüche des Prinzipals und Wohlfahrtsverlust aus der abweichenden Entscheidung des Agenten gegenüber der den Nutzen des Prinzipals verbessernden Entscheidung. Vgl. Erlei, M., Leschke, M., Sauerland, D.: a.a.O., S. 75

wendet.[187] Folgende charakteristische Merkmale werden für die Beziehung zwischen Prinzipal und Agenten angenommen:[188]

- Das Handeln des Agenten wirkt sich spürbar auf den Nutzen des Prinzipals aus.
- Prinzipal und Agent sind rationale Nutzenmaximierer mit unterschiedlichen Nutzenpräferenzen.
- Zwischen Prinzipal und Agent herrscht Informationsasymmetrie.

Aufgrund dieser Annahmen besteht in der Agency-Beziehung grundsätzlich die Gefahr, dass der Agent seinen Nutzen maximiert, ohne dass er im Interesse oder unter Berücksichtigung der Ziele des Prinzipals handelt.

Aus der Theorie ergeben sich daraus verschiedene Grundtypen von Problemfeldern, die in Bild 2-9 dargestellt sind. Der Typ *hidden characteristics* liegt vor, wenn der Prinzipal vor Eingehen des Vertrages entscheidende Eigenschaften des Agenten falsch einschätzt oder nicht kennt.[189] Dies können Leistungsfähigkeit, Fachkunde, Zuverlässigkeit und Risikoneigung sowie Nutzenpräferenz sein.

Typ \ Vergleichskriterium	hidden characteristics	hidden intention	hidden information	hidden action
Entstehungszeitpunkt	vor Vertragsabschluss	vor oder nach Vertragsabschluss	nach Vertragsabschluss, vor Entscheidung	nach Vertragsabschluss, nach Entscheidung
Entstehungsursache	ex-ante verborgene Eigenschaften des Agenten	ex-ante verborgene Absichten des Agenten	nicht beobachtbarer Informationsstand des Agenten	nicht beobachtbare Aktivität des Agenten
Problem	Eingehen der Vertragsbeziehungen	Durchsetzen impliziter Ansprüche	Ergebnisbeurteilung	Verhaltens- (Leistungs-) beurteilung
Resultierende Gefahr	adverse selection	hold up	moral hazard, adverse selection	moral hazard, shirking
Lösungsansätze	signaling, screening, self selection	signaling, Reputation	Anreizkontrollsysteme, self selection (Reputation)	Anreizsysteme, Kontrollsysteme (Reputation)

Bild 2-9: Problemfelder asymmetrischer Informationsverteilung[190]

Beim Typ *hidden intention* bestehen auf Seiten des Prinzipals Informationsdefizite bezüglich der Absichten des Agenten. Bei bewusst verheimlichten Absichten des Agenten kann dies zu einem „Hold-up-Problem" führen, wenn der Agent die aus dem Vertrag resultierende Abhän-

---

[187] Vgl. ebenda, S. 154
[188] Vgl. Göbel, E.: a.a.O., S. 100
[189] Vgl. Blum, U., Dudley, L., Leibbrand, F., Weiske, A.: Angewandte Institutionenökonomik, Theorien – Modelle – Evidenz, Gabler Verlag: Wiesbaden 2005, S. 158
[190] Vgl. Breid, V.: Aussagefähigkeit agencytheoretischer Ansätze im Hinblick auf die Verhaltenssteuerung von Entscheidungsträgern, in: Zeitschrift für betriebswirtschaftliche Forschung, 47 (9/1995), S. 824

gigkeit des Prinzipals opportunistisch ausnutzt.[191] Im Fall von *hidden action* kann der Prinzipal nicht lückenlos die Aktivitäten des Agenten beobachten und somit kann von dem festzustellenden Ergebnis nicht auf das Aktivitätsniveau des Agenten geschlossen werden.[192]

Beim Problemtyp *hidden information* ist aufgrund fehlender Informationen vom Prinzipal nicht zu beurteilen, ob der Agent grundlegend einen bestimmten Sachverhaltt korrekt entschieden hat. Das Ergebnis ist zwar ablesbar, es kann allerdings nicht ausreichend beurteilt werden.

In der vorliegenden Arbeit wird verstärkt auf die Prinzipal-Agenten-Theorie Bezug genommen. Ein Aspekt der Untersuchung ist die Vertragsgestaltung zwischen der öffentlichen Hand und dem privaten Partner unter dem Aspekt, die Agencykosten zu reduzieren, indem vertragliche Anreizstrukturen festgelegt werden. Gerade im Hinblick auf Anreizstrukturen bietet die PA-Theorie einen Erklärungsansatz, um entsprechende Strukturen zu entwickeln und zu beschreiben.

Darüber hinaus ist das Ziel der Arbeit, einen optimierten Prozess von Beginn der Vorbereitung des Vergabeverfahrens zu beschreiben und vertragliche Anreizstrukturen zu entwickeln, die sicherstellen, dass eine Minimierung der Informationsasymmetrien gewährleistet wird. Die Ansätze der NIÖ scheinen für die zuvor beschriebenen Ziele gut geeignet zu sein.

2.2   Öffentlicher Hochbau

2.2.1   Definition, Einordnung und Bedeutung

Im Zusammenhang mit dem öffentlichen Hochbau wird der Begriff der öffentlichen Infrastruktur erläutert, da diese regelmäßig synonym verwendet werden. Als Infrastruktur bezeichnet man „die Summe der materiellen, institutionellen und personalen Einrichtungen und Gegebenheiten [...], die den Wirtschaftseinheiten zur Verfügung stehen und mit beitragen, den Ausgleich der Entgelte für gleiche Faktorbeiträge bei zweckmäßiger Allokation der Ressourcen, das heißt vollständiger Integration und höchstmöglichen Niveau der Wirtschaftstätigkeit, zu ermöglichen."[193] Die Rolle der Infrastruktur wird hier betont als relevante Einflussgröße für eine effiziente Volkswirtschaft sowie als entscheidende Voraussetzung für Wachstum und Produktivitätssteigerungen. Infrastruktur wird im Allgemeinen differenziert in materielle, institutionelle und personale Infrastruktur, wobei die materielle als die baurelevante Infrastruktur bezeichnet wird.[194] Aufgrund der unterschiedlichen Relevanz für die gesamtwirtschaftliche Entwicklung wird bei der materiellen Infrastruktur die wirtschaftsnahe bzw. die Kerninfrastruktur und die Infrastruktur im weiteren Sinne unterschieden.

---

[191] Vgl. Göbel, E.: a.a.O., S. 103
[192] Vgl. Blum, U., Dudley, L., Leibbrand, F., Weiske, A.: a.a.O., S. 158
[193] Jochimsen, R.: Theorie der Infrastruktur, Grundlagen der marktwirtschaftlichen Entwicklung, Mohr Verlag: Tübingen 1966, S. 100
[194] Vgl. Jochimsen, R.: a.a.O., S. 100

Die Bereiche Energie, Wasserver- und Entsorgung sowie Verkehr werden der Kerninfrastruktur zugeordnet. Zur Infrastruktur im weiteren Sinne werden alle restlichen Infrastrukturanlagen gezählt.[195] Insofern ist der öffentliche Hochbau der materiellen Infrastruktur zuzuordnen.

Für eine weitergehende Definition ist der Ausdruck der öffentlichen baulichen Anlage in den Bauordnungen der einzelnen Bundesländer heranzuziehen. Nach § 2 Abs. 1 BauO NRW gilt beispielsweise: „Bauliche Anlagen sind mit dem Erdboden verbundene, aus Bauprodukten hergestellte Anlagen. Eine Verbindung mit dem Erdboden besteht auch dann, wenn die Anlage durch eigene Schwere auf dem Erdboden ruht oder auf ortsfesten Bahnen begrenzt beweglich ist oder wenn die Anlage nach ihrem Verwendungszweck dazu bestimmt ist, überwiegend ortsfest benutzt zu werden."[196] Im Weiteren heißt es in Abs. 2: „Gebäude sind selbständig benutzbare, überdachte bauliche Anlagen, die von Menschen betreten werden können und geeignet oder bestimmt sind, dem Schutz von Menschen, Tieren oder Sachen zu dienen."[197] Im gleichen Sinne ist der Ausdruck des Bauwerks anzuwenden.[198]

Im Rahmen dieser Arbeit definiert sich der öffentliche Hochbau als ein Gebäude der öffentlichen Infrastruktur wie zuvor beschrieben. Nach Jahren stagnierender und sogar deutlicher Leistungsrückgängen konnte die deutsche Bauwirtschaft erstmals im Jahr 2006 wieder einen signifikanten Wachstumsschub verzeichnen.[199] Dies begründet sich unter anderem aus Vorzieheffekten privater und öffentlicher Bauherren aufgrund der Mehrwertsteuererhöhung am 01.01.2007.[200] Die Finanzkrise Ende 2008 hat sich im Vergleich zu anderen Wirtschaftsbranchen eher moderat auf die Bauwirtschaft ausgewirkt. Die öffentlichen Bauinvestitionen verliefen analog der wirtschaftlichen Entwicklung und haben mit ca. 15 % in 2008 bezogen auf das gesamte Bauvolumen wieder eine bedeutendere Rolle gespielt. Die öffentlichen Bauinvestitionen gliedern sich in drei Bereiche: Hochbau, Straßenbau und sonstiger Bau/Tiefbau. Bezogen auf das gesamte öffentliche Bauvolumen nimmt der Hochbau mit einem Anteil von ca. 40 % den höchsten Stellenwert ein.

Bei der Betrachtung der bisherigen Entwicklung der ÖPP-Projekte im öffentlichen Hochbau ist erkennbar, dass die ÖPP-Quote an den Gesamtinvestitionen erst einen maximalen Anteil von ca. 5 % im Jahr 2007 hatte und in 2009 wieder knapp unter das Niveau von 2006 gefallen ist. Dabei ist zu berücksichtigen, dass 2009 in Bezug auf die Umsetzung von PPP-Projekten wesentlich stärker von der Finanzkrise beeinflusst worden ist. Der zeitliche Verlauf der Investitionen ist Bild 2-10 zu entnehmen.

---

[195] Vgl. Willms, M.: Private Finanzierung von Infrastrukturinvestitionen, Nomos Verlagsgesellschaft: Baden-Baden 1998, S.17 f.
[196] Vgl. § 2 Abs. 1 Landesbauordnung Nordrhein-Westfalen
[197] Vgl. § 2 Abs. 2 Landesbauordnung Nordrhein-Westfalen
[198] Vgl. Brüssel, W.: Baubetrieb von A bis Z, 4. Auflage, Werner Verlag: Düsseldorf 2002, S. 89
[199] Eigene Darstellung; Quelle: Deutsches Institut für Wirtschaftsforschung, DIW Berlin: Strukturdaten zur Produktion und Beschäftigung im Baugewerbe – Berechnungen für das Jahr 2008, S.48
[200] Vgl. ebenda, S. 21

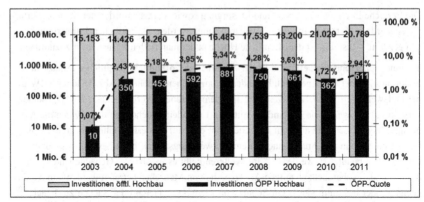

Bild 2-10: Relation öffentlicher Bauinvestitionen zu PPP-Investitionen im Hochbau[201]

Die Mittel des Konjunkturpaketes II haben auf Seiten der öffentlichen Hand häufig dazu geführt, dass viele kurzfristige Maßnahmen an Priorität gewonnen haben und bereits in Vorbereitung befindliche PPP-Projekte in anderer Form strukturiert oder sogar eingestellt wurden.[202]

Im Rahmen einer DIFU-Studie von 2009 wurde auf Grundlage verschiedener Datenerhebungen das PPP-Potential für die Jahre 2010 bis 2014 in Deutschland abgeschätzt. Demnach ist eine durchschnittliche Investitionsquote für ÖPP-Projekte von ca. 4,0 % zu erwarten, die einem Gesamtumfang von ca. 14,2 Mrd. EURO entspricht. Zur Zeit werden diese Erwartungen jedoch nicht erreicht.

Dabei wird es sich schwerpunktmäßig um Projekte aus den Bereichen Bildung, Sport, Verwaltungsbau und Verkehr handeln.[203] Aus dem Vorangegangenen begründet sich die eingrenzende Betrachtung in dieser Arbeit auf die Objekttypen Schule, Sporthalle und Verwaltungsgebäude.

2.2.2   Auftraggeber

Als Auftraggeber bei PPP-Projekten versteht sich der öffentliche Partner. Wer als Auftraggeber in Frage kommt, ergibt sich aus dem GWB-Vergaberecht. In § 98 GWB werden diese abschließend aufgezählt. Dazu zählen zunächst die formellen Bestandteile des Staates beste-

---

[201] Eigene Darstellung; Quelle: Deutsches Institut für Wirtschaftsforschung, DIW Berlin: Strukturdaten zur Produktion und Beschäftigung im Baugewerbe – Berechnungen für das Jahr 2008, S.48; Partnerschaften Deutschland AG (Hrsg.): a.a.O., S. 8

[202] Dies ist auf den gebotenen zeitlichen Druck zur Ausgabe der Mittel aus dem Konjunkturpaket II und der notwendigen Vorlauf- und Vergabezeiträume von PPP-Projekten zurückzuführen. Vgl. Deutsches Institut für Urbanistik (Hrsg.): a.a.O., S. 49

[203] Vgl. ebenda, S. 46

hend aus Bund, Ländern und Kommunen mit ihren öffentlichen Sondervermögen und Eigenbetrieben.[204]

Gem. § 98 Abs. 2 sind über die klassischen Auftraggeber hinaus auch alle juristischen Personen des öffentlichen und privaten Rechts als öffentliche Auftraggeber anzusehen, wenn sie im Allgemeininteresse liegende Aufgaben nicht gewerblicher Art erfüllen und überwiegend durch Gebietskörperschaften finanziert oder deren Leitung durch eine Gebietskörperschaft gesteuert wird.[205] § 98 Abs. 4 GWB sieht darüber hinaus Unternehmen unabhängig von Allgemeininteresse oder gewerblicher Zielverfolgung als öffentlichen Auftraggeber an, wenn sie in bestimmten Sektoren[206] tätig sind, staatlich beherrscht oder als Private auf Basis ausschließlicher oder besonderer Rechte ihre Tätigkeit ausüben.[207]

Nach § 98 Abs. 5 GWB sind auch private Subventionsempfänger – sofern die verwendeten Subventionen einen größeren Anteil als 50 % betragen – bei bestimmten Bauaufgaben wie z. B. Tiefbaumaßnahmen für Schul-, Sport- oder Verwaltungsimmobilien als öffentliche Auftraggeber zu klassifizieren. Im Sinne des GWB sind auch Unternehmen, die eine Baukonzession erhalten haben, als öffentliche Auftraggeber einzustufen.[208] Der private Partner in einem PPP-Projekt wird in aller Regel nicht als „öffentlicher Auftraggeber" bei seiner Nachunternehmervergabe gelten, unabhängig davon wie groß sein Eigenanteil bzgl. der vertraglich geschuldeten Leistung ist. Er hat lediglich die Bestimmungen der VOB/B bei der Weitervergabe von Bauleistungen zugrunde zu legen.[209]

Betrachtet man die Verteilung der konkreten PPP-Investitionen bezogen auf die verschiedenen Gebietskörperschaften, ergibt sich ein insgesamt heterogenes Bild in den vergangenen sieben Jahren.[210] In 2009 hat der Bund im Vergleich zu 2008 seine Quote um 30 % gesenkt, wobei lediglich ein Projekt mit dem Bund als Auftraggeber abgeschlossen wurde. Auf Länderebene sank das Volumen im gleichen Verhältnis wie es bei den Kommunen gestiegen ist, jeweils um ca. 60 %. Die jüngste Befragung zum PPP-Potential zeigt allerdings eine durchaus positive Erwartung bei der Investitionstätigkeit: Bei Städten und Gemeinden ist eine ÖPP-

---

[204] Vgl. § 98 GWB Abs. 1; Der funktionale Begriff des Auftraggebers umfasst darüber hinaus auch alle sonstigen Einrichtungen, die aufgrund ihrer Aufgabenerfüllung, Finanzierung etc. funktional als dem Staat zugehörig angesehen werden müssen. Vgl. Hausmann, F. L., Mutschler-Siebert, A.: a.a.O., S. 236

[205] Beispielhaft sei hier auf die Allgemeinen Ortskrankenkassen (AOK) verwiesen. Aufgrund ihrer rechtlichen Struktur unterliegen sie der Aufsicht der für die Gesundheitspolitik zuständigen Landesgesundheitsministerien. Die AOKs selber sind Körperschaften des öffentlichen Rechts.

[206] Bspw. Trinkwasser- und Energieversorgung, Häfen, Flughäfen, Eisenbahnen und Personenverkehr

[207] Vgl. ebenda, S. 236

[208] Vgl. § 98 Abs. 6 GWB. Sie müssen allerdings nicht alle Ausschreibungsvorschriften der VOB/A oder der VOL/A berücksichtigen, aber u. a. zu vergebende Bauaufträge europaweit bekannt machen, damit der entsprechende Wettbewerb grundsätzlich sichergestellt ist. Vgl. Hausmann, F. L., Mutschler-Siebert, A.: a.a.O., .S. 257

[209] Vgl. Artikel 2, Gesetz zur Beschleunigung der Umsetzung von öffentlich-privaten Partnerschaften und Verbesserung gesetzlicher Rahmenbedingungen für Öffentlich-Private Partnerschaften, BGBl. Teil 1 Nr. 56 vom 7.9.2005, S. 2676

[210] Vgl. Partnerschaften Deutschland AG (Hrsg.): a.a.O., S. 6

Quote von ca. 4,8 % zu erwarten, bei Bund und Ländern eine Quote von ca. 4,0 % bezogen auf die Gesamtinvestitionen.[211]

2.2.3   Anwendungsfelder für ÖPP-Modelle

ÖPP als Beschaffungsansatz für den öffentlichen Auftraggeber beschränkt sich grundsätzlich auf keinen speziellen Anwendungsbereich. Sowohl zur Realisierung von Infrastrukturmaßnahmen als auch für Dienstleistungen ist PPP geeignet.

Die Anwendbarkeit von PPP ist im Rahmen der konkreten Bedarfsfeststellung unter Berücksichtigung der rechtlichen Rahmenbedingungen und unter Abwägung der wirtschaftlichen Vorteilhaftigkeit im Vergleich zu anderen Alternativen zu überprüfen.[212]

Die folgenden Anwendungsfelder kommen u. a. in Betracht:[213]

• Verwaltung (Rathäuser, Finanzämter und Ministerien)

• Bildung (Schulen, Bildungszentren und Hochschulen)

• Gesundheit (Krankenhäuser und Seniorenheime)

• Sicherheit & Verteidigung (Polizeigebäude, Justizvollzugsanstalten und Kasernen)

• Freizeit & Kultur (Sportstätten und Museen)

• Straßenbau (Autobahnen, Tunnel und Brücken)

• Dienstleistungen (Energiecontracting und Servicegesellschaften)

Einen Überblick der aktuellen Anwendung von ÖPP in Deutschland liefert das Internetportal[214] des BMVBS. Die Verteilung ist grafisch in Bild 2-11 dargestellt. Demnach sind PPP-Projekte in den verschiedensten Anwendungsbereichen umgesetzt. Für den Untersuchungsgegenstand dieser Arbeit ist es jedoch erforderlich, eine sinnvolle Abgrenzung vorzunehmen. Dazu werden im Weiteren lediglich die Bereiche untersucht, welche eine maßgebliche Relevanz im PPP-Markt haben.

Die prozentuale Verteilung zeigt deutlich, dass die drei Bereiche Schulen, Büros und Sporthallen mehr als die Hälfte aller bisher umgesetzten Projekte ausmachen.[215]

---

[211] Vgl. Deutsches Institut für Urbanistik (Hrsg.): a.a.O., S. 47
[212] Vgl. H. W., Alfen, K. Fischer: a.a.O., S. 9
[213] Vgl. Jacob, D., Stuhr, C.: Einzelne PPP-Projekte in Deutschland und Großbritannien, in Littwin, F.; Schöne, F.-J.: a.a.O.,S. 379. Die Aufzählung berücksichtigt den Stand der realisierten und geplanten PPP-Projekte in Westeuropa, nicht alle Anwendungsfelder sind in Deutschland bereits umgesetzt.
[214] Online im Internet, URL: <http://www.ppp-projektdatenbank.de>
[215] Da in Verbindung mit Schulprojekten regelmäßig auch Sporthallen ausgeschrieben bzw. Bestandteil der Projekte sind, werden diese ebenso in die Betrachtung einbezogen.

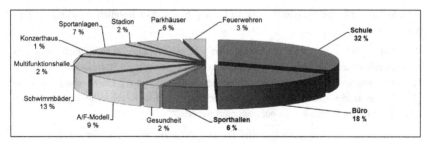

Bild 2-11: Anwendungsverteilung der ÖPP-Projekte in Deutschland[216]

Infrastrukturmaßnahmen im Bereich des Straßenbaus etc. und auch Hochbauten wie Feuer-
wehren oder Krankenhäuser sind im Hinblick auf das Energiemanagement als Sonderbauten
zu werten, die eine Abgrenzung aus der Betrachtung zulassen.

2.3   Energiemanagement

2.3.1   Definition und Einordnung

Der Begriff *Energie* geht auf das altgriechische Wort „energeia" zurück. Es bedeutet „Wirksamkeit", „Aktion" oder „Arbeit".[217]

Aristoteles verstand energeia als die Wirksamkeit, die dem bloß Möglichen zur Wirklichkeit
verhilft.[218] Für das heutige Verständnis wurde der Begriff erstmalig zu Beginn des 19. Jahrhunderts von *Young*[219] eingeführt und mündete 1847 in der endgültigen Formulierung des
Energieerhaltungssatzes[220] von *Helmholtz*, der vereinfacht ausgedrückt besagt, dass in einem

---

[216] Eigene Darstellung; Online im Internet: <http://www.ppp-projektdatenbank.de>, Abruf: 27.03.
2009, 21:38 Uhr

[217] Vgl. o.V.: Energie (Begriffsklärung), Online im Internet, URL: <http://de.wikipedia.org>; Abruf:
23.06.2009, 19:20 Uhr; Eisler, R.: Energie, in Wörterbuch der philosophischen Begriffe, Online im
Internet, URL: <http://www. /www.textlog.de/1240.html>; Abruf: 27.03.2009, 21:45 Uhr

[218] Vgl. BINE Informationsdienst (Hrsg.): Energie in der Geschichte, Online im Internet,
URL:<http://www.bine.info/hauptnavigation/publikationen/publikation/was-ist-energie/energie-in-
der-geschichte/>; Abruf: 28.04.2009, 19:10 Uhr

[219] Thomas Young war englischer Physiker und lebte von 1773 bis 1829. Auf ihn geht u. a. das Elasti-
zitätsmodul zurück. Für Young stand Energie jedoch in einem rein mechanischen Zusammenhang.

[220] Als erster hat der Arzt Julius Robert von Mayer (1814-1878) den Energieerhaltungssatz formuliert.
Er hat 1842 durch Versuche den Wert des mechanischen Wärmeäquivalents festgestellt und so
nachgewiesen, dass sich Bewegungsenergie vollständig in Wärme umwandeln lässt. Unabhängig
von Mayer tat dies 1843 auch James Prescott Joule, dessen Arbeiten damals weit bekannter waren,
aber auch weitere Physiker und Ingenieure wie Ludwig August Colding in Dänemark (ebenfalls
1843). Endgültig ausformuliert wurde der Energieerhaltungssatz 1847 von Hermann von Helmholtz. Vgl. o.V.: Energieerhaltungssatz, Online im Internet, URL: <http://www.de.wikipedia.org/
wiki/Energieerhaltung>; Abruf: 28.03.2009, 22:35 Uhr

geschlossenen System Energie[221] nicht verloren geht, sondern lediglich verschiedene Formen[222] annimmt.

Streng physikalisch betrachtet ist demnach ein Energieverbrauch nicht möglich. Was umgangssprachlich als „Verbrauch" bezeichnet wird, kann vielmehr als Energieentwertung zwischen und innerhalb der verschiedenen Prozessketten der Gewinnung, Umwandlung, Speicherung etc. verstanden werden. Diese sog. Entwertung ist in aller Regel technologisch bedingt
und nicht zu vermeiden, sie kann nur minimiert werden.[223]

Von einer gegebenen Energiemenge wird der Teil, der von einer Energieform in eine andere
Energieform umgewandelt werden kann bzw. im allgemeinen Sprachgebrauch verbraucht
wird, als Exergie bezeichnet. Der restliche nicht nutzbare Anteil wird dagegen als Anergie
benannt.[224] Spricht man demnach von Energieverbrauch, wird tatsächlich die Exergie kleiner,
wobei im gleichen Maße Anergie entsteht. Wenngleich es physikalisch nicht korrekt ist, wird
im Weiteren vereinzelt von Energieverbrauch gesprochen. Hat nun eine bestimmte Energiemenge einen hohen Gehalt an Exergie, so spricht man im Allgemeinen von Energie hoher
Qualität, umgekehrt von Energie niedriger Qualität, womit sich Energieumwandlungen in
einer gewissen Hierarchie ordnen lassen.[225] Energie ist eine Erhaltungsgröße, die einen Sys-
temzustand beschreibt und ihre Einheit ist *Joule*.

Da Energie lediglich in bestimmten Formen und Energieträgern vorzufinden ist, muss sie im
Hinblick auf den beabsichtigten Zweck, wie z. B. in Gebäuden umgewandelt werden. Grundsätzlich ist zwischen mechanischer, elektrischer, chemischer und thermischer Energie zu unterscheiden.[226]

Zur mechanischen Energie zählt die kinetische Energie, die durch die Bewegung von Körpern
und Fluiden hervorgerufen wird. Des Weiteren gehört auch die potentielle Energie dazu. Sie
drückt sich beispielsweise in Form von Lageenergie aus, die sich bei Positionsänderungen
von Objekten verändert. Der Fluss von elektrischem Strom, Magnetismus und Strahlungsfor-
men wie Mikrowellen und auch Wärmestrahlung werden als elektrische Energien bezeichnet.
Unter chemischer Energie oder auch Bindungsenergie ist die freisetzbare Energie zu verstehen, die sich durch chemische (meist Verbrennung) oder kerntechnische Reaktionen (Kern-

---

[221] Das Formelzeichen von Energie lautet *E* und die SI-Einheit ist *Joule (J)*.
[222] Energie wird u. a. unterschieden in chemische Energie, kinetische Energie oder thermische Energie. Die Umwandlung zwischen verschiedenen Energieformen ist jedoch z. T. nur eingeschränkt
möglich. Während nach dem ersten Hauptsatz der Thermodynamik thermische Energie vollständig
in kinetische Energie umgewandelt werden kann, besagt der zweite Hauptsatz der Thermodynamik,
die der Umwandlung in die andere Richtung nicht vollständig möglich ist. Vgl. Ryder, P.: Klassische Thermodynamik, Institute of Solid State Physics, Universität Bremen, Online im Internet,
URL: <http://www.ifp.uni-bremen.de/ryder/lv/gk/tdy.pdf >; Abruf: 25.03.2009, 23:05 Uhr, S.
88 ff.
[223] Vgl. Lucas, K.: Thermodynamik, 4. Auflage, Springer-Verlag: Berlin 2006, S. 258
[224] Vgl. Rebhan, E.: a.a.O., S. 29 f.
[225] Vgl. Unger, J.: Alternative Energietechnik, 3. Auflage, Vieweg + Teubner Verlag: Wiesbaden
2009, S. 116 f.
[226] Vgl. Zahoransky, R. A.: Energietechnik, 3. Auflage, Vieweg Verlag: Wiesbaden 2007, S. 5

spaltung oder Kernfusion) ergeben kann. Hierzu zählen alle atomaren Energien, die für den Aufbau von Atomen und Kernen eine Rolle spielen. Die thermische Energie ist am häufigsten anzutreffen und wird i. d. R. als Wärme bezeichnet.[227]

Im Anhang A.3 sind die Umwandlungsmöglichkeiten beispielhaft veranschaulicht und geben die wesentlichen und derzeit erreichbaren Wirkungsgrade der energetischen Umwandlungsprozesse an.

Zwar führen die Energieumwandlungen zu keinen grundsätzlichen Verlusten, jedoch entstehen meist auch unerwünschte, nicht nutzbare Energieformen, d. h. die Umwandlungsprozesse sind allgemeinen Beschränkungen unterworfen. Nahezu vollständige Umwandlungen sind nur von einer höherwertigen Energieform hin zu einer niederen Energieform möglich. Elektrische Energie gilt im Allgemeinen als die hochwertigste Energieform, wohingegen thermische Energie als eine relativ niedere Energieform anzusehen ist. Die angegebenen Wirkungsgrade sind ungefähre Orientierungswerte, die je nach gewählter Anwendungstechnik und auch Investitionsaufwand stark variieren können. Weitere nicht zu vernachlässigende Einflussparameter sind zudem Wirtschaftlichkeit, Leistungsgröße der Anlage, ökologische Aspekte, Verfügbarkeit der benötigten Grundstoffe sowie auch die Betriebssicherheit. Je nach Anwendungsfall ergeben sich somit unterschiedliche Lösungen. Für die Zielsetzung diese Arbeit ist die Betrachtung der Energien von Hochbauobjekten von zentraler Bedeutung.

Dabei sind die folgenden drei Bilanzierungsebenen oder Energiearten zu unterscheiden:[228,229]

- Primärenergie

- Endenergie[230]

- Nutzenergie

Als Primärenergie wird die Energieart bezeichnet, wie sie in der Natur vorzufinden ist, d. h. sie wurde durch den Menschen noch keinem Änderungs- oder Umwandlungsprozess unterzogen. Dazu zählen Erdöl, Kohle, Sonnenenergie, Erdwärme etc.

Mit der Endenergie wird beschrieben, was ein Nutzer bzw. ein Gebäude tatsächlich abnimmt.

---

[227] Der Vollständigkeit halber ist noch auf die Feldenergie hinzuweisen. In der Quantenfeldtheorie ist allerdings jede der benannten Energien als Feldenergie zu interpretieren. Eine detaillierte Ausführung erscheint im Rahmen dieser Arbeit jedoch unangemessen. Vgl. Rebhan, E Energiehandbuch. Gewinnung, Wandlung und Nutzung von Energie, Springer Verlag: Berlin 2002, S. 21

[228] Vgl. Kaltschmitt, M.: Energiesystem, in Kaltschmitt, M., Streicher, W., Wiese, A. (Hrsg.): Erneuerbare Energien, 4. Auflage, Springer Verlag: Berlin 2006, S. 2 f.

[229] Diese Bilanzebenen sind geeignet für eine allgemeine, ingenieurmäßige Energiebedarfsbilanzierung von unterschiedlichen Gebäuden mit frei zu wählenden Randparametern. Vgl. DIN V 18599-1, 2007-02: Energetische Bewertung von Gebäuden, S. 15 f.

[230] In der Energietechnik sind auch die Begriffe Sekundärenergie, Tertiärenergie etc. gebräuchlich. Sie beziehen sich ebenfalls auf die Energien, welche durch Veränderungsprozesse für Menschen oder Gebäude nutzbar gemacht werden, z. B. Benzin aus Erdöl. Vgl. Zahoransky, R. A.: a.a.O., S. 10; Krimmling, J.: a.a.O., S. 23

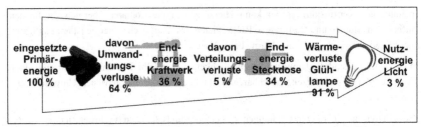

Bild 2-12: Energieentwertung bei der Primärenergieumwandlung in Nutzenergie[231]

Die dazu notwendige Primärenergie wurde im Rahmen vorgelagerter Prozessketten aus der Natur gewonnen, umgewandelt und zu dem entsprechenden Orten transportiert worden. Die Bilanzgrenze in Abgrenzung zur Primärenergie stellt die Objekthülle dar. Konkret zählen hierzu u. a. Heizöl, Fernwärme oder Steckdosenstrom. Die untere Bilanzgrenze wird durch die Nutzenergie beschrieben. Sie wird definiert durch die Randparameter eines spezifischen Objektes und der Nutzer z. B. in Form einer angegebenen Raumtemperatur oder Beleuchtungsstärke. Die Bilanzgrenze zur Endenergie stellt hierbei die Raumhülle dar.

Die Nutzenergie ist zunächst unabhängig von der Anlagentechnik eines Gebäudes, die stets benötigt wird, um aus der Endenergie die entsprechende Nutzenergie zu erhalten.[232] Das Bild 2-12 beschreibt in vereinfachter Form die Entwertung bzw. Umwandlungsverluste während der Prozesskette vom ausgehenden Primärenergieträger Kohle bis zum exemplarischen Nutzen, einen Raum zu beleuchten.

Hinsichtlich der Primärenergieträger wird zwischen den regenerativen und nicht regenerativen[233] Energieträgern differenziert. Letztere zeichnen sich durch eine begrenzte Bevorratung und somit zeitliche Reichweite aus.

Zu den relevanten nicht regenerativen Energieträgern zählen im Wesentlichen:[234]

- Öl: zeitliche Reichweite 45 - 65 Jahre

- Gas: zeitliche Reichweite 60 - 150 Jahre

---

[231] Eigene Darstellung; Vgl. Deutsche Energie-Agentur (Hrsg.): Energieumwandlung, Online im Internet, URL: <www.thema-energie.de/energie-im-ueberblick/technik/physikalische-grundlagen/energieumwandlung.html>; Abruf: 30.03.2009, 19:05 Uhr

[232] Die Nutzenergie wird jedoch von der Anlagentechnik beeinflusst. Klassisches Beispiel ist die Raumbeleuchtung, welche neben Licht auch immer Wärme abgibt.

[233] Die regenerativen Energieträger lassen sich im Weiteren in fossile und nukleare Energieträger differenzieren. Fossile Energieträger sind durch biologische und physikalische Prozesse über sehr lange Zeiträume von Biomasse wie bspw. abgestorbene Pflanzen in die fossilen Energieträger umgewandelt worden. Sie reichen vom Erdöl und Erdgas, über Stein- und Braunkohle bis hin zum Torf und zu den bisher ungenutzten Vorkommen an Methanhydraten in den Tiefen der Meere. Anfang des 20. Jahrhunderts wurde wissenschaftlich erkannt, dass Atomkerne ebenso als Energiequelle genutzt werden können.

[234] Die Angaben zu den einzelnen Reichweiten der Vorkommen schwanken in den Publikationen. Vgl. Rebhan, E.: a.a.O., S. 48; Krimmling, J.: a.a.O., S. 12

- Kohle: zeitliche Reichweite 240 - 1.500 Jahre

- Natururan: zeitliche Reichweite 38 - 295 Jahre

Seit einigen Jahren kommt den regenerativen[235] Energieträgern eine wichtige Bedeutung zu, da sie zum größten Teil keiner begrenzten Bevorratung unterliegen.[236] Zu den grundlegenden regenerativen Energiequellen zählen: Sonnenstrahlung, Erdwärme sowie Gezeiten. Deren Umwandlungsmöglichkeiten sind im Anhang A.4 grafisch dargestellt.

Die regenerativen Energien sind abgesehen von Erdwärme oder sog. Gezeitenenergie auf die Sonnenstrahlung zurückzuführen. Daher unterliegt die Nutzung einer tages- und jahreszeitlichen Schwankung sowie lokalen Gegebenheiten, was zu entsprechenden Einschränkungen führt.

Für den Betrachtungsgegenstand dieser Arbeit sind nur im begrenzten Rahmen die erneuerbaren Energien von Bedeutung, daher wird im Weiteren nur eingeschränkt auf diese eingegangen.

Bei der Sonnenstrahlung kann ein Teil der von der Sonne auf die Erde eingestrahlten Energie direkt empfangen und in andere nutzbare Energieformen umgewandelt werden. Die üblichen Möglichkeiten im Zusammenhang mit Gebäuden liegen hierbei zum einen in der Planung des Gebäudes, bspw. Ausrichtung des Gebäudekörpers auf dem Grundstück oder der Fensterflächen zur Gewinnung solarer Energie in Form von Wärme oder zum anderen in der Berücksichtigung von entsprechender technischer Ausrüstung wie Photovoltaik oder Solarthermie.[237,238]

---

[235] Die regenerativen Energieträger werden auch als erneuerbare Energien bezeichnet, da sie sich von selbst oder zumindest in einem aus menschlicher Perspektive kurzen Zeithorizont wiederherstellen können.

[236] Der Anteil an der Endenergie, die in Deutschland verbraucht wird und aus erneuerbaren Energien generiert wird, ist von 2008 zu 2009 um 8,6 % auf einen Gesamtanteil von 10,1 % gestiegen. Vgl. Bundesumweltministerium für Umwelt, Naturschutz und Reaktorsicherheit (Hrsg.): Entwicklung der erneuerbaren Energien in Deutschland 2009, Online im Internet, URL: <http://www. erneuerbare-energien.de/files/pdfs/allgemein/application/pdf/ee_hintergrund_2009_bf.pdf>, Abruf: 21.05.2010, 15:20 Uhr

[237] Mit Photovoltaik wird die Umwandlung von elektromagnetischer Strahlungsenergie in elektrische Energie mittels Solarzellen bezeichnet. Einschränkend in der Betrachtung kommt zum Tragen, dass bislang der gewonnene Strom aus Photovoltaikanlagen in aller Regel in das öffentliche Netz eingespeist wird, da das Erneuerbare-Energien-Gesetz in Deutschland jedem Anlagenbetreiber einen bestimmten Preis für den eingespeisten Strom für 15 oder 20 Jahre garantiert. Aufgrund dieser Tatsache ist die Investition in eine PV-Anlage stark durch die öffentliche Hand beeinflusst, weil subventioniert. Dadurch ist es im Rahmen dieser Arbeit nur mit Einschränkung möglich, diesen speziellen Bereich zu berücksichtigen. Vgl. hierzu weiterführend §§ 5, 16 Gesetz für den Vorrang erneuerbarer Energien (EEG).

[238] Die Solarthermie umschließt alle Aspekte der thermischen Nutzung von Sonnenstrahlung. Das Anwendungsspektrum erstreckt sich von der solaren Trinkwassererwärmung und Heizungsunterstützung mittels Absorber bis hin zu den großen solarthermischen Kraftwerken. Vgl. Wesselak, V., Schabbach, T.: a.a.O., S. 173 ff.

Hinsichtlich der im Weiteren zu betrachtenden ökonomischen Auswirkungen in Bezug auf die verschiedenen Energieformen wird es sich im Wesentlichen um die Energiearten Endenergie bzw. Nutzenergie handeln, vornehmlich hierbei um elektrische wie auch thermische Energie. Darüber hinaus wird nicht zuletzt aufgrund der teilweise beschränkten Verfügbarkeit der primären Energieressourcen als Grundsatz gefordert, dass die Energieverbrauchsvermeidung im Vordergrund steht.

Nach dieser grundlegenden Klärung, was der Begriff Energie bedeutet und wie er im Kontext der vorliegenden Arbeit zu verstehen ist, wird im Folgenden der Begriff des Energiemanagements (EM) im Sinne dieser Arbeit herausgearbeitet und definiert.

Das Bild 2-13 ordnet Facility Management in den Lebenszyklus eines Bauprojektes ein. Der Begriff ‚facility‘ ist im angloamerikanischen Sprachraum ein Sammelbegriff für Betriebsstätte, Anlage und Einrichtung.

Ausgehend davon, dass Energiemanagement wesentlich mit dem Begriff des Facility Managements (FM) zusammenhängt, wird zunächst dieser grundlegende Ausdruck untersucht. In der Literatur findet sich keine allgemein gültige Definition des Facility Management.[239] „Facilities Management ist ein unternehmerischer Prozess, der durch die Integration von Planung, Kontrolle und Bewirtschaftung bei Gebäuden, Anlagen und Einrichtungen und unter Berücksichtigung von Arbeitsplatz und Arbeitsumfeld eine verbesserte Nutzungsflexibilität, Arbeitsproduktivität und Kapitalrentabilität zum Ziel hat. ‚Facilities‘ werden als strategische Ressourcen in den unternehmerischen Gesamtprozess integriert.“[240]

Facility Management ist ein nutzerorientierter Ansatz im Bereich des Immobilienmanagements. Ziel ist die nachhaltig die Minimierung der Gebäudekosten bei gleichzeitiger Maximierung des Gebäudenutzen unter der Berücksichtigung sich wandelnder betrieblicher Anforderungen.[241] Dabei werden die strategische und operative Handlungsebene unterschieden.

Das strategische Facility Management beginnt schon in der Projektentwicklung und soll die Rahmenbedingungen für die spätere Nutzung schaffen. Das operative Facility Management kann man als Gebäudemanagement bezeichnen und findet entsprechend in der Nutzungsphase statt. Den Begriff Gebäudemanagement definiert die DIN 32736 Gebäudemanagement, Begriffe und Leistungen: „Gebäudemanagement (GM): Gesamtheit aller Leistungen zum Betreiben und Bewirtschaften von Gebäuden einschließlich der baulichen und technischen Anlagen auf der Grundlage ganzheitlicher Strategien.“

Aus dem Vorangegangenen lässt sich für das Energiemanagement im Sinne dieser Arbeit festhalten, dass es wie das Facility Management sowohl eine strategische als auch operative Ebene beinhalten muss.

---

[239] Vgl. Diederichs, C. J. (1999): Führungswissen für Bau- und Immobilienfachleute, Springer Verlag: Berlin 1999, S. 327 ff.
[240] Pierschke, B.: Facilities Management in Schulte, K. W.: Immobilienökonomie, Band 1: Betriebswirtschaftliche Grundlagen, 2. Auflage, Oldenbourg Verlag: München 2000, S. 278
[241] Vgl. dazu Diederichs, C. J. (1999): a.a.O., S. 327 ff.

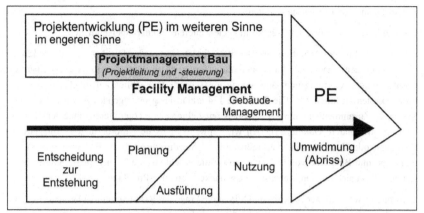

Bild 2-13: Einordnung von Projektentwicklung, -management und Facility Management[242]

Die operative Ebene findet sich vornehmlich in der Nutzungsphase wieder, weshalb weiterführend die einschlägigen Normen und Richtlinien näher betrachtet werden, um eine einheitliche Definition und klare Begriffsabgrenzung zu erreichen.

Die DIN EN 16001 erklärt den Begriff eines Energiemanagementsystems wie folgt: „Gesamtheit von miteinander zusammenhängenden oder in Wechselwirkung zueinander stehenden Elementen einer Organisation zur Erstellung einer Energiepolitik sowie strategischer Ziele und zur Erreichung dieser Ziele."[243] Die Norm ist allerdings sehr allgemein gehalten und gibt keine speziellen Erklärungen, die für diese Arbeit genutzt werden könnten.

Eine konkretere Beschreibung findet sich in der DIN 32736 Gebäudemanagement. Sie ordnet das Energiemanagement dem Teilbereich des technischen Gebäudemanagements zu.[244] Sie beschränkt die Leistung auf den Zeitraum nach der Fertigstellung eines Objektes (Betriebs- oder Nutzungsphase). Zu den spezifischen Leistungen des Energiemanagements zählen u. a.:[245]

- Analyse der Energieverbraucher

- Ermittlung von Optimierungspotentialen

---

[242] Vgl. Diederichs, C. J. (1996): Grundlagen der Projektentwicklung, in: Schulte, K.W. (Hrsg.): Handbuch der Immobilienprojektentwicklung, Rudolf Müller Verlag: Köln 1996, S. 30

[243] DIN EN 16001:2009-08 Energiemanagementsysteme – Anforderungen mit Anleitung zur Anwendung, S. 7; Die DIN versteht sich in Analogie zu allgemeinen Managementsystemen, bspw. im Sinne der DIN EN ISO 9001. Die Norm greift u. a. den bekannten PDCA-Zyklus (PDCA: Plan - Do - Check - Act) als wesentlichen Bestandteil eines Energiemanagementsystems auf.

[244] Die DIN 32736 gliedert das Gebäudemanagement in die drei Teilbereiche technisches, infrastrukturelles und kaufmännisches Gebäudemanagement. Vgl. DIN 32736:2000-08 Gebäudemanagement, S. 2

[245] Vgl. DIN 32768:2000-08 Gebäudemanagement, S. 3

- Umsetzung von Einsparmaßnahmen

Darüber hinaus sind auch in dieser Norm keine weiteren Erläuterungen enthalten.

Eine weiterführende Definition des Begriffes findet sich in der GEFMA-Richtlinie 124-1: „Gesamtheit der Managementfunktionen, die erforderlich sind, um den Prozess der Energie-bereitstellung, -verteilung und -anwendung im Gebäude in Hinblick auf möglichst niedrige Prozesskosten zu führen."[246] Die Richtlinie 124 erklärt als grundlegendes Ziel des EMs, alle Kosten im Zusammenhang mit der Energiebereitstellung etc. zu optimieren, ohne den Nutzer-komfort oder andere Qualitätskriterien wie bspw. hygienische Anforderungen, Anlagenver-fügbarkeit oder Nutzungsdauer zu reduzieren.[247] Sie differenziert das EM weiterhin in die Planungs- und Bauphase von Gebäuden sowie die anschließende Betriebsphase. Dieses Ver-ständnis deckt sich mit dem Lebenszyklusgedanken von ÖPP-Projekten.

Ein weiterer wesentlicher Aspekt von ÖPP ist die Frage der Risikoverteilung bei dem zu defi-nierenden Energiemanagement. Hier ist die Berücksichtigung des Verständnisses beim sog. Contracting sinnvoll. Die GEFMA 540:2007-09: Energie-Contracting beschreibt als wesentli-ches Ziel des sog. Einspar-Contractings Folgendes: „Der Contractor trägt das technische und wirtschaftliche Risiko für die von ihm errichteten (gewerkeübergreifenden) Energieeinspar-maßnahmen. Die Amortisation der Aufwendungen des Contractors erfolgt durch eine Beteili-gung an den (garantierten) Energiekosteneinsparungen innerhalb eines vertraglich festgeleg-ten Zeitraums (übliche Laufzeiten: fünf bis zehn Jahre) [...]."[248]

Insofern werden bei der Definition des Contractings nach der GEFMA Kerngedanken der ÖPP-Projekte im Hinblick auf die Risikoverteilung aufgenommen: zum einen, dass die Risi-ken durch die Partei getragen werden, welche sie am besten beeinflussen kann, und zum ande-ren, dass dies im Rahmen einer langfristigen und partnerschaftlichen Zusammenarbeit ge-schieht.[249] Wesentlicher Unterschied zum Begriff des Contractings ist, dass sich die Investiti-onen in die (energiesparende) Technik über Einsparungen amortisiert. Bei einem ÖPP-Projekt werden die Investitionen je nach gewähltem ÖPP-Modell beispielsweise in Form einer Miet-zahlung oder Werklohnraten an den privaten Partner bezahlt.

Im Sinne dieser Arbeit definiert sich das Energiemanagement von ÖPP-Projekten wie folgt:

Das Energiemanagement von ÖPP-Hochbauprojekten umfasst alle strategischen und operativen Maßnahmen, beginnend mit der Projektvorbereitung über die Konzeption und Vergabe sowie in der Planung, der Realisierung und der Nutzung eines Gebäudes mit dem Ziel, eine wirtschaftliche Energieanwendung zu gewährleisten.

---

[246] GEFMA 124-1:2009-11: Energiemanagement, Grundlagen und Leistungsbild, S. 4

[247] *Krimmling* definiert das Ziel des Energiemanagement als Prozesskostenminimierung im Rahmen der Energiebereitstellung bei einem vorgegebenen Qualitätslevel für die Nutzung. Vgl. Krimmling, J.: a.a.O., S. 206

[248] GEFMA 540:2007-09: Energie-Contracting, Erfolgsfaktoren und Umsetzungshilfen, S. 5

[249] Vgl. DIN 8930-5:2003-11 Kälteanlagen und Wärmepumpen – Terminologie: Contracting, S. 3

Die öffentliche Hand legt die dazu notwendigen Rahmenbedingungen und Qualitätskriterien fest, während der private Partner das technische und wirtschaftliche Risiko für deren Einhaltung in der Vertragslaufzeit trägt.

Die Darstellung in Bild 2-14 veranschaulicht die vorgenannten Ausführungen und zeigt qualitativ auf, welchen Einfluss das Energiemanagement im Sinne dieser Arbeit auf die Energiekostenentwicklung eines ÖPP-Hochbauprojektes hat.

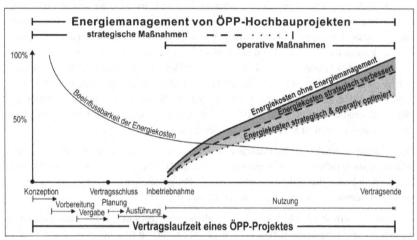

Bild 2-14: Energiemanagement bei Öffentlich-Privaten Partnerschaften[250]

2.3.2 Einflussgrößen auf den Energieverbrauch von Gebäuden

Wie in der Definition zum Energiemanagement aufgeführt, ist es notwendig, bestimmte Qualitätsmerkmale während der Nutzung eines Gebäudes zu definieren, damit ein entsprechender Energiebedarf abgeleitet werden kann. Daneben beeinflussen der Entwurf des Gebäudes sowie die gewählten Materialien für die Konstruktion, Fassade und technischen Einbauten den Bedarf wesentlich. Im Folgenden soll es nicht darum gehen, eine umfangreiche Darstellung von Objektformen und technischen Systemen zu geben, sondern die verschiedenen und wesentlichen Einflussgrößen näher zu erläutern.

2.3.2.1 Baukörper

Ohne Berücksichtigung der technischen Ausrüstung[251] definiert der reine Baukörper den späteren Nutzenergiebedarf. Unter Berücksichtigung des in Kapitel 2.3.3.2 beschriebenen Wärmebilanzverfahrens und des dort beschriebenen Rechenalgorithmus sind als wesentliche Einflussparameter für den Heizenergiebedarf zu erkennen:

---

[250] Eigene Darstellung
[251] Sie legt fest, wie Energie für das Gebäude erzeugt, darin verteilt und an den Raum übergeben wird.

- die Gebäudehülle und der damit verbundene Wärmeverlust aus Transmission

- der Wärmeverlust aus Lüftung wechselseitig von innen nach außen[252]

- die Wärmegewinne aus internen Lasten und solaren Einträgen[253]

Die Hüllfläche des Objektes und die entsprechenden Wand- und Deckenkonstruktionen steuern den Transmissionswärmeverlust dabei maßgeblich. Da die Hüllfläche und die Transmission sich direkt proportional zueinander verhalten, ist eine kompakte Bauform in Verbindung mit einem geringen Verhältnis von Hüllfläche zum Volumen anzustreben. Die Kompaktheit eines Gebäudes kann mit dem Formfaktor A/V beschrieben werden,[254] wobei anzumerken ist, dass bei kleinen Gebäuden der Formfaktor höher ist als bei großen Gebäuden.[255] Für Objekte mit einer ebenen Grundfläche sind theoretisch Halbkugeln, Pyramiden, Zylinder oder ein Würfel günstige Formen. Bei den eher üblichen quaderförmigen Gebäuden hängt das Verhältnis von Höhe, Länge und Breite in Bezug zur Grundfläche ab: so weist ein turmförmiges Objekt ein deutlich ungünstigeres Verhältnis auf als eine flache, kompakte Form. Ein Formfaktor < 1 und darunter ist aus zuvor beschriebener Sicht ein guter Wert.

Der anzustrebenden Hüllflächenreduzierung stehen i. d. R. funktionale, städtebauliche und letztlich gestalterische Aspekte gegenüber, die mit der Bauform in Einklang zu bringen sind. Ferner ist zu berücksichtigen, dass ein kompakter Baukörper meist schlechter mit Tageslicht versorgt werden kann als eine gegliederte Bauform.

Die Räume innerhalb des Objektes sollten möglichst nach thermischen Bereichen angeordnet werden. Niedrig temperierte Räume können gut im Erdbereich angeordnet werden oder ähnlich einem Wintergarten können Atrien als Gebäudevorbau ausgeführt werden. Neben der Möglichkeit, solare Energie sinnvoll im Gebäude zu nutzen, erhöht sie üblicherweise auch die Aufenthaltsqualität.[256] Neben der Form des Baukörpers übernimmt die wärmedämmende Qualität der Fassade den entscheidenden Einfluss auf die Transmissionsverluste. Die Qualität wird durch den U-Wert ausgedrückt, welcher als Kehrwert des Wärmedurchgangswiderstandes eines Bauteils definiert ist.[257] Bei der üblichen Berechnung des U-Wertes nach ISO 6946 ist jedoch ersichtlich, dass sich der U-Wert nicht proportional zum Wärmedurchlasswider-

---

[252] Siehe hierzu Kap. 2.3.2.4

[253] Die inneren Lasten (Wärmequellen) im Gebäude werden durch die Nutzungssituation bestimmt und nicht durch den Baukörper selber. Sie sind daher dem Grunde nach gegeben und an dieser Stelle nicht als Einflussparameter zu berücksichtigen.

[254] A bezeichnet die Hüllfläche und V das Volumen des Gebäudes.

[255] Vgl. Krimmling, J.: a.a.O., S. 94 f.

[256] Schmoigl, R.: Energie- und Umweltmanagement von Gebäuden, in Schulte, K. W., Schäfers, W. (Hrsg.): Handbuch Corporate Real Estate Management, Rudolf Müller Verlag: Köln 1998, S. 356

[257] U-Werte können nach den Berechnungsschritten gem. DIN EN ISO 6946 in Verbindung mit Bemessungswerten nach DIN V 4108-4 ermittelt werden. So ermittelte U-Werte gehen von idealisierten stationären Verhältnissen aus. Es existieren heute bereits EDV-Programme, die in der Lage sind, instationäre Betrachtungen vorzunehmen, wie bspw. WUFI, ein vom Fraunhofer Institut für Bauphysik entwickeltes PC-Programm. Anzumerken ist in dem Zusammenhang, dass U-Werte gem. EnEV nach ISO 6946 zu ermitteln sind.

stand bzw. der Dämmstärke verhält und abnimmt. Betrachtet man exemplarisch die Auswirkung der Änderung der Dämmschichtstärke von handelsüblichem Polystyrolhartschaum aus der Wärmeleitgruppe WLG 0,40 [W/m*K] ergeben sich folgende U-Werte in [W/m^2*K]:[258]

• d = 10cm: U = 0,37

• d = 20 cm: U = 0,19 (ΔU = 0,18)

• d = 30 cm: U= 0,13 (ΔU = 0,06)

• d = 40 cm: U = 0,10 (ΔU = 0,03)

Während die Vergrößerung der Dämmschichtstärke von 10 auf nur 20 cm den U-Wert nahezu halbiert, wirken sich Erhöhungen im gleichen Maße darüber hinaus geringfügiger aus. Im Hinblick auf die Wirtschaftlichkeit ist dies stets angemessen zu berücksichtigen.[259]

Des Weiteren ist zu beachten, dass auch konstruktive Anforderungen in besonderem Maße steigen können, wenn bspw. eine zweischalige Fassade mit vorgehängtem Klinkermauerwerk geplant ist, da derzeit am Markt übliche Befestigungssysteme (Edelstahlanker) nur bis zu einer Länge von 20 cm eine bauaufsichtliche Zulassung haben.[260] Die resultierende Dämmqualität eines Gebäudes hängt nicht ausschließlich an den U-Werten der Außenbauteile ab, sondern wird in zunehmendem Maße von den Anschlussbereichen beeinflusst.[261] Gerade bei hoch gedämmten Objekten kann der Wärmeverlust über die Anschlüsse (Wärmebrücken) bis zu 20 % betragen.[262] Auch diesbezüglich fordert die EnEV eine Minimierung der negativen Einflüsse auf den Heizenergieverbrauch durch konstruktive Wärmebrücken und verweist darauf, dass die im vertretbaren Rahmen der Wirtschaftlichkeit notwendigen Maßnahmen durchzuführen sind.[263,264]

---

[258] Die Betrachtung berücksichtigt ausschließlich die Dämmschicht aus Polystyrol ohne Berücksichtigung eines tatsächlichen Schichtaufbaus und weiterer Materialien.

[259] § 25 EnEV 2009 weist auf die Möglichkeit der Befreiung der Anforderungen der EnEV hin, sofern die Wirtschaftlichkeit der Maßnahmen, die sich aus der Verordnung ergeben, nicht gegeben sind bzw. eine Amortisation der Maßnahmen während der Nutzungszeit nicht dargestellt werden kann. *Meier* kritisiert deutlich, dass die Mindestanforderungen bzw. die seit Ende der 90er Jahre stetigen Verschärfungen der Anforderungen aus der EnEV grundsätzlich gegen das „Wirtschaftlichkeitsgebot" verstoßen. Er führt dazu zahlreiche Berechnungsbeispiele an und stellt dar, wie ein wirtschaftliches Optimum aus seiner Sicht erzielt wird. Vgl. dazu ausführlich Meier, C.: Richtig bauen, 5. Auflage expert Verlag: Renningen 2008, S. 97 ff.

[260] Vgl. Feist, W. (Hrsg.): Leitfaden für energieeffiziente Bildungsgebäude, Veröffentlichung des Passivhausinstitutes, Online im Internet, URL: <http://www.passiv.de>; Abruf: 10.12.2010, 23:10 Uhr, S. 30

[261] Vgl. Pistohl, W.: a.a.O., S. I 33

[262] Vgl. Schild, K., Brück, H.: Energie-Effizienzbewertung von Gebäuden, Vieweg + Teubner Verlag: Wiesbaden 2010, S. 20

[263] Vgl. § 7 Abs. 2 EnEV 2009

[264] Planungs- und Ausführungsbeispiele sind im Beiblatt 2 zur DIN 4108 dargestellt. Sofern die Planung eines konkreten Objektes nach diesen Beispielen ausgeführt wird, kann beim Nachweisverfahren gem. Engen von einem pauschalen Zuschlag ausgegangen werden. Einzelnachweise sind

Durch den zunehmenden Wärmeschutz spielen die Eigenschaften der transparenten Bauteile eine bedeutend größere Rolle, da sie i. d. R. wesentlich schlechtere Eigenschaften als Wände oder Dachflächen etc. aufweisen. Dazu kommt der Zielkonflikt zwischen der passiven Nutzung der Solarenergie im Winter und dem sommerlichen Wärmeschutz zur Vermeidung von Überhitzung.

In Bezug auf die Heizzeit werden bei transparenten Bauteilen sowohl der Wärmeschutz als auch die Strahlungsgewinne der Sonne berücksichtigt. Maßstab zur Bewertung einer Verglasung ist der äquivalente U-Wert $U_{eq,w}$, der wie folgt definiert ist:

$$U_{eq,w} = U_w - g \cdot S \ [W/(m^2 \cdot K]$$

mit

- U_w U-Wert des Fensters in $W/m^2 * K$

- G   Gesamtenergiedurchlassgrad der Verglasung (Angabe des Herstellers)

- S   Strahlungsgewinnkoeffizient für orientierungsabhängige solare Wärmegewinne[265]

Bei Betrachtung des reinen Verglasungsanteils ist es mit den heute möglichen Wärmeschutzverglasungen bei Ost-, West- und Südorientierungen möglich, eine positive Energiebilanz über die Heizperiode zu erreichen. Nordorientierungen können bei Wahl der entsprechenden Eigenschaften eine neutrale Bilanz erzielen.[266] Um den sommerlichen Wärmeschutz zu erreichen, ist es im Hinblick auf die Verglasung möglich, durch niedrige g-Werte des Glases den solaren Wärmeeintrag in der Sommerperiode wirksam zu verhindern. Jedoch zeigt sich dabei, dass die gewünschten Wärmeerträge während der Heizphase ausbleiben.[267]

Hierzu gibt es zwei konstruktive Ansätze, die den Sommerfall günstig beeinflussen können:

- Speichermasse und -fähigkeit des Gebäudes

- Sonnenschutzanlagen

Hohe Bauteilmassen erlauben die Speicherung bzw. Aufnahme von Wärme, die bei niedrigen Außentemperaturen genutzt werden kann und zu einer höheren Behaglichkeit infolge warmer Wände führt und im Sommer die anfallende Wärme zunächst aufnimmt, während das Gebäude insgesamt kühler bleibt. Damit dieser Effekt allerdings genutzt werden kann, sind die Oberflächen nicht durch abgehängte Deckenkonstruktionen oder Verkleidungen abzudecken,

---

davon unbenommen und können wie beschrieben zu weiteren Verbesserungen hinsichtlich des Transmissionswärmeverlustes führen.

[265] Nach der frühen Wärmeschutzverordnung Wach 1995 können die Koeffizienten für die Südorientierung mit 2,40, für West-/Ostorientierung mit 1,65 und Nordorientierung mit 0,95 $W/(m^2 * K)$ angenommen werden. Vgl. Pistohl, W.: a.a.O., S. I 32. In der DIN V 18599-10 sind bei den klimatischen Randbedingungen monatliche Werte angegeben.

[266] Vgl. Wagner, A.: Energieeffiziente Fenster und Verglasung, 3. Auflage, BINE Informationsdienst, Solarpraxis Verlag: Berlin 2007, S. 39 f.

[267] Vgl. Russ, C.: a.a.O., S. 10

da diese durch ihre Dämmeigenschaften das Speichervermögen der massiven Bauteile verhindern.[268,269] Ein Temperaturunterschied zwischen Objekten in sehr leichter und massiver Bauweise kann bis zu 4 Kelvin betragen.[270] Um das Eindringen direkter solarer Strahlung in den Innenraum zu vermeiden, bieten sich außenliegende starre oder mechanisch nachgeführte Systeme an.[271]

Der Vorteil beweglicher Systeme liegt in der größeren Flexibilität und Steuerbarkeit, sodass hiermit sowohl die Überwärmung als auch die Blendgefahr reduziert werden können. Systeme, die parallel Sonnenschutz, Blendschutz, Tageslichtversorgung und Aussicht optimieren, bekommen eine zunehmende Bedeutung. Durch verschieden steuerbare obere und untere Bereiche der Sonnenschutzanlagen können diese in Abhängigkeit vom solaren Eintrag und von spezifischen Nutzeranforderungen optimal eingesetzt werden.

Zusammenfassend kann im Hinblick auf den Sommerfall gesagt werden, dass aus baukonstruktiver Sicht der Verschattung durch Sonnenschutzanlagen die größte Bedeutung zukommt. Im Verhältnis dazu haben Bauschwere, Fensterflächenanteil, Wärmeschutzniveau und Außenklimabedingungen einen wesentlich geringeren Einfluss.[272]

Durch eine entsprechende Planung des Sonnenschutzes können i. d. R. gute Ergebnisse im Hinblick auf den sommerlichen Wärmeschutz erreicht werden, ohne wesentliche Überschreitungen von Überhitzung der Räume erwarten zu müssen. Dabei sind außenliegende Systeme zur Verringerung der Wärmeeinträge im Sommer zu berücksichtigen, während innenliegender Sonnenschutz zur Sicherstellung von Blendfreiheit gleichzeitig die Möglichkeit der

---

[268] Im Hinblick auf die akustischen Anforderungen und Eigenschaften eines Raumes, insbesondere von Klassenräumen, ist eine genaue Planung erforderlich. Zur Erreichung der Raumakustik, die für Schulen notwendig ist, werden regelmäßig schallabsorbierende Flächen benötigt. Diese sind in diesem Zusammenhang exakt zu planen und anzuordnen, damit die Speicherfähigkeit eines Gebäudes möglichst gut erhalten bleibt. Vgl. Hellwig, R. T.: Raumklimatische Planungsgrundlagen für Klassenräume, Bauphysik 32, Jg. 2010, Heft 4, S. 247 f.

[269] Eine erhöhte Gebäudemasse, die dazu dient, im Sommer die Wärme aufzunehmen, muss diese außerhalb der eigentlichen Nutzungszeit abführen können, was i. d. R. durch Nachtkühlung oder durch sog. Betonkernaktivierung erreicht wird.

[270] Daniels, K.: Trends und Entwicklungen in der Gebäudetechnik, in: Schulte, K.-W., Pierschke, B. (Hrsg.): Facilities Management, Rudolf Müller Verlag: Köln 2000, S. 100

[271] Der statische Sonnenschutz kann auch durch reine Sonnenschutzverglasung erreicht werden, allerdings haben die entsprechenden Gläser einen signifikant reduzierten Lichttransmissionsgrad und reduzieren die Möglichkeit der solaren Gewinne erheblich, sodass diese Aspekte bei der Planung abgewogen werden müssen. Als zukünftige Alternative bieten sich schaltbare Gläser an, die im Gegensatz zur statisch spektralen Selektivität ihre optischen Eigenschaften den momentanen Gegebenheiten anpassen. Die Systeme sind jedoch noch nicht langfristig erprobt und befinden sich z. T. in Forschungsstadien. Vgl. weiterführend Wagner, A.: a.a.O., S. 71 ff. oder Nitz, P., Wagner, A.: Schaltbare und regelbare Verglasungen, BINE Themen Info 1/02, BINE Informationsdienst: Bonn 2002

[272] Vgl. Richter, W.: Handbuch der thermischen Behaglichkeit – Sommerlicher Kühlbetrieb, Bundesanstalt für Arbeitsschutz und Arbeitsmedizin: Dortmund 2007, S. 107

Wärmegewinnung in der Heizphase gewährleistet.[273] Bei hohen Anforderungen an den Komfort oder die Sicherstellung, dass bestimmte Grenzwerte eingehalten werden, reichen passive Maßnahmen allerdings nicht aus.[274] „Die strikte Einhaltung einer 26 °C-Empfehlung würde auch in Schulen den Einsatz von raumlufttechnischen Anlagen mit Kühlung voraussetzen."[275]

2.3.2.2 Technische Ausrüstung

Wie im vorhergehenden Kapitel hingewiesen, können bestimmte thermische oder auch lufthygienische und visuelle Anforderungen an ein Gebäude nur durch den Einsatz technischer Ausrüstung sichergestellt werden.

Zu Differenzierung der technischen Ausrüstung im Hinblick auf die Relevanz für das Energiemanagement bietet sich die Anlehnung an die zweite Ebene der Kostengliederungssystematik der DIN 276 an:[276]

- Abwasser- und Wasseranlagen (KGR 410)

- Wärmeversorgung (KGR 420)

- Luft- und Klimatechnik (KGR 430 Lufttechnische Anlagen)

- Beleuchtung (KGR 440 Starkstromanlagen)

- Nutzungsspezifische Anlagen (KGR 470, inkl. KGR 450 und 460)

- Gebäudeautomation (KGR 480)

Die Wasserversorgung und die damit verbundene Abwasserentsorgung haben originär nicht die energetische Bedeutung wie Wärme, Beleuchtung etc. Jedoch gehören sie unmittelbar zu der Thematik der Arbeit und werden hier in aller Kürze beschrieben. Üblicherweise sind Gebäude an die jeweilige Wasserver- und -entsorgung gebunden, sodass hier kaum eine projektindividuelle Lösung gesucht werden kann. Rein wirtschaftlich kann allerdings überlegt werden, ob eine autarke Ver- und Entsorgung (z. B. durch einen Brunnen oder Versickerung etc.) von Wasser möglich ist. Da die Kosten der lokalen Ver- und Entsorgung aber stark differie-

---

[273] *Sinnesbichler* und *Koller* sowie *Richter* haben verschiedene Varianten von Gebäudetypen, Fassadenkonzepten und den relevanten Einflussgrößen wie Bauschwere, Fensterflächenanteil etc. systematisch zusammengefasst und dargestellt. Vgl. ausführlich ebenda und Sinnebichler, H., Koller, A.: Studie zur Energieeffizienz innovativer Gebäude-, Beleuchtungs- und Raumklimakonzepte, Projektabschlussbericht, Fraunhofer-Institut für Bauphysik: Holzkirchen 2009

[274] Vgl. Pafferott, J., Herkel, S., Wagner, A.: Müssen unsere Bürogebäude klimatisiert werden?, in: HLH, Jg. 2004, Heft 3, S. 24 ff.

[275] Umweltbundesamt (Hrsg.): Leitfaden für die Innenraumhygiene in Schulgebäuden, Umweltbundesamt: Berlin 2008, S. 94

[276] Die KGR 410 beinhaltet auch die Gasversorgung, sofern sie nicht in KGR 420 enthalten ist und zählt in diesem Zusammenhang zu der KGR 470 im Sinne nutzungsspezifischer Ausstattung. Die KGR 450 Fernmelde- und informationstechnische Anlagen sowie KGR 460 Förderanlagen werden sinngemäß der KGR 470 zugeordnet, da sie primär nutzungsabhängige Einrichtungen darstellen und nur projektindividuell berücksichtigt werden können. Vgl. dazu Tabelle 1 der DIN 276-1:2006-11 Kosten im Bauwesen – Teil 1: Hochbau

ren, ist hier keine pauschale Aussage möglich. Dieser Aspekt ist vielmehr projektspezifisch zu untersuchen. Generell ist auf den Einsatz von Wasserspararmaturen und ähnlichen Techniken zu achten. Berührungslose Armaturen bspw. an Urinalen sind ebenso einsatzbar. Hier ist stets zu beachten, dass jegliche Automatisierung oder Technisierung gegenüber konventionellen Lösungen wie ‚einfachen Drückern‘, höhere Folgekosten für Instandhaltung usw. nach sich ziehen, sodass es rein wirtschaftlich betrachtet immer auf den Einzelfall und auf das zu erwartende Nutzerverhalten ankommt, um zu beurteilen, ob eine solche (Zusatz-)Investition sinnvoll ist.[277] Eine weitere Möglichkeit der Wasserökonomisierung ist das Vorsehen einer Grauwasseranlage[278] oder -zisterne zur Regenwassernutzung. Eine Wirtschaftlichkeit ist allerdings beim Einsatz derartiger Anlagen kaum gegeben. Sie sind vorteilhaft, wenn ökologische Aspekte im Sinne des Wassereinsparens im Vordergrund stehen oder lokale Wasserversorgungsknappheit besteht.[279] Die Wärmeversorgung spielt nach wie vor die dominierende Rolle bei der Energieversorgung von Immobilien.[280] Sie dient der Bereitstellung von Raumwärme und Warmwasser. Grundsätzlich kann hinsichtlich der Wärmeerzeugung zwischen Zentralheizungen und Fernwärme[281] unterschieden werden. Vorteile der Fernwärme sind Wegfall von Brennstoff- und ggf. Aschetransport, Raumersparnis, da kein Heizkeller, kein Brennstoffraum und kein Schornstein erforderlich ist, sowie Entfall von Wartung, Instandhaltung und Bedienung der Wärmeerzeugung.[282] Allerdings geht mit Fernwärme üblicherweise auch ein Anschluss- oder Benutzungszwang[283] einher, von dem sich ein potentieller Kunde nur in begründeten Ausnahmefällen befreien kann.[284] I. d. R. sind Fernwärmeanschlüsse primärenergetisch günstiger als reine Gas- oder Ölbefeuerungen, da die Wärmeerzeugung mit anderen Pro-

---

[277] Die Investition in die Automatisierung der Urinalspülung amortisiert sich aus Sicht des Verfassers nur selten, es sei denn, es ist eine erhebliche Wasserverschwendung durch den Nutzer zu erwarten, was i. d. R. nicht der Fall ist.

[278] Grauwasseranlagen erzeugen aus gebrauchtem, aber fäkalienfreiem Abwasser (Duschen, Waschbecken o. Ä., allerdings kein Küchenabwasser aufgrund von Fetten und Essensresten) hygienisch sauberes Klarwasser. Vgl. Lenz, B., Schreiber, J., Stark, T.: Nachhaltige Gebäudetechnik, Institut für internationale Architektur-Dokumentation (DETAIL): München 2010, S. 81

[279] Vgl. ebenda, S. 82 f. Dem Verfasser liegen aus verschiedenen ÖPP-Projekten die Kennzahlen aus mehrjährigem Betrieb von Regenwassernutzungsanlagen vor. Die Kostenreduzierung durch Wassereinsparung genügt dabei nicht aus, eine Amortisierung der Anlagen über einen Zeitraum von ca. 25 Jahren zu erreichen.

[280] Dies gilt für zahlreiche aktuelle Praxisbeispiele, sofern die nutzungsspezifischen Energieverbräuche aus dem originären Betriebszweck des Gebäudes unberücksichtigt bleiben wie bspw. einem Rechenzentrum, in dem der Stromverbrauch für EDV- und Kühltechnik dominiert. Vgl. Sinnesbichler, H., Koller, A., a.a.O., S. 69 ff.; Schild, K., Brück, H.: a.a.O., S. 296 ff.

[281] Fernwärme wird an zentralen Stellen einer Region erzeugt und über ein entsprechendes Verteilnetz an die lokalen Abnahmestellen transportiert. I. d. R. handelt es sich bei Fernwärme um Abwärme, die bei der Kraftwerksbetreibung oder in Müllverbrennungsanlagen erzeugt wird.

[282] Die Bedeutung von Fernwärme wird auch daran deutlich, dass es ausdrücklich als Ersatzmaßnahme bei der Erfüllung der Anforderungen aus dem EEWärmeG gilt. Vgl. § 7 Abs. 1 EEWärmeG

[283] Das jeweilige Landesrecht ermächtigt die Städte und Gemeinden einen Anschluss- und Benutzungszwang für infrastrukturelle Einrichtungen wie Wasserver- und -entsorgung oder Fernwärme zu erlassen.

[284] Tettinger, P. J., Erbguth, W., Mann, T.: Besonderes Verwaltungsrecht, 10. Auflage, C.F. Müller Verlag: Heidelberg 2009, Rdn. 261 ff.

zessen wie bspw. Stromerzeugung einhergeht und der günstigere Umrechnungsfaktor durch die höhere Energieeffizienz begründet ist.

Bei Zentralheizungen sind Brennwertgeräte, die mit Gas oder Öl versorgt werden, bewährte Technik.[285] Im Zuge der heutigen Klimadiskussionen und vor dem Hintergrund der Endlichkeit der fossilen Brennstoffe wird bei der Wärmeerzeugung verstärkt auf regenerative Energieträger gesetzt. Dabei werden heute vornehmlich zwei Energieträger berücksichtigt: zum einem die Biomasse (Holzpellets und Hackschnitzel) und zum anderen Umweltwärme (Luft, Wasser und Erdreich).

Biomasseheizungen erfordern gegenüber konventionellen Gas- oder Ölheizkesseln einen höheren Platzbedarf für die Vorhaltung der Brennstoffe und zusätzlich entsprechende Technik zur automatisierten Befeuerung der Anlagen. Insgesamt erfordern die Biomasseanlagen höhere Investitions- und Instandhaltungskosten, die sich jedoch durch aktuell günstigere Bezugskosten der Brennstoffe amortisieren könnten.[286] Ungeachtet einer möglichen wirtschaftlichen Vorteilhaftigkeit, weisen Pellets und Hackschnitzel eine wesentlich bessere CO_2-Bilanz auf als Gas und Öl. Der Umrechnungsfaktor von Endenergie zu Primärenergie für Heizungswärme beträgt für Gas und Öl 1,1, während der Faktor für Holz lediglich 0,2 beträgt. Das bedeutet, dass dieselbe Menge tatsächlich verbrauchter Heizungsenergie (100 %) aus ökologischer Sicht bei der Nutzung von Gas oder Öl 110 % und bei der Erzeugung durch Biomasse 20 % beträgt.[287]

Umweltwärme ist in diesem Zusammenhang nicht direkt nutzbar, sondern wird mithilfe von Wärmepumpen auf das technisch benötigte Niveau angehoben.[288] Maßstab für die Effizienz einer Wärmepumpenheizung ist die Jahresarbeitszahl, welche das Verhältnis von eingesetzter elektrischer Energie zum Verhältnis der abgegebenen Heizenergie ausdrückt.[289] Hinsichtlich der Wirtschaftlichkeit ist die Betrachtung vergleichbar mit der von Biomasseanlagen, sodass

---

[285] Das Referenzgebäude im EnEV-Nachweis, Stand: EnEV 2009, ist mit einem Gasbrennwertkessel ausgerüstet. Vgl. Tabelle 1, Anlage 2 Anforderungen an Nichtwohngebäude, EnEV 2009
[286] Die durchschnittlichen Bezugskosten für Pellets in Deutschland liegen im April 2011 bei ca. 4,8 ct/kWh, während Gas ca. 6,3 ct/kWh und Öl ca. 8,1 ct/kWh kostet. Legt man die Preissteigerungsraten der letzten 10 bis 15 Jahre zugrunde, kommt man zu dem Ergebnis, dass die Entscheidung für eine Biomasseheizung innerhalb von 10 bis 13 Jahren wirtschaftliche Vorteile aufweist. Die Daten beruhen auf Angaben des Deutschen Pelletinstituts (Hrsg.): Grafiken, Online im Internet, URL: <http://www.depi.de>, Abruf: 10.05.2011, 16:45 Uhr
[287] Vgl. Tabelle A.1, DIN V 18599-100:2009-10 Energetische Bewertung von Gebäuden - Berechnung des Nutz-, End- und Primärenergiebedarfs für Heizung, Kühlung, Lüftung, Trinkwarmwasser und Beleuchtung – Teil 100: Änderungen zu DIN V 18599-1 bis DIN V 18599-10
[288] Vergleichbar mit der Wirkungsweise (abgeleitet vom sog. Carnot-Prozess) eines Kühlschranks, wird durch den Einsatz einer Wärmepumpe ein niedriges (vorhandenes und regeneratives) Temperaturniveau durch den Einsatz von wenig Energie (elektrischer Strom) auf ein höheres Temperaturniveau gebracht. Vgl. Lenz, B., Schreiber, J., Stark, T.: a.a.O., S. 24; Krimmling, J.: a.a.O., S. 124
[289] Die Wärmepumpe allein wird in ihrem möglichen Wirkungsgrad durch den COP-Wert beschrieben, welcher i. d. R. größer ist als die Jahresarbeitszahl (JAZ). Die Jahresarbeitszahl berücksichtigt auch den Energieaufwand für die weitere benötigte Technik wie Pumpen, Antriebe etc. und ist ein Mittelwert, der einen Jahresverlauf betrachtet. Vgl. ebenda, S. 124 ff.; Pistohl, W.: a.a.O., S. H 244

keine Pauschalaussage möglich ist. Die wirtschaftliche Vorteilhaftigkeit hängt von der jeweiligen Kostensituation und -entwicklung der Energiebezugspreise ab und ist im Einzelfall zu prüfen. Aus primärenergetischer Sicht ist der Einsatz von Umweltenergie sehr positiv, da sie in der Bilanz nicht berücksichtigt wird.[290] Allerdings ist die primärenergetische Vorteilhaftigkeit der Wärmepumpenanlage abhängig von der Jahresarbeitszahl. Unter der Voraussetzung, dass ausschließlich elektrische Energie für den Betrieb der Anlage eingesetzt wird, muss die Jahresarbeitszahl mindestens ca. 3 betragen, damit ein Vorteil in Bezug auf den Primärenergiebedarf erreicht ist.[291]

Fachgerecht geplante Flächenheizsysteme mit Grundwasser- oder Erdreichwärmepumpen erreichen aktuell durchaus Jahresarbeitszahlen zwischen 4 und 5.[292]

Damit die Wärme im Raum genutzt werden kann, muss sie noch im Gebäude verteilt und an den Raum übergeben werden. Bei der Übergabe an den Raum (Nutzenergie) wird unterschieden zwischen freien Heizflächen (Heizkörper) und integrierten Heizflächen (z. B. Fußbodenheizungen).[293]

Die Wahl der Übergabe an den Raum hängt vom gewählten Heizsystem bzw. Erzeuger und Temperaturniveau ab. Flächensysteme arbeiten i. d. R. mit niedrigen Systemtemperaturen, was bei Wärmepumpenanlagen üblicherweise der Fall ist. Da sie einen höheren Anteil der Wärmeübertragung durch Strahlung haben, kommen sie zumindest theoretisch mit niedrigeren operativen Raumtemperaturen aus, was sich insgesamt positiv hinsichtlich der Verluste der Heizungsanlagen bemerkbar macht.[294] Allerdings weisen Flächensysteme (insbesondere Fußbodenheizungen im Estrich) eine wesentlich höhere Trägheit gegenüber freien Heizflächen aus, sodass eine Nachtabsenkung schlecht zu realisieren und dadurch eine geringere Flexibilität bezogen auf einen kurzfristigen Bedarf für mehr oder weniger Heizenergie gegeben ist.

Durch das Gesetz zur Förderung Erneuerbarer Energien im Wärmebereich (EEWärmeG) verlangt der Gesetzgeber, dass grundsätzlich ein Teil des Wärmebedarfs durch regenerative Energien gedeckt wird. Dies kann neben den zuvor erwähnten regenerativen Quellen auch durch solarthermische Anlagen geschehen. Das Gesetz regelt allerdings auch Ausnahmen bzw. zulässige Ersatzmaßnahmen. Zu diesen zählt die Nutzung von Fernwärme oder Wärme

---

[290] Der Umrechnungsfaktor zur Bilanzierung der Primärenergie ist für den Anteil der Umweltenergie gleich null. Vgl. Tabelle A.1, DIN V 18599-100:2009-10

[291] Der aktuell übliche Strommix wird primärenergetisch mit dem Faktor 2,7 bewertet, sodass die JAZ entsprechend größer sein muss. Unterstellt man zukünftige Effizienzsteigerungen bei der Stromerzeugung durch Kraftwerke (der Wirkungsgrad liegt bei ca. 33 %) und einen höheren Stromanteil im allgemein verfügbaren Stromnetz aus erneuerbaren Energien, so wird bereits eine kleinere JAZ aus primärenergetischer Sicht vorteilhaft sein.

[292] Vgl. Tabelle H 244/3 in Pistohl, W.: a.a.O., S. H 244

[293] Vgl. Krimmling, J., Preuß, A., Deutschmann, J. U., Renner, E.: Atlas Gebäudetechnik, Rudolf Müller Verlag: Köln 2008, S. 91

[294] Vgl. ebenda, S. 94

aus Kraft-Wärme-Kopplung sowie die Unterschreitung des Anforderungswertes gem. aktueller EnEV um 15 %.[295]

Letzter Aspekt in diesem Zusammenhang ist die Warmwasserbereitung, die jedoch bei den hier zu betrachtenden Gebäuden eher eine untergeordnete Rolle spielt. Außer für den Sanitärbereich (regelmäßiges Duschen) in Sporthallen besteht nur ein geringfügiger Bedarf an Warmwasser, sodass dieser Aspekt auch projektindividuell zu untersuchen ist. I. d. R. wird man bei Verwaltungsgebäuden oder Schulen keine zentrale Warmwasserbereitung vorsehen, sondern diese punktuell an den Zapfstellen mithilfe von Durchlauferhitzern oder kleinen Bevorratungseinheiten erzeugen. Je nach Nutzungsanforderungen für das Gebäude, z. B. durch Küchen für örtliches Catering, wird eine zentrale Warmwasserbereitung erforderlich, da planmäßig größere Mengen Warmwasser benötigt werden. Diese zentralen Warmwasserbereitungen werden i. d. R. im Zusammenhang mit der Heizungsanlage geplant. Je nach lokalen Gegebenheiten kann hierbei eine solarthermische Unterstützung sinnvoll sein, damit z. B. im Sommer die eigentliche Heizungsanlage ausgeschaltet werden kann und der Warmwasserbedarf ausschließlich über regenerative Maßnahmen erzeugt wird. Derlei Anlagen können neben ihrem primärenergetischen Verhalten auch einen wirtschaftlichen Vorteil aufweisen, dies muss jedoch projektspezifisch überprüft werden.[296]

Die Aspekte Luft und Klimatechnik werden hinsichtlich der Einflussgröße Lüftung in Kapitel 2.3.2.4 eingehender untersucht. Sofern die Luft erwärmt, gekühlt, be- und entfeuchtet wird, spricht man von Klimatisierung. Bei zwei oder nur drei der vorgenannten Funktionen handelt es sich um eine Teilklimatisierung, bei einer Funktion um eine (reine) Lüftungsanlage. Bei den Systemen für solche Anlagen unterscheidet man zwischen Nur-Luft-Anlagen (Zentral-Klimaanlagen) und Luft-Wasser-Anlagen (Primärluft-Klimaanlagen). Der Unterschied liegt darin, dass bei zentralen Klimaanlagen die gesamte Aufbereitung im Zentralgerät vorgenommen und die entsprechende Luftqualität an die Räume per Kanalnetz verteilt wird. Dagegen erfordern Primär-Klimaanlagen eine individuelle Nachbehandlung der Luft in den jeweiligen Räumen, was die Installation eines zusätzlichen Rohrsystems für Kühl- und/oder Heizzwecke in Gebäude bedeutet.[297] In dem Zusammenhang sind auch noch die Nur-Wasser-Systeme zu nennen, die eine reine Kühlfunktion über Flächensysteme darstellen.[298] Sie besitzen keine Luftaustauschfunktion, die im Bedarfsfall separat auszuführen ist.

Rein energetisch betrachtet ist eine Teil- oder auch vollständige Klimatisierung ungünstig, da sie in jedem Fall einen höheren Energieaufwand nach sich zieht. Darüber hinaus werden auch

---

[295] Mit Novellierung des EEWärmeG, welches am 01.05.2011 in Kraft getreten ist, werden an Objekte der öffentlichen Hand schärfere Anforderungen gestellt als an den privaten Bauherrn. Hinsichtlich der Ersatzmaßnahmen im Sinne des Gesetzes ist die öffentliche Hand verpflichtet, die Anforderungen der EnEV an die Gebäudehülle um 30 % zu unterschreiten. Vgl. VII. (2) Anlage Anforderungen an die Nutzung von erneuerbaren Energien und Ersatzmaßnahmen

[296] Vgl. Krimmling, J., Preuß, A., Deutschmann, J. U., Renner, E.: a.a.O., S. 101 f.

[297] Vgl. Pistohl, W.: a.a.O., S. L 48 ff.

[298] Vgl. Krimmling, J., Preuß, A., Deutschmann, J. U., Renner, E.: a.a.O., S. 134 ff.

höhere Investitions- und Instandhaltungskosten für die technische Ausrüstung anfallen. Wie schon in Kapitel 2.3.2.1 dargestellt, ist es möglich, Gebäude so zu konzipieren, dass sie auch in der Sommerperiode mit einer gewissen Toleranz ein behagliches Klima in den Räumen einhalten. Daher ist das Vorsehen einer Luftaufbereitung zunächst nur für besondere Nutzungen (bspw. Druckereien oder Labore) vorzusehen oder es werden beispielsweise konkrete Forderungen an die Einhaltung der 26 °C-Grenze gestellt.

Es sei kurz auf den aktuellen Stand zur LED-Technik verwiesen, welche zunehmend marktfähig wird. Grundsätzlich werden derzeit einige Straßenbeleuchtungsprojekte erprobt und z. T. direkt umgesetzt, da sich dort große Potentiale ergeben.[299] Für einen generellen Einsatz kann jedoch noch nicht plädiert werden, da es noch keine ausreichenden Erfahrungen oder ein breit anzuwendendes Produktspektrum für LED-Leuchtmittel auf andere Praxisbeispiele gibt, insbesondere bei den in dieser Arbeit untersuchten Gebäudetypen.[300] Sofern sich die erwarteten Eigenschaften der LED-Leuchtmittel bewähren, werden diese die heute üblichen Leuchtmittel vom Markt verdrängen.[301] Die nutzungsspezifischen Anlagen können generell in zwei Bereiche unterteilt werden: zum einen fest eingebaute Anlagen und zum anderen mobile Anlagen.

Zu der fest installierten Technik zählen Stromverbraucher wie Sicherheitsbeleuchtung, Kraftantriebe an Türen oder Rauchmeldern, Aufzugsanlagen etc. Diese Einbauten sind jedoch sehr stark vom individuellen Entwurf und den spezifischen Ausstattungswünschen geprägt, sodass sie hier nur der Vollständigkeit halber erwähnt sind. Dazu kommen noch die fest eingebauten nutzungsspezifischen Einbauten, wie bspw. eine Kfz-Hebebühne in einer Berufsschule. Davon abzugrenzen sind alle beweglichen oder mobilen Anlagen, die in einem Objekt gebraucht oder benutzt werden. Im weiteren Sinne sind darunter alle Anlagen zu verstehen, die an eine Steckdose im Gebäude angeschlossen werden. Dazu gehören EDV-Ausstattungen, Kaffeemaschinen oder auch Leuchten, die zu Dekorationszwecken in das Gebäude gebracht werden. Die heutzutage in vielen Schulen bereits eingesetzten Whiteboards können einen höheren Energieverbrauch aufweisen als das im Gebäude vorhandene Kunstlicht.[302]

Abschließend ist die Gebäudeautomation (GA) als relevante Einflussgröße auf den Energiebedarf für das Gebäude zu nennen. Durch den Einsatz einer Gebäudeautomation besteht die

---

[299] Vgl. vertiefend Partnerschaften Deutschland AG (Hrsg..): ÖPP-Beleuchtungsprojekte, ÖPP-Schriftenreihe, Band 2, 2010, Online im Internet, URL: <http://www.partnerschaften-deutschland. de>, S. 22 ff.

[300] Vgl. Dahm, C.: Energieeffiziente Beleuchtung (Teil 2), in GEB, Heft 09/2009, S. 36 f.

[301] LED-Leuchtmittel weisen laut Herstellerangaben eine sehr hohe Lebensdauer bei sehr geringem Stromverbrauch aus, sodass in Abhängigkeit von den gewählten Annahmen eine Amortisation der wesentlich höheren Investitionskosten für LEDs innerhalb von 5 bis 10 Jahren möglich ist. Da es sich jedoch noch um eine sehr junge Technik handelt, liegen noch keine Langzeitstudien über mehrere Jahre vor. Vgl. Bayerisches Landesamt für Umwelt: Kosten und Wirtschaftlichkeit, Online im Internet, URL: <http://www.lfu.bayern.de/energieeffizienz/beleuchtung/kosten_wirtschaftlichkeit/ index.htm>, Abruf: 13.08.2010, 14:30 Uhr

[302] So kann ein typischer Klassenraum mit Whiteboardausstattung einen Energiebedarf von über 10 kWh/m^2 NF p. a. aufweisen, während mit einer effizienten Lichtplanung nur bis zu 8 kWh/m^2 NF p. a. für die Beleuchtung des Raumes benötigt werden. Vgl. Feist, W.(Hrsg.): a.a.O., S. 162

Möglichkeit der Steuerung und der damit verbundenen Optimierung aller haustechnischen Anlagen unter Berücksichtigung ihres Zusammenspiels untereinander, die bei Einzelregelungen zumindest nur unzulänglich gegeben ist. Als wesentliche Ziele einer Gebäudeautomation lassen sich folgende Punkte aufzählen:[303]

- optimaler Betrieb der technischen Anlagen mit dem Ziel eines geringen Energieverbrauchs

- Einhaltung von Vorgabewerten hinsichtlich des Komforts und der Behaglichkeit

- fehlendem oder ungünstigem Nutzerverhalten entgegenwirken

- Generieren, Erfassen, Darstellen und Weiterleiten von Betriebs- und ggf. Störmeldungen

An den Zielen wird die Bedeutung einer GA deutlich. Ohne eine sinnvoll geplante und eingesetzte Gebäudeautomation ist ein optimaler Anlagenbetrieb kaum möglich. Exemplarisch sei hier auf die Einzelraumregelung für den Heizungsbetrieb hingewiesen, die bei verschiedenen Nutzungszeiten von Räumen oder längeren Nichtnutzungsphasen einen wirtschaftlichen Betrieb begünstigen.[304] Im Sommerfall spielen je nach Umfang der Gebäudeautomation weitere technische Anlagen eine Rolle. So kann bei einer bestimmten Raumtemperaturüberschreitung und einem zu erwartenden Außentemperaturanstieg ein Sonnenschutz heruntergefahren werden, der nutzerunabhängig der Überhitzung im Raum entgegenwirkt. Weiterer wesentlicher technischer Bestandteil einer sinnvollen Gebäudeautomation sind Messeinrichtungen für den Energieverbrauch der zu installierenden Medien. Abgeleitet aus dem Nutzungskonzept (z. B. Verwaltungsbereich, Veranstaltungsbereich und Catering/Küche) und der Frage, welche Energieverbräuche erfasst werden sollen, ist ein spezifisches Energiemonitoringkonzept für das jeweilige Objekt zu entwickeln. Welche Energieströme dabei zweckmäßig erfasst werden sollten, kann nicht generell ausgesagt werden, sondern ist projektspezifisch festzulegen.

Zusammenfassend bietet sich eine Differenzierung analog der zu Anfang dieses Kapitels beschriebenen relevanten technischen Ausrüstung und unter Bezugnahme auf die Energieeinsparverordnung an. Da der Aushang eines Energieausweises in den meisten öffentlichen Gebäuden verpflichtend ist, ist die entsprechende Erfassung der verbrauchten Medien sinnvoll, um in der Betriebsphase einen Vergleich zwischen dem theoretischen Energiebedarf gem. der Berechnung nach EnEV und dem tatsächlichen Verbrauch vornehmen zu können.[305] Die Erfassung der Verbräuche kann grundsätzlich auf zwei Ebenen, d. h. die Ebene der Nutz- und der Endenergie.[306] Da die Endenergie die abrechnungsrelevante Größe gegenüber dem Energieversorgungsunternehmen (EVU) darstellt, werden die entsprechenden Medien immer an

---

[303] Krimmling, J., Preuß, A., Deutschmann, J. U., Renner, E.: a.a.O., S. 388

[304] Vgl. Knorr, M.: Energieeinsparpotential in Schulen mit Einzelraumregelsystemen, in HLH Bd. 55, Nr. 12/2004, S. 78

[305] In Gebäuden über 1.000 m² Nutzfläche, in denen aufgrund öffentlicher Dienstleistungen mit hohen Besucherströmen zu rechnen ist, ist ein Aushang verpflichtend. Andere Gebäudeeigentümer müssen auf Verlangen den Ausweis vorlegen. Vgl. § 16 Abs. 3 EnEV

[306] Zu der unterschiedlichen Bedeutung von Nutz- und Endenergie siehe auch S. 40 f.

der Übergabe zum Gebäude gemessen.[307] Hier werden üblicherweise Gas, Strom und Wasser hinsichtlich ihres Verbrauchs berechnet.

Die Verbrauchsmessungen werden von dem jeweiligen Versorgungsunternehmen vorgenommen.[308] Mit der Novelle des Energiewirtschaftsgesetzes von 2008 kann nun der Anschlussnutzer (Objektmieter) von Gas oder Strom entscheiden, wer den Messstellenbetrieb übernehmen soll.[309] Sofern mit Öl oder regenerativen Medien wie z. B. Pellets Wärme erzeugt wird, kommt die Lieferung nicht stetig, sondern in zeitlichen Abständen und wird nach der zum jeweiligen Zeitpunkt gelieferten Menge abgerechnet. Wie schon in Kapitel 2.3.1 angeführt, werden am Markt auch Contracting-Modelle von Energieversorgern angeboten, die auf der Ebene Nutzenergie stattfinden.[310] Dabei wird z. B. nicht der Energieträger Gas im Sinne einer gelieferten Energieeinheit gem. dem Vertrag abgerechnet, sondern die tatsächlich gelieferte und damit auch verbrauchte „Wärme". Dazu wird der Brennwert[311] an repräsentativer Stelle des Versorgungsnetzes des EVU oder auch des Vorlieferanten durch ein geeichtes Gaskalorimeter ermittelt, sodass sich der Gaspreis in ct/kWh ergibt.[312]

Bei der elektrischen Energieerfassung sind in vielen Bestandsimmobilien noch die sog. Ferraris-Zähler vorzufinden, die nach dem Induktionsprinzip arbeiten. Hierbei wird durch den Wechselstrom ein Drehmoment erzeugt, welches eine Aluminiumscheibe (Ferrarisscheibe) bewegt, die mit einem Rollenzählwerk verbunden ist, das den Energiedurchsatz als Zahlenwert darstellt. Seit einigen Jahren sind aber elektronische Zähler verfügbar, die auf mechanische Bauteile zur Messung verzichten und den Stromfluss z. B. mittels Stromwandler erfassen und entsprechend anzeigen können. Gegenüber einem Ferrariszähler besteht so die Möglichkeit, auch Wirk- und Blindleistung[313] oder Maximalleistung zu erfassen.[314] Mit der Novellie-

---

[307] Zur Abrechnung mit dem Vertragspartner wird von dem jeweiligen Versorger immer ein entsprechender Zähler im Gebäude vorgesehen.

[308] Die Wasserversorgung unterliegt in dem Zusammenhang anderen Regelungen als die leitungsgebundenen Energieträger Gas und Strom. Während die Wasserentsorgung nach wie vor als rein hoheitliche Aufgabe angesehen wird, gibt es bereits verschiedene private Wasserversorgungsunternehmen. Anders als bei Gas und Strom besteht jedoch eine sehr kleinteilige Struktur in Deutschland mit ca. 6.500 Wasserversorgern, die jeweils ausschließlich regional anbieten und eine Monopolstellung in ihrem Versorgungsgebiet genießen. Eine Privatisierung vergleichbar mit der Gas- und Wasserversorgung ist aus verschiedenen Gründen nicht zu erwarten. Vgl. dazu Haucap, J.: Kontrollregime für den Wassersektor, Folienpräsentation vom 9.5.2011, Online im Internet, URL: <www.dice.uni-duesseldorf.de/Aktuelles/Dokumente/haucap_wasser_hessen>, Abruf: 19.6. 2011, 17:12 Uhr

[309] Vgl. § 21b EnWG

[310] Vgl. dazu „Energie-Liefercontracting" gem. GEFMA 540:2007-09 Energie-Contracting

[311] Der Brennwert eines Brennstoffes gibt die Wärmemenge an, die bei der Verbrennung und anschließender Abkühlung der Verbrennungsgase sowie deren Kondensation freigesetzt wird.

[312] Vgl. dazu Cerbe, G.: Grundlagen der Gastechnik: Gasbeschaffung – Gasverteilung – Gasverwendung, Hanser Verlag: Wien 2008, S. 238

[313] Blindleistung ist der Energieanteil, der nicht in Wirkleistung umgesetzt wird, sondern vorrangig zur Erzeugung eines Magnetfeldes benötigt wird. Blindleistungen machen sich im Stromnetz bemerkbar, wo größere Induktivitäten aus Trafos oder Generatoren und Kapazitäten z. B. aus langen Kabeln eine Rolle spielen. Industrielle Großverbraucher müssen i. d. R. neben der bezogenen

rung des EnWG wird in § 21 der Einbau intelligenter Zähler ("Messeinrichtungen [...], die dem jeweiligen Anschlussnutzer den tatsächlichen Energieverbrauch und die tatsächlichen Nutzungszeit widerspiegeln")[315] für Neubauten und grundsanierte Gebäude gefordert.

Auch die aktuelle Verordnung über Heizkostenabrechnung (HeizkostenV) wurde dahingehend überarbeitet, dass ab dem 31.12.2013 der Warmwasserverbrauch und der entsprechende Energieaufwand mit einem eigenen Zähler zu messen sind und die vormaligen vereinfachten Möglichkeiten, diese Kosten überschlägig zu ermitteln, nur in Ausnahmefällen (z. B. bei Unzumutbarkeit bzgl. der Nachinstallation) angewendet werden dürfen.[316] Seit dem 01.10.2010 dürfen nach dem EnWG nur noch Zähler für die Messung des Energieverbrauchs eingesetzt werden, die es dem Nutzer ermöglichen, zeitnah Informationen über seinen Energieverbrauch zu erhalten. Man spricht allgemein in diesem Zusammenhang auch von „Smart Metering". Ein wesentliches Ziel dabei ist, dass der Anschlussnehmer in der Lage ist, seinen Energieverbrauch regelmäßig zu analysieren, um gezielt Energie zu sparen, z. B. durch eine zeitliche Steuerung und somit Verlagerung des Energiebedarfs auf kostengünstige Zeiträume. Insoweit ist Smart Metering ein wesentlicher Schritt bei der Entwicklung der Energieversorgungsnetze, insbesondere im Bereich der Stromerzeugung, die sich zukünftig wesentlich komplexer als heute aus fossilen Großkraftwerken, kleineren Kraft-Wärme-Kopplungsanagen und Wind-, Wasserkraft sowie Photovoltaikanlagen etc. zusammensetzen werden.[317] Zentrale Voraussetzung für die Funktionalität des Smart Meterings bzw. eines Energiecontrollings ist die Übertragung der notwendigen Informationen. Da der zeitnahe Informationsaustausch mit der konventionellen Ablesung von Zählern durch eine Person nicht praktikabel ist, können die Daten entweder per Funk- oder Kabeltechnologie übertragen werden. Während die Datenübertragung per Funk aufgrund der höheren Kosten gegenüber einer kabelgebundenen Lösung eher bei Sanierungsmaßnahmen bevorzugt zur Anwendung kommen kann, wird bei Neubauten i. d. R. der Informationsaustausch per Kabel zur Anwendung kommen. Mischlösungen, bei denen mehrere Zähler per Funk gesammelt werden und die Daten per Kabel weitergeleitet werden, sind auch möglich. Die meisten Zähler sind mit verschiedenen elektronischen Schnittstellen ausgerüstet oder z. T. nachrüstbar:

- Meter-Bus (M-Bus), über den alle im Zähler ermittelten Daten übertragen werden

- offene Schnittstellen wie z. B. Open Metering System (OMS)

Wirkleistung auch die Blindleistung bezahlen. Kleinabnehmer verursachen üblicherweise nur geringe Blindleistungsbelastungen, sodass sie von den Kosten freigestellt oder über die sonstigen Abnahmekosten verrechnet werden. Vgl. dazu Vogg, W.: Elektrizität und Magnetismus in Theorie und Praxis, Books on demand: Norderstedt 2008, S. 208

[314] Vgl. Kahmann, M. (Hrsg.): Messinformationstechnik für die liberalisierten Energiemärkte Elektrizität und Gas, Expert-Verlag: Renningen 2001, S. 8 f.

[315] Die gesetzliche Forderung ist auf das technisch Mögliche und wirtschaftlich Zumutbare in Bezug auf die Energieträger Strom und Gas beschränkt. Vgl. § 21 EnWG.

[316] Vgl. § 9 Abs. 2 HeizkostenV in der Fassung vom 5.10.2009

[317] Vgl. DENA (Hrsg.): Smart Metering, Online im Internet, URL: <http://www.bine.info>, Abruf: 03.01.2011, 19:54 Uhr, S. 1

- potentialfreier Kontakt oder S0-Schnittstelle zur Übertragung von Impulswerten, aus denen nachgelagerte Einheiten einen darstellbaren Wert erstellen können[318,319]

M-Bus ist ein eigenständiger Standard, der in der Normengruppe DIN EN 13757 beschrieben wird. Vorteile eines M-Bus-Systems sind die kostengünstige Umsetzbarkeit auf Geräteseite sowie die einfache Installation. Es ist nachträglich erweiterbar, und die herstellerunabhängige Protokolltechnik erlaubt die Verwendung von Zählern verschiedener Hersteller. Dabei ist jedoch von Nachteil, dass die Standardisierung für das Übertragungsprotokoll nicht an allen Stellen eindeutig beschrieben ist, sodass die Hersteller diesen Freiraum für nicht genormte Informationen nutzen. Hier ist eine Austauschbarkeit von Zählern nicht ohne weiteres immer gegeben und muss im Einzelfall erst ermöglicht werden. Die bisherigen Nachteile in der DIN EN 13757 sind in der Open Metering Spezifikation (OMS) aufgenommen und entsprechend umgesetzt worden,[320] sodass hierdurch eine Interoperabilität zukünftig gewährleistet ist, unabhängig welche Medien (Strom, Wasser, Wärme etc.) erfasst werden und welcher Hersteller beim Zählerbezug gewählt wird. Gerade im Hinblick auf die bevorstehende Novellierung des EnWGs im Hinblick auf Datensicherheit und eine weitere Präzisierung der Anforderung an intelligente Zähler erscheint die OMS eine gute und sinnvolle Anwendung zu ermöglichen.[321]

2.3.2.3 Thermische Behaglichkeit

Im Allgemeinen lässt sich feststellen, dass ein wesentlicher Zusammenhang zwischen der Qualität der thermischen Behaglichkeit bzw. des Raumklimas für Temperatur, Luft etc. und dem daraus resultierenden Energiebedarf besteht. Ein definiertes Niveau an Nutzungsqualität

---

[318] Der potentialfreie Kontakt ist eine einfache und bewährte Methode, digitale Datenpunkte zu übertragen. Sie finden neben der Übertragung von Zähldaten auch Einsatz für bspw. Störmeldekontakte von Heizungs- oder Lüftungsanlage in der Gebäudeautomation. Nachteilig ist, dass pro Kontakt nur eine Information übertragen werden kann und kein Zugriff auf den Sender (z. B. Energiezähler) möglich ist, sondern nur die Information vom Sender zur Verfügung steht.

[319] Die S0-Schnittstelle dient der generellen Übertragung von Messdaten in der GA. Die Schnittstelle ist genormt in den DIN VDE 0418-5, stammt jedoch aus einer Zeit als Zählerdaten ausschließlich als Zählimpulse vorlagen und noch keine rein digitale Ermittlung möglich war, weshalb auch diese Schnittstelle eher einfach und nicht zeitgemäß erscheint, da sie die Anforderungen des Smart Metering nicht erfüllen kann.

[320] Das Open Metering System ist eine europaweite auf der M-Bus-Schnittstelle aufbauende Spezifikation, die medienunabhängig jeden Zähler in ein System integriert. In der OMS Group haben sich zahlreiche Industrieunternehmen wie Bosch, Siemens, Techem oder Allmess zusammengeschlossen, um eine herstellerübergreifende Kommunikationsschnittstelle für Energieverbrauchsmessungen zu entwickeln. Vgl. dazu weiterführend im Internet: www.oms-group.org

[321] Das derzeit in Abstimmung befindliche Gesetz zur Änderung des Energiewirtschaftsgesetztes (EnWGÄndG, Stand: 10.03.2011) präzisiert den „intelligenten Zähler" als eine Messeinrichtung, die in ein Kommunikationsnetz eingebunden ist. Ebenso werden Sicherheitsanforderungen an die Datenübertragung gefordert. Da die OMS auch eine Verschlüsselung auf aktuellem Stand der Technik vorsieht, entspricht die OMS-Spezifikation in vielerlei Hinsicht den zu erwartenden Anpassungen im EnWG. Vgl. dazu Domschke, W.: Die Open Metering System Specifikation – Der interoperable Smart Metering Standard?, Folienvortrag im Rahmen einer DVGW Informationsveranstaltung in Frankfurt a. M., 19. April 2011

erfordert stets einen entsprechenden Energiebedarf bzw. kann eine Reduzierung des Energieverbrauchs gewährleisten, indem bspw. der Komfortanspruch vermindert wird.[322] Auf der
anderen Seite ist ebenso bekannt, dass die Gesundheit, die Produktivität und die Behaglichkeit
der Nutzer eines Gebäudes durch das Innenraumklima beeinflusst werden und dieser Umstand
bei der Festlegung der Kriterien berücksichtigt werden sollte.[323] Da die thermische Behaglichkeit als Aspekt des Raumklimas durch Heizungs- und Lüftungsanlagen geregelt wird und
diese für den Energieverbrauch eines Gebäudes relevant sind, wird im Folgenden auf diesen
Bereich des Raumklimas besonders eingegangen. Wenngleich das Behaglichkeitsempfinden
im Allgemeinen von Mensch zu Mensch verschieden ist, sind es zunächst die gleichen relevanten Einflussgrößen, welche dieses bestimmen. Am Beispiel des Temperaturempfindens
wird es im Näheren erläutert. Da der Mensch zu der Gruppe der homöothermen[324] Lebewesen
zählt, weist der Körper eine weitestgehend konstante Temperatur auf.[325;326] Durch die fortlau-
fenden Prozesse im Körper wird ständig Wärme produziert, die in thermodynamischer Wechselwirkung mit der Umgebung in bestimmte Gleichgewichtszustände gebracht werden. Wird
dabei zu viel Wärme abgegeben, friert der Mensch, umgekehrt wird die Situation als zu kalt
empfunden, wenn zu wenig Wärme abgegeben werden kann. Folgende Parameter sind für das
Temperaturempfinden des Menschen maßgebend:

- Aktivität: Der Wärmestrom bezogen auf die Körperoberfläche beträgt ca. 58 W/m^2 beim
  sog. Ruheumsatz und ca. 580 W/m^2 bei einem Langstreckenlauf. Alter und Geschlecht beeinflussen diese Größe zusätzlich.[327,328]

---

[322] Vgl. Krimmling, J.: a.a.O., S. 25
[323] Die Kosten für Arbeitgeber durch Mitarbeiterausfälle etc., die durch schlechtes Raumklima begründet sind, können durchaus höher sein als die Energiekosten des Gebäudes selber. Vgl. Lenz,
B., Schreiber, J., Stark, T.: a.a.O., S. 10
[324] Das Pendant zu den homöothermen (gleichwarmen) Lebewesen sind die poikilothermen (wechsel-
warmen) Lebewesen. Deren Körpertemperatur entspricht nahezu der Umgebungstemperatur. Dazu
zählen beispielsweise Amphibien, Fische, Insekten u. a. Vgl. Ahne, W., Liebich, H.-G., Stohrer,
M., Wolf, E.: Zoologie, Schattauer Verlagsgesellschaft: Stuttgart 2000, S. 139
[325] Während die Körperkerntemperatur weitestgehend konstant ist, sinkt die Temperatur an der Haut-
oberfläche um 2 bis 3 Kelvin und beträgt bei einem unbekleideten Menschen in behaglicher Umgebung 33 °C. Insofern besitzt der Mensch neben dem homöothermen Kern eine poikilotherme Kör-
perschale, zu der die Haut und die Extremitäten zählen. Vgl. Birbaumer, N., Schmidt, R. F.: Biologische Psychologie, Springer-Verlag: Berlin 1999, S. 115
[326] Beim gesunden Menschen liegt die normale Körperkerntemperatur bei 37 °C. Diese schwankt über
den Tag hinweg in engen Grenzen. Zentrale Organe wie beispielsweise das Gehirn sind nur so
funktionsfähig. Vgl. Tigerstedt, R.: Lehrbuch der Physiologie des Menschen, Band 1, 10. Auflage,
S. Hirzel Verlag: Stuttgart 1923, S. 480 f.
[327] Nach Abschluss des menschlichen Wachstums verringert sich der Grundumsatz im menschlichen
Körper sprunghaft um 15 bis 20 %, während er dann mit zunehmendem Alter in vergleichbarem
Maße stetig kleiner wird. Frauen haben im Mittel einen um 10 % geringeren Grundumsatz als
Männer. Vgl. Birbaumer, N., Schmidt, R. F.: a.a.O., S. 112
[328] Das relative Maß für die aus dem Stoffwechsel sich ergebende mittlere Wärmestromdichte wird in
der Einheit met (Metabolic Rate) angegeben: 1 met = 58,2 W/m^2; Vgl. Glück, B.: Thermische Bauteilaktivierung, C.F. Müller Verlag: Heidelberg 1999, S. 6

- Kleidung: Unterschiedliche Dämmeigenschaften von Bekleidung verändern den Wärmeleitwiderstand; auch der Bedeckungsrad spielt eine Rolle. Die Wärmeleitwiderstände verschiedener Bekleidungskombinationen werden in der Bezugsgröße clo[329] angegeben. Eine unbekleidete Person hat 0 clo, eine typische Innenraumbekleidung im Sommer 0,5 clo, im Winter 1,0 clo.[330]

- thermisches Raumklima

Grundsätzlich kann das Behaglichkeitsempfinden eines Menschen nur im Zusammenhang mit allen drei vorbenannten Größen bestimmt werden, wobei als wesentliche Einflussgröße auf das Behaglichkeitsempfinden eines Menschen das thermische Raumklima gilt. Dieses wird durch die folgenden Parameter beschrieben:[331]

- Lufttemperatur im Aufenthaltsbereich

- mittlere Strahlungstemperatur[332]

- relative Luftgeschwindigkeit

- Luftfeuchtigkeit

Da das konkrete Empfinden einer bestimmten Person von vielen weiteren Faktoren abhängt und kaum erschöpfend über eine Bilanzgleichung beschrieben werden kann, dient als sinnvoller Maßstab eine statistische Größe, die in der ISO 7730[333] entwickelt wurde.[334] Der dortige Maßstab wird PMV[335] bezeichnet, der den Durchschnittswert des thermischen Behaglichkeitsempfindens einer großen Personengruppe anhand einer siebenstufigen Beurteilungsskala in einem speziellen Raum vorhersagt. In die Formel zur Berechnung gehen noch weitere Faktoren ein, die das Behaglichkeitsempfinden beeinflussen: Zugluft, vertikaler Temperaturunterschied, Fußbodentemperatur und Strahlungsasymmetrie.[336]

---

[329] 1 clo = 0,155 [m^2K/W]

[330] Vgl. Fanger, P. O.: Mensch und Raumklima, in Rietschel, H., Esdorn, H.: Raumklimatechnik – I. Grundlagen, Springer-Verlag: Berlin 1994, S. 128

[331] Recknagel, H., Sprenger, E., Schramek, E.-R. (Hrsg.): Taschenbuch für Heizung und Klimatechnik, 70. Auflage, Oldenbourg Industrieverlag: München 2001, S. 1041

[332] Die mittlere Strahlungstemperatur t_{Str} ergibt sich aus dem Mittelwert der Produkte der Oberflächentemperaturen t und Einstrahlzahl φ zwischen Person und Fläche: $t_{Str} = t_1 * φ_{P-1} + t_2 * φ_{P-2} + t_n * φ_{P-n}$. Für weiterführende Ausführungen siehe Glück, B.: Strahlungstemperatur der Umgebung, in Gesundheitsingenieur, Heft 6, Jg. 1997, S. 305-309

[333] DIN EN ISO 7730:2006-05: Ergonomie der thermischen Umgebung – Analytische Bestimmung und Interpretation der thermischen Behaglichkeit durch Berechnung des PMV- und PPD-Indexes und Kriterien der lokalen thermischen Behaglichkeit

[334] Vgl. Krimmling, J.: a.a.O., S. 27

[335] predicted mean votum (vorausgesagtes mittleres Votum); Der PMV-Index beruht auf dem Wärmegleichgewicht des menschlichen Körpers. Das thermische Gleichgewicht ist erreicht, wenn die im Körper erzeugte Wärme gleich der an die Umgebung abgegebenen Wärme ist.

[336] Der PMV drückt ein Unbehaglichkeitsempfinden des Körpers als Ganzes aus. Unzufriedenheit kann jedoch auch durch unerwünschtes Abkühlen oder Erwärmen eines Körperteils hervorgerufen werden, dies wird als lokale Unbehaglichkeit gemeinhin benannt. Insbesondere der Einflussfaktor

Die Berechnungsformel kann nur iterativ gelöst werden, es liegen jedoch mehrere Untersuchungen dazu vor, die tabellarisch im Anhang E der Norm aufgeführt sind. Einzelurteile bezogen auf die durchschnittliche Vorhersage durch den PMV, werden jedoch um diesen Mittelwert streuen, deshalb enthält die Norm einen weiteren Index, der rechnerisch aus dem PMV abgeleitet werden kann. Der PPD[337] ist ein Index, der eine quantitative Vorhersage des Prozentsatzes der mit einem bestimmten Umgebungsklima unzufriedenen Menschen beschreibt, die es als zu warm oder zu kalt empfinden.[338] Im Anhang A definiert die Norm drei Kategorien A, B und C des Raumklimas, bei denen ein bestimmter Prozentsatz Unzufriedener erwartungsgemäß unterschritten wird. Dabei wird berücksichtigt, dass die Unzufriedenheit sowohl wegen zu hoher Raumluftgeschwindigkeiten (Zugluftrisiko DR) als auch wegen eines zu hohen vertikalen Temperaturunterschieds (ΔT_v), einer zu hohen Strahlungstemperaturasymmetrie (ΔT_{Str}) oder unangenehmer Fußbodentemperaturen (T_{Fb}) auftreten kann.

In der Kategorie A ist zu erwarten, dass weniger als 6 % der Personen mit der thermischen Behaglichkeit unzufrieden sind. Das wird erfüllt, wenn das Zugluftrisiko bei < 10 % liegt, die Unzufriedenheit mit dem vertikalen Lufttemperaturunterschied < 3 %, mit der Strahlungstemperaturasymmetrie < 5 % und mit der Bodentemperatur < 10 % beträgt. Alle vier Kriterien sollen für jede Kategorie zugleich erfüllt sein.[339] Das Kriterium Zugluft wird in der Norm auf Menschen mit einer leichten und hauptsächlich sitzenden Tätigkeit bezogen,[340] inwiefern eine allgemeinere Übertragbarkeit gegeben ist, wird im Weiteren noch zu untersuchen sein. Exemplarisch sei in diesem Zusammenhang auf die Einflussgröße der Raumluftfeuchte hingewiesen. Anhand eines kleinen Beispiels werden die Auswirkungen näher untersucht. Die Eingangsparameter der Berechnung werden wie folgt angenommen:[341]

- leichte Bürokleidung mit 0,7 clo, sitzende Tätigkeit mit 1,2 met
- empfundene Temperatur mit 22 °C (Lufttemperatur: 23 °C, mittlere Strahlungstemperatur: 21 °C)
- relative Luftfeuchte mit 50 % und Raumluftgeschwindigkeit mit 0,1 m/s

Das Ergebnis ist ein PMV von -0,35, was zu einer voraussichtlichen Menge von Unzufriedenen in Höhe von 7,2 % führt. Variiert die relative Luftfeuchte in einem Bereich von 10 % bis

Zugluft kann eine sog. lokale Unbehaglichkeit auslösen, ebenso der vertikale Temperaturunterschied, die Fußbodentemperatur und Strahlungstemperaturasymmetrie. Zu jedem der Kriterien ist es im Sinne der Norm möglich, einen Prozentsatz an Unzufriedenen rechnerisch zu ermitteln. Die ausführliche Formel mit allen Randbedingungen siehe DIN EN ISO 7730:2006-05, S. 6 ff.

[337] predicted percentage of dissatisfied (vorausgesagter Prozentsatz an Unzufriedenen)
[338] Vgl. ISO 7730:2006-05, S. 8
[339] In der Norm finden sich entsprechende Tabellen mit konkreten Luftgeschwindigkeiten und Temperaturangaben für das jeweilige Kriterium.
[340] Gerade im Sommerfall kann eine gestiegene Raumluftgeschwindigkeit dazu beitragen, dass erhöhte Raumtemperaturen als erträglich empfunden werden.
[341] Die Ergebnisse des PMV und PPD sind berechnet auf Basis der DIN EN ISO 7730 mithilfe des MS-Excel-Werkzeugs ‚Behaglichkeits-Rechner', Online im Internet, URL: <http://www.ib.bau klimatik.de>, in der Rubrik Download.

90 %, liegt der jeweils zugehörige PMV zwischen -0,6 und -0,1. Hieraus ergibt sich ein rechnerisches Maximum in Höhe von 12,7 % für die Gruppe der Unzufriedenen. Daraus lässt sich vermuten, dass die Luftfeuchte eine eher untergeordnete Rolle in Bezug auf die Behaglichkeit spielt.[342] Der Einfluss der Luftfeuchte auf den PMV ist im Anhang A.5 grafisch dargestellt.

Neben der thermischen Behaglichkeit ist als weiterer Aspekt in Bezug auf das Raumklima das Kriterium Luftqualität, welches durch technische Anlagen, hier konkret Lüftungstechnik, beeinflusst wird.

2.3.2.4 Lüftung

Die Lüftung eines Gebäudes dient der zwingend erforderlichen Erneuerung der Raumluft und hat heutzutage in zunehmendem Maße eine höhere Bedeutung als vor einigen Jahren. Für Neubauten fordert die EnEV 2009, dass neue Gebäude so herzustellen sind, „dass die wärmeübertragende Umfassungsfläche einschließlich der Fugen dauerhaft luftundurchlässig entsprechend den anerkannten Regeln der Technik abgedichtet ist".[343]

Während bis vor einigen Jahrzehnten Gebäude eine gewisse Luftdurchlässigkeit aufwiesen und dadurch stets ein geringfügiger Luftwechsel im Gebäude vorhanden war, sollen aus energetischer Sicht weniger Luft und die darin enthaltene Wärme- oder Kälteenergie aus dem Gebäude entweichen. Damit sich aber aus bauphysikalischer und hygienischer Sicht sich bspw. keine Schimmelpilzbildung einstellt sowie für die Nutzer eine zuträgliche Raumluftqualität gegeben ist, muss der zwingend erforderliche Mindestluftwechsel für das Objekt geplant werden. Dazu kann je nach Anforderung oder Erzielung eines definierten Raumklimas die Aufbereitung (Reinigung von Schadstoffen oder Klimatisierung) von Luft hinzukommen.

Dabei sind zwei grundlegende Prinzipien bei Lüftungsplanungen möglich:

- freie oder natürliche Lüftung

- durch Ventilator unterstützte (maschinelle) Lüftung mittels RLT-Anlagen.

Die DIN EN 12792 definiert freie Lüftung als „ausschließlich durch natürliche Kräfte ohne Hilfe von Ventilatoren verursachte Lüftung", was durch eine Fenster-, Schacht oder Querlüftung erreicht werden kann.[344] Der Luftaustausch erfolgt entweder durch thermische Unterschiede von innen nach außen und/oder durch Windeinflüsse auf die Fassade. Die Ventilatorlüftung kann als reines Zu- und/oder Abluftsystem vorgesehen werden, wobei Zuluftsysteme

---

[342] Die DIN EN ISO 7730 besagt ausdrücklich, dass ein weiter Bereich für die Luftfeuchte annehmbar ist, wenn hinsichtlich eventueller Anforderungen an die Raumluftqualitäten in Bezug auf die relative Luftfeuchte lediglich die Aufrechterhaltung der thermischen Behaglichkeit zugrunde liegt. Vgl. DIN EN ISO 7730:2006-05, S. 47
[343] Vgl. EnEV 2009 § 6 Abs. 1
[344] Vgl. DIN EN 12792:2004-01 Lüftung von Gebäuden – Symbole, Terminologie und graphische Symbole, S. 11

ab einer Volumenstromgröße von 4.000 m^3/h gem. EnEV mit einer Einrichtung zur Wärme-rückgewinnung ausgestattet sein müssen.[345]

Daneben besteht die Möglichkeit der sog. Hybrid-Lüftung, bei der die freie Lüftung während eines Zeitintervalls durch ventilatorunterstützte Lüftung ersetzt oder zumindest unterstützt wird. In Bezug auf die Planbarkeit ist freie Lüftung ungünstig, da sie fast ausschließlich von den klimatischen Bedingungen abhängig und daher kaum regelbar ist.[346] Demgegenüber kann die maschinelle Lüftung nach vorzugebenden Parametern ausgelegt werden und ermöglicht somit eine kontrollierte Lüftung, die zu einem konstanteren Raumklima beträgt, was wiederum einen qualitativen Vorteil im Vergleich zur freien Lüftung darstellt. Aus energetischer Sicht ist bei freier Lüftung unbedingt das Prinzip der Stoßlüftung zu berücksichtigten, damit möglichst wenig Heizwärme aus dem Raum verloren geht. Untersuchungen haben gezeigt, dass sich bei kurzzeitiger Stoßlüftung die Raumluft abkühlt, diese jedoch durch die Umgebungsflächen und ggf. inneren Wärmelasten schnell wieder aufgeheizt werden. Dauerlüftung führt zur Auskühlung der Räume und Oberflächen, was eine zusätzliche Gefahr im Hinblick auf Tauwasseranfall und damit verbundene Schimmelpilzbildung bedeutet.[347]

Maschinelle Lüftung ermöglicht durch eine flankierende Wärmerückgewinnung eine Reduzierung des Wärmeverbrauchs. Dem stehen jedoch eine Erhöhung des Stromverbrauchs für die Ventilatoren und ggf. weitere notwendige Technik wie bspw. die Steuerung gegenüber. In Abhängigkeit von der Wahl der Energieerzeugung kann hieraus sogar ein primärenergetischer Nachteil entstehen, da die Stromerzeugung i. d. R. mit wesentlich höheren Verlusten als die Wärmeerzeugung behaftet ist. Berücksichtigt man im Vergleich von maschineller und freier Lüftung die Investitions- und Folgekosten, so kann aus rein wirtschaftlicher Sicht regelmäßig keine Vorteilhaftigkeit für eine maschinelle Lüftung erreicht werden.[348] Erst durch entsprechende Berücksichtigung der qualitativen Faktoren wie Raumklima und Nutzerkomfort kann eine Vorteilhaftigkeit zugunsten der maschinellen Lüftung erreicht werden.

---

[345] Vgl. EnEV 2009 § 15 Abs. 5

[346] In einem Freilandversuchsstand des Fraunhofer-Instituts für Bauphysik wurden verschiedene Fassadentypen im Hinblick auf eine automatisierte Fensterlüftung untersucht. Nachdem die entsprechend geeigneten Fenstertypen bereits identifiziert worden sind, wird gerade an der Entwicklung eines geeigneten Regelungskonzeptes geforscht. Vgl. Steiger, S., Wellisch, U., Hellwig, R.: Untersuchung der Eignung verschiedener Fassaden für automatisierte Fensterlüftung in Schulen mit einem Entscheidungsbaumverfahren, in Bauphysik 32, Jg. 2010, Heft 4, S. 253 ff.

[347] Vgl. Richter, W. et al.: Bestimmung des realen Luftwechsels bei Fensterlüftung aus energetischer und bauphysikalischer Sicht, Fraunhofer IRB Verlag: Stuttgart 2003, S. 73 f.

[348] Der Autor hat selber bei mehreren ÖPP-Schulprojekten in der Angebotsphase die Varianten freie Lüftung und maschinelle Lüftung im Hinblick auf wirtschaftliche Vorteilhaftigkeit untersucht und ist stets zu der Erkenntnis gekommen, dass ein Konzept mit freier Lüftung über den Lebenszyklus (ca. 25 Jahre) sich monetär günstiger darstellt als der Einsatz von maschineller Lüftung. Die Erfahrung deckt sich bei verschiedenen Variantenuntersuchungen für Gebäude in der Literatur. Vgl. dazu David, R., de Boer, J., Erhorn, H., Reiß, J., Rouvel, L., Schiller, H., Weiß, N., Wenning, M.: a.a.O., S. 231; Weizel, J.: EnEV-Schulen sind besser als Passivhaus-Schulen, in Deutsches Ingenieurblatt, Ausgabe 06/2007, S. 32

2.3.2.5   Licht

Das sichtbare Licht ist ein abgegrenzter Bereich aus dem Spektrum der elektromagnetischen Wellen. Der vom Menschen wahrnehmbare Lichtbereich liegt zwischen den Wellenlängen 380 und 780 Nanometer (nm) und enthält sämtliche Spektralfarben, sofern das Licht von der Sonne abgestrahlt wird.[349] Sonnenlicht wird als natürlich empfunden und als weißes Licht wahrgenommen. Dagegen haben künstliche Lichtquellen qualitativ und quantitativ verschiedene Zusammensetzungen des Lichtspektrums, je nach Wahl des Leuchtmittels und der Leuchte. Gutes Kunst- oder Tageslicht ist eine der Grundvoraussetzungen für das menschliche Wohlbefinden und dient nicht nur der Erfassung von optischen Informationen, sondern hat auch psychische und physiologische Bedeutung für den Menschen.[350] Die Wünsche eines Nutzers im Gebäude beinhalten meist eine hohe Tageslichtversorgung gepaart mit Blendfreiheit, Sichtverbindung nach außen, gleichmäßige Raumausleuchtung und gute Farbwiedergabe. Vorschriften wie die Arbeitsstättenrichtlinie oder die DIN EN 124646 beschreiben konkrete Anforderungen an die Versorgung von Räumen mit Kunst- und Tageslicht.Folgende Planungsprinzipien zur Erreichung einer hohen Tageslichtversorgung können zugrunde gelegt werden:[351]

- Nutzungen entsprechend den Anforderungen an die Beleuchtung orientieren, dabei sind tiefe Räume und innen liegende Räume zu vermeiden

- wenn möglich Verschattung durch benachbarte Bauten vermeiden

- ausreichende Fensterflächen vorsehen, wobei ein Flächenanteil von mehr als 60 % Fensterflächen keinen geringeren Energiebedarf für die Beleuchtung erwarten lässt[352]

- möglichst hohen Lichttransmissionsgrad der Verglasung berücksichtigen

- (geeignete) Sonnen- und Blendschutzsysteme vorsehen

- Sonnenschutzsysteme mit Tageslichtversorgungsmöglichkeit auswählen

Die vorgenannten Kriterien gelten als Planungsleitfaden und können im Einzelfall mit anderen Aspekten in Konflikt stehen.[353] Hier ist im Einzelfall zu entscheiden, welchem Aspekt Vorrang eingeräumt wird. Da eine Tageslichtversorgung die ausreichende Beleuchtung eines

---

[349] Vgl. Pistohl, W: Handbuch der Gebäudetechnik, Band 2, 7. Auflage, Werner-Verlag: Köln 2009, S. K3

[350] Vgl. Russ, C.: Tageslichtnutzung und Sonnenschutz – eine Einführung, in Russ, C. et al.: Sonnenschutz – Schutz vor Überwärmung und Blendung, Fraunhofer IRB Verlag: Stuttgart 2008, S. 9

[351] Vgl. Jakobiak, R.: Energieeffizienz III – Beleuchtung, Folienvortrag im Rahmen eines VDI-Seminars, Düsseldorf: 13.12.2007

[352] Vgl. ausführlich Boer, J.: Lichttechnisches und energetisches Verhalten von Fassaden moderner Verwaltungsbauten, in Bauphysik 28, Jg. 2006, Heft 1, S. 44

[353] Exemplarisch sei hier auf die möglichst hohe Fensterfläche und einen hohen Transmissionsgrad der Verglasung verwiesen, welche im Gegenzug auch einen höheren Wärmeeintrag ins Gebäude im Sommer ermöglicht, was ggf. zu einer schnelleren Überhitzung im Raum führen kann. Hier sind objektspezifisch geeignete Maßnahmen zu kombinieren, um ein möglichst gutes Planungsergebnis im Hinblick auf Tageslichtversorgung und sommerlichen Wärmeschutz zu erreichen.

Gebäudes bezogen auf den jahreszeitlichen Verlauf nicht immer gewährleisten kann, ist eine künstliche Beleuchtung stets im Gebäude vorzusehen. Im Hinblick auf den Energiebedarf ist die geplante Beleuchtungsstärke maßgebende Eingangsgröße. Sie wird gemessen in der Einheit [lux]. Die einschlägigen Richtlinien sehen Mindestbeleuchtungsstärken (bspw. allgemeiner Klassenraum: 300 lux, Büroarbeitsplatz: 500 lux) an Arbeitsplätzen vor. Unter Berücksichtigung weiterer Planungsgrößen wie Blendwirkung, Reflexionsgraden von Oberflächen wird die zu installierende Leistung der Beleuchtung ermittelt. Sie wird in der Einheit [W/m²] angegeben und eignet sich als Zielgröße oder Vorgabewert für eine spezifische Beleuchtungsplanung, da sie einen linearen Einfluss auf die Ermittlung des Energiebedarfs für die Beleuchtung hat.[354] Zur Optimierung der installierten Beleuchtungsleistung können folgende Prinzipien zugrunde gelegt werden:

- hohe Lichtausbeute bei der Wahl der Leuchtmittel (Lampe)

- hoher Betriebswirkungsgrad der Leuchten (Lampenkörper)

- Differenzieren zwischen Arbeits- und Umgebungsbereich (verschiedene Beleuchtungsstärken)

- hoher Raumwirkungsgrad durch helle Raumflächen und hohen Direktanteil der Beleuchtung[355]

- Wartung der Beleuchtungsanlage[356]

Neben den vorhergehend beschriebenen Einflüssen liegt ein weiteres Einsparpotential in der Auswahl technischer Regelungskomponenten. Dazu gehört zum einen die tageslichtabhängige Betriebsweise und zum anderen das präsenzabhängige Ein- und Ausschalten.

Generell ist zu sagen, dass eine hohe Tageslichtversorgung im Gebäude zur besseren Energieeffizienz des Gebäudes beiträgt, weil dadurch am wenigstens oder gar kein künstliches Licht benötigt wird.[357] Insofern ist das Vorsehen einer tageslichtabhängigen Steuerung der Beleuch-

---

[354] Vgl. DIN V 18599-4:2007-02 Nutz- und Endenergiebedarf für Beleuchtung, S. 17
[355] Man unterscheidet zwischen direkter, indirekter und gleichförmiger Beleuchtung, wobei die direkte Beleuchtung aus energetischer Sicht am effizientesten ist. Sie ist für Büroräume, Schulklassen und Sporthallen gut geeignet. Vgl. Pistol, W.: a.a.O., S. K30
[356] Rechnerisch wird die Wartung der Beleuchtungsanlage durch einen Wartungsfaktor berücksichtigt. Dieser wiederum ist gem. EN 12464 vom Lichtplaner entsprechend den Rahmenbedingungen festzulegen. Der Wartungsfaktor bewertet u. a. die angenommene Alterung der Leuchtmittel und die damit verbundenen Lichtstromrückgang sowie den Verschmutzungsgrad der Umgebung und Leuchten. Der Wartungsfaktor bildet sich aus dem Quotient der Beleuchtungsstärke am Ende und zu Beginn einer Wartungsperiode und ist somit stets > 1. Ein größerer Wartungswert begünstigt den energetischen Verbrauch der installierten Beleuchtung, führt jedoch zu einem höheren Instandhaltungsaufwand, da bspw. die Leuchtmittel früher getauscht werden müssen.
[357] Unberücksichtigt bleibt an dieser Stelle die qualitative Bewertung von Beleuchtung. Die üblichen Berechnungen legen die Beleuchtungsstärke als maßgebliches Kriterium fest, die Farbwiedergabe bspw. wird eher vernachlässigt. Technisch besteht jedoch ein direkter Zusammenhang zwischen Farbwiedergabe und der Lichtstromausbeute. So ist eine künstliche Beleuchtung, die annähernd die Farbwiedergabe von Tageslicht erreicht, nur ca. 40 bis 50 % so effektiv in der Lichtstromausbeute

tungsanlagen als vorteilhaft anzusehen. Sicherlich ist diese nicht flächendeckend möglich, sondern nur sinnvoll in tageslichtversorgten Bereichen wie bspw. in Fensternähe an der Außenfassade wirksam. Die Flächen können u. a. mit der DIN V 18599-4 ermittelt werden. Präsenzabhängiges Ein- und Ausschalten wird immer wieder als probates Mittel zur Energieeinsparung gegenüber manueller Bedienung benannt. Ein automatisiertes Einschalten ist abgesehen von innenliegenden Räumen oder denen, die mit nur sehr wenig Tageslicht versorgt sind, nicht sinnvoll und selbst dort dienen sie mehr dem Nutzerkomfort als dem Aspekt der Energieeffizienz. Präsenzabhängiges Ausschalten kann dagegen eine sinnvolle Maßnahme sein, wobei aus wirtschaftlicher Sicht spezifisch betrachtet werden sollte, ob es sich um individuelle Bereiche wie Einzelbüros handelt oder um Flächen, die wesentlich stärker von Besucherverkehr geprägt sind.[358] Letztlich ziehen die technischen Kontrollsysteme einen höheren Investitionsbedarf und Instandhaltungskosten nach sich, die ggf. durch entsprechendes Nutzerverhalten kompensiert werden könnten.

2.3.2.6 Nutzung

Neben den bereits vorgestellten Einflussgrößen der Baukonstruktion und technischen Ausrüstung haben die geplante Nutzung und das damit verbundene Nutzerverhalten[359] im Gebäude einen weiteren wesentlichen Einfluss auf den Energieverbrauch des Objektes. Während für die Berechnung gem. EnEV 2009 standardisierte Nutzungsrandbedingungen vorgegeben sind, damit eine grundsätzliche Vergleichbarkeit zwischen den Gebäuden hergestellt werden kann, zeigen erste Feldstudien, dass sich erhebliche Differenzen bei der Ermittlung eines Energiebedarfs auf Basis von Standardnutzungsrandbedingungen zu tatsächlich gemessenen Energieverbräuchen ergeben.[360] Daran wird u. a. deutlich, dass die Ergebnisse des Energiebedarfsausweises gem. EnEV stets nur eine relative Vorteilhaftigkeit gegenüber einem Gebäude widerspiegeln, deren Niveau durch den Gesetzgeber definiert wird. Keinesfalls ist zu erwarten, dass die Energiebedarfswerte im Sinne tatsächlich zu erwartender Energieverbräuche bewertet werden können.[361] Wesentliche Erkenntnis ist daraus, dass für eine realistische Energieverbrauchsprognose die tatsächlich zu erwartenden Nutzungsrandbedingungen hinreichend ge-

---

wie ein niedriges Niveau, welches wesentlich häufiger eingeplant wird. Hier ist insofern eine klare Qualitätsvorgabe durch den Auftraggeber bzw. bei den in diese Arbeit untersuchten ÖPP-Projekten die öffentliche Hand gefordert.

[358] Lenz, B., Schreiber, J., Stark, T.: Nachhaltige Gebäudetechnik, Institut für internationale Architektur-Dokumentation: München 2010, S. 17

[359] Zum Aspekt Nutzerverhalten siehe auch Kap. 2.3.4.6

[360] Bei einem Dena-Feldversuch wurden zahlreiche Nichtwohngebäude im Hinblick auf ihren tatsächlichen Energieverbrauch mit den nach DIN V 18599 mit Standardnutzungsrandbedingungen ermittelten Bedarfswerten verglichen. Hierbei wurden erhebliche Abweichungen festgestellt. Vgl. ausführlicher dazu Oschatz, B.: Erarbeitung eines Leitfadens für den Abgleich Energiebedarf – Energieverbrauch, Fraunhofer IRB Verlag: Stuttgart 2009, S. 3 ff.

[361] Die Bilanzierung nach DIN V 18599 bezieht auch nur einen bestimmten Teil der Energieverbraucher eines Gebäudes ein. Vgl. ebenda, S. 6

nau beschrieben werden. In Analogie zu den Nutzungsprofilen der DIN V 18599 Teil 10 sind folgende Randbedingungen relevant für eine Verbrauchsprognose:

- Nutzungszeiten (tägliche Nutzungszeit am Tag und ggf. Nacht, jährliche Nutzungstage, Betriebszeiten der technischen Ausrüstung)

- Raumkonditionen (Soll- sowie Minimal- und Maximaltemperaturen für Heizung und Kühlung)

- Außenluftvolumenstrom oder Luftwechselraten

- Beleuchtungsstärken

- Personenbelegung

- interne Wärmequellen, z. B. Ausstattungen wie PCs etc.

Die vorgenannten Parametern sind nicht stets im Einzelnen präzise vorzugeben, da sie durchaus in verschiedenen Normen und Vorschriften (z. B. ASR A3.5 Raumtemperatur) bereits als Mindestvorgaben festgelegt sind.[362] Nutzungszeiten und Personenbelegungen hängen jedoch vom spezifischen Betreiberkonzept ab und variieren stark. Gerade die Nutzungszeiten haben einen unmittelbaren Einfluss auf den Energieverbrauch, sodass hier mit besonderer Sorgfalt geprüft werden muss, welche Zeitansätze tatsächlich im Betrieb zu erwarten sind. Darüber hinaus ist zwischen verschiedenen Nutzungsbereichen innerhalb des Objektes zu differenzieren, und es sind entsprechend aufgeschlüsselte Nutzungsprofile anzugeben.[363]

2.3.3   Berechnungsverfahren für den Energiebedarf

2.3.3.1   Kennwertverfahren

Die einfachste Möglichkeit, den Energiebedarf für Gebäude zu ermitteln, ist die Herleitung über erfasste Kennwerte. Die Richtliniengruppe VDI 3807 erscheint seit 1994 und dient seitdem in der Praxis als Hilfsmittel für die Beurteilung des Wärme-, Strom- und Wasserverbrauchs von Gebäuden.[364] So definiert das Blatt 1 generelle Begrifflichkeiten wie den Bedarfs- und Verbrauchskennwert. Der Bedarfswert wird unter Annahme von Randbedingungen und bestimmter Szenarien berechnet, während es sich beim Verbrauchswert um einen tatsäch-

---

[362] Im Einzelfall kann durchaus geprüft werden, ob Soll-Vorgaben explizit abweichend zwischen den Parteien vereinbart werden. Das Absenken einer Raumtemperatur wird immer mit der Reduzierung des Wärmeverbrauchs einhergehen.

[363] In einem Rathaus kann es bspw. einen politischen Trakt geben, der erfahrungsgemäß zu späteren Tageszeiten oder regelmäßig in den Abendstunden im Gegensatz zu den öffentlichen Bereichen genutzt wird. Eine Schule kann mit einer Aula oder Mensa ausgestattet sein, die auch für außerschulische Veranstaltungen genutzt werden soll.

[364] o.V.: VDI-Richtlinienausschuss 3807, Online im Internet, URL: <http://www.vdi..de/4349.0.html>, Abruf: 16.01.2011, 21:43 Uhr

lich gemessenen und ggf. bereinigten Energieverbrauch handelt.[365] Während im Blatt 1 die Grundlagen zu Energie- und Wasserverbrauchskennwerten behandelt werden, sind in den Blättern 2 bis 4 Energie- und Wasserverbrauchskennwerte dokumentiert.[366] Für die dort ausgewiesenen Kennwerte werden als Bezugsfläche die beheizten BGF nach DIN 277 eines Gebäudes zugrunde gelegt. Als zeitliche Dimension wird üblicherweise ein Kalenderjahr angenommen, sodass sich Kennwerte in kWh/m^2 BGF p. a. ergeben. Die angegebenen Kennwerte für Heizungswärme sind von den verschiedenen Bestandsgebäuden aus den jeweiligen Vergleichsgruppen auf den Standort Würzburg umgerechnet worden und müssen standortbezogen umgerechnet werden.

Die ages[367] GmbH schreibt den im Jahr 2000 erstmals veröffentlichten Forschungsbericht „Verbrauchskennwerte 1999" regelmäßig fort. Aktuell liegt er noch in der Version ‚Verbrauchskennwerte 2005' vor. Die Grundlage zur Erfassung und Auswertung bildet die VDI 3807 Blatt 1, womit weitere vergleichbare Zahlen vorliegen. In dem Forschungsbericht der ages wurden 25.000 Nichtwohngebäude ausgewertet. Vorteile eines Kennwertverfahrens sind die leichte Handhabung und schnelle Anwendbarkeit. Es kann jedoch lediglich eine erste Grobbeurteilung im Vergleich zu anderen z. B. selbst ermittelten Verbrauchskennwerten im Sinne eines Benchmarkings sein. Beim Kennwertverfahren werden jedoch Alter bzw. Zustand der Gebäudesubstanz, technischer Ausstattungsgrad wie z. B. Anteil mechanisch belüfteter und/oder klimatisierter Flächen, Anlageneffizienz und Nutzungsintensität nicht berücksichtigt.[368]

Solange die Kennwerte nicht objektspezifisch in Bezug auf ihre Vergleichbarkeit geprüft und bestätigt sind, können Kennwerte kaum zur Prognose des Energiebedarfs oder -verbrauchs herangezogen werden.

2.3.3.2   Wärmebilanzverfahren

Vor der EnEV-Novelle im Jahr 2007 war es im Rahmen des öffentlich-rechtlichen Genehmigungsverfahrens erforderlich, nur die Einhaltung der Grenzwerte für den Energiebedarf der Heizung und des Warmwassers nachzuweisen. Dazu waren ausschließlich die DIN V 4701-10 in Verbindung mit der DIN V 4108-6 zulässig.[369]

---

[365] Vgl. VDI 3807, Blatt 1 Energie- und Verbrauchskennwerte für Gebäude, Grundlagen, 2007-03, S. 7

[366] Vgl. VDI 3807 Blatt 2, Energieverbrauchskennwerte für Gebäude, Heizenergie- und Stromverbrauchskennwerte, 1998-06; VDI 3807 Blatt 3, Wasserverbrauchskennwerte für Gebäude und Grundstücke, 2000-07; VDI 3807, Blatt 4 Energie- und Wasserverbrauchskennwerte für Gebäude, Teilkennwerte elektrische Energie, 2008-08

[367] Gesellschaft für Energieplanung und Systemanalyse mbH, Online im Internet, URL: <http://www. ages-gmbh.de>

[368] Vgl. VDI 3807 Blatt 2, S. 19

[369] Für Wohngebäude stellt die EnEV (ab 01.10.2009) es frei, ob die Berechnung nach DIN V 18599 oder DIN V 4701-10 und DIN V 4708-06 vorgenommen wird. Der Jahresenergiebedarf auf Primär-

Im Rahmen des Nachweises gem. EnEV für Wohngebäude ist das Wärmebilanzverfahren[370] analog zur DIN V 18599 anzuwenden. Die Bedarfsermittlung kann in der Norm auch im Rahmen eines Einperiodenverfahrens ermittelt werden, bspw. über ein Jahr oder eine Heizperiode.[371] Im Grundzug errechnet sich der Heizenergiebedarf Q_h für eine bestimmte Zeitdauer HP (Heizperiode) unter Berücksichtigung der nutzbaren Wärmegewinne nach folgender Gleichung:[372]

$$Q_{h,HP} = Q_{T,HP} + Q_{L,HP} - \eta_{HP} \cdot Q_{G,HP}$$

Der Transmissionswärmeverlust ergibt sich unter Berücksichtigung der U-Werte der einzelnen Außenbauteile und eines Zuschlags für Wärmebrücken. Der Lüftungswärmeverlust errechnet sich über einen konstant angesetzten Luftwechsel und das Lüftungsvolumen, welches i. d. R. aus dem Bruttovolumen des Gebäudes abgeleitet wird. Die Wärmegewinne setzen sich aus solarer Einstrahlung und den inneren Wärmequellen wie Personen, EDV-Technik etc. zusammen.[373]

Gegenüber den davor beschriebenen Verfahren ist die Anwendung der DIN V 4108-6 einfacher und mit weniger Aufwand verbunden. Dabei ist allerdings einschränkend anzumerken, dass folgende Vereinfachungen in der Berechnung zugrunde gelegt werden:

• Das Gebäude wird als Einzonenmodell betrachtet, d. h. es wird von einer konstanten Innentemperatur ausgegangen, außerdem wird ein gleicher Luftwechsel unterstellt.

• Speichereigenschaften des Gebäudes werden nicht berücksichtigt, da die Bilanzierung über eine mittlere Heizperiode durch die Gradtagszahl[374] bestimmt ist.

Durch Vereinfachungen in den komplexeren Berechnungsverfahren können auch einfachere Algorithmen zur groben Prognose des Heizenergiebedarfs abgeleitet werden. Berücksichtigt man nur die Transmissions- und Lüftungswärmeverluste kann über die Hüllfläche der jährli-

---

und Endenergieebene wird dabei mithilfe der DIN V 4701-10 errechnet. Als Voraussetzung für die Anwendung muss der Nutzenergiebedarf nach DIN V 4208-06 berechnet werden.

[370] Im Rahmen des Wärmebilanzverfahrens wird von einer mittleren repräsentativen Temperatur für bspw. einen Monat (Monatsbilanzverfahren) ausgegangen und als konstant für den entsprechenden Zeitraum angenommen.

[371] Für das Monatsbilanzverfahren wird analog dem Einperiodenverfahren der Zeitraum von jeweils einem Monat betrachtet und über das gesamte Jahr aufsummiert.

[372] Q_T = Transmissionswärmeverluste, Q_L = Lüftungswärmeverluste, η = Ausnutzungsgrad (vereinfacht: 0,95), Q_G = Wärmegewinne; vgl. Krimmling, J.: a.a.O., S. 69

[373] Die inneren Wärmequellen sind üblicherweise projektspezifisch zu betrachten und zu ermitteln, die solaren Gewinne sind für verschiedene Himmelsrichtungen unter Berücksichtigung von Sonnenschutzvorrichtungen, Verschattungsfaktoren und wirksamen Energiedurchlassgraden von Verglasungen umfangreich tabelliert. Vgl. DIN V 4108-6:2003-06, S. 31 ff.

[374] Nach VDI 4710 Blatt 2 ist die Gradtagszahl (Gt) das Produkt aus einen Tag und der Differenz aus zugehöriger Außenlufttemperatur als Tagesmittel und Rauminnentemperatur. In der Regel wird davon ausgegangen, dass ab einer Temperatur von 15° C oder weniger geheizt wird und als Norminnentemperatur werden 20 °C angenommen. Gradtagszahlen werden für einen bestimmten Zeitraum aufsummiert. Die Einheit beträgt K*d.

che Nutzenergiebedarf $Q_{h,a}$ geschätzt werden.[375] Dies lässt sich über folgende Gleichung berechnen:[376]

$$Q_{h,a} = U_m \cdot A_{Hüll} \cdot G_t \cdot \frac{24h}{d} + 0{,}34 \cdot n \cdot V_L \cdot G_t \cdot \frac{24h}{d}$$

Folgende weitere Vereinfachungen beinhaltet dieses Verfahren:

- Die bauphysikalischen Eigenschaften der Gebäudehülle werden als gleichförmig angenommen und durch einen Mittelwert beschrieben.

- Eine durchgehende Nutzung wird unterstellt, Einspareffekte durch bspw. abgesenkte Innentemperaturen werden vernachlässigt.

- Wärmegewinne aus solaren Einträgen und inneren Lasten werden nicht berücksichtigt.

Vorteil der Wärmebilanzverfahren ist die frühe Anwendbarkeit im Rahmen eines Projektes, da lediglich wenige Parameter wie bspw. ein Raumprogramm bekannt sein müssen. Durch Festlegung weiterer Zielgrößen wie das A/V-Verhältnis und Qualitäten der Gebäudehülle kann eine erste Größe des Wärmebedarfs festgelegt werden. Die Vereinfachungen in der Berechnung lassen jedoch keinen Rückschluss auf den tatsächlichen Verbrauch zu, sodass der Ansatz über das Wärmebilanzverfahren in der Regel zu hohe Verbräuche prognostiziert.

2.3.3.3 DIN V 18599

Seit Anfang 2007 stellt die zehnteilige Vornormenreihe DIN V 18599 ein Verfahren zur Bewertung der Gesamtenergieeffizienz von Gebäuden zur Verfügung, wie sie nach Artikel 3 der Richtlinie[377] über die Gesamteffizienz von Gebäuden mit Wirkung ab 2006 in allen europäischen Mitgliedstaaten der EU gefordert wird. Das Berechnungsverfahren prognostiziert alle Energiemengen, die zur bestimmungsgemäßen Heizung, Lüftung, Klimatisierung, Trinkwasserversorgung und Beleuchtung von Gebäuden notwendig sind, wobei auch die gegenseitige Beeinflussung der verschiedenen Energieströme, die Gebäudekonstruktion und die Anlagentechnik Berücksichtigung finden.[378] Die Energiebilanzierung wird mit standardisierten Randbedingungen für ganz Deutschland, z. B. Klimadaten und Nutzerverhalten, erstellt.[379] Somit ermöglicht der ermittelte Energiebedarf eine vom Nutzerverhalten unabhängige Bewertung und erreicht eine Vergleichbarkeit von Gebäuden untereinander.[380] Allerdings erlauben die so

---

[375] Vgl. Krimmling, J.: a.a.O., S. 64 f.

[376] U_m = flächengewichteter mittlerer U-Wert der gesamten wärmeabgebenden Außenfläche, $A_{Hüll}$ = wärmeabgebende Außenfläche, G_t = Gradtagszahl, n = Luftwechselrate, V_L = Lüftungsvolumen

[377] Richtlinie 2002/91/EG

[378] Vgl. David, R., de Boer, J., Erhorn, H., Reiß, J., Rouvel, L., Schiller, H., Weiß, N., Wenning, M.: Heizen, Kühlen, Belüften & Beleuchten - Bilanzierungsgrundlagen zur DIN V 18599, Fraunhofer IRB Verlag: Stuttgart 2006, S. 17

[379] Die Standardrandbedingungen sind im Teil 10 der DIN V 18599 angegeben. Es besteht hier die Möglichkeit, eine Individualisierung vorzunehmen, um ein objektspezifisches Ergebnis zu erhalten.

[380] Die nutzungsunabhängige Bewertung und damit verbundene Vergleichbarkeit der Ergebnis verschiedener Gebäude resultiert aus den Anforderungen der gesetzlichen EnEV, die eine Berechnung

errechneten Werte keinen Rückschluss auf den tatsächlich zu erwartenden Energieverbrauch des Gebäudes.[381]

Für eine zuverlässige Bedarfsprognose im Sinne des später zu erwartenden Verbrauchs ist die tatsächliche Nutzung anstelle der standardisierten Randbedingungen zu berücksichtigen.[382] Bei der Anwendung der DIN V 18599 handelt es sich um ein komplexes Verfahren, in dessen Ablauf iterative Schritte vorzunehmen sind, die effektiv nur noch mithilfe von EDV-Unterstützung gelöst werden können.

Der zu ermittelnde Endenergiebedarf eines Gebäudes ergibt sich getrennt nach Energieträgern nach folgender Gleichung:[383]

$$Q_{f,j} = Q_{h,f,j} + Q_{c,f,j} + Q_{h*,f,j} + Q_{c*,f,j} + Q_{m*+,f,j} + Q_{w,f,j} + Q_{l,f,j} + Q_{f,aux} \pm Q_{f,j,x}$$

Als Vergleichsmaßstab werden die verschiedenen Endenergien mithilfe eines entsprechenden Primärenergiefaktors umgerechnet und wiederum aufsummiert, woraus ein einzelner Gebäudekennwert zur Beurteilung der Gesamtenergieeffizienz des jeweiligen Gebäudes resultiert.

In Anlage 2 der EnEV 2009 ist ein sog. Referenzgebäude (Nichtwohngebäude) in Bezug auf seine Eigenschaften hinsichtlich der Baukonstruktion (U-Werte, Gebäudedichtheit) und der technischen Ausrüstung (Art der Beleuchtung, Energieerzeugung für Heizung usw.) beschrieben mit denen das real geplante Gebäude verglichen wird.[384] Die Gebäudegeometrie und seine Ausrichtung auf dem Grundstück werden bei beiden Rechengängen gleich gesetzt; dies gilt auch für die Nutzungsrandbedingungen für die Nutzungsdauer pro Tag, die Anzahl der Personen etc.[385]

---

nach DIN V 18599 zwingend vorsieht, wenn es sich um ein sogenanntes Nichtwohngebäude (Büro, Schule etc.) handelt. Mit Novellierung der EnEV zum 1.10.2009 kann auch bei Wohngebäuden die Bewertung nach DIN V 18599 vorgenommen werden kann, alternativ ist auch eine Berechnung nach DIN V 4108, DIN V 4107, PAS 1027 analog den Regelungen der vorhegenden Fassung der Energieeinsparverordnung zulässig.

[381] Vgl. Oschatz, B.: Erarbeitung eines Leitfadens zum Abgleich Energiebedarf – Energieverbrauch, Fraunhofer IRB Verlag: Stuttgart 2009, Online im Internet, URL:<http://www.irb-online.de>; Abruf: 28.06.2009, 19:47 Uhr, S. 3

[382] Die Standardrandbedingungen für den Nachweis nach der EnEV sind in der DIN V, 18599-10 für verschiedene Nutzungen wie z. B. Büro, Klassenraum etc. ausführlich beschrieben.

[383] Die Bedeutungen der Indizes lauten: F = Endenergie, J = Energieträger, h = Heizung, c = Kühlung, h* = RLT-Heizung, c* = RLT-Kühlung, m* = Befeuchtung, w = Trinkwarmwasser, l = Beleuchtung, aux = Hilfsenergie, x = Endenergie, die für andere Prozesse im Gebäude genutzt oder erzeugt wird. Der Wert für $Q_{f,j,x}$ kann beispielsweise für erzeugten Strom aus einer Photovoltaikanlage eine negative Größe annehmen. Seit der Novellierung der EnEV am 01.10.2009 ist diese Berücksichtigung möglich.

[384] „Das Referenzgebäude ist ein virtuelles Gebäude, das architektonisch (u. a. Orientierung, Größe, Kubatur) und in der Nutzung identisch mit dem nachzuweisenden bzw. zu bewertenden Gebäude ist." Siehe Voss, K., Lichtmeß, M., Wagner, A., Lützenkendorf, T.: Eine Frage des Maßstabs – Bewertungsmaßstäbe für Energieeffizienz, in Deutsche Bauzeitung, Ausgabe 03/2010, S. 67

[385] Gebäudegeometrie und Ausrichtung auf dem Grundstück werden vom real geplanten Gebäude in den Rechenvorgang übernommen, die Nutzungsrandbedingungen sind im Teil 10 der DIN V 18599 beschrieben.

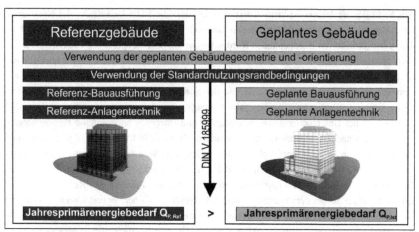

Bild 2-15: Referenzgebäudeverfahren nach EnEV[386]

So wird im Nachweisverfahren zweimal das zu bewertende Gebäude gerechnet, zum einen mit den geplanten qualitativen Eigenschaften und zum anderen mit den durch den Gesetzgeber vorgegebenen Standards.

Im Ergebnis muss das tatsächlich geplante Gebäude einen geringeren Primärenergiebedarf aufweisen als das Referenzgebäude, um den Anforderungen der EnEV zu entsprechen. Da die DIN V 18599 in engem Zusammenhang mit der Novellierung der EnEV zu sehen ist, wird in Bild 2-15 das grundlegende Berechnungsprinzip nach der EnEV skizziert.

Zusammenfassend kann zu dem Berechnungsverfahren nach DIN V 18599 festgehalten werden, dass es sich um ein sehr umfängliches Bewertungsinstrument handelt, welches derzeit als Alleinstellungsmerkmal die Möglichkeit bietet, alle relevanten Energiemengen für ein Gebäude im Zusammenhang zu betrachten. [387] Dadurch ergibt sich bereits in der Konzeptions- und Planungsphase die Chance, ein energetisch optimiertes Gebäude zu entwickeln. Die vollständige Betrachtung erfordert jedoch einen hohen Aufwand an Eingabedaten und Detailkenntnisse vom Gebäude bzw. von der Anlagentechnik. Des Weiteren ist zu berücksichtigen, dass es sich um ein Monatsbilanzverfahren handelt, in dem über die Periode eines Jahres jeweils von einem Mittelwert während der jeweiligen Monats, z. B. mittlere Außentemperatur, ausgegangen wird.

---

[386] Eigene Darstellung, Q_P steht für den rechnerisch ermittelten Jahresprimärenergiebedarf.

[387] Als relevante Energiemengen im Sinne der Norm sind alle thermischen und nicht-thermischen Energieaufwendungen sowie deren notwendigen Hilfsenergien anzusehen, die im Zusammenhang mit Heizung, Innenraumbeleuchtung, Lüftung, Klimatisierung und Trinkwarmwasser entstehen. Nicht erfasst sind u. a. Energieaufwendungen für Dekorations- und Außenbeleuchtung, Sicherheitsbeleuchtung, Aufzuganlagen sowie sämtliche Prozessenergie aus der spezifischen Gebäudenutzung. Vgl. DIN V 18599 Beiblatt 1:2010-01, S. 11

Aus Sicht des Verfassers ist kritisch anzumerken, dass die EDV-Umsetzung der Norm zwischen den verschiedenen Anbietern zu sehr unterschiedlichen Ergebnissen führt. An verschiedenen standardisierten Bürogebäuden wurden bereits die Softwareprodukte von unterschiedlichen Herstellern geprüft.[388] Obwohl es sich jeweils um vergleichsweise einfache Gebäude handelt (zwei Vollgeschosse mit üblicher Büronutzung sowie einer Gebäudetechnik, die einem üblichen Standard entspricht und von der Software problemlos berücksichtigt werden kann) kommt es zu extrem großen Abweichungen bei den errechneten Ergebnissen. So schwankt in der Untersuchung von *Buschbacher* und *Horchler* der ermittelte Primärenergiebedarf für das nachzuweisende Gebäude zwischen 216 und 279 kWh/m^2 NGF p. a., was einer Abweichung von ca. 33 % entspricht. Für das Referenzgebäude ergibt sich eine Ergebnistoleranz von ca. 42 % (191 bis 330 kWh/m^2 NGF p. a.). Bei zwei Rechenprogrammen wurde der Nachweis bestanden, bei 4 Programmen lag der Anforderungswert des Referenzgebäudes jedoch niedriger als bei dem nachzuweisenden Gebäude. *Buschbacher* und *Horchler* haben in ihrer Untersuchung konkrete Fehler in der Software und abweichende Auslegungen sowohl der EnEV als auch der Norm feststellen können. Als grundsätzliche Schwierigkeit im Hinblick auf die Prüfung der Ergebnisse stellen sich dabei die sehr unterschiedliche Dokumentationen der Zwischenergebnisse und Rechenalgorithmen sowie jeweiligen Auslegungen bzw. Interpretationen der Verordnung und Norm dar. Die Evaluierung wird nach *Fehlauer et al.* zusätzlich dadurch erschwert, dass Zielwerte zur Prüfung der Rechengenauigkeit nicht durch Handrechnung ermittelt werden können, da die Normrechnung in mehrfachen Iterationsschritten vorgenommen wird und sowohl genauere Ansätze als auch verschiedene Vereinfachungen und Interpretationsspielräume der Norm bzw. EnEV möglich sind.[389,390]

Als Reaktion auf die immer noch anhaltende Kritik an den Berechnungsergebnissen der EnEV bzw. DIN V 18599 haben im April 2009 die führenden Software-Hersteller die *18599 Gütegemeinschaft e. V.* gegründet, deren Ziel es ist, Testfälle zu generieren mit deren Hilfe die jeweiligen Softwareprodukte kalibriert werden. Damit soll ein einheitlicher Qualitätssicherungsstandard gewährleistet werden. Nach eigenen Angaben des Vereins haben sich die Ergebnisse der verschiedenen Softwareprodukte weiter angenähert, ohne dass dies jedoch konkret quantifiziert wird. Die eigenen Vergleichsberechnungen sollen auch nicht veröffentlicht werden.[391] Die KfW Bankengruppe hat im Oktober 2010 bekannt gegeben, bis auf Wei-

---

[388] Vgl. dazu Buschbacher, P., Horschler, S.: Sechs Rechenprogramme für die DIN V 18599 kommen zu völlig verschiedenen Ergebnissen, in Deutsches Ingenieurblatt, 10/2008, S. 28 ff.; Fehlauer, K., Winkler, H., Brätz, M.: Qualitätsprüfung für Energieausweis-Software, in Bauphysik, 31. Jg. 2009, Heft 3, S. 174 ff.

[389] Vgl. Fehlauer, K., Winkler, H., Brätz, M.: a.a.O., S. 181

[390] Lichtmeß entwickelt in seiner Arbeit Vereinfachungen für energetische Mehr-Zonen-Bilanzierungen gem. DIN V 18599, mit denen der Eingabeaufwand wesentlich verringert wird. Die Abweichungen gegenüber einer detaillierten Betrachtung liegen dabei im Mittel nur bei ca. 6 %. Vgl. Lichtmeß, M.: Vereinfachungen für die energetische Bewertung von Gebäuden, Dissertation, Bergische Universität Wuppertal 2010, S. 286 ff.

[391] Vgl. hierzu o.V.: Interview mit Hendrik Müller Vorstandsvorsitzender der 18599 Gütegemeinschaft e. V., Online im Internet, URL: <http://www.18599siegel.de/aktuelles/die-berechnung

teres keine Berechnungen auf Basis der DIN V 18599 für die Beantragung verschiedener Förderprogramme zu akzeptieren und begründet dies mit erheblich abweichenden Rechenergebnissen in eingereichten Anträgen.[392],[393]

2.3.3.4 Passivhaus Projektierungspaket

Das Passivhaus-Projektierungspaket (PHPP) ist ein Rechenwerkzeug, welches beim Nachweis eines Passivhauses[394] benötigt wird. Das Werkzeug ist vom Passivhaus Institut in Darmstadt entwickelt worden und dient der rechnerischen Kontrolle der Anforderungskriterien für ein Passivhaus, die wie folgt definiert sind:[395]

- Heizwärmebedarf $\leq$ 15 kWh/m^2 p. a.[396]

- Luftdichtigkeit[397] $\leq$ 0,6 h^{-1}

- Nutzkälte $\leq$ 15 kWh/m^2 p. a.[398]

- Primärenergiebedarf gesamt $\leq$ 120 kWh/m^2 p. a.

---

sicherer-fuer-die-anwender-zu-machen-ist-das-hauptziel-interview/>, Abruf: 28.09.2010, 19:30 Uhr

[392] Vgl. KfW (Hrsg.): DIN 18599, Online im Internet, URL: <http://www.kfw.de/>, Abruf 30.10.2010, 22:30 Uhr

[393] Ein rechtlicher Aspekt in diesem Zusammenhang ist, dass stets die Person, die entsprechende Berechnungen nach Din V 18599 angestellt hat, auch für die Richtigkeit der Ergebnisse die Verantwortung trägt. Hier stellt sich aus Sicht des Verfassers die Frage, inwieweit der Gesetzgeber verpflichtet ist, dafür zu sorgen, dass „zertifizierte" Softwareprodukte am Markt erhältlich sind, auf deren Ergebnisse vertraut werden kann, denn die komplexen Zusammenhänge der DIN V 18599 und deren Rechenalgorithmen sind nicht „von Hand" nachrechenbar. Eine tatsächliche Plausibilitätsprüfung ist aus heutiger Sicht nur sehr eingeschränkt möglich. Vgl. ausführlich dazu Sangenstedt, H. R.: Wer haftet für Softwarefehler?, in Deutsches Ingenieurblatt, Ausgabe 10/2008, S. 64 f.

[394] Die Begriffe Energiesparhaus, Niedrigenergiehaus oder Passivhaus sind nicht gesetzlich normiert, sondern werden im allgemeinen Sprachgebrauch nicht durchgängig einheitlich verwandt. Im Zusammenhang dieser Arbeit wird ein Passivhaus gem. den Anforderungskriterien des Passivhaus Instituts (PHI) in Darmstadt verstanden. Die PHI zertifiziert Gebäude, deren Kriterien nach festgelegten Verfahren nachzuweisen sind.

[395] Vgl. Passivhaus Institut (Hrsg.): Zertifizierung als „Qualitätsgeprüftes Passivhaus" – Kriterien für Passivhäuser mit Nicht-Wohnnutzung (NiWo), Stand 17.03.2011, Online im Internet, URL: <http://www.passiv.de>, Abruf: 20.03.2011, 12:45 Uhr, S. 1

[396] Der Wert wird auf den Primärenergiebedarf bezogen, wobei die Bezugsfläche von der NGF der EnEV abweicht. Vgl. dazu die Ausführung in der Ziffer 2.3.3.4

[397] Der Nachweis der luftdichten Hülle wird grundsätzlich gem. DIN EN 13829 geführt, allerdings mit bestimmten Randbedingungen, die in den Zertifizierungskriterien beschrieben sind. Das Verfahren wird auch als sog. Blower-Door-Test bezeichnet. Dabei wird untersucht, inwieweit bei einer Druckdifferenz von 50 Pascal (Pa) zum Umgebungsdruck, ein Luftaustausch in einem Gebäude stattfindet. Der Grenzwert 0,6 h^{-1} bedeutet, dass maximal 60 % der Gebäudeluft in einer Stunde bei vorgegebenem Differenzdruck von 50 Pa ausgetauscht werden dürfen.

[398] Wenn in Einzelfällen nutzungsbedingt hohe interne Wärmequellen auftreten, können dieser Grenzwerte in Rücksprache mit dem PHI überschritten werden. Dies gilt auch für den Primärenergiebedarf gesamt.

Dazu kommen noch weitere qualitative Anforderungen wie die Einhaltung und der Nachweis der U-Werte der Baukonstruktion, insbesondere der Fenster, Ausbildung der Wärmebrückenfreiheit oder Wärmerückgewinnungsgrad. Das Rechenverfahren ist in Microsoft Excel abgebildet, wo die entsprechenden Eingaben vorzunehmen sind. Das grundlegende Rechenverfahren zur Ermittlung der Heiz- und Kühlenergie basiert auf der DIN EN ISO 13790, wobei die Rechenalgorithmen nach eigenen Angaben des PHI z. T. ergänzt bzw. modifiziert wurden.[399] Grundlegend handelt es sich um ein Monatsbilanz- oder ein Jahresbilanzverfahren, welches vom Anwender ausgewählt werden kann. Bei einem Jahresheizwärmebedarf unterhalb von 8 kWh/m^2 p. a. liefert das Jahresverfahren zu niedrige Ergebnisse, weshalb zwingend das Monatsverfahren Anwendung finden muss.[400]

Die weiteren Energieaufwendungen werden in Anlehnung an unterschiedliche bereits vorhandene Normen ermittelt. Sofern keine konkreten Angaben gemacht werden können, finden sich entsprechende Standardvorgaben dort wieder. Standardmäßig wird mit einem mittleren deutschen Klima gerechnet, die entsprechenden Daten sind im PHPP hinterlegt. Es ist jedoch möglich mit alternativen Klimadaten zu rechnen; diese können projektspezifisch gespeichert werden.

Ein wesentlicher Unterschied liegt noch in der Flächenermittlung im PHPP gegenüber der normativen Flächenermittlung.

Die sog. Energiebezugsfläche (EBF) im PHPP ist die Summe aller ober- und unterirdischen Geschossflächen, für deren Nutzung ein Beheizen oder Klimatisieren notwendig ist. Bei Nichtwohngebäuden errechnet sich die EBF aus der Hauptnutzfläche zu 100 %, der Nebennutzfläche und der Verkehrsfläche jeweils zu 60 %.[401,402] An dieser Stelle ist exemplarisch auf eine Langzeitstudie einer Passivhausschule in Frankfurt hinzuweisen, in der über 30 Monate diverse Messdaten im Gebäudebetrieb erfasst worden sind. Wesentlicher Ansatz des Passivhauskonzeptes ist die signifikante Reduzierung des Wärmeverbrauchs pro Jahr, welcher rechnerisch kleiner gleich 15 kWh/m^2 sein soll. In der Studie wurde für den Nutzungsbereich Schule ein durchschnittlicher Jahresverbrauch von 24 kWh/m^2 und für den Bereich der Kindertagesstätte (KiTa) sogar ein Verbrauch von 31 kWh/m^2 gemessen. Hier zeigen sich relativ starke Abweichungen, die z. T. auf technische Schwierigkeiten im Betrieb zurückgeführt

---

[399] Vgl. o.V.: Passivhaus Projektierung – Bilanzwerkzeuge, Online im Internet, URL: <http://www. passiv.de>, Abruf: 14.03.2011, 21:30 Uhr
[400] Vgl. Passivhaus Institut (Hrsg.): Passivhaus Projektierungspaket 2007, Fachinformationen PHI-2007/1, überarbeitete Auflage 2007, S. 33
[401] Hauptnutzfläche, Nebennutzfläche und Verkehrsfläche gem. DIN 277
[402] Im konkreten Beispiel kann die Flächenangabe je nach Betrachtung erheblich voneinander abweichen. Bei einem untersuchten Praxisbeispiel ergibt sich für die Energiebezugsfläche nach PHPP ein Wert von 5.541 m^2, während nach EnEV die Fläche A$_n$ = 9.037 m^2 entspricht. Die Berechnung nach EnEV ergibt damit einen um 63 % höheren Wert als die Flächenermittlung gem. PHPP. Vgl. Peper, S. et al.: Passivhausschule Frankfurt Riedberg, Messtechnische Untersuchung und Analyse, Passivhaus Institut (Hrsg.), Online im Internet, URL: <http://www.passiv.de>, Abruf: 10.12.2010, 19:43 Uhr, S. 66

wurden, ohne jedoch eine tatsächliche Erklärung dafür zu finden.[403] An diesem Beispiel zeigt sich zumindest, dass nicht unerhebliche Abweichungen zwischen der Prognose mit dem PHPP-Projektierungspaket und dem sich in der Bewirtschaftungsphase einstellenden Energieverbrauch liegen können.[404]

2.3.3.5   VDI 2067

Die Richtliniengruppe VDI 2067 erlaubt eine tiefergehende Betrachtung als die DIN V 18599 oder auch PHPP im Hinblick auf die Energiemengen für Heizung und Kühlung. Die Richtlinie lässt sich dem sog. Typus der thermisch-energetischen Gebäudesimulation zuordnen.[405] Neben der Aussage zum Energiebedarf treffen diese Simulationsverfahren auch eine Aussage zu den Komfortverhältnissen (Temperatur, Feuchte) im Raum. Berechnungsverfahren dieser Art basieren auf der stundenweisen Betrachtung von Raumreaktionen. Für den eigentlichen Rechengang werden sechs Aktionsgrößen bestimmt, die nach physikalischen Gesichtspunkten die einzelnen Raumlasten zusammenfassen. Die sechs Aktionsgrößen E(u) berücksichtigen u. a. konvektive innere Wärmelasten, konvektive Wärmepotentiale aus Luftströmungen oder Transmission, die Raumlufttemperatur und die absorbierte Strahlungswärme.[406]

Mit diesen Eingangsgrößen werden die stündlichen Raumreaktionswärmelasten WL_k (mit k als Laufindex über Jahresstunden) durch Summation der sechs gewichteten Aktionsgrößen $E(u)_k$ und Reaktionswärmelasten $WL(u)_k$ über alle Stunden des Jahres aufaddiert.[407] Daraus ermittelt sich der Jahresheiz- und Kühlenergiebedarf.[408] Die Bewertung findet jedoch auf der Ebene der Nutzenergie statt. Demnach ist noch nicht berücksichtigt, welche Verluste sich aus

---

[403] Vgl. Peper, S. et al.: a.a.O., S. 75 f.

[404] Bei der energetischen Bewertung bzw. Bilanzierung ist in diesem Zusammenhang natürlich noch der Energieaufwand für die mechanische Lüftungsanlage in Form von elektrischem Strom zu berücksichtigen, der primärenergetisch, sofern er nicht regenerativ erzeugt wird, stärker ins Gewicht fällt als die benötigte Heizenergie.

[405] Thermisch-energetische Gebäudesimulationen (TEG) und thermisch-energetische Anlagensimulationen (TEA) werden den technisch-analytischen Simulationsverfahren zugeordnet. Während die TEG Aussagen zum Energiebedarf und Komfort eines Raumes trifft, ermöglicht die TEA die Beurteilung einer thermischen Anlagentechnik (Heizung und/oder Klimatisierung) mit dem Zweck der detaillierten Dimensionierung oder ggf. Optimierung einzelner Anlagenkomponenten. Vgl. Riegel, G. W.: Ein softwaregestütztes Berechnungsverfahren zur Prognose und Beurteilung der Nutzungskosten von Bürogebäuden, Dissertation, Heft 8, Fachgebiet Massivbau, TU Darmstadt, Online im Internet, URL: <http://www.ifm.tu-darmstadt.de>, Abruf: 8.12.2007, 22:53 Uhr, S. 58

[406] Auf eine vertiefende Beschreibung wird im Rahmen dieser Arbeit verzichtet. Für weiterführende Informationen und die umfangreichen Algorithmen zur genauen Bestimmung wird auf die VDI 2067 Blatt 11 (1998-06) verwiesen.

[407] $WL(u)_k$ beinhaltet die Auswirkungen der sechs Aktionsgrößen der aktuellen Stunde als Reaktionsgröße des Raumes, wobei die Berechnungsergebnisse der vorangegangenen Stunden einen abnehmenden Einfluss ausüben. Über normierte Gewichtsfaktoren wird der Einfluss der Aktionsgrößen der vergangenen drei Stunden und der Reaktionsgrößen der vergangenen zwei Stunden berücksichtigt. D(u) beschreibt den sofort wirksamen Konvektivanteil der jeweiligen Aktionsgröße. L_k bezieht sich auf den jeweiligen Luftwert, die Aktionsgröße E(3) umfasst die Raumlufttemperatur als Differenz der Sollraumtemperatur und der Bezugstemperatur. Vgl. Riegel, G. W.: a.a.O., S. 65 ff.

[408] Die Summe der positiven Werte ergibt den Heizbedarf, die der negativen Werte den Kühlbedarf.

den eingesetzten Übergabemedien (z. B. Heizflächen, Kühldecken) ergeben. Dies gilt auch für die Verluste aus Verteilung und Erzeugung. Hier sind noch entsprechende Berechnungen oder Zuschläge zu berücksichtigen, um den Endenergiebedarf zu ermitteln.[409] Wie die energetische Bewertung nach DIN V 18599 erfordert auch die Anwendung der VDI 2067 EDV-Unterstützung sowie einen hohen Eingabeaufwand. Die Simulation erlaubt keine so umfängliche Bewertung wie die DIN, stellt sie darüber hinaus jedoch Erkenntnisse über die Komfortverhältnisse auf Raumebene in stündlicher Form zur Verfügung. Dadurch wird neben der Energiebedarfsprognose die Möglichkeit geschaffen, bspw. Anforderungen aus der Arbeitsstätten-Richtlinie[410] über einen heißen Sommertag hinweg zu überprüfen.

Hinsichtlich der Prognosegenauigkeit des Energiebedarfs kann für das Berechnungsverfahren nach VDI 2076 gesagt werden, dass es sich um eine sehr geeignete Methode handelt, da sie insbesondere adäquate Zeitschritte für die Genauigkeit der Bilanzierung des Gesamtenergiebedarfs wählt. Die Wahl der Zeitschritte ist von großer Bedeutung, da die zwischenzeitlichen Änderungen der klimatischen Einflussgrößen über den Tagesverlauf und die sich damit ändernden Nutzeranforderungen von großer Bedeutung für das Ergebnis sind. Der Algorithmus nach VDI 2067 ermöglicht damit eine realitätsnahe Betrachtung.[411]

Neben der zuvor beschriebenen VDI 2067 gibt es Softwaretools, die eine noch weitergehende Betrachtung, wie z. B. zum Verlauf von Oberflächentemperaturen in Bodennähe, ermöglichen. Diese sind jedoch als Spezialwerkzeuge einzuordnen, die nur in Einzelfällen oder projektspezifischen Fragestellungen zur Anwendung kommen. Auf eine weitergehende Beschreibung wird im Rahmen dieser Arbeit verzichtet.[412]

2.3.3.6   Leitfaden elektrische Energie

Der „Leitfaden elektrische Energie im Hochbau" (LEE), herausgegeben vom Institut Wohnen und Umwelt, wurde entwickelt, um einen effizienten Einsatz von elektrischer Energie in Dienstleistungsgebäuden zu ermöglichen, da diese Gebäudetypen neben dem Heizenergieverbrauch einen wesentlichen Stromverbrauch und Kostenanteil an den Energieaufwendungen aufweisen.[413] Für folgende Energieaufwendungen im Bereich der technischen Ausrüstung ist der LEE konzipiert:

---

[409] Die Richtliniengruppe VDI 2067 wurde bereits 1957 eingeführt. Aktuell sind nur wenige Blätter publiziert, sodass keine durchgängige Berechnung bis auf die Ebene der Endenergie möglich ist. Um diese vorzunehmen, können auch zurückgezogene Arbeitsblätter genutzt werden, wie es z. B. *Riegel* in seiner Arbeit vorsieht. Vgl. Riegel, G. W.: a.a.O., S. 63 ff.

[410] Beispielsweise fordert die ASR 6 (Raumtemperatur) unter Punkt 3.3 „Die Lufttemperatur in Arbeitsräumen soll + 26 °C nicht überschreiten."

[411] Vgl. Riegel, G. W.: a.a.O., S. 82 f.

[412] Hierzu zählen u. a. die EDV-Programme TRNSYS (Transsolar Energietechnik GmbH, Stuttgart), EnergyPlus (U.S. Department of Energy), DEROB-LTH (Lund University, Sweden) oder ADELINE (Fraunhofer-Institut für Bauphysik).

[413] Vgl. o.V.: Leitfaden „Elektrische Energie im Hochbau", Online im Internet: URL: <http://www. energieland.hessen.de>, Abruf: 20.12.2010, 20:32 Uhr

- Beleuchtung

- Lüftung

- Klimatisierung

- diverse Haustechnik

Daneben benennt der LEE noch die Betriebseinrichtungen[414], welche unabhängig vom Gebäude zu sehen sind, sondern vielmehr von der spezifischen Nutzung abhängen. Der LEE beschreibt eine Systematik auf drei Ebenen:

- die organisatorische Planung

- die Analyse und Bewertung mit einem Energiekennwertverfahren

- die technische Ebene mit Hinweisen für die Planung und Optimierung

Insofern kann der Leitfaden sowohl in der Konzeption und Planung eines Gebäudes Anwendung finden, als auch zur Bewertung von Bestandsobjekten herangezogen werden, da er spezifische Kennwerte[415] für verschiedene Nutzungstypen beinhaltet.

Die Rechenalgorithmen sind transparent für jede Energieaufwendung dargestellt und leicht nachvollziehbar. In Form einer Arbeitshilfe als Microsoft Excel Datenblätter können die Energieaufwendungen objektspezifisch abgebildet werden. In Form einer Energiematrix, dargestellt in Bild 2-16, werden alle Kenngrößen zusammengefasst, sodass der Anwender einen kompletten Überblick erhält.

LEE - Leitfaden Elektrische Energie im Hochbau											Energiematrix	
Objekt :											bearbeitet von :	

Betriebseinheit / Zone			Haustechnik									Diverse Haustechnik	
Nr.	Bezeichnung	Fläche	Beleuchtung				Lüftung /Klima						
		A_{EB}	E_B	e_B	g_B	z_B	E_{LK}	e_{LK}	g_{LK}	z_{LK}	E_{DT}	e_{DT}	
		$[m^2]$	[kWh/a]	[kWh/(m²a)]	[kWh/(m²a)]	[kWh/(m²a)]	[kWh/a]	[kWh/(m²a)]	[kWh/(m²a)]	[kWh/(m²a)]	[kWh/a]	[kWh/(m²a)]	
1	2	3	4	5	6	7	8	9	10	11	12	13	
1													
2													
3													
4													
5													

Bild 2-16: Energiematrix nach LEE[416]

---

[414] Zu den Betriebseinrichtungen gehören gem. LEE die Arbeitshilfen (AH) wie PCs, Haushaltsgeräte etc. sowie die Zentralen Dienste (ZD) wie Werkstatteinrichtungen, Zentrale EDV-Anlagen, Telefonzentralen etc.

[415] Der LEE definiert bei der Kennwertermittlung die Energiebezugsfläche als die Nutzfläche nach DIN 277.

[416] Vgl. Hennings, D.: Leitfaden elektrische Energie, vollst. überarbeitete Fassung Juli 2000, Institut für Wohnen und Umwelt (Hrsg.), Online im Internet, URL: <http://www.iwu.de>, Abruf: 15.02.2009, 18:47 Uhr, S. 96; Die Matrix enthält zusätzliche Spalten zur Eintragung von Grenz- und Zielwerten.

2.3.3.7   *Zusammenfassende Bewertung*

Im Folgenden werden die Eigenschaften der vorgestellten Berechnungstools noch einmal zusammengefasst, im Sinne einer relativen Vorteilhaftigkeit bewertet und dazu die Rechenverfahren einer Nutzwertanalyse unterzogen. Als Kriterien werden zunächst die unterschiedlichen Energiebilanzebenen Nutz-, End- und Primärenergie festgelegt, denen die einzelnen Energiebereiche Wärme, Kälte, Lüftung, Be- und Entfeuchtung, Beleuchtung, sonst. technischen Anlagen und Nutzerstrom untergeordnet werden.

Zusätzlich findet eine Beurteilung folgender Eigenschaften für die vorgenannten Energiebereiche statt:

- Toleranz; hierbei wird beurteilt, welcher Genauigkeitsgrad in der Berechnung unterstellt werden kann und ob von einer großen oder eher kleinen Toleranz auszugehen ist.

- Nutzerverhalten; der individuelle Einfluss der Nutzer führt zu einer Erhöhung oder Reduzierung des Energieverbrauchs. An diese Stelle wird beurteilt, wie stark ein spezifisches Nutzerverhalten berücksichtigt werden kann.

- Klima; die Berücksichtigung des Standortes eines Objektes ist ebenfalls bedeutsam für die Berechnungsergebnisse. Die Beurteilung dieser Eigenschaft spiegelt wider, inwieweit die Berücksichtigung verschiedener klimatischer Bedingungen möglich ist.

- Aufwand; für die Gesamtbeurteilung relevant sind die Komplexität der Berechnungsverfahren sowie der jeweilige zu erwartende Aufwand bei der Anwendung der Rechenverfahren.

Als maximal zu erreichende Nutzenpunkte wurden 500 Punkte festgelegt. Die entsprechende Gewichtung der vorbenannten Eigenschaften verteilt die Gesamtpunktzahl auf die einzelnen Bereiche. Da die Unterkriterien von nahezu gleichrangiger Bedeutung sind, wurden die jeweiligen Teilpunktzahlen auf die Unterkriterien verteilt. Aus der Bemessung des Erfüllungsgrades jeder Kategorie werden die gewichteten Nutzenpunkte für das jeweilige Berechnungsverfahren ermittelt und aufsummiert. Die vollständige Analyse und Bewertung der Berechnungsverfahren sind im Anhang A.6 zu dieser Arbeit dargestellt.[417]

Aus dieser Bewertung ergibt sich die folgende Rangordnung:

1. DIN V 18599 (299 Punkte)

2. PHPP (262 Punkte)

3. VDI 2067 (211 Punkte)

---

[417] Die erste Gewichtung der Eigenschaften fand auf Basis einer eigenen Einschätzung statt, die in weiteren Expertengesprächen verifiziert wurde. Damit ist gewährleistet, dass die gewählten Wichtungen nicht als willkürlich gelten können. Eine Anpassung der Gewichtung der Kriterien ist natürlich möglich. Die Erfüllungsgrade wurden im Wesentlichen durch den Verfasser selbst angesetzt, da er mit allen Berechnungsverfahren vertraut ist und diese bereits mehrfach angewendet hat.

4. LEE (194 Punkte)

5. Kennwertverfahren (156 Punkte)

6. Wärmebilanzverfahren (78 Punkte)

Die DIN V 18599 hat in der vorliegenden Auswertung die höchste Punktzahl erreicht. Als einziges Werkzeug ermittelt sie iterativ den Nutzenergiebedarf und auf Basis der eingegebenen Anlagentechnik den Endenergiebedarf. Da es sich jedoch um einen sehr komplexen Berechnungsprozess handelt, können lediglich vorgegebene Anlagenkonfigurationen betrachtet werden, da die dazu notwendigen Anlagensimulationen im Vorfeld berechnet wurden und die Ergebnisse als Teilkennwerte in den weiteren Rechenschritten berücksichtigt werden. Daraus folgt, dass die Betrachtung eines Gebäudes in einer beliebigen TRY-Region zu verfälschten Ergebnissen führt, da die vorberechneten Teilkennwerte stets die gleichen klimatischen Verhältnisse des Testreferenzjahres[418] der Region Würzburg (TRY 5) berücksichtigen.[419] Das Monatsbilanzverfahren für die Berechnung ist als weiterer Schwachpunkt zu nennen. Die energetische Bedarfsberechnung auf Basis von Monatsmittelwerten entspricht nicht den heute zur Verfügung stehenden technischen Möglichkeiten. Die DIN berücksichtigt ausschließlich Teilbereiche des energetischen Bedarfs und ist zur ganzheitlichen Betrachtung des energetischen Bedarfs nur eingeschränkt einsetzbar. Die Ergebnisse sind im Hinblick auf den tatsächlich zu erwartenden Energieverbrauch nur bedingt brauchbar, sodass eine Anwendung der DIN nach dem aktuellen Stand der Wissenschaft nicht zu empfehlen ist.

Das PHPP-Berechnungsverfahren, welches für die Zertifizierung von Passivhäusern entwickelt wurde, ermöglicht es als einziges Werkzeug, alle Energiebedarfseinheiten des Gebäudes zu berücksichtigen. Die Rechenalgorithmen sind jedoch nicht so exakt, wie die der DIN 18599, sodass die tatsächlichen Energieverbräuche damit nicht vorhergesagt werden können. Das Verfahren erreicht mit 262 Punkten die zweithöchste Punktzahl.

Die VDI 2067 erzielt in der Wertung nur 210 Punkte, da sie lediglich Berechnungsergebnisse für die Wärme- und Kälteenergie auf Nutzenergiebene ausgibt. Der Endenergiebedarf muss über eine Betrachtung der zugrunde liegenden Anlagentechnik ermittelt werden, was in der VDI nicht berücksichtigt ist. Wesentlicher Vorteil der VDI ist die Ermittlung des jeweiligen Energiebedarfs auf Basis von Stundenwerten eines ganzen Jahres. Das gewährleistet nicht nur eine exakte Abbildung des Energiebedarfs über den Tagesverlauf, sondern ermöglicht auch

---

[418] Ein Testreferenzjahr (TRY) bildet den charakteristischen Jahreswitterungsverlauf einer Region ab, der möglichst gut mit den 30-jährigen Mittelwerten übereinstimmt. Der Deutsche Wetterdienst gliedert Deutschland in 15 TRY-Regionen und veröffentlicht dafür Datensätze mit ausgewählten meteorologischen Elementen für jede Stunde eines Jahres. Sie dienen als klimatische Randbedingungen für ingenieur-technische Simulationsrechnungen. Weiterführende Informationen im Internet unter http://www.dwd.de/TRY

[419] Vgl. Schiller, H.: Nutzenergiebedarf für die thermische Luftaufbereitung und Endenergiebedarf für die Luftförderung, in David, R., de Boer, J., Erhorn, H., Reiß, J., Rouvel, L., Schiller, H., Weiß, N., Wenning, M.: Heizen, Kühlen, Belüften & Beleuchten - Bilanzierungsgrundlagen zur DIN V 18599, Fraunhofer IRB Verlag: Stuttgart 2006, S. 118

Aussagen über den Raumtemperaturverlauf im Gebäude. So kann bei einer Simulation nach VDI bspw. auch die Frage nach ausreichendem sommerlichem Wärmeschutz beantwortet werden. Der Eingabeaufwand ist jedoch wesentlich höher als bei den vorhergehenden Berechnungswerkzeugen, ermöglicht aber die Einbeziehung eines individuellen Nutzerverhaltens im Gebäude.

Der Leitfaden elektrische Energie berücksichtigt ausschließlich elektrische Energieaufwendungen und setzt mit seinen Algorithmen direkt im Bereich Endenergie an. Das Rechenwerkzeug ermöglicht es, verschiedene Eingabeparameter (Volllaststunden[420] o. Ä.) zu variieren, wodurch realitätsnahe Betriebszeiten berücksichtigt werden können. Der Aufwand für die Eingabe ist nicht besonders hoch.

Das Wärmebilanzverfahren hat die geringste Punktzahl, da es ausschließlich eine Aussage für den Wärmebedarf ermöglicht. Die so ermittelten Werte sind jedoch meist zu hoch in Bezug auf den tatsächlich zu erwartenden Verbrauch.[421]

Das Kennwertverfahren ermöglicht grundsätzlich eine Einschätzung für alle Endenergiebereiche, die in verschiedenen Publikationen veröffentlicht werden.[422] Sie repräsentieren jedoch immer eine Auswahl oder sogar einzelne Objekte hinsichtlich des Energieverbrauchs, sodass die Anwendung von Kennwerten im Sinne einer tatsächlichen Verbrauchsprognose lediglich als eine erste Einschätzung dienen kann, solange keine detaillierteren Rahmenparameter für das konkrete Projekt vorliegen.[423] Ausgewählte Kennwerte sind eher als Benchmarks geeignet, um eine Einschätzung von errechneten Verbrauchsmengen mithilfe genauerer Verfahren vorzunehmen.

Auf Grundlage der zurzeit in der Praxis und Wissenschaft angewendeten und zuvor erläuterten Energiemengenermittlungsverfahren lassen sich folgende Feststellungen treffen: Ein aktuelles umfassendes Rechenverfahren zur Prognose aller relevanten Energieverbrauchsmengen eines Gebäudes ist zurzeit nicht bekannt. Vielmehr existiert eine Vielzahl von Rechenverfahren und Vorschriften, die unterschiedliche Zielrichtungen verfolgen. Daher ist eine Kombination aus den verschiedenen Ansätzen sinnvoll. Ausgehend vom Stand der Wissenschaft und

---

[420] Die Volllaststunden sind bei verschiedenen energetischen Berechnungen von Bedeutung. Sie sind eine fiktive Größe, die aussagt, an wie vielen Stunden eine technische Einheit (Leuchtmittel, Ventilator einer RLT-Anlage etc.) vollständig (zu 100 %) angeschaltet und ausgelastet ist. Durch Zuschlagsfaktoren für das parallele Betreiben von Anlagenteilen (Gleichzeitigkeitsfaktoren) oder Abminderungsbeiwerte, die bspw. tageslichtabhängige Steuerungen oder kontinuierliche Drehzahlsteuerungen von Motoren berücksichtigen, können die zunächst von tatsächlichen Betriebstagen abgeleiteten Betriebsstunden in Volllaststunden umgerechnet werden. Vgl. Riegel, G.: a.a.O., S. 89 ff.

[421] Vgl. Kapitel 2.3.3.2

[422] Kennwerte können u. a. der VDI 3807, ages Verbrauchskennwerten oder der Broschüre „Betriebskosten und Verbräuche, Kennwerte von Hochbauten 2009", veröffentlicht und erhältlich beim Vermögen und Bau Baden-Württemberg, entnommen werden.

[423] Problematisch bei einem Vergleich ist regelmäßig die unbekannte tatsächliche Nutzung eines zu projektierenden Objektes. Erhältliche Benchmarks sind oftmals nicht in detaillierte Nutzungsvarianten differenziert.

von den technischen Möglichkeiten bietet die VDI 2067 einen über Jahrzehnte erprobten und anerkannten Rechenansatz zur Ermittlung des Wärme- und Kältebedarfs, der zur Anwendung kommen sollte, wenn die entsprechende Planungstiefe (Entwurfsplanung nach HOAI) eines Objektes erreicht ist. Der ermittelte Nutzenergiebedarf kann unter Anwendung von Anlagen-aufwandszahlen überprüft werden, die bereits zu verschiedenen Anlagenkonfigurationen vor-liegen und dadurch gut abschätzbar sind. In Ergänzung zur VDI ist die Anwendung des LEE zu empfehlen, um alle restlichen Energieaufwendungen zu berücksichtigen, die durch die VDI nicht abgedeckt werden.

Übertragen auf die ÖPP-Projektphasen fordert die erste Phase der Eignungsprüfung die Nut-zung von Kennwerten, da zu diesem Zeitpunkt i. d. R. noch keine spezifischen Planungsgrö-ßen vorliegen. Mit einem Vorentwurf in der Planungsphase lässt sich bereits ein konkreterer Wert errechnen. Dazu kann bspw. das Wärmebilanzverfahren angewendet werden. Sofern Annahmen zu anderen technischen Anlagen wie ggf. Raumlufttechnik vorliegen, ist es mög-lich, auch den LEE frühzeitig heranzuziehen und die bereits gewählten Kennwerte zu über-prüfen. Im Rahmen der Ausschreibung und Vergabe sollte der private Partner unter Zugrun-delegung seiner Entwurfsplanung auf die VDI und den LEE zurückgreifen.

Abschließend ist anzumerken, dass weitere Simulations- und Rechenwerkzeuge existieren, um sehr detaillierte Aussagen zu einzelnen Räumen oder Gebäuden treffen zu können. Sie dienen jedoch eher der Untersuchung von Detailfragen als der Prognose von Energieverbräu-chen. Im Rahmen von Planung und Bau (Ausführungsplanung nach HOAI) kann mit den vor-her empfohlenen Rechenverfahren der zu erwartende Energiebedarf weiter detailliert und ve-rifiziert werden.

2.3.4   Spezifische Risiken des Energiemanagements bei ÖPP-Projekten

2.3.4.1   Energiemengenermittlung

Im Zuge der Angebotslegung des privaten Partners für das jeweilige ÖPP-Projekt ergibt sich die Aufgabe, den Energieverbrauch des geplanten Gebäudes in Abhängigkeit von den ver-schiedenen Einflussgrößen mit ausreichender Genauigkeit im Voraus zu ermitteln. Je größer der Risikotransfer auf den Auftragnehmer dabei ist, desto größer ist die Genauigkeitsanforde-rung an die Berechnungsergebnisse. Die bisherigen Erfahrungen zeigen, dass die in den ein-schlägigen Normen, Leitfäden und Richtlinien beschriebenen Verfahren[424] diese Genauigkeit nicht ermöglichen.[425] Alternativ zu den in Kapitel 3 beschriebenen und sonstigen Verfahren sind noch exaktere Gebäude- und Anlagensimulationen möglich, die jedoch einen sehr großen Zeitaufwand und viele detaillierte Festlegungen im Rahmen der Berechnungen erfordern. Aufgrund der nicht vorhandenen Planungstiefe zum Zeitpunkt der Energiemengenberechnung sind die zu treffenden Festlegungen eher als Annahmen zu bezeichnen, sodass die dadurch zu

---

[424] Vgl. dazu Kapitel 2.3.3
[425] Vgl. Krimmling, J.: a.a.O., S. 252

erzielenden Ergebnisse in ihrer Aussagekraft zu keinem solideren Ergebnis für den privaten Partner führen, als wenn er rechnerische Verfahren anwendet, die bereits seit Jahren erprobt sind.[426] Zudem erfordern diese speziellen Werkzeuge sehr spezifisches Know-how bei der Bedienung, sodass es dafür regelmäßig des Einsatzes von Spezialisten bedarf, was letztlich die Kosten der Angebotserstellung unnötig erhöht.

In Analogie zu den Stufen der Kostenermittlung gem. DIN 276 ist die Energiemengenermittlung entlang den ÖPP-Projektphasen wie folgt zu gliedern:[427]

- Ph 1 (Eignungsprüfung): Energiemengenrahmen

- Ph 2 (Konzeption): Energiemengenschätzung

- Ph 3 (Ausschreibung und Vergabe): Energiemengenberechnung

- Ph 4 (Planung und Bau): Energiemengenanschlag

- Ph 5 (Bewirtschaftung): Energiemengenfeststellung

In der Phase 1 werden konkrete Projektdefinitionen durch die öffentliche Hand oder i. d. R. durch deren Berater erarbeitet und die Randparameter der Maßnahme betrachtet, die dann in eine Eignungsprüfung münden. Am Ende der Phase wird ermittelt, ob das Projekt für eine ÖPP-Realisierung überhaupt geeignet ist. Dabei gilt es, das energetische Niveau oder den Mengenrahmen des Projektes mind. qualitativ zu beschreiben, z. B. dass es sich bei dem geplanten Gebäude um ein Passivhaus handeln soll oder ein kfW-Effizienzhaus.[428] Dies ist erforderlich, um den Kostenrahmen hinsichtlich Planung, Bau und Betrieb projektspezifisch anpassen zu können, wobei die Spannweite eines Kostenrahmens bis zu 50 % betragen kann.[429]

Während der Konzeption bzw. in der Phase 2 des ÖPP-Projektes werden die bisherigen Daten und Informationen weiter verdichtet und eine Entscheidungsvorlage erarbeitet, auf deren Basis das Projekt als ÖPP-Variante oder als konventionelles Projekt bekannt gemacht wird. Hinsichtlich des vorbestimmten Energiemengenrahmens aus der Phase 1 wird dieser nun durch

---

[426] Aus Sicht des Verfassers spielt hier eine wesentliche Rolle, dass bei der Angebotslegung regelmäßig ein erster Zeitraum von ca. 3 Monaten gewährleistet wird, unter Berücksichtigung der Situation, dass in der Regel kein architektonischer Entwurf den Ausschreibungsunterlagen beiliegt, sondern diese regelmäßig durch den Privaten zu erbringen ist, was mit einer entsprechenden Planungstiefe zur Angebotsabgabe einhergeht. Dadurch, dass maximal die Phase der Entwurfsplanung erreicht wird, können diverse Festlegungen im Rahmen der Energiemengenprognose abgeschätzt werden, die letztendlich immer mit einer gewissen Ungenauigkeit behaftet ist.

[427] Vgl. dazu in der DIN 276-1:2006-11 den Abschnitt 3.4 Stufen der Kostenermittlung.

[428] Die konkreten Anforderungen an ein (zertifiziertes) Passivhaus werden in den vorherigen Kapiteln beschrieben. kfW-Effizienzhäuser müssen je nach gewählter Förderstufe den Anforderungswert an den Primärenergiebedarf der jeweils gültigen EnEV einhalten. So muss ein kfW-Effizienzhaus 55 einen kleineren Primärenergiebedarf aufweisen als 55 % des zulässigen Höchstwertes der aktuellen EnEV (zz. 2009). Vgl. im Internet o.V.: Energieeffizient Bauen, Online im Internet, URL: <http://www.kfw.de>, Abruf: 02.04.2011, 19:45 Uhr

[429] Vgl. Diederichs, C. J. et al.: a.a.O., S. 38

die öffentliche Hand oder die entsprechenden Berater quantitativ abgeschätzt. Sofern vorhanden, kann der Auftraggeber auf eigene Kennzahlen seiner Liegenschaften zurückgreifen oder er bedient sich einschlägiger Literatur wie der VDI 3807 oder des *ages*-Verbrauchskennwerteberichts.[430]

In dieser Projektphase kann analog zur Kostenschätzung nach HOAI eine Genauigkeit in Bezug auf die Energiemengenermittlung von ca. 25 bis 30 % erreicht werden.[431]

In der Phase 3 (Ausschreibung und Vergabe) werden die Energiemengen durch den privaten Partner ermittelt. Er nutzt dabei die Vorgaben der Ausschreibungsunterlagen und der daraus abgeleiteten architektonischen Entwurfspläne sowie das entwickelte energetische Konzept. Entscheidend für die Genauigkeit der prognostizierten Energieverbrauchsmengen ist zum einen das gewählte Instrument zur Ermittlung der Ergebnisse und zum anderen sind es die Vorgaben und Informationen aus den Vergabeunterlagen hinsichtlich der zu erwartenden Betriebsabläufe in dem Objekt. Diese lassen i. d. R. nur bis zu einem gewissen Genauigkeitsgrad vorhersehen, sodass hier immer grundsätzliche Annahmen zu treffen sind z. B., wann und wie lange sich Personen in den Räumen des Gebäudes aufhalten. Im Hinblick auf den Energieverbrauch wirken sich die sich im Objekt aufhaltenden Menschen als innere Lasten aus, die im Sommer, sofern eine Kühlung vorhanden ist, diesen Verbrauch negativ beeinflussen und im Winterfall wiederum den Energieverbrauch für die Heizung positiv beeinflussen. Die Genauigkeit ist analog der Kostenberechnung nach DIN 276 mit einer Schwankungsbreite von 10 bis 12 % anzusetzen.[432] In Phase 4 (Planung und Bau) kann und sollte der private Bieter den Energiemengenanschlag ermitteln. Nach erfolgter Auftragserteilung und Genehmigungsplanung wird der Entwurf zur Ausführungsreife gebracht und die Materialien sowie technischen Einbauten werden abschließend festgelegt. In aller Regel finden spätestens in dieser Phase auch intensive Abstimmungen mit den späteren Nutzern des Objektes statt, sodass auch hier eine Konkretisierung des zu erwartenden Nutzerprofils stattfindet. Der Energiemengenanschlag ist aus Sicht des privaten Partners notwendig, um die Annahmen aus der Phase 3 mit den endgültigen Festlegungen zu überprüfen und bei Bedarf steuernd eingreifen zu können. Die Anreizregulierung im Projekt muss so angelegt sein, dass der private Partner stets motiviert ist, den zu erwartenden Energieverbrauch weiter zu minimieren, selbst wenn er bei der konkreten Nachrechnung der Energiemengenberechnung feststellt, dass seine Annahmen zu hinreichenden Ergebnissen geführt haben. Aus Sicht des Auftraggebers ist es natürlich ungünstig, wenn der Auftragnehmer im Rahmen seiner Optimierungen das energetische Niveau absenken würde. Wie bereits in den vorherigen Phasen beschrieben, wird die Toleranzweite

---

[430] Die VDI 3807 besteht aus insgesamt 4 Blättern und enthält unter anderem Verbrauchskennwerte für Heizung, Strom und Wasser. Der ages-Verbrauchskennwertebericht basiert auf 25.000 Nicht-Wohngebäuden und 45.000 Verbrauchsdaten für Wärme, Strom und Wasser, aufgeschlüsselt nach 180 Gebäudearten. Weitere Informationen zu dem Forschungsbericht Online im Internet, URL: <http://www.ages-gmbh.de>

[431] Vgl. Schach, R., Sperling, W.: Baukosten: Kostensteuerung in Planung und Ausführung, Springer-Verlag: Berlin 2001, S. 290

[432] Vgl. ebenda

der zu erwartenden Energieverbräuche im Rahmen des Energiemengenanschlages weiter ver-
engt. Sie erreicht hier eine Genauigkeit von 3 bis 5 %.[433] In Phase 5 der ÖPP-Projekte wird
die fortlaufend anfallende Energiemenge festgestellt. Gem. dem gewählten Monitoringkonzept ist der private Partner in der Lage, alle relevanten Energieverbrauchsdaten zu erfassen
und auszuwerten. Jetzt findet der eigentliche Soll-Ist-Vergleich zwischen der Energiemengenberechnung aus der Phase Ausschreibung und Vergabe statt.[434]

Die gemessenen Verbräuche erlauben den Vergleich mit den vertraglich vereinbarten Energiemengenobergrenzen und führen bei Unterschreitung zur entsprechenden Verteilung der
Einsparung an die Vertragspartner oder zum Ausgleich der Überschreitungsdifferenz durch
den Privaten. Die Energiemengenermittlung entlang den Projektphasen ist zusammenfassend
in Bild 2-17 dargestellt.

Ein weiterer Aspekt im Zusammenhang mit der Energiemengenprognose ist die Abgrenzung
der zu prognostizierenden Energiemengen. Gem. der grundsätzlichen Risikoallokationssyste-
matik sollte der Partner diejenigen Risiken tragen, welche er am ehesten beeinflussen kann.
Bei der Verteilung der Energiemengenrisiken ist darauf zu achten, dass diesem Ansatz Rechnung getragen wird. Somit hängt das zu übertragende Risikoprofil bei den Energiemengen
von dem Gesamtleistungsbild in der Bewirtschaftungsphase ab. Sofern z. B. auch das Catering in einem Schulobjekt durch den Auftragnehmer zu erbringen ist, kann und sollte das Risiko des Energieverbrauchs in der Küche durch den privaten Partner getragen werden. Falls
der private Partner nur die immobile Ausstattung liefert oder dafür auch nur die Instandhal-
tungsleistung übernimmt, sollte der Energieverbrauch ebenfalls auf diesen Leistungsbereich
beschränkt sein.

Es muss sichergestellt werden, dass die Übertragung der Energiemengen mit dem übertragenen Gesamtleistungsbild während der Bewirtschaftung im Zusammenhang steht.

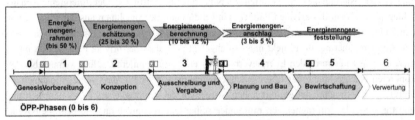

Bild 2-17: Energiemengenermittlung entlang den ÖPP-Projektphasen[435]

---

[433] Vgl. ebenda
[434] Mit Abschluss der Phase 3 wird der Vertrag zwischen öffentlicher Hand und privatem Partner geschlossen. Dort werden die konkreten Verbrauchsobergrenzen genannt, welche im Risiko des Auftragnehmers liegen.
[435] Eigene Darstellung

Grundsätzlich problematisch ist in der Regel der reine Steckdosenstrom, welcher ausschließlich durch die Nutzer verursacht wird. Dieser ist gem. der grundlegenden Risikoallokation dem Auftraggeber zuzuordnen und kann durch entsprechende Leitungsplanung und Verbrauchsmessung separat erfasst werden. Problematischer ist die Situation bei Sanierungsprojekten, in denen keine neuen Leitungen gelegt werden. Oftmals sind die Stromkreise nicht getrennt, sodass z. B. Licht und Steckdosen nur gemeinsam erfasst werden und keine separat getrennte Erfassung der Steckdosen möglich ist. Um hier jedoch das Risiko nicht dem öffentlichen Auftraggeber zuzuordnen, kann beispielsweise eine Anlaufregelung vereinbart werden. Dabei wird in der Anfangsphase der Bewirtschaftung der tatsächliche Verbrauch gemessen und nach Ablauf der Periode und Auswertung der gemessenen Verbräuche ein oberer Grenzwert vereinbart, für den ab dem Zeitpunkt der private Partner verantwortlich ist.

2.3.4.2   Klimatische Bedingungen

Die klimatischen Bedingungen beeinflussen das thermische Verhalten eines Gebäudes wesentlich und haben somit einen maßgeblichen Einfluss auf den jeweiligen jahreszeitlichen Energiebedarf für Wärme und ggf. Kühlung. In Abhängigkeit vom gewählten Rechenverfahren werden verschiedene Klimaelemente wie Außentemperaturen oder solare Strahlungsintensitäten in Form von Mittelwerten benötigt.

Während das in Kap. 2.3.3.2 beschriebene Wärmebilanzverfahren auf die jährliche Gradtagszahl zurückgreift, verwendet die DIN V 18599 monatliche meteorologische Mittelwerte und die VDI 2067 darüber hinaus differenzierte Stundenwerte. Da neben der Außenlufttemperatur der solare Wärmeeintrag und andere Parameter wie Wind und Feuchte einen mehr oder weniger relevanten Einfluss auf den Wärmebedarf haben, wird deutlich, dass eine Wärmebedarfsermittlung über die Gradtagszahlen nur ein Ergebnis mit entsprechend großer Toleranz erbringen kann.

In Teil 10 der DIN V 18599 ist ein Referenzklima[436] für Deutschland beschrieben, welches mittlere Monatslufttemperaturen sowie solare Strahlungsintensitäten in Abhängigkeit von Neigung und Himmelsrichtungen berücksichtigt. Daraus wird deutlich, dass ein errechneter Energiebedarf nach DIN V 18599 zunächst nur für den Referenzstandort Gültigkeit haben kann. Eine Übertragung ist nur eingeschränkt möglich, da rein rechnerisch die Referenzklimadaten zwar durch standortspezifische Wetterdaten ersetzt werden können, jedoch zahlreiche anlagentechnische Paramater, insbesondere für RLT-Anlagen und Klimatechnik, für das Referenzklima Deutschland vorberechnet und nicht individuell anpassbar sind.[437]

---

[436] Das Referenzklima Deutschland ist abgeleitet vom Standort Würzburg und ist im Sinne der Norm repräsentativ für Deutschland und entspricht dem Referenzklima nach DIN V 4108-6. Vgl. DIN V 4108-6, Anhang D.

[437] Vereinfacht ausgedrückt, kann bei einer Individualberechnung nach DIN V 18599 das Gebäude (ohne Anlagentechnik) an einem beliebigen Standort betrachtet werden, die Anlagentechnik wird standortbezogen stets das Referenzklima berücksichtigen. Vgl. dazu ausführlich David, R., de Boer, J., Erhorn, H., Reiß, J., Rouvel, L., Schiller, H., Weiß, N., Wenning, M.: a.a.O., S. 120 ff.

Die derzeitige DIN 4710[438] beschreibt Klimadaten und deren Anwendung, die für dynamische Simulationsrechnungen wie bspw. auf Basis der VDI 2067 geeignet sind. Das Bundesgebietes wird dabei in 15 verschiedene repräsentative Klimaregionen unterteilt. Gem. der DIN werden vom Deutschen Wetterdienst (DWD) sog. Testreferenzjahre (TRY) für jede Region in digitaler Form herausgegeben, welche den mittleren charakteristischen Witterungsverlauf für ein ganzes Jahr in Form von mittleren Stundenwerten beschreiben.[439] Da es in der Dekade von 1990 bis 2000 bereits einige sehr heiße Sommer gegeben hat und im Jahr 1995/1996 ein sehr kalter Winter gemessen worden ist, wird zu jedem mittleren Jahresverlauf noch ein extremer Wetterdatensatz Sommer (Juni bis August 1983) und Winter (Dezember 1984 bis Februar 1985) zur Verfügung gestellt, sodass es sich bei diesen Datensätzen um eine Mischung aus den eigentlichen TRYs und real gemessenen Dreimonatswertem handelt. Sie dienen methodischen Vergleichsrechnungen und zeigen die Spreizung zwischen mittleren und kalten Wintern bzw. heißen Sommern. Die Verwendung der Testreferenzjahre hat sich in der Vergangenheit als probates Mittel erwiesen, um eine hinreichend genaue energetische Betrachtung für ein Gebäude in der entsprechenden Klimaregion vorzunehmen. Zu beachten ist dabei jedoch, dass die Häufung extremer Witterungslagen insbesondere in der Sommerzeit seit 1990 zugenommen hat.[440] Dazu kommt, dass jeder Datensatz hinsichtlich der geographischen Gegebenheiten einer größeren Spannweite unterliegt. Die standortspezifische Höhenlage, Windexposition oder innerstädtischen Klimaverhältnisse des konkret zu planenden Objektes können dazu führen, dass die Wetterdaten des TRY die tatsächlich zu erwartenden Klimaverhältnisse nur unzureichend beschreiben.[441] Die DIN 4710 nennt bspw. für einige Städte Alternativ-Klimastationen des DWD, deren Datensätze zu einer genaueren Betrachtung abweichend von den Standardzoneneinteilungen heranzuziehen sind. Aufgrund der langfristig angelegten Zusammenarbeit bei ÖPP-Projekten ist die zukünftige globale Klimaentwicklung zu betrachten. Die globale Temperaturentwicklung seit Beginn der aufgezeichneten Messungen im Jahr 1850 zeigt, dass sich die Erde in den vergangenen 100 Jahren um ca. 0,7 °C erwärmt hat. Der wesentliche Teil der Erwärmung hat in den vergangenen 50 Jahren stattgefunden, wobei die

---

[438] DIN 4710:2003-01 Statistiken meteorologischer Daten zur Berechnung des Energiebedarfs von heiz- und raumlufttechnischen Anlagen in Deutschland

[439] Die Testreferenzjahre beschreiben u. a. Lufttemperatur, Windgeschwindigkeit und -richtung, Luftfeuchte und -druck sowie diffuse und direkte Sonneneinstrahlung und sind aus dem zurückliegenden Zeitraum 1961 bis 1990 abgeleitet worden. Die TRYs sind eine künstliche Zusammenstellung von aneinander gereihten Witterungsperioden, die so ausgewählt wurden, dass sie möglichst gut mit den vieljährigen Mittelwerten übereinstimmen.

[440] In diesem Zusammenhang sei exemplarisch auf den sog. Jahrhundertsommer im Jahr 2003 verwiesen. Rozynski zeigt, dass an einem Institutsgebäude der TU Braunschweig die mittleren Außentemperaturen über die drei Sommermonate Juni bis August im Jahr 2003 um 4,9 Kelvin über dem Mittelwert des entsprechenden TRY 02 gelegen haben. Vgl. Rozynski, M.: Passive Kühlung und sommerliche Überhitzung, in Bauphysik 28, Jg. 2006, Heft 5, S. 330

[441] Hauser et al. untersuchen in einer Studie die real gemessenen Klimadaten am Standort Kassel von 1994 bis 2003 mit dem entsprechenden TRY und zeigen, dass sowohl das Normaljahr als auch der extreme Sommer nicht repräsentativ ist. Vgl. Hauser, G., Kempkes, C., Schlitzberger, S.: Vergleichende Untersuchungen von Standard-Klimasätzen (Testreferenzjahren) mit gemessenen Langzeit-Klimadatensätzen für den Standort Kassel, in Bauphysik 28, Jg. 2006, Heft 4, S. 231 ff.

Jahre 1995 bis 2006 bereits zu den 20 wärmsten Jahren seit Beginn der Beobachtungen gehö-ren.[442] Gemeinhin wird als wesentliche Einflussgröße das ausgestoßene Kohlendioxid ange-sehen.[443] In Abhängigkeit von der weiteren Entwicklung des CO_2-Ausstoßes gibt es verschie-dene Szenarien für die kommenden Jahrzehnte, die von einer Erwärmung zwischen schät-zungsweise 1°C und 6°C ausgehen.[444] Ungeachtet der tatsächlichen Klimaentwicklung ma-chen die vorangegangenen Ausführungen deutlich, dass es gerade für die langfristig angeleg-ten ÖPP-Projekte von besonderer Bedeutung ist, der Risikoallokation der Klimaentwicklung angemessen Rechnung zu tragen. Kalte Winter werden auch einen höheren Energiebedarf nach sich ziehen, wie ein heißer Sommer ggf. einen höheren Bedarf an Kühlenergie bedeutet. Insofern ist im Sinne einer angemessenen Risikoverteilung und Wertsicherung der angebote-nen Energiemengen, die Witterungsentwicklung zu berücksichtigen.

2.3.4.3   Energiebeschaffung

Während nur der private Partner die Energiemengenverbrauchsprognose im Zuge der Ange-botslegung abgeben kann, ist die Frage, wer während der Nutzungsphase der Immobilie sinn-vollerweise für die Beschaffung der Energien zuständig ist, nicht eindeutig zu beantworten. Bei der Versorgung eines Gebäudes handelt es sich hierbei um folgende Energiebereiche, die bei einem EVU[445] zu beschaffen sind:

- Heizung oder Wärme

- Strom

- Wasser

Je nach technischem Anlagenkonzept oder ggf. landesrechtlichen Bestimmungen[446] muss für die Wärmeversorgung nach weiteren Energieträgern unterschieden werden. Differenziert wird

---

[442] o.V.: 4. Sachstandsbericht des IPCC über Klimaänderungen – Kurzzusammenfassung, Online im Internet, URL: <http://www.bmbf.de/pub/IPCC-kurzfassung.pdf>, Abruf: 19.10.2009, 18:47 Uhr, S. 1

[443] In der Wissenschaft ist die These der globalen Erderwärmung durch Kohlendioxid nicht unumstrit-ten. Malberg zeigt in seiner Kritik zum UN-Klimabericht 2007, dass die Klimaentwicklung in Mit-teleuropa in den vergangenen 300 Jahren wesentlich durch die Sonnenaktivität beeinflusst wurde und es um 1790 ca. genauso warm gewesen ist wie 1990 und insofern von zyklischen Temperatur-anstiegen bzw. -abstiegen auszugehen ist. Malberg geht von einer geringeren Bedeutung des CO_2-Ausstoßes in Bezug auf die globale Erderwärmung aus. Vgl. Malberg, H.: Über den Klimawandel zwischen gestern und heute, Online im Internet, URL: <http://www.schmank.de/malberg.htm>, Abruf: 7.4.2010, 22:36 Uhr

[444] Vgl. IPCC (Hrsg.): Climate Change 2007: Synthesis Report, Online im Internet, URL: <http://www.ipcc.ch>, Abruf: 25.07.2008, 15:49 Uhr, S. 45

[445] Energieversorgungsunternehmen

[446] Unter bestimmten Bedingungen kann für Fernwärme ein Anschluss- und Benutzungszwang einge-führt werden. Entscheidend ist dafür das jeweilige Landesrecht, da sich die gesetzliche Ermächti-gung in der Regel in den Gemeindeordnungen der jeweiligen Bundesländer findet. Darin wird den Gemeinden das Recht eingeräumt, einen Anschluss- und Benutzungszwang einzuführen. Legitima-

nach leitungsgebundenen Energien wie Strom, Gas und Fernwärme sowie den nicht leitungsgebundenen Energieträgern Heizöl und anderen festen Brennstoffen wie z. B. Pellets. Während die nicht leitungsgebundenen Energieträger gem. Angebot und Nachfrage an jedem
Standort bezogen können, ergibt sich bei den leitungsgebundenen Energien eine komplexere
Struktur. Historisch bedingt wurden die Gas- und Strommärkte bis 1998 durch das Energie-
wirtschaftsgesetz (EnWG) von 1935 geregelt. Dies ermöglichte den Versorgungsunternehmen
durch Demarkation der Versorgungsgebiete und Schutz vor Wettbewerb die Erzielung einer
sicheren Monopolrendite auf das eingesetzte Kapital. Die Preise wurden durch Aufsichtsbehörden überprüft und genehmigt.[447] Bis heute werden mehr als 72 % der öffentlichen Strom-
versorgung in Deutschland über die Großkraftwerke der vier überregionalen Verbundunternehmen RWE, E.ON, EnBW und Vattenfall abgedeckt, den Rest teilen sich Regionalversor-
ger und Stadtwerke.[448]

Die europäische Richtlinie zur Liberalisierung der nationalen Strommärkte trat 1997 in Kraft
und musste bis 1999 in nationales Recht umgesetzt werden.[449] Das dadurch angepasste EnWG
erfuhr in den darauffolgenden 10 Jahren mehrere Veränderungen und bildet den gesetzlichen
Rahmen für den Markt der leitungsgebundenen Energieversorgung. Gerade der Netzbetrieb
als natürliches Monopol ist aufgrund dieses Gesetzes Gegenstand zahlreicher staatlicher Ein-
griffe.[450]

Als zuständige oberste Bundesbehörde hat die Bundesnetzagentur die Aufgabe, die gesetzlichen Ziele zu überwachen und darüber hinaus für die weitere Liberalisierung und Deregulie-
rung des Wettbewerbs in der Energiewirtschaft zu sorgen.[451] Mit dem Gesetz zur Liberalisierung des Messwesens ist 2008 die letzte flankierende Maßnahme zur Verbesserung der Wett-

---

tion findet dieses Vorgehen mit Verweis auf das Gemeinwohl oder aus Gründen des allgemeinen
Klimaschutzes nach § 16 EEWärmeG. Vgl. u. a. § 9 GO NRW oder § 11 Abs. 1 GemO BW.

[447] Als Aufsichtsbehörden fungierten in der Regel die entsprechend zuständigen Landeswirtschaftsmi-
nisterien. Gründe für das staatlich gesicherte Monopol waren einerseits die Bedeutung einer gesicherten Energieversorgung für die Volkswirtschaft und andererseits die hohe Kapitalintensität und
die langen Abschreibungsdauern wie z. B. im Kraftwerksbau. Vgl. Oehler, H.: Liberalisierung der
Energiemärkte, in Zahoransky, R. A. (Hrsg.): Energietechnik, 3. Auflage, Vieweg Verlag: Wiesbaden 2007, S. 325 f.

[448] Vgl. Das Bundeskartellamt hat der Monopolkommission mitgeteilt, dass RWE und E.ON im Jahr
2007 einen Anteil von ca. 57 % an der erzeugten Netto-Strommenge hatten, ENBW erreichte einen
Anteil von 5 bis 15 % und Vattenfall 10 bis 20 %, Monopolkommission (Hrsg.): Strom und Gas
2009: Energiemärkte im Spannungsfeld von Politik und Wettbewerb, Sondergutachten 54, Gutachten gem. § 62 Abs. 1 EnWG, Online im Internet, URL: <http://www.monopolkommission.de>, Abruf: 10.04.2010, 17:38 Uhr, S. 64

[449] Richtlinie 96/92/EG des Europäischen Parlaments und des Rates vom 19. Dezember 1996 betreffend gemeinsame Vorschriften für den Elektrizitätsbinnenmarkt

[450] Aufgrund des historisch gewachsenen Leitungsnetzes ist es für neue Marktteilnehmer kaum wirtschaftlich darstellbar in neue Versorgungsnetze zu investieren. Sie müssen sich demnach der vorhandenen Netze bedienen und zahlen dafür regulierte Netznutzungsentgelte. Die entsprechenden
gesetzlichen Regelungen finden sich in den Verordnungen über die Entgelte für den Zugang zu
Elektroversorgungsnetzen (StromNEV) und Gasversorgungsnetzen (GasNEV).

[451] Vgl. Online im Internet, URL: <http://www.bundesnetzagentur.de>

bewerbsmöglichkeiten geschaffen worden.[452] Damit wird erreicht, dass nunmehr nicht der Anschlusseigentümer, sondern der Anschlussnutzer wie bspw. der Mieter den Messstellenbetreiber wählen, der den entsprechenden Zähler einbaut, wartet und die Ablesung vornimmt.[453] Auf dem liberalisierten Strommarkt existieren neben dem eigentlichen Kunden mehrere Marktteilnehmer mit denen es Vertragsverhältnisse differenziert oder integriert abzuschließen gilt. Im engeren Sinne wird keine physische Strommenge gehandelt, sondern das Recht, Strom aus dem Netz zu beziehen und die Pflicht, die abgenommene Menge gleichzeitig in das Netz einzuspeisen.[454] Zu den Marktteilnehmern zählen die Netzbetreiber, die ausschließlich für den Netzbetrieb zuständig sind und keine Lieferanten- oder Händlerfunktion ausüben. Daneben gibt es die Erzeuger, welche sich im Wesentlichen aus den bereits benannten Verbundunternehmen zusammensetzen und letztlich die Energielieferanten, welche Erzeuger oder auch Händler sein können, die Strom kaufen und verkaufen.[455]

Bei der Beschaffung von Strom sind für Erzeugung, Handel und Vertrieb ggf. folgende Verträge abzuschließen:

- Netzanschlussvertrag

- Netznutzungsvertrag und Rahmenvertrag Netznutzung

- Bilanzkreisvertrag

- Stromliefervertrag

Der Netzanschlussvertrag beinhaltet die Details des unmittelbaren Anschlusses des Kunden an das Netz des örtlichen Netzbetreibers. Er gilt für unbestimmte Zeit und wird bei Kleinkunden durch den Lieferanten abgeschlossen. Im Netznutzungsvertrag werden insbesondere Entgeltfragen geregelt, die über den reinen Anschluss hinausgehen. Dazu zählen Nutzungsentgelte, Entgelte für Messung und Abrechnung, gesetzliche Abgaben etc. Auch hier kann der Kunde selber Vertragspartner sein, die Umsetzung des Vertrags wird allerdings i. d. R. durch den Lieferanten wahrgenommen.[456]

---

[452] Gesetz zur Öffnung des Messwesens bei Strom und Gas für Wettbewerb vom 29. August 2008
[453] Durch die Liberalisierung dieser Dienstleistung im Energiemarkt erweitert sich das Spektrum für die Aufgabenübertragung auf den Privaten, zumal das Festhalten der Energieverbräuche die wesentliche Voraussetzung für das Energiecontrolling darstellt.
[454] Vgl. Gleave, S.: Die Marktabgrenzung in der Elektrizitätswirtschaft, Zeitschrift für Energiewirtschaft 32(2), 2008, S. 122 ff.
[455] Im liberalisierten Energiemarkt werden seit 2000 in Deutschland an der Energiebörse European Energy Exchange (EXX) in Leipzig Strom- und Erdgasprodukte sowie auch CO_2-Emmissionsrechte gehandelt. Die Produkte werden am sog. kurzfristigen Spotmarkt oder auch langfristigen (bis zu 6 Jahre) Terminmarkt notiert. Der börsennotierte Energiemarkt ist allerdings in üblichen ÖPP-Projekten nicht von Bedeutung, da die Energievolumen in den Projekte i. d. R. nicht ausreichen, um an der EXX zu agieren. Der börsennotierte Energiehandel ist insofern als Spezialgeschäft einzuordnen und wird im Rahmen dieser Arbeit nicht vertiefend betrachtet. Vgl. Kalitzky, T.: Strom- und Emissionshandel als integrierte Bestandteile des Energiekostencontrolling, Vortragsfolien im VDI-Wissensforum: Effizientes Energiemanagement und -controlling, Frankfurt, 20. Juni 2008
[456] Vgl. Panos, K.: Praxisbuch Energiewirtschaft, 2. Auflage, Springer Verlag: Berlin 2007, S. 53

Der Bilanzkreisvertrag[457] wird zwischen dem bilanzkreisverantwortlichen Lieferanten und dem zugehörigen Übertragungsnetzbetreiber geschlossen. Der Lieferant ist verantwortlich für eine ausgeglichene Bilanz in seinem Kundenkreis und muss dazu im Voraus sog. Fahrpläne im ¼-Stundenraster an den Übertragungsnetzbetreiber übermitteln. Großkunden schließen letztlich Lieferverträge mit einem oder mehreren Lieferanten ab sowie parallel einen Netznutzungsvertrag. Die Mehrzahl der Stromkunden bedient sich jedoch sog. Vollversorgungsverträge, die Lieferung, Netznutzung etc. beinhaltet. In Analogie zu vorherigen Ausführungen setzt sich der Strompreis aus folgenden Hauptkomponenten zusammen.

- Kosten für die Stromlieferung und Netznutzungsentgelt

- Messung und Abrechnung

- Steuern, Abgaben und Umlagen

Die Kosten für die Stromlieferung werden vornehmlich durch den Stromhandel an der Energiebörse European Energy Exchange (EXX) beeinflusst und unterliegen folglich den Schwankungen je nach Marktlage. Die Netznutzungsentgelte sind für Transport und Verteilung des Stroms bestimmt und sind in der StromNEV festgeschrieben. Bei leistungsgemessenen Kunden, wovon bei ÖPP-Projekten i. d. R. auszugehen ist, setzt sich das Entgelt aus einem Leistungspreis und einem Arbeitspreis zusammen.

Als Höchstlast gilt meist die höchste Leistung innerhalb eines Jahres, allerdings bieten Netzbetreiber auch hier ein Entgelt auf Monatsbasis in EUR/kW und Monat an. Der Messstellenbetrieb wird in der Regel in EUR/Jahr als Pauschale je Messstelle in Rechnung gestellt.

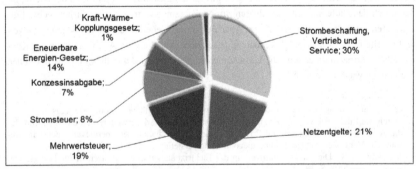

Bild 2-18: Durchschnittliche Zusammensetzung des Strompreises für Haushalte[458]

---

[457] Ein Bilanzkreis umfasst alle Einspeisungs- und Entnahmestellen eines Lieferanten innerhalb eines Übertragungsnetzes.
[458] Vgl. Bundesverband der Energie und Wasserwirtschaft, Stand: Dezember 2009, Online im Internet, URL: <http://www.bdew.de>; Abruf: 12.08.2010, 21:45 Uhr; die Umsatzsteuer auf den Nettostrompreis beträgt 19 %, ihr Anteil am Bruttogesamtpreis beträgt somit 16 %.

Die Steuern, Abgaben und Umlagen umfassen die Bestandteile Stromsteuer (Ökosteuer), KWK-Umlage gem. Kraft-Wärme-Kopplungsgesetz, EEG-Umlage nach dem Erneuerbare-Energien-Gesetz, Konzessionsabgabe für die Einräumung von Wegerechten durch die Kommunen und Mehrwert-/Umsatzsteuer.[459]

In Bild 2-18 ist zu erkennen, dass der Anteil am Strompreis, welcher tatsächlich durch Angebot und Nachfrage maßgeblich beeinflusst wird, keine 40 % vom Gesamtpreis beträgt. Der Anteil für Netzentgelt sowie Steuern und Abgaben wird durch die öffentliche Hand vorgegeben.[460]

Im Unterschied zu Strom wird Erdgas nicht produziert, sondern zählt zu den endlichen Primärenergieträgern, die weltweit vorkommen allerdings ungleich verteilt sind.[461] Darüber hinaus stand Gas bereits vor der Liberalisierung im Substitutionswettbewerb mit anderen Energieträgern. Seit Mitte der 1980er Jahre hat die Erdgaswirtschaft ihren ökologischen Wettbewerbsvorteil gegenüber schwerem Heizöl und Kohle erkannt und konnte beträchtliche Marktanteile im Industriesektor dazugewinnen. Aufgrund der Monopolstellungen der Versorgungsunternehmen in ihren Konzessionsgebieten wurde jedoch der Wettbewerb im Gasmarkt selber unterbunden.[462]

Analog zu den Beschreibungen im Strommarkt wurde mit den Mitteln der Entflechtung von Produktion, Netzbetrieb und Handel ein diskriminierungsfreier Netzzugang für alle Marktteilnehmer hergestellt. Die Vertrags- und auch Preisstruktur sind vergleichbar mit denen des Strommarktes, sodass auf eine weiterführende Darstellung an dieser Stelle verzichtet wird.

Ein besonderer Aspekt in Bezug auf den Gasmarkt ist die sog. Ölpreisbindung, die dazu führt, dass die Höhe des Gaspreises unmittelbar mit der Entwicklung des Ölpreises einhergeht.[463]

---

[459] Vgl. o.V.: Strompreis, Online im Internet, URL: <http://de.wikipedia.org/wiki/strompreis>; Abruf: 30.05.2010, 23:15 Uhr

[460] In diesem Zusammenhang ist die öffentliche Hand durch den Bundestag als wichtiges Organ der Legislative vertreten.

[461] Die Staaten der EU verfügen gemeinsam über ca. 7 % des weltweiten Erdgasvorkommens, verbrauchen jedoch 20 % des weltweit angebotenen Erdgases. Dadurch besteht eine relevante Abhängigkeit von Importen aus Ländern außerhalb der EU. Das in Deutschland verbrauchte Erdgas basiert zu 15 % auf inländischer Förderung, 85 % kommen aus dem Import, davon ca. 45 % aus Russland. Vgl. Monopolkommission (Hrsg.): a.a.O., S. 77; Schiffer, H.-W.: Energiemarkt Deutschland, 10. Auflage, TÜV Media: Köln 2008, S. 172

[462] Nach Inkrafttreten der Großfeuerungsanlagenverordnung und der TA-Luft 1985 mussten viele Industriebetriebe hohe Investitionen tätigen, um ihre mit schwerem Heizöl oder Kohle befeuerten Anlagen auf den geforderten Umweltstandard zu bringen. Vgl. Panos, K.: a.a.O., S. 68

[463] Die Ölpreisbindung ist zunächst historisch bedingt: Der Erdgasmarkt entwickelte sich später als der Markt für Erdöl und Erdgas wurde zuerst als Nebenprodukt der Erdölförderung gewonnen. Die Erdölgesellschaften legten zum Schutz die Gaspreise in Anlehnung an die Erdölpreise fest. Heute begründen die Erdgasunternehmen die Ölpreisbindung damit, dass der Handel auf sehr langfristigen Verträgen basiert, die der Versorgungssicherheit dienen und an die Ölpreisentwicklung gekoppelt sind. Vgl. Simon, J.: Technische und wirtschaftliche Struktur der Gasversorgung in Deutschland, GRIN Verlag: Norderstedt 2006, S. 33

Der Bundesgerichtshof hat mittlerweile entschieden, dass die Anpassung von Gaspreisen allein aufgrund der Entwicklung der Ölpreise unzulässig ist.[464]

2.3.4.4   Preissteigerung und Wertsicherung

Wie im vorherigen Kapitel dargestellt, übt Rohöl als die dominierende fossile Primärenergie weltweit nach wie vor eine Preisleitfunktion auf dem Energiemarkt aus, wobei hier das Marktprinzip von Angebot und Nachfrage eine immer geringere Rolle in Bezug auf den Preis spielt.[465]

Im Hinblick auf den Endenergieträger (Heizöl) bedeutet dies, dass der Marktpreis wesentlich vom Rohölpreis und Dollarkurs abhängt und dieser u. a. auch von geopolitischen Krisen beeinflusst wird. Darüber hinaus kommen verschiedene makroökonomische Studien in Bezug auf die Marktstruktur des Ölmarktes zu dem Ergebnis, dass sowohl die OPEC-Mitgliedstaaten als auch deren Nicht-Mitglieder bei der Festlegung der Ölfördermengen stark kooperieren, was wiederum erheblichen Einfluss auf die Marktpreisentwicklung nimmt.[466]

Typischerweise wird die Vergütung für die Nutzungsphase eines ÖPP-Projektes mit Wertsicherungsklauseln[467] vereinbart.[468] Dazu werden in der Vielzahl der Projekte Indizes verwendet, die vom Statistischen Bundesamt regelmäßig veröffentlicht werden.

Für die Wertsicherung von Preisen im Bereich der Energieversorgung finden sich sowohl im Verbraucherpreisindex[469] (VPI) als auch im Erzeugerpreisindex[470] (EPI) relevante Indikatoren.

---

[464] Bundesgerichtshof (Hrsg.): Bundesgerichtshof erklärt „HEL"-Preisanpassungsklauseln in Erdgas-Sonderkundenverträgen für unwirksam, Mitteilung der Pressestelle Nr. 61/2010 vom 24. März 2010, Online im Internet, URL: <http://juris.bundesgerichtshof.de>, Abruf: 06.04.2010, 19:47 Uhr

[465] Vgl. Panos, K.: a.a.O., S. 11

[466] Vgl. Alhaji, A. F., Huettner, D.: OPEC and World Crude Markets from 1973 to 1994: Cartel, Oligopoly or Competitive?, in: Energy Journal, Vol. 21, Nr. 3, 2000, S. 31-60; Loderer, C., 1985, "A Test of the OPEC Cartel Hypothesis: 1974-1983", Journal of Finance, Vol. 40, Nr. 3, 1985, pp. 991-1008

[467] Die Wertsicherung wird i. d. R. entsprechend der Entwicklung der jeweiligen zugrunde gelegten Preisindizes zu fest definierten Zeitpunkten (bspw. einmal jährlich) oder bei Überschreiten bestimmter Grenzwerte vorgesehen. Vgl. Schöne, F.-J.: Ausgewählte Rechtsfragen, in Littwin, F.; Schöne, F.-J. (Hrsg.): Public Private Partnership im öffentlichen Hochbau, Verlag W. Kohlhammer: Stuttgart 2006, S. 110

[468] Stichnoth beschreibt bei einem seiner untersuchten Praxisbeispiele, dass ein fester Prozentsatz zur jährlichen Preisanpassung vereinbart wurde, wovon jedoch grundsätzlich abzuraten ist. Vgl. Stichnoth, P.: Entwicklung von Handlungsempfehlungen und Arbeitsmitteln für die Kalkulation betriebsphasenspezifischer Leistungen im Rahmen von PPP-Projekten im Schulbau, Dissertation, Schriftenreihe Bauwirtschaft I, Band 18, Universität Kassel 2010, S. 67

[469] Der Verbraucherpreisindex für Deutschland misst die durchschnittliche Preisentwicklung aller Waren und Dienstleistungen, die von privaten Haushalten für Konsumzwecke gekauft werden. Vgl. o.V.: Was beschreibt der Verbraucherpreisindex?, Online im Internet, URL: <http://www.destatis. de>, Abruf: 13.05.2010, 20:58 Uhr

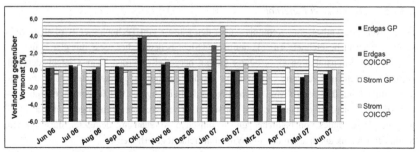

Bild 2-19: Veränderung der Indizes von Gas und Strom gegenüber dem Vormonat[471]

Die verschiedenen Indizes des Verbraucherpreisindex sind COICOP-VPI-Nr. zugeordnet.[472]

Da die Heizkostenentwicklung aus dem Energieträger Heizöl direkt von der Entwicklung des Rohölpreises abhängt, ist eine mittel- wie auch langfristige Prognose der daraus resultierenden Kostenentwicklung kaum möglich.[473]

Üblicherweise trägt die öffentliche Hand das Gesetzesänderungsrisiko und insofern auch Steuerveränderungen. Zudem werden in ÖPP-Verträgen Netto-Preise ohne Berücksichtigung der Umsatzsteuer angegeben und diese wertgesichert.

Eine Änderung des Mehrwertsteuersatzes zieht i. d. R. eine sofortige Anpassung der Vergütung für die Leistungen in der Betriebsphase nach sich. Hieraus ist zu folgern, dass die Verwendung der Erzeugerpreisindizes den Interessen des privaten Partners zur Wertsicherung seiner Vergütungsansprüche angemessen gerecht wird.

Exemplarisch zeigt Bild 2-19 die Indexänderungen der VPIs und zuvor benannten EPIs von Erdgas und Strom gegenüber dem Vormonat für den Zeitraum vom Juni 2006 bis Juni 2007. Gut erkennbar ist der Einfluss der seinerzeitigen Mehrwertsteuererhöhung am 1. Januar 2007 um 3 % auf den VPI. Der Erzeugerpreisindex bleibt davon unberührt.

---

[470] Der Index der Erzeugerpreise gewerblicher Produkte (Inlandsabsatz) misst auf repräsentativer Grundlage die Entwicklung der Preise für die vom Bergbau und Verarbeitenden Gewerbe sowie der Energie- und Wasserwirtschaft in Deutschland erzeugten und im Inland verkauften Produkt. Der Erzeugerpreis ist definiert als der Betrag, den der Produzent vom Käufer erhält. Es handelt sich um den aktuellen Transaktionspreis, der bei Vertragsschluss erzielt wird. Vgl. o.V.: Index der Erzeugerpreise gewerblicher Produkte - Was beschreibt der Indikator?, Online im Internet, URL: <http://www.destatis.de>, Abruf: 13.05.2010, 21:05 Uhr

[471] Eigene Darstellung in Anlehnung an ebenda

[472] COICOP ist die Abkürzung für Classification of Individual Consumption by Purpose.

[473] Vgl. Panos, K.: a.a.O., S. 37; Deutsche Energie-Agentur (Hrsg.): Ölpreisentwicklung, Online im Internet, URL: <www.thema-energie.de/energie-im-ueberblick/zahlen-daten-fakten/energiekosten/oelpreisentwicklung.html>; Abruf: 30.05.2010, 21:05 Uhr

2.3.4.5   Technischer Fortschritt

Die Anwendung verbesserter Kenntnisse über den Einsatz von Technologien wird als technischer Fortschritt bezeichnet. Aus ökonomischer Sicht bedeutet dies, dass mit gleichem Einsatz an Produktionsfaktoren ein größerer Output hergestellt werden kann. Gleichbedeutend
ist, wenn sich die unveränderte Outputmenge ressourcenschonender erzeugen lässt.[474] Im weiteren Sinne kann der Begriff Modernisierung als Teilleistung des Gebäudemanagements herangezogen werden, um den technischen Fortschritt zu beschreiben: „Leistungen zur Verbesserung des Istzustandes von baulichen und technischen Anlagen mit dem Ziel, diese an den
Stand der Technik anzupassen und die Wirtschaftlichkeit zu erhöhen".[475]

Die DIN EN 40500 definiert den *Stand der Technik* als „entwickeltes Stadium der technischen Möglichkeiten zu einem bestimmten Zeitpunkt, soweit Produkte, Prozesse und Dienstleistungen betroffen sind, basierend auf entsprechenden gesicherten Erkenntnissen von Wissenschaft, Technik und Erfahrung".[476]

Hier ist anzumerken, dass der Ausdruck *Stand der Technik* regelmäßig nicht als vertragliche
Grundlage bei Bauprojekten und auch ÖPP-Projekten vereinbart wird, sondern die *allgemein anerkannten Regeln der Technik*. Der wesentliche Unterschied zwischen den Formulierungen liegt darin, dass Verfahren und Systeme nach dem Stand der Technik in der Praxis
angewendet werden, die den Beweis ihrer Funktion und die Erfüllung zugesicherter Eigenschaften und Leistungen noch nicht über einen längeren Zeitraum erbracht haben.

Insofern beschreiben die allgemein anerkannten Regeln der Technik Verfahren und Systeme,
die mindestens über einige Jahre Anwendung finden und von der Mehrheit der Fachleute als
richtig anerkannt und angewendet werden, aber nicht den neuesten Entwicklungen entsprechen.[477]

Im Rahmen eines langfristigen ÖPP-Projektes ist es aus Sicht der öffentlichen Hand nachvollziehbar, dass dem technischen Fortschritt angemessen begegnet wird. Daher ist es notwendig,
zu dessen Berücksichtigung ausgewogene Regelungen im Projektvertrag zu treffen. Dabei
kann grundsätzlich zwischen investiven und nicht investiven Maßnahmen zur Berücksichtigung des technischen Fortschritts unterschieden werden.

2.3.4.6   Nutzerverhalten und -zufriedenheit

Das Nutzerverhalten in Bezug auf den allgemeinen Energieverbrauch ist allgemein ein ge-
wohnheitsmäßiges und insofern gleichbleibendes Routineverhalten. Es ist dadurch gekennzeichnet, dass es anfangs eine gewisse Absicht verlangt, die häufig spontan durch situative

---

[474] Vgl. Erdmann, G.: Energieökonomik, Verlag der Fachvereine: Zürich 1992, S. 287
[475] DIN 32736:2000-08 Gebäudemanagement, S. 3
[476] DIN EN 45020:2007-03 Normung und damit zusammenhängende Tätigkeiten - Allgemeine Begriffe
[477] Vgl. Althaus, S., Heindl, C.: Der öffentliche Bauauftrag. Handbuch für den VOB-Vertrag, id Verlag: Mannheim 2010, Rdn. 23

Hinweisreize aktiviert wird.[478] Einmal erlernte Routinen laufen dann weitestgehend unbewusst und mit geringer Aufmerksamkeit ab, wobei dann genau solche kognitiven und emotionalen Abläufe nicht mehr stattfinden, die zu einer Verhaltensänderung notwendig wären.[479]

Ebendies macht eine Anpassung gewohnheitsmäßigen Handelns so schwierig, denn zur Modifizierung von Verhaltensroutinen müssen diese zunächst aufgebrochen und bewusst gemacht werden, was zusätzlich noch dadurch erschwert wird, dass sie von sozioökonomischen Rahmenbedingungen abhängig sind und von verschiedenen Lebensstilen geprägt werden.[480]

Für die Änderung alltäglicher Verhaltensweisen sind aus psychologischer Sicht folgende Einflussfaktoren relevant: Wirksamkeitsüberzeugungen, Kosten-Nutzen-Überzeugungen, Kontrollüberzeugungen und Normen. [481] Kosten-Nutzen-Überzeugungen machen zusammen mit Wirksamkeitsüberzeugungen in ihrer Gesamtheit die Einstellungen aus, sie fließen in die positive oder negative Gesamtbewertung einer Handlung ein, wobei der monetäre Vor- oder ggf. auch Nachteil eine wesentliche Rolle spielt.[482] Neben dem „Wollen" ist für Verhaltensänderungen zudem ein „Können" (Handlungskontrolle) wesentlich, womit die subjektive Wahrnehmung externer und interner Hindernisse gemeint ist.[483]

Als externes Hindernis kann beispielsweise die fehlende Regulierbarkeit der Raumtemperatur durch den Nutzer gesehen werden, während als internes Hindernis bspw. die Befürchtung des Nutzers gesehen wird, Einbußen bezüglich eines Komfortstandards in Kauf nehmen zu müssen. In Untersuchungen zeigt sich diesbezüglich, dass Personen mit einem höheren Umweltbewusstsein Hindernisse und Kosten geringer einschätzen als Personen mit einem niedrigen Umweltbewusstsein.[484] Normen, die Energiesparen als sozial und subjektiv gewünschtes Verhalten definieren, spielen schließlich eine geringere Rolle für die Verhaltenserklärung als Kosten-Nutzen-Überlegungen.

---

[478] Vgl. Hacke, U. (2008): Thesenpapier: Nutzerverhalten im Mietwohnbereich, Institut für Wohnen und Umwelt (Hrsg.), Online im Internet, URL: <http://www.iwu.de>, Abruf: 18.07.2010, 21:36 Uhr, S. 10

[479] Vgl. Krömker, D.: Globaler Wandel, Nachhaltigkeit und Umweltpsychologie, in Lantermann, E.-D.& V. Linneweber: Enzyklopädie der Psychologie. Grundlagen, Paradigmen und Methoden der Umweltpsychologie, Hogrefe Verlag: Göttingen 2008, S. 733

[480] Mack, B., Hackmann, P.: Stromsparendes Nutzungsverhalten erfolgreich fördern, in: Fischer, C. (Hrsg.): Stromsparen im Haushalt. Trends, Einsparpotenziale und neue Instrumente für eine nachhaltige Energiewirtschaft. Oekom Verlag: München 2008, S. 108 ff.

[481] Vgl. Krömker, D.: a.a.O., S. 715 ff.

[482] Aus dem privaten Wohnsektor ist bekannt, dass Nutzer für Energieeinsparmaßnahmen nur sehr schwer zu überzeugen sind, wenn damit höhere anfängliche Investitionen notwendig werden. Vgl. Flandrich, D: Energieverbrauchsverhalten. Eine theoretische Analyse, Sonderpunkt Wissenschaftsverlag: Münster 2006, S. 109

[483] Vgl. Hacke, U. (2008): a.a.O., S. 10

[484] Vgl. .Hacke, U. (2007): Supporting European Housing Tenants in Optimising Resource Consumption. Ergebnisse einer Befragung von 2.637 Mietern aus Frankreich, Nord-Irland und Deutschland im Rahmen des EU-Projektes SAVE@Work4Homes. Online im Internet, URL: <http://www.iwu.de>, Abruf: 18.10.209, 12:47 Uhr, S. 49 ff.

Im Allgemeinen lässt sich Energienutzung als ein Dreieck aus ökonomischen Überzeugungen, Werten, Einstellungen und Normen sowie praktischer Alltagsbewältigung bezeichnen. Die vorgenannten Aspekte überlagern sich dabei in einer Weise, „dass die resultierende Energienutzung selten aus rein ökonomischen, rein pragmatischen oder rein normativen Faktoren geprägt zu sein scheint, sondern eher von einem Interferenzmuster aus Impulsen aus diesen (und vielleicht anderen) Einflüssen. Diese Interferenzen erklären auch Begrenzungen von Ansätzen zur Verringerung von Energienutzung, die an einer der drei Stellen ansetzen.

So ist es wahrscheinlich, dass reine Bewusstseinskampagnen, die nicht auch Ökonomie und Alltagskoordination im Auge behalten, auf taube Ohren stoßen oder nur kurzfristige Erfolge zeigen.

Ebenso verhält es sich für reine Kostenanreize, die nicht berücksichtigen, dass Endnutzerinnen und Endnutzer für Vereinfachungen im Alltag und für den Ausdruck und die Bereicherung ihrer Identität bereit sein mögen, auch etwas tiefer in die Tasche zu greifen."[485]

Auf der Grundlage einer empirischen Untersuchung können vier Thesen zur psychologischen Förderung der Energieeinsparmotivation abgeleitet werden:[486,487]

• Die Aufmerksamkeit und das Bewusstsein für die Möglichkeiten zur Senkung des Energieverbrauchs müssen gestärkt werden.

• Die Möglichkeiten des Energiesparens ohne Komfortverluste müssen hervorgehoben werden.

• Das Wissen der Nutzer über die energieverbrauchsrelevanten Zusammenhänge muss verbessert werden.

• Der Vergleich mit anderen muss berücksichtigt bzw. verstärkt werden.

Neben den psychologischen Merkmalen in Bezug auf das Nutzerverhalten ist es relevant, ein Feed-back von den Nutzern darüber zu erhalten, wie zufrieden sie mit der jeweiligen Immobilie sind. *Gossauer* beschreibt in ihrer Arbeit die Ergebnisse einer Befragung von 1.500 Nutzern aus insgesamt 17 Bürogebäuden unterschiedlicher Größe, Architektur und mit verschiedenen Energiekonzepten.

---

[485] Berker, T.: Energienutzung im Heim als soziotechnische Praxis. Untersuchungsergebnisse, Trends und Strategien. In Fischer, C. (Hrsg.): Strom sparen im Haushalt. Trends, Einsparpotentiale und neue Instrumente für eine nachhaltige Energiewirtschaft. Oekom-Verlag: München 2008, S. 179

[486] Vgl. Wortmann, K.: Psychologische Determinanten des Energiesparens, Psychologie-Verlags-Union: Weinheim 1994, S. 153 f.

[487] In diesem Zusammenhang ist auf die sog. Rebound- oder Kompensationseffekte zu verweisen, die vor allem bei Bewohnern von Energiesparhäusern auftreten können. Darunter wird verstanden, dass die Energieeinsparungen unbewusst wieder auf die Technik übertragen werden, d. h. weil man z. B. in einem wärmetechnisch optimierten Gebäude wohnt, kann man beim Stromsparen nachlässiger sein. Vgl. Hack, U. (2008): a.a.O., S. 11

Interessant sind dabei die generellen Empfehlungen, welche zu einer erhöhten Nutzerzufriedenheit führen und welche einen direkten energetischen Zusammenhang aufweisen:[488] natürliche Belüftungsmöglichkeit und individuelle Temperaturregelung (jahreszeitunabhängig).

Darüber hinaus stellt *Gossauer* fest, dass es mithilfe von Nutzerbefragungen möglich ist, Optimierungspotentiale im Gebäudebetrieb zu ermitteln. Indem die individuellen Zufriedenheitsparameter mit der allgemeinen Zufriedenheit korreliert werden, ergibt sich ein Anhaltswert für die geschätzte Wichtigkeit der einzelnen Parameter in Bezug auf die allgemeine Zufriedenheit. Auf diese Weise erhält man ein Bewertungssystem, welches im Betrieb eine Unterstützung bietet, indem es die Rangfolge der Zufriedenheitsparameter in ihrer Wichtigkeit für die Gesamtzufriedenheit der Nutzer den mittleren Zufriedenheitswerten gegenüberstellt. Dadurch werden Schwachstellen im Gebäude aus Nutzersicht erkennbar.

Zur Veranschaulichung des Einflusses des Nutzerverhaltens auf den tatsächlichen Energieverbrauch ist in Bild 2-20 der Energieverbrauch für Strom von drei Dreifeldsporthallen in einer Großstadt Nordrhein-Westfalens dargestellt. Die Sporthallen befinden sich in einem Umkreis von ca. 12 km auf gleichem Höhenniveau, sodass der tageszeitliche Verlauf der Witterung keinen Einfluss auf das energetische Verhalten der Gebäude ausübt. Sie wurden im Rahmen eines PPP-Verfahrens gemeinsam realisiert und weisen die gleichen Planungsparameter sowie ausgeführten technischen Anlagen aus. In den Ausschreibungsunterlagen wurde ein vereinfachtes Nutzungsprofil für die drei Hallen beschrieben, was jedoch in jeder Halle zukünftig zugrunde zu legen sein sollte.

Sehr gut zu erkennen ist, dass alle drei Stromverläufe in einem vergleichbaren Amplitudenspektrum verlaufen. So steigt der Strombedarf in der Winterperiode bis zum Jahresanfang an und sinkt im weiteren Jahresverlauf bis zum niedrigsten Stand in den Sommermonaten während der Ferienzeit. Der zyklische Verlauf entspricht der jahreszeitlich bedingten Helligkeit und des dadurch bedingten Strombedarfs für Beleuchtung. Die mechanische Lüftung wird ebenfalls außerhalb der Heizzeit durch eine natürliche Lüftung flankiert. Dieser Umstand spiegelt sich in den Messwerten gleichfalls wider. Nach Auswertung der Belegungspläne wurde jedoch deutlich, dass in Sporthalle 1 gegenüber Sporthalle 2 eine wesentlich geringere Nutzungsintensität gegeben ist.

Beide Hallen werden zwar im Rahmen des regelmäßigen Schulsports genutzt, jedoch findet in Halle 1 eine viel geringere Vereinssportnutzung statt, was einen grundsätzlich geringeren Stromverbrauch erklärt. Hinzu kommt nach Aussage des zuständigen Immobilienbetreuers des privaten Partners die Tatsache, dass in den Hallen die Beleuchtungsstärke individuell einstellbar ist und durch die jeweiligen Nutzer per Handschalter angefordert werden kann.

---

[488] Vgl. Gossauer, E.: Nutzerzufriedenheit in Bürogebäuden - Eine Feldstudie, Dissertation, Universität Karlsruhe, 2008, S. 135

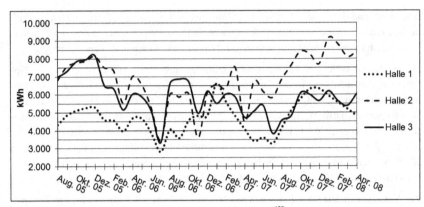

Bild 2-20: Verlauf des Stromverbrauchs von drei Sporthallen[489]

Die Auswertung der Daten aus der Gebäudeleittechnik belegt, dass in Halle 2 die Beleuchtungsstärke stets in der höchst möglichen Stärke angefordert wird, obwohl dies normativ gesehen nicht erforderlich ist.

In Halle 1 wird in der Regel immer nur die weniger starke Grundbeleuchtung angewandt. Für die Sporthalle 3 ist gem. dem Verlauf gut zu erkennen, dass sie eine vergleichbare Nutzung erfährt wie Halle 2. Dies belegen die entsprechenden Nutzungspläne aus den Jahren 2005 und 2006. Anfang 2007 wurden die Kapazitäten in der Region neu geplant und es kam zu mehreren Vereinsreorganisationen sowie Zusammenlegungen.

Dies führte in Halle 3 letztlich zu einer vergleichbaren Kapazitätsauslastung wie sie in Halle 1 gegeben ist, weshalb sich die Kurvenverläufe entsprechend annäherten.

Quantitativ betrachtet unterschied sich der Stromverbrauch von April 2007 bis April 2008 in beiden Hallen wesentlich. Halle 2 hatte einen Jahresverbrauch von 96.608 kWh und Halle 1 einen Wert von 63.557 kWh, was eine Differenz von 33.051 kWh ausmacht. Unter der Annahme, dass die Bruttokosten des Stroms sich auf 0,19 EUR/kWh belaufen, ergibt sich ein Kostendelta von ca. 6.280 EUR. Bezogen auf die BGF der Sporthalle von 2.138 m^2 liegen die Versorgungskosten der Halle 2 um 2,90 EUR/m^2 BGF pro Jahr höher als in Halle 1.

Da weder das Energiemanagement noch ein Energiemengenrisiko auf den privaten Partner übertragen worden ist, wird in diesem Projekt mittelfristig mögliches Optimierungspotential nicht ausgenutzt.

---

[489] Eigene Darstellung

2.3.5   Fazit Energiemanagement

Im Kapitel 2.3 wurden die wesentlichen Aspekte zum Energiemanagement bei ÖPP-Hochbauprojekten eingehend dargestellt. Dabei wurde in 2.3.1 die begriffliche Einordnung vorgenommen und eine Definition für das Energiemanagement im Sinne dieser Arbeit gegeben.[490]

Anschließend wurden die wesentlichen Einflussgrößen auf den grundlegenden Energieverbrauch eines Gebäudes erläutert, wobei deutlich gemacht werden konnte, dass neben den bautechnischen Eigenschaften auch die Nutzung einen wesentlichen Einfluss ausübt.

Hinsichtlich der Prognose des tatsächlichen Energieverbrauchs wurde der Stand der Technik und Wissenschaft dargestellt sowie auf konkrete Verfahren zur Berechnung näher eingegangen. Dazu bleibt festzuhalten, dass derzeit kein gesichertes Verfahren zur Verfügung steht, das umfänglich alle Energiemengen eines Gebäudes erfasst.

Des Weiteren unterliegt die Berechnung stets einer Unsicherheit aufgrund der noch nicht vorliegenden, aber notwendigen Detailgenauigkeit der Planung für eine genaue Berechnung. Hier gilt es, eine angemessene Risikoverteilung und Anreizstruktur zwischen der öffentlichen Hand und dem privaten Partner zu schaffen. Für die öffentliche Hand muss sichergestellt werden, dass sie keine überhöhten Mengen durch den Auftragnehmer angeboten bekommt, die sich vielleicht im späteren Betrieb als wesentlich geringer erweisen. Der private Partner soll jedoch motiviert sein, den Energieverbrauch in Abhängigkeit von den Anforderungen stets zu optimieren.

Der Einfluss durch klimatische Änderungen muss ebenfalls angemessen berücksichtigt werden und darf nicht einseitig zu Lasten einer der beiden Vertragsparteien verteilt sein. Energiebeschaffung ist ein komplexes Aufgabenfeld, das in professioneller Weise von einem der Partner zu leisten ist.

Hierzu sollte in einer vertraglichen Option vereinbart werden, dass während der Vertragslaufzeit die Ver- und Entsorgungsverträge durch den Partner abgeschlossen werden, der die jeweils günstigsten Konditionen erzielt.

Hinsichtlich der Wertsicherung ist darauf zu achten, dass die richtigen Indizes Anwendung finden. Die Risikoallokation im Hinblick auf das Nutzerverhalten ist nicht eindeutig. In der Regel wird der öffentliche Auftraggeber einen größeren Einfluss auf die Nutzer ausüben können als der private Partner.

Die Einbindung des Privaten ist jedoch vorzusehen, da er die Immobilie mindestens im Rahmen seiner technischen Betriebsführung überwacht und so in der Lage ist, Optimierungspotentiale zu identifizieren, die sich aus einem geänderten Nutzerverhalten ergeben.

---

[490] Siehe Seite 46 f.

Zusammenfassend stellt das Bild 2-21 die relevanten Einflussgrößen auf das Energiemanagement dar.

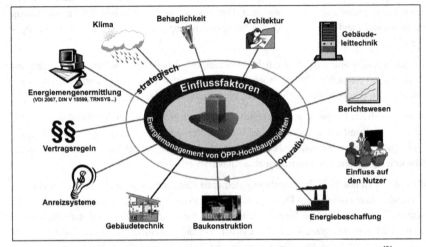

Bild 2-21: Einflussfaktoren auf das Energiemanagement von ÖPP-Hochbauprojekten[491]

---

[491] Eigene Darstellung

3 Relevanz des Energiemanagements bei ÖPP

3.1 Untersuchung von Fallbeispielen

Ausgehend von den Grundlagen für das Energiemanagement bei ÖPP-Projekten wurde durch den Autor eine empirische Untersuchung mittels Fallbeispielen durchgeführt, da quantitative Untersuchungen aufgrund der noch zu wenigen bereits in Deutschland in der Nutzungsphase befindlichen ÖPP-Projekte bislang nicht möglich sind.[492]

Die untersuchten Praxisbeispiele sollen die nach Auffassung des Autors unzulängliche Berücksichtigung des ganzheitlichen Energiemanagements herausstellen und dienen darüber hinaus dem Erkenntnisgewinn bei der Entwicklung des Referenzmodells.[493] Fallstudien gelten als gutes Instrument, um Hypothesen und Theorien zu entwickeln, zu plausibilisieren und zu überprüfen.[494]

3.1.1 Untersuchungsdesign

Um empirische Sachverhalte, Abhängigkeiten und Zusammenhänge zu analysieren, gibt es neben der Forschungsmethode anhand von Fallbeispielen weitere Untersuchungsmethoden, zu denen Umfragen, experimentelle Methoden oder die Analyse von Archivunterlagen gehören (siehe Bild 3-1). Jede dieser Methoden hat bestimmte Vor- und Nachteile in Abhängigkeit vom gewählten Untersuchungszusammenhang.

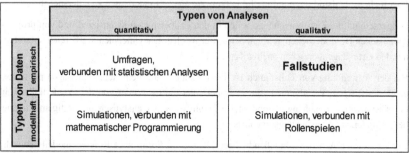

Bild 3-1: Typologisierung von Forschungsmethoden[495]

[492] Vgl. Alfen, H. W., Leupold, A.: Public Private Partnerships in der German Public Real Estate Sector, in: European Public Private Partnership Law, Vol. 2, 2007, S. 25 ff.

[493] Vgl. Stake, R. E.: The Art of Case Study Research, Sage Publications: London 1995, S. 4

[494] Vgl. Cropley, A.: Qualitative Forschungsmethoden: Eine praxisnahe Einführung, Klotz Verlag: Eschborn 2002, S. 95 ff.

[495] Vgl. ebenda; Jahns, C., Darkow, I.-L.: Case Studies of Research and Teaching – An Introduction, Vortrag am Supply Management Institute der European Business School, Oestrich-Winkel, 2005

Im Gegensatz zu Umfragen und statistischen Erhebungen, die oft bei ökonomischen Frage-stellungen Anwendung finden, eignet sich die Forschungsmethode mittels Fallstudien, wie in der vorliegenden Arbeit, insbesondere dann, wenn qualitative Fragen über den Untersu-chungsgegenstand gestellt werden sollen.

Bei Forschungen, die auf statistischen Aussagen beruhen, spielen hingegen meist quantitative Fragen eine vorrangige Rolle. „Fallstudien können sowohl entdeckenden, beschreibenden als auch erklärenden Charakter besitzen."[496]

Die Analyse der vorliegenden ÖPP-Projekte als Fallstudien beinhaltet die Untersuchung, wie bestimmte Ausschreibungs-, Steuerungs-, Kontroll- und Anreizmechanismen angewendet werden und welchen Einfluss und welche Wirkung sie auf das Energiemanagement von ÖPP-Projekten ausüben.

Demnach dienen die gewählten Fallstudien insbesondere dazu, Zusammenhänge der vorhan-denen Projektrealität zu analysieren. Fallstudienauswertungen basieren dabei i. d. R. auf ver-schiedenen Quellen und sollen einen vorher entwickelten oder zu entwickelnden Theoriean-satz, die Entwicklung eines Referenzmodells, empirisch unterstützen. Die Grundlagen für das zu konzipierende Referenzmodell werden bereits in Kapitel 2 beschrieben. Die Vorgehens-weise zur Erstellung einer Theorie in Verbindung mit Fallstudien ist in Bild 3-2 dargestellt.

Die Methodik der Analyse von Fallstudien kann auf einer Einzelstudie oder mehreren Fallstu-dien beruhen. Für die Untersuchung können verschiedene Teilbereiche oder jeweils nur ein Teilbereich herausgefiltert werden.[497] Die Analyse in der vorliegenden Arbeit erstreckt sich über mehrere Fallstudien, um immobilientypbezogene Besonderheiten zu untersuchen.

Allgemeingültige Zusammenhänge sollen in den Fallbeispielen identifiziert und von projekt-spezifischen Besonderheiten getrennt betrachtet werden. Die Untersuchungsbereiche bestehen aus den Grundlagenbereichen analog Kapitel 2.

Bei der Anwendung von Fallstudien ist die Validität[498] der getroffenen Aussagen nicht von einer statistischen Verallgemeinerung wie bei einer Umfrage oder von der Wiederholbarkeit eines Experimentes abhängig, sondern sie beruht auf einer analytischen Verallgemeinerung der gefundenen Untersuchungsergebnisse.

Der sich dieser Arbeit anschließende Theorieansatz in Form eines Referenzmodells soll als Schema dienen, in das die Ergebnisse der Praxisbeispiele in einer logischen Beweiskette pas-sen.[499]

---

[496] Fischer, K.: a.a.O., S. 129
[497] Vgl. Hamel, J., Dufor, S., Fortin, D.: Case Study Methods, Qualitative Research Methods Series 32, Sage Publications: London 1993, S. 28 ff.
[498] Zu dem Begriff Validität vgl. weiterführend Cropley, A.: a.a.O. und Brinberg, D., McGrath, J. E.: Validity and the Research Process, Sage Publications: London 1985
[499] Vgl. Fischer, K.: a.a.O., S. 131

Schrittfolge bei der Erstellung von Theorien		
Schritt	Handlung	Ziel
Anfang	Erörtern der Forschungsfrage	Umfang der Untersuchung festlegen
Fallstudien selektieren	Bestimmte Auswahl einer spezifischen Gruppe	Bewahrt gedankliche Flexibilität, verhindert unwichtige Analysen
Werkzeuge und Protokolle erstellen	Nutzen mehrerer flexibler Datensammelmethoden	Stärkung der Grundlage der Theorie durch differenzierte Betrachtung
Erste Analyse des Untersuchungsbereichs beginnen	Untersuchung der gesammelten Daten	Unterschiedliche Sichtweisen und grundlegende Stärken offenlegen
Daten analysieren	Interne Fall- und Überkreuzanalysen unter Nutzung verschiedener Vorgehensweisen zur Suche nach allgemeingültigen Mustern	Vertieft die Vertrautheit mit den Daten zur Entwicklung des Theorierahmens
Hypothesen formulieren	Iterative Aufstellung der Fälle und logischer Abgleich, Beweissuche für das Warum hinter den Beziehungen	Theorie schärfen und untermauern
Literaturrecherche	Vergleich mit widersprüchlicher und gleich lautender Literatur	Schärfung des Forschungskonstruktes und der Allgemeingültigkeit
Ende	Ausformulierung der Theorie erreichen	Beendigung des iterativen Prozesses

Bild 3-2: Schrittfolge bei der Erstellung von Theorien[500]

Neben der Allgemeingültigkeit der Ergebnisse, die durch Nutzung verschiedener Quellen, Überprüfung von Aussagen oder durch Entkräftung von Gegenargumenten hergestellt werden kann, ist auch die Zuverlässigkeit ein wichtiges Indiz für die Qualität der Forschungsergebnisse. Die Zuverlässigkeit der Ergebnisse entsteht durch eine sorgfältige Datensammlung und -auswertung.

Zu den nachfolgend ausgewählten Projekten wurden Fragestellungen formuliert. Zu dem eingegrenzten Untersuchungsbereich Fragestellungen formuliert und anschließend ausgiebig Quellen ausgewertet. In Anlehnung an die Publikationen zu den Leistungsbildern des Projektmanagements werden die Merkmale fünf Handlungsbereichen (HB) zugeordnet:[501]

- HB A: Organisation, Information, Koordination und Dokumentation

- HB B: Funktionalitäten, Qualitäten und Quantitäten

- HB C: Kosten, Erträge, Steuern, Risiken und Wirtschaftlichkeit

- HB D: Termine, Kapazitäten, Logistik[502]

- HB E: Recht

Die folgenden Merkmale werden in die zugehörigen Handlungsbereiche eingeordnet:

---

[500] Eigene Darstellung in Anlehnung an Jahns, C., Darkow, I.-L.: a.a.O., S. 16 ff.
[501] Vgl. Diederichs, C. J. et al.: a.a.O., S. 2
[502] Der Handlungsbereich D ist lediglich der Vollständigkeit halber aufgeführt, hat jedoch im Kontext dieser Arbeit keine erkennbare Relevanz, sodass die zu untersuchenden Merkmale nur den anderen Handlungsbereichen zugeordnet werden.

(1) Projektrahmendaten

(2) Risikoallokation der Energiemengen und -kosten

(3) Vergütungs- und damit verbundene Anreizregelung

(4) Vergabeverfahren

(5) Anforderungen und Bewertungskriterien an das energetische Niveau

(6) Nutzungsprofil

(7) Bewirtschaftung: Leistungsinhalt

(8) Bewirtschaftung: Flexibilität

Zu den vorgenannten Handlungsbereichen bzw. Merkmalen ist ein spezifischer Analysebogen mit jeweiligen Forschungsfragen zu den acht Merkmalen erstellt worden. Der vollständige Analysebogen ist im Anhang A.7 dargestellt.

Für die Datenanalyse wurden verschiedene Quellen herangezogen. Für die wesentliche Informationsgewinnung dienten folgende Unterlagen:[503]

- Vergabeunterlagen (Verfahrensbriefe, funktionale Leistungsbeschreibungen, Anlagen etc.)

- Projektverträge

- Interviews mit Projektbeteiligten

- Sekundärberichte (Vorträge, Veröffentlichungen, Internetquellen etc.)

- Kenngrößen

3.1.2   Auswahl der Projekte

In dieser Arbeit werden drei verschiedene Typen von Fallbeispielen untersucht. Die Projekte umfassen die Nutzungstypen Verwaltungsgebäude, Schulen und Sporthallen.[504] Damit sowohl verallgemeinernde Rückschlüsse verhindert werden, und die Auswertbarkeit sichergestellt wird, besteht eine Fallstudienanalyse in der Regel aus vier bis zehn Projekten.[505] Da der Untersuchungsbereich für das zu entwickelnde Referenzmodell sich auf drei Nutzungstypen erstreckt, erhöht sich der Rahmen der Analyse wesentlich.

Die Fallbeispiele wurden nach der Bedeutung für den Untersuchungszusammenhang ausgewählt, weshalb nur ÖPP-Projekte im Sinne dieser Arbeit Verwendung fanden.[506]

---

[503] Nicht zu jedem Projekt liegen alle Unterlagen vor und im Rahmen der Bearbeitung war es auch nicht möglich, die vollständigen Unterlagen zu bekommen. Eine Übersicht zu den jeweilig genutzten Quellen befindet sich im Anhang A.8.

[504] Grund für die Eingrenzung auf diese drei Nutzungstypen ist, dass sie die größte Relevanz im ÖPP-Markt darstellen. Vgl. Kapitel 2.2.3

[505] Vgl. Fischer, K.: a.a.O., S. 133; Stake, R. E.: a.a.O., S. 22

[506] Zur Definition von ÖPP siehe Kap. 2.1.1

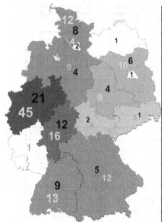

	Schulen	Büro	Sport	*Sonstige*	Σ	Relevant
Schleswig-Holstein	3	2	3	*4*	*12*	8
Hamburg	1	1	-	*2*	*4*	2
Bremen				*1*	*1*	0
Niedersachsen	4	-	-	*5*	*9*	4
Mecklenburg-Vorpommern	1			*1*	*2*	1
Brandenburg	1	4	1	*4*	*10*	6
Sachsen-Anhalt	4			*5*	*9*	4
Berlin	-	1	-	*-*	*1*	1
Nordrhein-Westfalen	17	2	2	*23*	*44*	21
Hessen	4	7	1	*4*	*16*	12
Thüringen	1	-	1	*2*	*4*	2
Sachsen	-	1	-	*4*	*5*	1
Rheinland-Pfalz	-	-	-	*1*	*1*	0
Saarland	-	-	-	*-*	*0*	0
Baden-Württemberg	4	5	-	*4*	*13*	9
Bayern	2	3	-	*7*	*12*	5
Σ	42	26	8	*67*	*143*	76

Bild 3-3: Verteilung der ÖPP-Projekte in Deutschland[507]

In Bild 3-3 werden die Anzahl und Verteilung der ÖPP-Projekte in Deutschland zum Zeitpunkt der Fallstudienanalyse aufgezeigt. Dabei ist zu erkennen, dass in NRW die meisten Projekte umgesetzt wurden, während in den anderen Bundesländern bisher nur wenige ÖPP-Projekte realisiert werden konnten.[508] Zur Fallstudienauswahl wurde die öffentliche ÖPP-Projektdatenbank[509] des BMVBS herangezogen und analysiert.

Dabei ist zu erkennen, dass die Hälfte, nämlich 76 aller sich in der Umsetzung befindlichen Projekte, maßgebend für die Fallstudienuntersuchung herangezogen werden sollte.[510]

Um zumindest tendenziell repräsentative Aussagen für alle ÖPP-Projekte zu erhalten, wurden 26 Projekte aus der ÖPP-Projektdatenbank herausgefiltert.

Bezogen auf die Anzahl der relevanten Projekte umfasst die Stichprobe aus jedem Nutzungstyp ca. 30 % der möglichen Projekte, sodass in den Stichprobenumfang 14 Schulprojekte, 9 Verwaltungsgebäude und 3 Sporthallen aufgenommen werden.[511]

---

[507] Eigene Erhebung und Darstellung, Quelle: URL: <http:///www.ppp-projektdatenbank.de>, Abruf: 10.12.2009

[508] Die stärkere Bedeutung von ÖPP in Nordrhein-Westfalen und Hessen ist auf die frühe Gründung einer Task-Force in den jeweiligen Ländern zurückzuführen, die dem ÖPP-Markt bereits in einer frühen Phase entsprechenden Vorschub geleistet haben.

[509] Online im Internet, URL: <http://www.ppp-projektdatenbank.de>

[510] Die Anzahl der ÖPP-Projekte hat sich vom Zeitpunkt der Fallstudienanalyse bis zum 31.12.2010 lediglich um 16 auf insgesamt 159 Projekte erhöht. Daher ist davon auszugehen, dass eine erneute Fallstudienuntersuchung zu keinem signifikant anderen Ergebnis kommt. Vgl. Partnerschaften Deutschland AG (Hrsg.): Öffentlich-Private Partnerschaften in Deutschland 2010, Bericht vom 08.02.2011, Online im Internet, URL: <http://www.partnerschaften-deutschland.de>, Abruf: 09.03.2010, 21:44 Uhr, S. 3

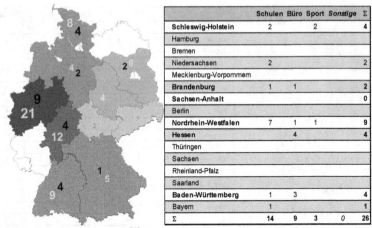

	Schulen	Büro	Sport	*Sonstige*	Σ
Schleswig-Holstein	2		2		4
Hamburg					
Bremen					
Niedersachsen	2				2
Mecklenburg-Vorpommem					
Brandenburg	1	1			2
Sachsen-Anhalt					0
Berlin					
Nordrhein-Westfalen	7	1	1		9
Hessen		4			4
Thüringen					
Sachsen					
Rheinland-Pfalz					
Saarland					
Baden-Württemberg	1	3			4
Bayern	1				1
Σ	14	9	3	0	26

Bild 3-4: Auswahl der Fallstudien[512]

Der Nutzungstyp Sporthalle wird deshalb besonders berücksichtigt, da Schulprojekte gelegentlich in Verbindung mit einer Sporthalle ausgeschrieben werden. Das Bild 3-4 stellt die ausgewählten Projekte in Abhängigkeit von Bundesland und Nutzungstyp dar.

Im Anhang A.9 sind die 26 Projekte übersichtlich zusammengefasst und darüber hinaus wurde zu jedem Projekt ein Datenblatt mit den wichtigsten Informationen erstellt. Die Auswertungen der Analysefragen zu den einzelnen Projekten wurden im Anhang A.10 zusammengefasst.

3.1.3   Ergebnisse

Im Folgenden werden die wesentlichen Ergebnisse aus dem in Kapitel 3.1.2 vorgestellten Analysebogen und entsprechend den zugeordneten Handlungsbereichen dargestellt.

3.1.3.1   *Handlungsbereich A (Organisation, Information, Koordination und Dokumentation)*

Hinsichtlich der Leistungsinhalte in der Bewirtschaftungsphase ist zum Aspekt des Energiemanagements in 12 von 26 untersuchten Projekten ein Berichtswesen zum Thema Energie funktional ausgeschrieben. Die 12 Projekte verteilen sich gleichmäßig auf die drei Nutzungstypen Verwaltung (4), Schule (7) und Sporthalle (1).

---

[511] Eine statistische Repräsentativität nachzuweisen wird nicht gelingen, da die bislang vorhandenen Projekte eine zu heterogene Struktur bezüglich der beteiligten Personen aufweisen, insbesondere auf der Seite der Auftraggeber. Maßgeblich für die jeweilige Ausgestaltung der Projekte sind i. d. R. die ausgewählten Berater auf Seiten der öffentlichen Hand.

[512] Eigene Darstellung

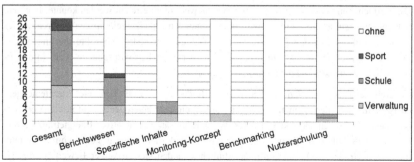

Bild 3-5: Auswertung Leistungsinhalte Bewirtschaftung[513]

Auffällig dabei ist, dass nur in fünf Projekten konkretere Inhalte zu einem Kennzahlenvergleich und Maßnahmenvorschläge für Optimierungspotentiale gefordert werden.

Spezifische Monitoringkonzepte, die auf verschiedene Nutzungen innerhalb eines Objektes (bspw. Schulgebäude und Sporthalle) ausgerichtet sind, konnten nur in zwei Projekten festgestellt werden. In einem Projekte ist die Verbrauchsmessung für verschiedene Energieverbraucher definiert. Sie orientiert sich an den Energiebereichen der EnEV: Wärme, Trinkwarmwasser, Beleuchtung, Lüftung und Kälte. Der Vergleich eines Objektes mit den Objekten der Immobilienportfolios des jeweiligen öffentlichen Auftraggebers oder mit den Immobilien, die durch den privaten Partner bereits bewirtschaftet werden, ist in keinem der Projekte vorgesehen.

Lediglich in einem Verwaltungs- und einem Schulprojekt gab es Anforderungen hinsichtlich regelmäßig vorgesehener Nutzerschulungen zum energetischen Verhalten. Bei dem Schulprojekt handelt es sich um ein „Passivhaus", sodass diese Forderung zwingend erforderlich erscheint, da das Nutzerverhalten in Passivhäusern einen wesentlichen Einfluss auf den tatsächlichen Energieverbrauch des Gebäudes ausübt.

Eine Darstellung zu den Leistungsinhalten der Bewirtschaftung über alle 26 Projekte ist in Bild 3-5 zusammengefasst.

3.1.3.2 Handlungsbereich B (Funktionalitäten, Qualitäten und Quantitäten)

Bezüglich der Projektrahmendaten verteilen sich die Projekte auf die Nutzungstypen wie in Kap. 3.1.2 dargestellt.

Die energetischen Anforderungen wurden in vier Projekten im Rahmen des Vergabeverfahrens modifiziert. In zwei Fällen wurde die pauschale Reduzierung des Energieverbrauchs von jeweils 3 % und 5 % innerhalb von 5-Jahres-Zyklen zurückgenommen. In einem Fall ist die grundlegende Anforderung an die Begrenzung des Primärenergiebedarfs von 100 kWh pro m^2

---

[513] Eigene Erhebung und Darstellung

(NF) aufgehoben worden, da sie im Bieterwettbewerb nicht erreicht werden konnte. In einem Schulprojekt wurde die Anforderung zur prozentualen Unterschreitung des Referenzwertes nach der EnEV-Berechnung während des Verfahrens verschärft. So sollte der angebotene Primärenergiebedarf um 30 % niedriger sein als der gesetzlich vorgegebene Wert, in der ursprünglichen Ausschreibung waren es noch 20 %.

Generell zeigt sich bei den energetischen Anforderungen (z. B. konkrete Energiemengen, energieeffiziente oder regenerative Technologien) ein sehr heterogenes Bild in den Vergabeunterlagen. In keinem Projekt war der zwingende Einsatz regenerativer Energieträger gefordert, sondern lediglich gewünscht. Ökologische Anforderungen in Form von quantitativ messbaren Größen, CO_2-Ausstoß oder Ähnliches fanden sich in keiner Bewertungsmatrix. Erläuterungsberichte zu energetischen und ökologischen Konzepten wurden in der Mehrzahl der Projekte verlangt. Jedoch waren daraus so gut wie keine Messdaten zu generieren, die zu einer detaillierteren bzw. qualifizierteren Beurteilung in der Auswertung geführt hätten.

Zur Frage, ob klar definierte Maximalverbrauchsbegrenzungen gefordert wurden, lässt sich bei den ausgewählten Projekten lediglich ein Verwaltungsprojekt identifizieren. Dort wurde, wie bereits erwähnt, ein Primärenergieverbrauch von 100 kWh pro m^2 (NF) formuliert. Aufgrund der vorgesehenen intensiven Nutzung des Gebäudes auch außerhalb der üblichen Verwaltungszeiten wie Abendveranstaltungen im Rahmen politischer Sitzungen etc. und der hohen Anforderungen an die ganzjährige Behaglichkeit im Gebäude, wurde bei den eingereichten Konzepten deutlich, dass dieser Wert im Rahmen eines EnEV-Nachweises durchaus nachweisbar war, aber in der Praxis bei der tatsächlichen Nutzung des Gebäudes nicht erreicht werden kann.

Spezielle Anforderungen an energetische oder nachhaltige Gebäudeauszeichnungen (Green-Building, DGNB, Passivhaus etc.) wurden lediglich in einem Schulprojekt erkannt. Dort war eine Zertifizierung nach den Kriterien des Passivhaus-Institutes in Darmstadt gefordert.

Hinsichtlich gesetzlicher Vorgaben wurde in insgesamt 14 Projekten die Unterschreitung der Anforderungen der aktuellen EnEV gefordert, davon in vier Verwaltungsgebäuden, neun Schulen und einer Sporthalle. Das Anforderungsniveau bewegt sich zwischen 15 % und 30 %, und somit bei ca. 20 % unter dem Referenzbedarf für die Primärenergie gem. aktueller EnEV.

Die häufig geforderte Unterschreitung um 30 % resultiert aus den verschiedenen Publikationen und Veröffentlichungen im Vorfeld der Novellierung der EnEV zum 01.10.2009.[514] Auffallend ist, dass sich in einem Schulprojekt die Unterschreitungsanforderung in Höhe von 20 % lediglich auf den Bereich Wärme bezieht.

---

[514] Die nächste Novellierung der EnEV ist für das Jahr 2013 angekündigt. In verschiedenen Veröffentlichungen wird davon ausgegangen, dass eine weitere Verschärfung der Anforderungen gegenüber der derzeit gültigen EnEV eintreten werde. Vgl. u. a. Tuschinski, M.: EnEV 2012 und EU-Gebäuderichtlinie, Interview mit Jürgen Stock, Ministerialrat im Bundesbauministerium in Bonn, Online im Internet, URL: <http://www.enev-online.de>, Abruf: 01.05.2011, 12:45 Uhr

Darüber hinaus erstrecken sich die Anforderungen in sechs der 14 Projekte auch auf den Wärmedurchgangskoeffizienten. Diese Erweiterung ist sinnvoll, um ein höherwertiges Dämmniveau zu erreichen.[515]

Bei den Nachweisverfahren wird lediglich die DIN V 18599 herangezogen, die für die Betrachtung gem. EnEV für Nichtwohngebäude obligatorisch ist. Bei einigen Projekten soll die Plausibilität der Energieverbrauchswerte mit dem Verfahren nachvollziehbar dargelegt werden. In sechs Projekten wird eine derartige Anforderung an die Bieter gestellt. Unter Berücksichtigung der Ausführungen in Kapitel 2.3.3.3 erscheint diese Forderung wenig sinnvoll, da das Rechenverfahren einige Energieverbraucher, die auf jeden Fall in einem Gebäude vorhanden sind, nicht berücksichtigt.

Die Nutzungsprofile sind wie die Formulierungen an die energetischen Anforderungen sehr unterschiedlich ausgeprägt. In jedem der 26 Projekte war zumindest eine kurze Skizzierung des Nutzungsprofils vorzufinden. Sofern keine Energiemengenobergrenzen durch den Bieter anzugeben waren, konnte eine einfache Beschreibung ausreichend sein. Unabhängig davon ist die Erstellung eines aussagekräftigen Nutzungsprofils durch die öffentliche Hand sinnvoll und notwendig, damit es in der Kalkulation der Instandhaltungsleistungen oder anderen Betreiberleistungen berücksichtigt werden kann.

Betriebszeiten für die regelmäßige Nutzung wurden vorgegeben. Allerdings fanden sich in acht der 26 Projekte diese Angaben als Pauschalwert für die arbeitstägliche und ggf. Wochenendnutzung, ohne ggf. Frei- oder Ferienzeiten dazu anzugeben. Bei lediglich elf der 26 Projekte sind konkrete Angaben zu den zu erwartenden Personenbelegungen vorzufinden. In der Regel belaufen sich die Angaben auf z. B. „180 Mitarbeiter" oder „900 Schüler".

Gerade für eine genaue energetische Betrachtung des Gebäudes ist es erforderlich, die Betriebsabläufe und entsprechenden Belegungen detaillierter zu kennen. Dies gilt insbesondere auch für die Belegung von Sporthallen, bei denen wenige Angaben zu dem eigentlichen Betrieb vorzufinden waren. Das ist u. a. für die Einschätzung des Warmwasserbedarfs notwendig.

Lediglich in sechs der untersuchten Projekte bzw. Nutzungsprofile waren Angaben zu Sondernutzungen und Drittveranstaltungen vorzufinden, die eine genaue Berücksichtigung im Rahmen der Kalkulation und bei der Bewertung des tatsächlich stattfindenden Betriebs erlaubten. Vier der untersuchten Projekte enthielten pauschale Regelungen, die eine Anpassung der Energiemengen bzw. der Vergütung ausschließen, solange keine Änderungen von durchschnittlich mehr als 15 % eintreten.

---

[515] Der Primärenergiebedarfswert gem. EnEV ist ein zusammengefasster Wert, der neben der Qualität der Gebäudehülle auch die Anlagentechnik und eingesetzten Energieerzeuger berücksichtigt. Ein „guter" Wert kann durchaus mit einer Dämmqualität erreicht werden, die gerade den Mindestwärmeschutz oder die EnEV-Anforderungen erfüllt.

3.1.3.3   *Handlungsbereich C (Kosten, Erträge, Steuern, Risiken und Wirtschaftlichkeit)*

Die monetären Werte der verschiedenen Bestandteile konnten nicht für alle Projekte im Detail recherchiert werden. Daher werden an dieser Stelle nur exemplarisch für das Projektbeispiel Nr. 26 die Kostenbestandteile dargestellt, wie sie im Vergabeverfahren angeboten wurden.

Die dargestellten Barwertanteile der Gesamtkosten in Bild 3-6 entsprechen im Allgemeinen denen eines Annuitätendarlehens bei einem Forfaitierungsmodell mit vollständiger Tilgung während einer Vertragslaufzeit von 25 Jahren. Bei dem konkreten Beispiel zeigen sich vergleichbare Kostenverteilungen innerhalb des Barwertes. Die Tilgung, welche Planungs-, Bau- und Zwischenfinanzierungskosten beinhaltet, beträgt bei allen Bietern ca. 30 %. Bei den Zinsen zeigen sich die Unterschiede bei den Konditionen der finanzierenden Banken deutlicher.

Es bestätigt sich, dass bei langfristig zu betrachtenden Zeiträumen – wie generell bei ÖPP-Projekten – die Gebäudemanagementkosten den wesentlichen Anteil ausmachen, hier zwischen 39 % und 48 %.

Hinsichtlich der Verteilung der Kosten für das Gebäudemanagement wurde im Rahmen der Auswertung der Durchschnitt über alle Bieter ermittelt und in Bild 3-7 dargestellt.

Dabei zeigt sich, dass die Betriebsführung[516] bzw. Instandhaltung und Ver- und Entsorgung mit jeweils 30 % den größten Anteil haben, gefolgt von 21 % für die Reinigung und Pflege. Im Vergleich mit anderen Projekten zeigen die verschiedenen Kostenanteile unterschiedliche prozentuale Verhältnisse. Dies ist damit zu begründen, dass die Leistungsinhalte in den Ausschreibungstexten variieren und unterschiedliche Leistungsbestandteile beinhalten. Unabhängig davon bestätigt sich, dass prozentual betrachtet, die Ver- und Entsorgungskostenbestandteile, bezogen auf die Gesamtkosten gem. Bild 3-6, einen Anteil von ca. 15 % ausmachen.

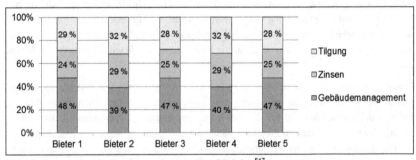

Bild 3-6: Barwertanteile der Gesamtkosten über 25 Jahre[517]

---

[516] Die GEFMA 200 bezeichnet mit *Objektbetrieb/Betriebsführung* die Leistungen, die gem. DIN 31051 dem Begriff *Instandhaltung* zugeordnet werden.
[517] Eigene Darstellung

Bei der Risikoallokation zu den Energieverbräuchen, zusammengefasst in Bild 3-8, zeigt sich, dass diese Übertragung bereits in einigen Projekten berücksichtigt wurde, jedoch in unterschiedlicher Ausprägung. In 17 der 26 Praxisbeispiele, also nahezu 65%, findet eine Risikoübertragung des Energiemengenverbrauchs statt. Dabei ist jedoch festzustellen, dass in zwei der 17 Projekte ausschließlich das Risiko des Wärmemengenverbrauchs auf den privaten Partner übertragen wird. Die Verbrauchsmenge für Wasser wird nur in 12 der 17 Projekte mit übertragen.

In puncto Stromverbrauch wird nur in vier Projekten der gesamte im Gebäude anfallende Strom bei der Risikoallokation berücksichtigt. Bei den anderen Projekten wird der Steckdosenstrom separat erfasst und nicht durch den privaten Partner zugesagt.

Des Weiteren wurden bei drei Verwaltungsprojekten spezielle Bereiche wie EDV-Server-Räume aus dem Verantwortungsbereich herausgenommen, da die entsprechende Ausstattung durch den öffentlichen Auftraggeber in das Gebäude eingebracht wurde.

Bei 10 Projekten wurde darauf geachtet, dass der private Partner nur für die Energiemengen die Verantwortung übernimmt, die sich auch in seinem originären Leistungssoll aus der Bau- bzw. Sanierungsphase und im späteren Instandhaltungsrisiko während der Bewirtschaftungsphase befinden. In zwei Schulprojekten wurden jeweils zwei Objekte an zwei verschiedenen Standorten realisiert, die jedoch hinsichtlich der Risikoallokation für die Energiemengen unterschiedlich behandelt wurden. Bei einem Objekt sind von dem Privaten alle Energiemengen des Gebäudes ohne Einschränkung zu garantieren, während bei dem anderen Objekt überhaupt kein Risikotransfer auf den privaten Partner stattgefunden hat.

Unter den 17 Projekten mit Risikoallokation zum privaten Partner für die Energiemengen befinden sich jedoch nur acht Projekte, in denen die Energiekosten bzw. die Versorgungsverträge ebenfalls von der Privatseite abzuschließen sind.

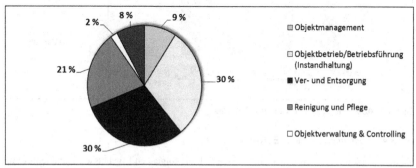

Bild 3-7: Kostenverteilung für das Gebäudemanagement[518]

---

[518] Eigene Darstellung; Die Bezeichnungen der Kostenanteile erfolgt nach der Kostengliederungsstruktur der GEFMA 200:2004-07 Kosten im Facility Management

Hinsichtlich der Wertsicherung wird zum einen der Rückgriff auf die entsprechenden COICOP-Indizes aus dem Verbraucherpreisindex zurückgegriffen und zum anderen auf die Bezugspreise des regionalen oder lokalen Wasserversorgers, was selbstverständlich nur möglich ist, da es hier keine alternativen Bezugsmöglichkeiten gibt. Der entsprechende Markt wird in absehbarer Zeit nicht liberalisiert werden. Bei der Wertsicherung der Energiekosten ist jedoch auffällig, dass stets der angegebene Nettopreis wertgesichert wird und die jeweilige fällige Umsatzsteuer unberücksichtigt bleibt, obwohl die Umsatzsteueränderung in den zuvor erwähnten Verbraucherpreisindizes bereits berücksichtigt ist.

Das Risiko für zukünftige technische Entwicklungen, die eine erhöhte Energieeffizienz nach sich ziehen können, verbleibt in allen Verträgen bei dem öffentlichen Auftraggeber. Da die Entwicklungen eher in den Bereich der Modernisierung gehören und insofern keine kalkulierbare Größe darstellen, erscheint diese Risikoallokation sinnvoll.

In vier der untersuchten Projekte wurde die Risikoallokation hinsichtlich des Stromverbrauchs während der Verhandlungsphase modifiziert. War dort zunächst die Übertragung des gesamten Gebäudestroms an den privaten Partner vorgesehen, wurde diese Regelung modifiziert und der bereits zuvor erwähnte Steckdosenstrom aus der Risikosphäre des Auftragnehmers wieder herausgenommen. Augenscheinlich hat sich im Rahmen der Auswertung und Verhandlung gezeigt, dass die Bieter hier höhere Risikozuschläge berücksichtigen, da die Verbrauchswerte nur schwer vorhersehbar sind, wenn nicht exakt definiert ist, welche elektrischen Verbraucher wann tatsächlich benutzt werden.

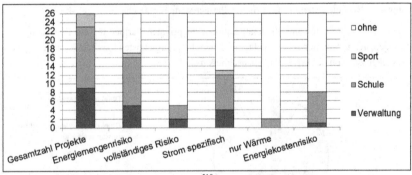

Bild 3-8: Auswertung Risikoallokation Energie[519]

3.1.3.4   Handlungsbereich E (Recht)

Zu dem Merkmal Projektrahmendaten lassen sich die folgenden Ergebnisse zusammenfassen. Bei den Auftraggebern zeigt sich das typische Bild am ÖPP-Markt: Dreimal tritt das Land als Auftraggeber auf, elfmal eine Stadt und 12 Projekte gehen auf Gemeinden als Auftraggeber

---

[519] Eigene Erhebung und Darstellung

zurück. Die stichtagsbezogene Marktverteilung in Deutschland ist bereits in Kapitel 3.1.2 dargestellt. Die Auswertungen zum Handlungsbereich E befinden sich als Überblick in Bild 3-9.

Zu dem übertragenen Leistungsspektrum während der Bewirtschaftung gehört mindestens die Instandhaltung des Gebäudes.[520] Dazu kommt das Energiemanagement in den zuvor beschriebenen Ausprägungen, das sich über die Reinigung und Pflege, Hausmeister- und Sicherheitsdienste bis zum Catering und zur Parkhausbewirtschaftung vergrößert. Hier gibt es offensichtlich sehr vielfältige Auffassungen, welche Leistungen sinnvollerweise auf einen privaten Partner übertragen werden oder in der Verantwortung des öffentlichen Auftraggebers verbleiben. Eine Korrelation aus übertragenem Leistungsspektrum und Verantwortlichkeiten ließ sich aus den vorhandenen Daten der Praxisbeispiele nicht ermitteln. Angewendete ÖPP-Modelle sind das Inhaber- und Mietmodell, wobei lediglich drei Projekte aus dem Verwaltungsbereich als Mietmodelle zur Umsetzung gekommen sind. Hinsichtlich des Vergabeverfahrens fand stets das Verhandlungsverfahren Anwendung. Der wettbewerbliche Dialog, welcher als spezielle Ausprägung des Verhandlungsverfahrens angesehen werden kann, kam bei keinem der Projekte zum Tragen.[521] Die Kriterien für die Bewertung der Angebote folgen in der Regel den dargestellten Prinzipien aus Kapitel 2.1.5. Zum einen werden die monetären Kriterien in eine entsprechende Punktzahl transformiert und mit dem qualitativen Nutzen, der auch als Punktzahl dargestellt wird, zusammengefasst. Daraus ergibt sich ein absoluter Punktwert für jedes Angebot und wird daraus eine entsprechende Rangunterteilung gebildet. Zum anderen werden die „weichen" Nutzenpunkte mit dem monetären Wert (i. d. R. der Barwert) in ein Verhältnis gesetzt, dass der Quotient ein Preis-Leistungs-Verhältnis darstellt. Je größer der Wert des Quotienten wird, desto besser stellt sich das Preis-Leistungs-Verhältnis dar.

Die Kriterien werden sehr unterschiedlich ausgelegt, doch es ist festzuhalten, dass generell ein größeres Gewicht auf den Planungs- und Bauleistungen festzustellen ist als bei den Leistungen in der Bewirtschaftungsphase. Hier sind Parallelen in der allgemeinen Ausgestaltung der funktionalen Ausschreibung festzustellen. Auch hier kann festgehalten werden, dass für die Bauleistungen nach wie vor sehr detaillierte Vorgaben zu Materialien und einzubauenden Qualitäten vorzufinden sind, während für die Betreiberleistungen weniger konkrete Festlegungen getroffen werden.[522] Doch gerade dadurch wird ein wesentlicher Effizienztreiber von ÖPP-Projekten untergraben, denn generell erhofft sich der öffentliche Auftraggeber von der Einbeziehung der privaten Partner ein Innovationspotential, was so jedoch nur in begrenzter Ausprägung vorhanden sein kann.[523]

---

[520] Der Leistungsumfang entspricht dem Begriff des Technischen Gebäudemanagements gem. DIN 32736.

[521] Zur Erläuterung der Unterschiede im Verhandlungsverfahren und wettbewerblichen Dialog wird auf Kapitel 2.1.3 verwiesen.

[522] Dies entspricht nicht dem Stil einer funktionalen oder ergebnisorientierten Ausschreibung.

[523] Vgl. dazu die Ausführungen in Kapitel 2.1.1

Das qualitative Kriterium „Energiemanagement" im Rahmen der Beurteilung der Leistungen während der Bewirtschaftung wurde lediglich in vier Vergabeverfahren als eigenständiges Merkmal zur Bewertung benannt. In den anderen Projekten wird es gar nicht aufgeführt. Zudem wurde bei zwei Schulprojekten die Angabe der Energiemengen verlangt, in der Wertungsmatrix jedoch keine Aussage getroffen, wie die Mengen in die tatsächliche Wertung einfließen. Daneben zeigen sich unterschiedliche Ausprägungen bei der Gesamtgewichtung der verschiedenen Komponenten der Bewertungsmatrix. Bei der Vorgehensweise der additiven Zusammenfassung von Kosten und Qualität werden die Kosten (Barwert) im Verhältnis zur angebotenen Qualität mit einem Gewicht von 50 % bis 70 % beurteilt, sodass bei genauer Betrachtung deutlich wird, dass bereits ab 60 % Gewicht auf der monetären Größe die Wettbewerbsentscheidung wesentlich durch die Höhe der Kosten geprägt wird. Zusätzlich ist festzustellen, dass in drei Vergabeverfahren die Kosten der Energieverbräuche mit einem separaten Gewicht in Relation zu den sonstigen zu ermittelnden Kosten stehen. Dieses Gewicht wurde in diesen Ausschreibungen gleich groß veranschlagt wie alle sonstigen Kosten. Berücksichtigt man die unter Ziffer 3.1.3.2 aufgezeigte exemplarische Verteilung der Kostenbeträge, erscheint diese Bewertung fragwürdig, da dieser Teil ca. 30 % der Folgekosten im späteren Betrieb ausmacht. Hier wird ein klares Ungleichgewicht in die Auswertung hineingenommen. Verschärft wird diese Auswertung darüber hinaus, wenn die prognostizierten Energiepreissteigerungen berücksichtigt werden. Wenngleich nur eine Ex-post-Betrachtung der Energiepreissteigerungen möglich ist, schwanken die Einschätzungen in der Angebotsauswertung deutlich. Hier finden sich angenommene Energiepreissteigerungen von 3,5 bis zu 6 %, wobei nur zum Teil eine differenzierte Betrachtung der Strom- und Wärmeerzeugungspreise vorgenommen wird. In manche Auswertungen fließen die kumulierten Energiekosten mit einer einheitlichen Preissteigerungsannahme in die Barwertermittlung ein. Im Hinblick auf notwendige Anreizregulierungen zeigt sich ein ungleichmäßiges Bild. Bezüglich der tatsächlichen Kosten des Energieeinkauf bzw. der -beschaffung sind keine Regelungen vorhanden. Dort findet sich entweder die Variante, dass der private Partner nur die Energiemengen zusichert und die Versorgungsverträge weiterhin durch die öffentliche Hand abgeschlossen werden. Darüber hinaus gibt es zwei weitere Möglichkeiten: zum einen wird der Preis durch den privaten Partner mit angeboten und entsprechend wertgesichert, sodass ein mögliches Optimierungspotential ausschließlich dem Privaten zukommt. Zum anderen wird der Versorgungsvertrag durch den privaten Partner abgeschlossen, jedoch steuert die öffentliche Hand den Versorgungsgeber bzw. legt ihn fest. Die Wertsicherung wird dann direkt an den entsprechenden Versorger gekoppelt, d. h. es wird faktisch eine reine Dienstleistung durch den AN erbracht wird und keinerlei Optimierungspotential geschöpft wird.

Bei den Energiemengen werden Anreizregelungen in verschiedener Weise getroffen. Regelmäßig übernimmt der Private Überschreitungen in vollem Umfang, während Unterschreitungen in unterschiedlicher Weise den Vertragspartnern zukommen. Hier finden sich u. a. Regelungen, dass die anfänglichen Einsparungen bis zu einer Größe von 10 % vollständig an den AG gehen und erst Einsparungen darüber hinaus dem Privaten zugutekommen.

Umgekehrt sind Regelungen zu finden, in denen die ersten 20 % der Einsparungen jeweils zur Hälfte an die Partner aufgeteilt werden und Einsparungen, die über diesen 20 % liegen, wiederum vollständig an den AG ausgeschüttet werden. Für den Gebäudetyp Verwaltung wurde bei zwei Projekten keine Anreizregelung aus Sicht des Privaten vereinbart. Es ist hier keine Motivation in der Hinsicht zu erwarten, dass der private Partner dazu besondere Ressourcen investiert, um eine Reduktion zu erreichen. Daneben finden sich bei zwei Projekten in den ersten drei Betriebsjahren noch befristete Beteiligungen durch den Auftraggeber. Sie definieren gestaffelte Überschreitungen gestaffelt in Höhe von 15, 10 und 5 %. Hier wird dem Aspekt Rechnung getragen, dass die technischen Anlagen eines Gebäudes immer erst im realen Betrieb eingestellt und nachjustiert werden müssen, was in der Regel bis zu drei Jahreszyklen in Anspruch nehmen kann, um eine auf den konkreten Betrieb optimierte Anlagentechnik zu verwirklichen.

Weiteres Merkmal in der Projektanalyse ist die Betrachtung der Flexibilität in der Bewirtschaftung. Aufgrund der langfristig angelegten Vertragslaufzeit bei ÖPP-Projekten im Hochbau kann und wird es voraussichtlich zu Anpassungen kommen. Bspw. kann in einem Schulprojekt eine Erweiterung aufgrund gestiegener Auslastungszahlen notwendig werden oder Flächen in einem Verwaltungsgebäude werden aus Restrukturierungsansätzen bzw. wegen Outsourcing nicht mehr benötigt.

Hinsichtlich der Anpassung von Energiemengen finden sich in drei Projekten konkretere Regelungen dazu, wobei sie auf unterschiedlichen Variablen gründen. In einem Verwaltungsprojekt wurde ein projektspezifischer Rechenalgorithmus im Vergabeverfahren mit dem privaten Partner entwickelt, der verschiedene Nutzungsvariablen wie Mitarbeiterzahlen, Raumflächen etc. berücksichtigt und grundsätzlich sinnvoll erscheint.

In zwei Schulprojekten wurde eine andere Anpassungsschematik gewählt. In der einen Variante wurde ein Änderungsformblatt zum Vertrag erstellt, in dem der Private seine garantierten Mengen sowie Energiepreise eintragen sollte. Diese werden prozentual nach Anpassung der Betriebszeiten oder Flächen im gleichen Verhältnis entsprechend reduziert oder erhöht. Da in diesem Praxisbeispiel keine zugehörigen Schwellenwerte vereinbart wurden, ist die Anpassung jederzeit möglich. In einem anderen Schulprojekt wird jährlich bei Fortschreibung der Vergütungsbestandteile aufgrund der Wertsicherung zusätzlich die jährliche Nutzungszeit eingeflochten. Entsprechend der Veränderung der jährlichen Nutzungszeit wird auch die pauschal angebotene Vergütung angepasst. Der Bezug und Verbrauch von Wasser werden in diesem Projekt ausschließlich an die Personenzahl gekoppelt. Bei diesem Vorgehen ist sicherlich zu kritisieren, dass stets ein Grundanteil in den Energiekosten zu berücksichtigen ist, der nicht linear mit den zeitlichen Änderungen korreliert. In den anderen untersuchten Projekten waren keine Anpassungsregelungen vorzufinden, sodass es im Eintrittsfall zu entsprechenden Verhandlungen kommen wird. Bei der Vereinbarung von Preisen für zusätzliche Leistungen wird gewöhnlich auf die Urkalkulation zurückgegriffen, daher wurde dieses Merkmal gleichfalls in der Analyse betrachtet.

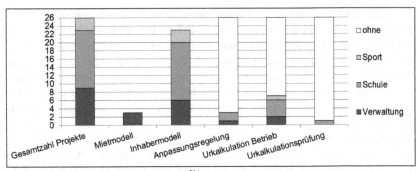

Bild 3-9: Auswertung Handlungsbereich E[524]

Dabei ist festzustellen, dass die Forderungen an eine Urkalkulation sich regelmäßig auf die Planungs- und Bauleistungen bzw. auf die Anforderungen des Vergabe- und Vertragshandbuches für Baumaßnahmen des Bundes (VHB) beziehen. Für die Betriebsleistungen ist bis dato keine vergleichbare Schematik für die Kalkulation von Leistungen der Bewirtschaftungsphase bekannt, insbesondere von Leistungen im Bereich des Energiemanagements bzw. der Ver- und Entsorgung.

Dennoch wurde in den Vergabeunterlagen von zwei der 26 Projekte darauf hingewiesen, dass die Urkalkulation für alle Betriebsleistungen diesen Anforderungen genügen muss.

Gerade aufgrund der langfristigen Verträge sollte vor der Vertragsunterzeichnung eine Plausibilitätsprüfung der Urkalkulationsunterlagen vorgenommen werden, um sicherzustellen, dass auch Änderungen, die ggf. erst nach vielen Betriebsjahren eintreten, mithilfe der übergebenen Urkalkulation geprüft und fortgeschrieben werden können. Nur in einem Projekt wurde diese Überprüfung auch tatsächlich durchgeführt. In einem weiteren Projekt wurde eine Anpassung nach Vertragsschluss vorgenommen. Hier handelte es sich um das bereits zuvor erwähnte Projekt, in dem ein spezifischer Anpassungsmodus entwickelt wurde, der dort zur Anwendung gekommen ist.

3.2   Experteninterviews

Neben den Gesprächen die im Rahmen der Fallstudienanalysen wurden zusätzlich mit ausgewählten Personen zusätzlich Experteninterviews geführt. Dadurch sollten die Nachteile einer ausschließlich schriftlichen Befragung kompensiert und weitere Impulse zur Entwicklung eines Referenzmodells gesammelt werden.

---

[524] Eigene Erhebung und Darstellung

3.2.1 Expertenauswahl

Als Interviewpartner wurden Personen mit entsprechender Praxiserfahrung im Umgang mit ÖPP-Projekten auf Auftraggeber- und Auftragnehmerseite ausgewählt. Dadurch konnte sichergestellt werden, dass Belange und Interessen auf beiden Seiten Berücksichtigung finden. Besonders die Berater auf Seiten der öffentlichen Hand sind von großem Interesse, da sie in der Regel maßgeblichen Einfluss auf die Ausgestaltung der Projekte ausüben.[525]

Insgesamt wurden 12 Experteninterviews durchgeführt. Dabei wurde kein besonderer Wert auf eine statistisch relevante Anzahl von Interviewpartnern gelegt, sondern auf einen intensiven Austausch bezüglich der untersuchten Fragestellungen.

3.2.2 Interviewdurchführung

Ein Interview in Form einer Befragung kann in eine wenig strukturierte, semi-strukturierte und stark strukturierte Interviewsituation differenziert werden.[526] Die Experteninterviews im Rahmen dieser Arbeit wurden semi-strukturiert geführt. Dabei handelte es sich um Gespräche, die aufgrund vorbereiteter und vorformulierter Fragen strukturiert wurden. Der Vorteil dieser Methode liegt in der ergebnisoffenen Gesprächsführung, die während des Interviewverlaufs eine situative Gewichtung der Fragestellungen ermöglicht.

Die Experteninterviews zielten neben dem besseren Verständnis der durchgeführten Fallstudienanalyse auf die Entwicklung und kritische Diskussion konkreter Empfehlungen zur Gestaltung des Referenzmodells im folgenden Kapitel der Arbeit. Die konkrete Durchführung der Interviews folgte einem Interviewleitfadens, welcher den Befragten teilweise auch schon vorher zugesandt wurde.[527] Es fanden sowohl persönliche als auch telefonische Interviews statt, die zwischen 45 Minuten und 1½ Stunden dauerten.[528]

3.2.3 Auswertung

Zur Dokumentation der Interviews wurden Gesprächsprotokolle erstellt. Die Protokolle unterstützten zum einen die Auswertung der Fallstudien und zum anderen die Entwicklung des Referenzmodells. Des Weiteren sind die Ergebnisse aus den Gesprächen in der nachfolgenden Zusammenfassung der Projektanalysen und -bewertung berücksichtigt.

---

[525] ÖPP-Projekte werden in der Regel technisch, wirtschaftlich und juristisch beraten.
[526] Vgl. Atteslander, P.: Methoden der empirischen Sozialforschung, 9. Auflage, Gryter Verlag: Berlin 2000, S. 168
[527] Vgl. Interviewleitfaden im Anhang A.11
[528] Vgl. Liste der Interviewpartner im Anhang A.12

3.3   Zusammenfassung und Schlussfolgerungen

Die Auswertung der Praxisbeispiele in Verbindung mit den geführten Interviews zeigt, dass in keinem der Projekte ein umfassendes Energiemanagement im Sinne dieser Arbeit durchgeführt wurde. Für die Bewirtschaftungsphase essentiell ist der Nachweis eines regelmäßigen Berichtswesens über das energetische Verhalten des Gebäudes, um Schwachstellen und betriebliche Optimierungen grundsätzlich zu ermöglichen. Ein Benchmarking mit anderen Immobilien vergleichbarer Nutzung zeigt auf, ob weitere Verbesserungsmaßnahmen möglich sind. Der Einfluss des Nutzerverhaltens auf den Energieverbrauch wurde in Kapitel 2.3.4.6 dargelegt, sodass es überrascht, in gerade einmal zwei der insgesamt 26 untersuchten Projekte eine entsprechende Forderung in der funktionalen Leistungsbeschreibung zu finden.

Die Gespräche mit den Interviewpartnern machen darüber hinaus deutlich, dass ein entsprechendes Bewusstsein für die Bedeutung des Berichtswesens nicht vorhanden ist. Es zeigt sich, dass bei der Auswertung der angebotenen Leistung des Privaten keine genaue Prüfung vorgenommen wird bzw. diese gar nicht möglich ist, da sie nicht konkret eingefordert wird.

Hieraus kann abgeleitet werden, dass in das Energiemanagement ein weitestgehend standardisiertes Berichtswesen für die Leistungen in der Bewirtschaftungsphase in die Output-Spezifikation aufzunehmen ist. Die Auswertung der Modelltypen entspricht dem allgemeinen Stand des ÖPP-Marktes im Hochbau.[529] Die ausgeweitete Analyse hinsichtlich des Energiemanagements ergab hier keine relevanten Unterschiede und es ist dann davon auszugehen, dass die Anforderungen an das Energiemanagement unabhängig vom ÖPP-Vertragsmodell sind. Im Rahmen der Auswertung ist zudem auffällig, dass keine Korrelation zwischen dem übertragenen Gesamtleistungsbild für das Projekt und dem Energiemanagement herzustellen ist.

Als minimales Leistungsbild wurde allerdings stets das technische Gebäudemanagement übertragen, sodass die Forderung, mindestens das Energiemengenverbrauchsrisiko zu übertragen, trivial erscheint.

Die Interviews mit den Vertretern der öffentlichen Hand und den Beratern zeigten in diesem Bereich auf, dass bei den jeweiligen Projekten ein sehr unterschiedliches Vorgehen gewählt wurde. Zum einen wurde keine differenzierte Betrachtung vorgenommen, weil die Auftraggeberseite und deren Vertreter der Auffassung sind, dass alle Energiemengenrisiken und auch das Management der Verträge durch den Privaten übernommen werden könnten, und das Ergebnis insofern dem Wettbewerb überlassen wurde.

Zum anderen wurden konkrete Bereiche wie das Abschließen der Versorgungsverträge von vornherein nicht übertragen, da man die Haltung vertritt, hier keinen Effizienzvorteil erzielen

---

[529] Berücksichtigt man alle vergebenen ÖPP-Projekte sind 76 % als Inhabermodell und 6 % als Mietmodell umgesetzt. In 2010 sind sogar 87 % der neu hinzugekommenen Projekte als Inhabermodell gestaltet worden. Vgl. Partnerschaften Deutschland (Hrsg.): Öffentlich-Private Partnerschaften in Deutschland 2010, Online im Internet, URL: <http://www.partnerschaften-deutschland.de>, Abruf: 15.04.2011, 16:4 Uhr, S. 6

zu können, weil die Tarife des jeweiligen öffentlichen Auftraggebers stets günstiger seien als die des privaten Partners.

Das beschriebene Vorgehen ist uneinheitlich und zeigt auf, dass keine klare Struktur bei der Vorgehensweise der Risikoallokation bzw. Leistungsübertragung im Rahmen des Energiemanagements vorhanden ist und daher entwickelt werden muss. Dabei ist zu berücksichtigen, dass die Risikoübertragung mit dem gesamten Leistungsbild korreliert.

Bei der Analyse der Formulierungen für energieeffiziente Gebäude in rein planerischer und baulicher Hinsicht fehlt außerdem ein einheitliches sowie grundlegendes Verständnis. Vielfach wird sowohl bei den Beratern als auch bei den Vertretern der öffentlichen Hand angenommen, dass es hier ausreichend sei, die Anforderungen der EnEV heranzuziehen und prozentuale Unterschreitungen zu fordern. Auch hier gilt es stärker zu differenzieren: auf der einen Seite zwischen dem primärenergetischen Energiebedarf, der im Wesentlichen die ökologische Seite berücksichtigt – insbesondere den CO_2-Ausstoß –, und auf der anderen Seite dem tatsächlichen Endenergiebedarf, der einer Abrechnung mit dem Energieversorger bzw. dem privaten Partner zugrunde liegt. Vielfach wird die Auffassung vertreten, dass die angebotenen Energiemengen eines privaten Partners aus der Berechnung der DIN V 18599 abgeleitet sind. Insofern besteht an dieser Stelle Aufklärungsbedarf, wie in Kapitel 2.3.3 aufgeführt.

Die Betrachtung der Angebotsbewertungen zeigt zudem, dass zum einen der qualitative Teil der Betriebsleistungen und damit einhergehend das Energiemanagement teilweise keine Berücksichtigung finden. Zum anderen werden in manchen Projekten die Energiekosten derart überbewertet, dass prinzipiell kein gesamtwirtschaftliches Ergebnis zu erwarten ist. Hier liegt nach Einschätzung des Verfassers und unter Berücksichtigung der Interviewergebnisse eine Fehleinschätzung auf Seiten der Auftraggebervertreter vor, die nicht sinnvoll erscheint.

Außerdem basiert die Wertsicherung der Energiepreise stets auf Indizes aus dem Verbraucherpreisspektrum, das eine Umsatzsteueranpassung bzw. deren Entwicklung bereits beinhaltet. Dies stellt einen Vorteil für den privaten Partner dar, da sich die Wertsicherung auf die angebotenen Nettopreise bezieht und der jeweils aktuelle Umsatzsteuersatz zusätzlich berechnet wird. Des Weiteren fehlen regelmäßig die Anforderungen an eine Urkalkulation für die Betriebsleistungen sowie deren grundsätzliche notwendige Kontrolle während des Vergabeverfahrens.

Die festgestellten Anreizregelungen zeigen ein sehr heterogenes Bild, woraus abgeleitet werden kann, dass nur in wenigen Projekten von einer optimal möglichen Betriebsweise des Gebäudes auszugehen ist. Hier gilt es herzuleiten, wie eine sinnvolle Anreizregelung geschaffen werden kann, um private Partner dauerhaft zu motivieren, die Immobilie so energieeffizient wie möglich zu betreiben. Aufgrund der langfristigen Vertragslaufzeit ist, anders als in der Planungs- und Bauphase, nach Vertragsschluss bis zur Abnahme von notwendigen Anpassungen auszugehen. Auch zu diesem Aspekt finden sich nur sehr wenige Ansätze in den analysierten Projekten. Hier stellt sich die Aufgabe, einen möglichen Ansatz in Abhängigkeit von

Änderungsparametern zu finden, der sich allgemein auf die in dieser Arbeit untersuchten Projekte übertragen lässt.

Zusammenfassend ergeben sich aus der Analyse elf wesentliche Forderungen in Bezug auf die betrachteten Merkmale, die bei der Entwicklung des Referenzmodells zu berücksichtigen sind:

- Sinnvolle Risikoallokation der Energiemengen unter Berücksichtigung des Gesamtleistungsbildes

- Anforderungen und Inhalte in den Output-Spezifikationen Bau und Betrieb

- Anforderungen an die Urkalkulation und deren Überprüfung

- Leistungsinhalte zum Energiemanagement im Rahmen des Berichtswesens

- Sinnvolle Vorgaben für Monitoringkonzepte

- Anwendung von Rechenverfahren bei der Prognose bzw. Ermittlung des zu erwartenden Energiebedarfs

- Anreizregelungen für die Energieverbrauchsoptimierung in der Bewirtschaftungsphase

- Flexibilität beim Management der Versorgungsverträge

- Festlegung von Wertsicherungsindizes, die u. a. auch steuerliche Aspekte angemessen berücksichtigen (z. B. Umsatzsteuerentwicklung)

- Einschätzung zukünftiger Energiepreissteigerungen bei der Auswertung der Angebote

- Praxisgerechte Anpassungsregelungen für Energiemengenobergrenzen durch Nutzungsänderungen o. Ä. in der Bewirtschaftungsphase

4 Entwicklung eines Referenzmodells

4.1 Grundlagen und Aufbau des Modells

4.1.1 Modellgrundlagen

4.1.1.1 Modellansatz

Der in diese Arbeit zu entwickelnde Ansatz für das Energiemanagement zielt im Wesentlichen auf die Reduzierung der Lebenszykluskosten (LZK) eines Projektes. Im Rahmen der allgemeinen LZK-Forschung kommt die Systemtheorie regelmäßig zur Anwendung.[501] Die Theorie ist interdisziplinär anwendbar und stellt sich als abstraktes Erkenntnismodell dar, das zur Erklärung betriebswirtschaftlicher und technischer Zusammenhänge eingesetzt wird. Das System legt die Ordnung der gesamten Elemente dar, die in einen Beziehungszusammenhang gebracht werden können oder direkt in einer Beziehung zueinander stehen.[502]

Für die theoretische Entwicklung des Referenzmodells bietet es sich an, ein ÖPP-Projekt als System anzusehen. Dieses System ÖPP ist im übertragenen Sinn als ein Unternehmen zu betrachten. Es stellt sich als Zusammensetzung von Elementen dar, bestehend aus Personen und Sachen, die zur Lösung einer Aufgabe interagieren. Diese Elemente stehen in einem Wirkungszusammenhang. Insofern kann ein System mehrere Teilsysteme beinhalten und selber wiederum Teil eines anderen Systems oder sogar mehrerer Systeme sein.[503] Die Systemtheorie geht davon aus, dass sich die Elemente und die Systemumwelt gegenseitig beeinflussen.

Die Systemumwelt definiert sich über die Elemente, die sich außerhalb der Systemwelt befinden und auf das betrachtete System Einfluss nehmen oder selber beeinflusst werden. Die Differenzierung der Systemgrenze resultiert aus dem Überhang der internen Bindungen im System, sie ist größer als die Zahl der sie umgebenden Umweltbeziehungen.[504]

Die in einem System beschriebenen Problembereiche und entsprechenden Lösungsansätze können mithilfe eines simplen Modells dargestellt werden. Das vereinfachte Black-Box-Prinzip vernachlässigt die inneren Zusammenhänge im System und analysiert nur die Nahtstelle zwischen dem System und seiner Umwelt.[505]

---

[501] Vgl. Wübbenhorst, K.: Konzept der Lebenszykluskosten – Grundlagen, Problemstellungen und technologische Zusammenhänge, Verlag für Fachliteratur: Darmstadt 1984, S. 103 ff.

[502] Vgl. Striening, H.-D.: Prozess-Management: Versuch eines integrierten Konzeptes situationsadäquater Gestaltung von Verwaltungsprozessen – dargestellt am Beispiel in einem multinationalen Unternehmen, Europäische Hochschulschriften, Peter Lang Verlag: Bern 1988, S. 5 f.

[503] Vgl. Lohmann, T.: a.a.O., S. 11

[504] Vgl. Ninck, A., Bürki, L.: Systemik, 2. Auflage, Verlag für industrielle Organisation: Zürich 1998, S. 39

[505] Vgl. ebenda, S. 41

Innerhalb der Black-Box können Teilsysteme vereinzelt betrachtet werden, wodurch es möglich wird, die inneren Zusammenhänge aufzudecken, welche zu logischen Beziehungen zwischen dem Input und Output führen.[506]

Für die Entwicklung des Referenzmodells bzw. des ihm zugrunde liegenden Systems wird zunächst das gesamte Spektrum aller am ÖPP-Projekt beteiligten Elemente auf öffentlicher Auftraggeberseite sowie auf der Seite des privaten Partners gruppiert. Das System ÖPP-Projekt bildet zum einen die Aufbaustruktur, Ablauforganisation und Kommunikation des privaten Partners ab, die notwendig ist, um die ausgeschriebenen Leistungen zu erbringen. Zum anderen werden auf Seiten des öffentlichen Auftraggebers seine Strukturen in einem weiteren System zusammengefasst, das wiederum Teilsystem des Systems ÖPP-Projekt ist. Zwischen beiden Systemen sowie deren Teilsystemen und Elementen bestehen Verbindungen, die durch die Anbahnung und Transaktion untereinander bedingt sind.

Der Output des Systems ÖPP-Projekt ist die langfristige Bereitstellung einer öffentlichen Immobilie durch den privaten Partner. Der notwendige Input für das System wird durch die öffentliche Hand in das System eingebracht. Dazu zählen u. a. die Vergabeunterlagen und das -verfahren sowie die Entgelte während der Bewirtschaftungsphase.

Das in dieser Arbeit zu entwickelnde Referenzmodell für das Energiemanagement bei Öffentlich-Privaten Partnerschaften kann als Teilsystem des Gesamtsystems ÖPP-Projekt aufgefasst werden, welches wiederum Elemente aus den Systemen privater Partner und öffentliche Hand beinhaltet.

Das Bild 4-1 veranschaulicht im zuvor beschriebenen Sinne die Einordnung des Systems entlang den ÖPP-Projektphasen. Wie in Kapitel 2.3.1 definiert, beginnt das Energiemanagement bereits mit dem Start des Projektes. Die Elemente des Teilsystems oder weitere Subsysteme ergeben sich aus den Schlussfolgerungen des vorangegangenen Kapitels. Dabei ist das wesentliche Ziel, übergeordnete Arbeitspakete zu entwickeln, die eingebettet in einen standardisierten Modellentwurf in das Gesamtsystem ÖPP-Projekt integriert werden. Als Referenzmodell ist es zugleich Maßstab für konkrete Projekte und kann zur Eichung der projektspezifischen Anforderungen an das Energiemanagement genutzt werden.

Die vorliegende Arbeit fasst unterschiedliche Theorie- und Praxiserkenntnisse zusammen, die einen idealtypischen Ablauf in den Projektphasen darstellen und generalisierend abbilden. Dabei werden die Sichtweisen der öffentlichen Hand und des privaten Partners berücksichtigt.

Im Unterschied dazu beziehen die aktuellen Leitfäden und vorhandenen Publikationen in aller Regel nur eine Perspektive ein.

---

[506] Vgl. Gehbauer, F.: Baubetriebstechnik I, Reihe V, Heft 16, Institut für Maschinenwesen im Baubetrieb, Universität Karlsruhe, 1997, S. 114

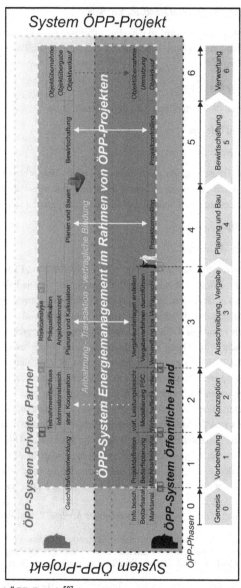

Bild 4-1: Systembild ÖPP-Projekt[507]

---

[507] Eigene Darstellung

4.1.1.2   Prozessorientierung und Handlungsmodule

Das System Energiemanagement wird in einzelne Arbeitspakete und Prozesse gegliedert, im Weiteren auch als Handlungsmodule bezeichnet. Generell sind die Prozesse durch folgende Merkmale charakterisiert:[508]

- Kunden-Lieferanten-Beziehung

- ein Prozess hat einen definierten Input und definierten Output

- mehrere Stellen sind beteiligt

- es gibt mindestens einen Prozessverantwortlichen

Ein Prozess stellt die Transformation eines Inputs zu einem vorgegebenen Output dar, wobei diese Umwandlung durch eine abgeschlossene logische Folge von Funktionen geschieht.[509] Zur Bewertung der Prozessqualität können drei Größen herangezogen werden:[510]

- Effektivität und Effizienz

- Anwendbarkeit der Maßnahme

Effizienz und Effektivität drücken den Erfolg eines Prozesses aus: „Efficiency is concerned with doing things right. Effectiveness is doing the right things".[511] Die Effizienz eines Prozesses zeigt sich in dem Verhältnis von dem erreichten Ergebnis zu dem Aufwand bzw. den eingesetzten Mitteln. Daher sollte der Quotient ≥ 1 sein, damit ein absolvierter Prozess als effizient beurteilt werden kann. Die Effektivität eines Prozesses ist erreicht, wenn das zu erzielende Ergebnis erbracht wird. Damit ist die Effizienz eines Prozesses keine Bedingung für seine Effektivität. Das Ziel für einen guten Prozess ist es, effektiv und zugleich effizient zu sein. Das Optimum wird erreicht, wenn er dauerhaft auch bei sich ergebenden Veränderungen innerhalb einer zu erwartenden Bandbreite effektiv und effizient bleibt.[512] Das Referenzmodell ist demnach effektiv, wenn die richtigen Arbeitspakete definiert, in logischer Reihenfolge miteinander verknüpft und den richtigen Verantwortlichen zugeordnet werden. Die Effizienz wird erhöht, wenn die Prozesse standardisiert und mit geeigneten Hilfsmitteln unterstützt werden. Besondere Beachtung gilt dabei der Anreizorientierung für den privaten Partner.[513] Die Output-Spezifikation und vertraglichen Regelungen sind so vorzusehen, dass in der Bewirtschaftungsphase nicht nur die Effektivität erreicht und eingehalten, sondern auch die Effi-

---

[508] Vgl. Horvath, P.: Controlling, 8. vollständig überarbeitete Auflage, Vahlen Verlag: München 2001, S. 109

[509] Vgl. Odin, S.: Prozesse des Facility-Managements, in: Zehrer, H./Sassa, E. (Hrsg.): Handbuch des Facility Management – Grundlagen, Arbeitsfelder, ecomed Verlag: Landsberg, S. 2

[510] Vgl. Juran, J. M.; Godfrey, A. B.: Juran's Quality Handbook, 5th Edition, McGraw-Hill: 1999, S. 61

[511] Drucker, P. F.: Management: Tasks, Responsibilities, Practices, Harper & Row: New York 1974, S. 45

[512] Vgl. Juran, J. M.; Godfrey, A. B.: a.a.O., S. 61

[513] Zur Herleitung der Anreizregelungen wird die in Kap. 2.1.6 dargestellte Prinzipal-Agenten-Theorie angewendet.

zienz gesteigert wird. Die Risikoallokation muss demnach so gestaltet werden, dass keine hohen Risikozuschläge des Privaten die Leistungen teurer (ineffizient) machen. Zudem muss ein Anreizsystem so implementiert werden, dass genügend Motivation für den Privaten besteht, eine höhere Effizienz zu erreichen. Für das Beispiel des Energiemengenrisikos ist eine Anreizregelung in den Vertrag zu integrieren, um langfristig und dauerhaft eine Reduzierung im Bereich des Energieverbrauchs zu erreichen.

Bei der Darstellung der Prozessabläufe in den Handlungsmodulen wird folgende Symbolik verwendet:[514]

Symbol	Bedeutung
Start	Startelement, Start eines Prozesses/ Handlungsmoduls
Tätigkeit	Tätigkeitselement
Entscheidung	Entscheidungselement, Entscheidung Ja/Nein, Prüfung
Prozess	Verweis auf anderen Prozess (Schnittstellenelement)
Dokument	Verweis auf ein zu erstellendes oder zu nutzendes Dokument (enthält das Dokument eine Nummer, existiert dazu eine Arbeitshilfe)
A	Verbindungselement (Fortsetzung auf der nächsten Seite)
Ende	Endelement, Ende eines Prozesses/ Handlungsmodul

---

[514] Vgl. dazu DIN 66001:1983-12 Informationsverarbeitung; Sinnbilder und ihre Anwendung

4.1.1.3   Handlungsempfehlungen und Arbeitshilfen

Wie zuvor beschrieben, sind neben der Anwendbarkeit der Arbeitspakete vor allem die Effektivität und die Effizienz die maßgebenden Merkmale einer Prozessqualität. Die Anwendbarkeit des Energiemanagementmodells wird durch den Referenzcharakter erreicht. Die Handlungsmodule können sowohl isoliert betrachtet und angewendet werden als sich auch im Gesamtprozess eines ÖPP-Projektes über alle Projektphasen hindurchziehen.

Die Effektivität und Effizienz der Arbeitspakete werden gewährleistet und erhöht, indem zu den jeweiligen Modulen Handlungsempfehlungen dargestellt werden, die es dem Anwender ermöglichen, mit Standardangaben zu arbeiten oder projektspezifische Parameter selbst zu ermitteln. Für die richtige Implementierung werden Formulierungsvorschläge angeboten, die dafür Sorge tragen, dass die notwendigen Regelungen in den Projekten Berücksichtigung finden. Dieses sind u. a. Vorschläge für Output-Spezifikationen sowie konkrete Vertragsformulierungen. Für die Ermittlung und Kontrolle spezifischer Rechengrößen werden elektronische Werkzeuge angeboten, die sich mit Microsoft Excel anwenden lassen.[515]

4.1.2   Aufbau des Referenzmodells

Entsprechend den Ausführungen unter Ziffer 4.1.1.2 zur Prozessorientierung sind i. d. R. mehrere Stellen bzw. Personen in den Handlungsmodulen beteiligt. Daher muss es einen Prozessverantwortlichen geben. Für die effektive Umsetzung eines ÖPP-Projektes gilt es demnach, eine sinnvolle Organisationsstruktur auf Seiten des öffentlichen Auftraggebers und des Privaten zu bilden.

Für den öffentlichen Auftraggeber ist ein Projektteam zu gründen, das die Umsetzung des Projektes ab Phase 1 begleitet. Da die Gesamtverantwortung für das geplante ÖPP-Projekt i. d. R. auf der obersten Verwaltungsebene angesiedelt wird, zeigen die Erfahrungen, dass eine verantwortliche Projektleitung bspw. aus der Fachbereichsleitung Stadtentwicklung und Bau o. Ä. für das Projektmanagement auf Seiten der öffentlichen Hand ernannt wird.[516] Der Projektleiter erhält ein Projektteam, welches die wesentlichen weiteren Verwaltungsbereiche wie Finanzen, Recht, Gebäudemanagement usw. abdeckt. Des Weiteren sind frühzeitig die späteren Nutzer einzubinden, um im Rahmen der weiteren Konkretisierung des Projektes bedarfsgerechte Entscheidungen zu treffen und eine hohe Akzeptanz zu erzeugen.

Aufgrund der Komplexität und der vielfach mangelnden Erfahrungen empfiehlt es sich darüber hinaus, externe Berater für die technische, wirtschaftliche und rechtliche Weiterentwick-

---

[515] Die Entscheidung für Microsoft Excel liegt in der weiten Verbreitung und Nutzung des Office-Paketes begründet, was für den Nutzer quasi den Standard unter den elektronischen Anwendungsprogrammen darstellt.

[516] Die Verwaltungsspitzen unterliegen in der Regel hohen zeitlichen Belastungen aufgrund der vielfältigen kommunalen Aufgaben, sodass sich das beschriebene Vorgehen empfiehlt. Vgl. BMVBS (Hrsg.): Möglichkeiten und Grenzen des Einsatzes von Public Partnership Modellen im kommunalen Hoch- und Tiefbau, Leitfaden II: Kriterienkatalog PPP-Eignungstest Schulen, Mai 2007, S. 30

lung des Projektes einzubinden.[517] Andernfalls droht dem öffentlichen Auftraggeber die Gefahr, von einem erfahrenen und besser aufgestellten Privaten übervorteilt zu werden, wodurch dann ggf. Effizienzvorteile des ÖPP-Projektes nicht genutzt werden können.[518]

Nach Beendigung jeder einzelnen Projektphase kann eine Änderung des Teams erforderlich werden, um die weiteren Schritte effizient zu gestalten.

Es ist zu empfehlen, dass die Personenidentität der Projektleitung bis zur Inbetriebnahme des Objektes gewährleistet wird, sofern diese nicht bereits selbst für das Betreiben der Liegenschaften der Kommune verantwortlich ist. Mit der Inbetriebnahme des Objektes oder der Objekte ist dann eine Übergabe mit geringen „Reibungsverlusten" möglich.

Auf Seiten des privaten Partners wird während der Wettbewerbsphase in der Regel ein Bieterkonsortium gegründet, welches nach einer erfolgreichen Präqualifizierung die Angebotsbearbeitung aufnimmt.

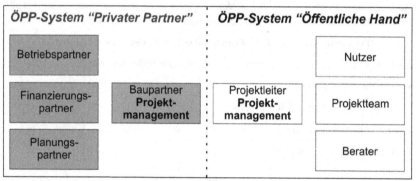

Bild 4-2: Organisationsstruktur im ÖPP-System[519]

Auch hier ist eine klare Aufgabenverteilung vorzunehmen. Im Rahmen des Bewerbungsantrags erklären die Bieter die Rollenverteilung der Konsortialpartner und deren Haftung im

---

[517] Welche externen Berater eingeschaltet werden müssen und die Festlegung des Zeitpunktes, wann diese in das Projekt einbezogen werden, sind projektspezifische Fragestellungen, die von den individuellen Randbedingungen der jeweiligen Kommune abhängen. Auf jeden Fall sollte Kontakt mit den sog. Task-Forces der jeweiligen Länder oder der in 2009 organisierten *Partnerschaften Deutschland* aufgenommen werden, die in der Anfangsphase die Projektinitiierung unterstützen. Sofern die Entscheidung zur Durchführung der Phase 3 Ausschreibung und Vergabe getroffen ist, empfiehlt sich mindestens die Einschaltung einer rechtlichen Beratung, da die vergaberechtlichen Aspekte bei der Durchführung eines Verhandlungsverfahrens wesentlich komplexer sind als üblicherweise von den Auftraggebern vermutet. Hinsichtlich der funktionalen Ausschreibung liegen regelmäßig auch nur wenige Erfahrungen bei öffentlichen Auftraggebern vor, sodass dieser Teilbereich ebenfalls durch externe Fachkompetenz unterstützt werden sollte. Vgl. u. a. Lohmann, T.: a.a.O., S. 48; Alfen, W., Fischer, K.: a.a.O., S. 22

[518] Vgl. Beckers, T., Droste, K., Napp, H.-G.: Potentiale und Erfolgsfaktoren von Public Private Partnerships, in Suhlrie, D. (Hrsg.): Öffentlich-Private Partnerschaften, Gabler Verlag: 2009, S. 8

[519] Eigene Darstellung

weiteren Wettbewerb. Üblicherweise wird auch Auskunft darüber gegeben, ob ggf. eine Projektgesellschaft (SPV) gegründet wird.[520]

In der in Bild 4-2 dargelegten Organisationsstruktur wird davon ausgegangen, dass ein Bauunternehmen die Führungsrolle in der Bietergemeinschaft und somit das Projektmanagement für die Angebotserstellung übernimmt. Diese Rollenzuordnung spiegelt sich im derzeitigen Status quo der existierenden ÖPP-Projekte so wider.[521]

Dieser Ansatz ist im Rahmen der dargestellten Struktur auch plausibel, da nach wie vor der Planung und Realisierung des Objektes eine wesentliche Bedeutung zukommt und es in die Kernkompetenz der Bauunternehmen fällt, diese komplexe Aufgabe in der Angebotserstellung zu übernehmen.[522] Die Verantwortung der im Folgenden zu bildenden Handlungsmodule (HM) für das Energiemanagement wird den beteiligten Partnern (AG für die öffentliche Hand sowie AN für den privaten Partner) zugeordnet.

Als weiteres Ordnungsmerkmal sind sie den ÖPP-Projektphasen zuzuordnen. So werden alle Arbeitspakete und Prozesse des Modells in Kurzform wie folgt bezeichnet:

HM.Verantwortlicher.ÖPP-Projektphase.Handlungsbereich.Teilprozess

Die Bezeichnungen zwischen den Punkten haben folgende Bedeutungen:

- HM: Handlungsmodul

- verantwortlicher Partner: AG oder AN

- ÖPP-Projektphase: 1 bis 5[523]

- Handlungsbereich: A bis E[524]

---

[520] Siehe dazu auch Kap. 2.1.2

[521] Vgl. dazu auch die Ergebnisse der untersuchten Praxisbeispiele in Kapitel 3. Die Führung des Bieterkonsortiums bspw. durch den Finanzpartner, der das Projektmanagement ggf. auf einen Konsortialpartner überträgt oder an Dritte vergibt, in wenigen Fällen auch selber übernimmt, findet vergleichsweise selten statt. Vgl. Lohmann, T.: a.a.O., S. 102

[522] Die verschiedenen Möglichkeiten eines mittelständisch geprägten Bauunternehmens zur Beteiligung an ÖPP-Projekten stellt *Schädel* in seiner Arbeit dar. Vgl. dazu ausführlich: Schädel, V.: PPP als strategisches Geschäftsfeld mittelständischer Bauunternehmen, in Schriftenreihe der Professur Betriebswirtschaftslehre im Bauwesen, Bauhaus-Universität: Weimar 2008

[523] Die ÖPP-Projektphasen 0 (Genesis) und 6 (Verwertung) werden in der weiteren Betrachtung nicht mehr berücksichtigt, da es Ziel der Phase 0 ist, den grundsätzlichen Bedarf eines Vorhabens zu identifizieren und erste Rahmenparameter wie das Budget zu definieren. Die Ausgestaltung des Energiemanagements im Sinne dieser Arbeit hat zu diesem Zeitpunkt noch keinen relevanten Einfluss auf das Projekt, sondern gewinnt erst in den darauffolgenden Phasen an Bedeutung. In Phase 6 (Verwertung) wird davon ausgegangen, dass die Öffentlich-Private Partnerschaft beendet wird, sodass ab diesem Zeitpunkt das Referenzmodell keine weitere Anwendung findet; ggf. können einzelne Handlungsmodule weiterhin umgesetzt werden. Das ist jedoch im Einzelfall zu untersuchen und ist abhängig von den dann vorliegenden Rahmenbedingungen.

[524] Die Zuordnung findet nach dem Prinzip in Kapitel 3 statt, wo die Forschungsfragen den Handlungsbereichen A bis E nach dem Leistungsbild gem. AHO zugeordnet sind. Der Handlungsbereich

- Teilprozess: lfd. Nummerierung der identifizierten Prozesse

Die Phase 0 ist der Zeitraum, in dem der Projektbedarf identifiziert wird und erste Randbedingungen aufgestellt werden. In dieser Phase finden die Priorisierungen der Maßnahmen innerhalb der Kommune und die grundlegende Vorauswahl der in Betracht zu ziehenden Maßnahmen statt. In der Phase 0 wird das Energiemanagementmodell noch nicht angewendet.

Die darauf folgenden Phasen 1 und 2 werden ausschließlich durch die Beteiligten auf der Seite des öffentlichen Auftraggebers geprägt, in denen die wesentlichen strategischen Eingangsparameter für das Energiemanagement aus Sicht des öffentlichen Auftraggebers festgelegt werden. Der Private befindet sich während dieser Phasen ggf. in einer strategischen Geschäftsfeldentwicklung, die dann zu einem konkreten Teilnahmeentschluss für das jeweilige Projekt führen kann. Darauf folgen dann die operativen Tätigkeiten im Sinne des Energiemanagementmodells.

In der Phase der Ausschreibung und Vergabe (Phase 3) werden alle Unterlagen an den Privaten übergeben. Dieser wertet die funktionalen Anforderungen und Risikoverteilungen aus und überträgt die Ergebnisse in ein energetisches Konzept für die Bau- und spätere Bewirtschaftungsleistung. Die Risikoallokation fließt in die monetäre Angebotslegung und Bewertung der auf den Privaten übertragenen Risiken ein. Der Aufwand für die öffentliche Hand nimmt im Hinblick auf das Energiemanagement in den Phasen 3 bis 5 vergleichsweise schnell ab. In der Phase 3 sind die Konzepte bzw. Angebote des Wettbewerbs auszuwerten und entsprechend den festgelegten Vergabekriterien zu ordnen.[525] Je nach Wettbewerbssituation oder Ergebnissen aus den Verhandlungsgesprächen können die funktionalen Anforderungen oder die Risikoverteilung angepasst und überarbeitet werden. So findet, bildlich gesehen, ein rotierender Kommunikationsaustausch zwischen der öffentlichen Hand und den Bietern statt, bis es zum Abschluss der Phase zu einer vertraglichen Einigung kommt. Vor Vertragsabschluss muss die Wirtschaftlichkeit des Angebotes gegenüber der Eigenrealisierung durch die Kommune nachgewiesen werden. Diese Phase kann auch für einen Bieter enden, wenn dieser gegenüber seinen Wettbewerbern nicht in der Lage ist zu konkurrieren.

In den Phasen 3, 4 und 5 verlagern sich dann die Anteile hinsichtlich des Aufwands für das Energiemanagement vom öffentlichen Auftraggeber hin zum privaten Partner.

In Phase 4 plant und realisiert der private Partner das Objekt nach den angebotenen und vertraglich vereinbarten Konzepten und Regelungen. Der öffentliche Auftraggeber überwacht im Rahmen eines üblichen Projekt- und Vertragscontrollings die Leistungen des Privaten.

Selten kommt es in dieser Phase zu ersten Anpassungen aufgrund sich bereits verändernder Rahmenbedingungen.

D (Termine) hat nur eine untergeordnete Bedeutung für die zu definierenden Handlungsmodule und wird deshalb nicht näher betrachtet.

[525] Siehe dazu auch Kap. 2.1.5

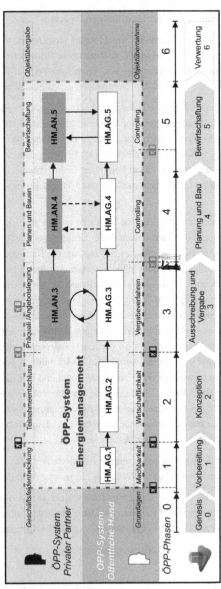

Bild 4-3: Schema des Referenzmodells[526]

---

[526] Eigene Darstellung

Die Phase 5 nimmt aufgrund der Vertragsdauer eine bedeutendere Rolle gegenüber der Phase 4 ein. Der Private wird hier seine operativen Tätigkeiten im Rahmen des Energiemanagements ausführen, die dann im Wesentlichen durch den öffentlichen Auftraggeber kontrolliert werden. Als unmittelbare Einflussgröße auf das Energiemanagement kommen mit Beginn dieser Phase die jeweiligen Nutzer des Objektes hinzu.[527] In Bild 4-3 sind die Handlungsmodule (HM.AG.1-5; HM.AN.3-5) schematisch nach Verantwortlichkeiten zusammengefasst und entlang den ÖPP-Projektphasen aufgetragen.

In der Phase 1 werden vorwiegend qualitative Eigenschaften für das Projekt zusammengetragen, sodass in diesem Zusammenhang bereits die Ziele für das Energiemanagement zu definieren sind. Hierbei müssen die politischen, ökologischen, finanziellen und sozialen Randbedingungen der jeweiligen Kommune berücksichtigt werden. Diese energetischen Ziele dienen im Weiteren als Vorgabe für die notwendigen Festlegungen. Das Handlungsmodul (HM.AG.1.B) berücksichtigt damit die Energieziele.[528]

In der Phase 2 sind mehrere Handlungsmodule im Zusammenhang mit dem Energiemanagement umzusetzen. Für die vorläufige Wirtschaftlichkeitsüberprüfung und die Entscheidung, ob das Projekt in einem Verhandlungsverfahren weitergeführt wird, müssen die Kosten und somit die Verbrauchsmengen durch den Auftraggeber prognostiziert werden.

Ferner ist die Risikoallokation hinsichtlich der zu übertragenen Mengengarantien und Preise bzw. Versorgungsverträge vorzunehmen. Mengen und Preisangaben sind in Phase 3 im Sinne des Controlling zu überprüfen. Es ergeben sich folgende Handlungsmodule in Phase 2:

- Energiemengen- und -kostenprognose (HM.AG.2.C.1)

- Energierisikoverteilung (HM.AG.2.C.2)

In Phase 3 treffen der Auftraggeber und die potentiellen Auftragnehmer aufeinander. Auf Seiten des Auftraggebers sind das Vergabeverfahren und die noch notwendigen Festlegungen sowie Unterlagen vorzubereiten. Dazu gehören die Angaben zum Energiemanagement im Rahmen der Output-Spezifikationen für die Planung, die Bauleistung und die Bewirtschaftung. Daneben müssen Anreizregelungen in den Vertrag aufgenommen werden, damit die langfristige Optimierung des Energieverbrauchs gesichert und der private Auftragnehmer auch hinsichtlich möglicher Verbesserungsmaßnahmen bzw. Modernisierungen des Gebäudes motiviert wird. Aufgrund der langfristigen Verträge sind Anpassungsnotwendigkeiten mit hoher Wahrscheinlichkeit zu erwarten.

---

[527] Gemäß der Darstellung der Projektorganisation auf Seiten des öffentlichen Auftraggebers haben die Nutzervertreter bereits Einfluss auf das Projekt ausgeübt und somit mittelbar auch das Energiemanagement beeinflussen können. Ausgehend von den Ausführungen in Kap. 2.3.4.6 nehmen nun die tatsächlichen Nutzer (Verwaltungsangestellte, Schüler, Lehrer, Sportler usw.) Einfluss auf das Energiemanagement bzw. den Energieverbrauch des Gebäudes.

[528] HM.AG.1.B := Handlungsmodul.Auftraggeber.ÖPP-Phase_1.Handlungsbereich_B

Daher ist es notwendig, vom Auftragnehmer auch eine Urkalkulation bzgl. des Energiemanagements zu verlangen und eine Anpassungsregelung durch einen einfachen Berechnungsalgorithmus zu vereinbaren, um nachträglichen Aufwand zu minimieren. Darüber hinaus sollte eine sinnvolle Wertsicherungsklausel für zukünftige Energiepreissteigerungen in den Vertrag integriert werden. Für die Angebotsauswertung müssen die Wertungskriterien transparent und aussagekräftig in die Vergabeunterlagen aufgenommen werden.

Daraus ergeben sich für die öffentliche Hand folgende Handlungsmodule:

- Output-Spezifikation (HM.AG.3.B.1)

- Energiemengen- und -kostenbewertung der Angebote (HM.AG.3.B.2)

- Anreizregulierung (HM.AG.3.E.1)

- Anpassungsregelung (HM.AG.3.E.2)

- Energiekosten- und Klimaentwicklung (HM.AG.3.E.3)

Auf Seiten des privaten Partners beginnt die energetische Konzeption des Objektes in Abhängigkeit von den Vorgaben der Output-Spezifikation und unter Berücksichtigung der Bewertungskriterien. Dazu muss der Private eine Energiemengenermittlung vornehmen und einen Angebotspreis ermitteln, sofern die Versorgung des Objektes vollständig auf ihn übertragen wird. Hinsichtlich der Bewirtschaftung gilt es, ein sinnvolles Energiekonzept zu erstellen, das sowohl die Output-Spezifikationen als auch seine ggf. vorhandenen internen Strategien berücksichtigt. Es ergeben sich folgende Handlungsmodule für den Privaten:

- Energiebewirtschaftung (HM.AN.3.A)

- Energiekonzept (HM.AN.3.B)

- Energiemengen- und -kostenermittlung (HM.AN.3.C)

In Phase 4 erbringt der öffentliche Auftraggeber das klassische Projektcontrolling für das Energiemanagement im Rahmen der Planung und Ausführung analog einer konventionellen Beschaffung. Aufgrund der rein qualitativen Überwachung der Leistungen des Privaten wird das Handlungsmodul Planungs- und Baucontrolling (HM.AG.4.B) bezeichnet.

Der private Partner setzt sein energetisches Konzept für die Bau- und anschließende Bewirtschaftungsphase um. Essentiell ist der Übergang zwischen Fertigstellung und Abnahme des Objektes sowie Beginn der eigentlichen Bewirtschaftungsphase. Hier muss sichergestellt werden, dass insbesondere das Monitoringkonzept für die Verbrauchsmengen installiert ist und rechtzeitig die Versorgungsverträge mit den jeweiligen EVUs abgeschlossen sind.

Daraus ergibt sich für den Privaten das Handlungsmodul Inbetriebnahme (HM.AN.4.A).[529]

---

[529] Das Handlungsmodul wird dem Handlungsbereich A zugeordnet, wenngleich auch Aspekte aus dem Bereich E wie der Abschluss von Versorgungsverträgen beinhaltet sind. Im Wesentlichen

In Phase 5 folgt analog Phase 4 das Projektcontrolling durch den Auftraggeber. Darüber hinaus gibt es keine planmäßigen Tätigkeiten, die eines eigenständig zu beschreibenden Handlungsmoduls bedürfen, da Anpassungen zwar zu erwarten sind, jedoch nicht zwingend eintreten müssen.

Für den öffentlichen Auftraggeber ergibt sich im Betrachtungsfeld dieser Arbeit das Modul Energiecontrolling (HM.AG.5.B).

Für den privaten Partner beginnt in Phase 5 die Umsetzung des energetischen Konzeptes der Bewirtschaftung, die planmäßig die Steuerung des Energieverbrauchs beinhaltet. Maßgebliche Einflussfaktoren sind die Einstellungen der technischen Anlagen im Gebäude und die Vorgaben zum Nutzerverhalten. Darüber hinaus ist die jährliche Energieabrechnung vorzunehmen.

Daraus ergeben sich für den privaten Partner folgende Handlungsmodule für die Phase 5:

- Energiebericht (HM.AN.5.A.1)

- Nutzerschulung (HM.AN.5.A.2)

- Energieabrechnung (HM.AN.5.C)

In Bild 4-4 sind die Module nach den vorherigen Ausführungen zusammenhängend dargestellt. Darüber hinaus ist zu jedem Handlungsmodul ein Prozessschaubild in der Anlage A.13 zu finden.

---

handelt es sich jedoch um die Organisation und Vorbereitung der Bewirtschaftung, sodass diese Zuordnung aus Sicht des Verfassers sinnvoller erscheint.

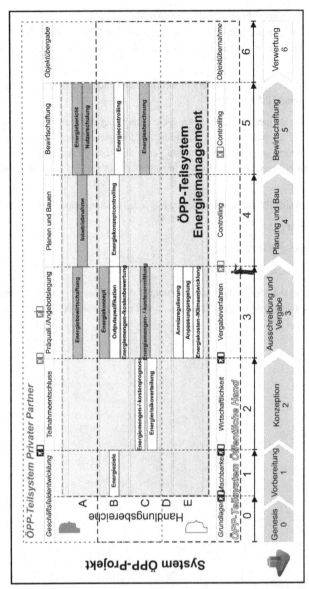

Bild 4-4: Referenzmodell Energiemanagement im Rahmen von ÖPP-Projekten[530]

---

[530] Eigene Darstellung

4.2   Vorbereitung (Phase 1)

4.2.1   Beteiligte und Aufgaben

Die Phase 1 eines ÖPP-Projektes wird ausschließlich durch die Beteiligten auf Seiten der öffentlichen Hand umgesetzt. Für die Festlegung der strategischen Ziele, welche durch das Projekt erreicht werden sollen, ist die jeweilige Verwaltungsspitze, vertreten durch den jeweiligen Ober-/Bürgermeister oder einen Beigeordneten, erforderlich. Im Hinblick auf die energetischen Ziele des Projektes ist die Verwaltungsspitze durch den Bereich Gebäudemanagement und die Bauverwaltung zu unterstützen.

Sie liefern die notwendigen Parameter zur Einordnung des vorhandenen Immobilienbestandes und dessen Bewertung sowie die bisherigen Erfahrungen in energetischer Hinsicht. In dem Zusammenhang ist festzustellen, ob die eigene Verwaltung ausreichende Fachkompetenz für die energetischen Aspekte und Fragestellungen mitbringt oder, falls erforderlich, bereits in Phase 1 auf externe Fachkompetenz zurückgegriffen werden muss.

4.2.2   Handlungsmodul Energieziele (öffentliche Hand)

Verantwortlich für die Festlegung der Energieziele und für die Umsetzung des Handlungsmoduls ist die Verwaltungsspitze. Für das Handlungsmodul lassen sich folgende Ziele formulieren:

- energetische Vorgaben im Rahmen der Projekteignungsprüfung festlegen

- Grundlagen für die weitere Projektkonkretisierung schaffen

- politische und gesellschaftliche Vorgaben berücksichtigen

- privates energetisches Know-how einbinden

Bei der Festlegung der Energieziele sollten zunächst, die jeweiligen organisatorischen und politischen Ziele der öffentlichen Hand zu berücksichtigt werden. Dazu kann gehören, dass die Kommune vor der Entscheidung steht, in ein energetisches Gebäudemanagement einzusteigen, um zukünftig das Potential energetischer Einsparmöglichkeiten zu identifizieren und aufzubauen.[531] Viele Kommunen verpflichten sich per Ratsbeschluss zu einer Senkung von CO_2-Emissionen in öffentlichen Gebäuden, um der Vorbildfunktion der öffentlichen Hand stärker nachzukommen.[532]

Daneben kann die Umsetzung oder Einbindung regenerativer Maßnahmen eine Zielsetzung sein, die sich z. B. durch den Einsatz einer Photovoltaik-Anlage oder Geothermieanlage erreichen lässt. Ein weiteres Ziel kann sein, ein „Passivhaus" zu realisieren. Die entsprechenden

---

[531] Vgl. Muhrmann, C.: Energiemanagement in öffentlichen Gebäuden, C.F. Müller Verlag: Heidelberg 2009, S. 2
[532] Vgl. zur Vorbildfunktion die Ausführungen in § 1a EEWärmeG

qualitativen und quantitativen Auswirkungen sind bereits im Rahmen der Eignungsprüfung adäquat zu berücksichtigen.

Bestehende Verträge mit fremden oder eigenen kommunalen Versorgungsunternehmen oder bereits vorhandene Contractingverträge sind hinsichtlich der Zielkonformität zu prüfen, um daraus Rückschlüsse für die Eignung in dem geplanten ÖPP-Projekt zu ziehen.

Bei der Festlegung der energetischen Zielsetzung müssen drei wesentliche Aspekte stets Berücksichtigung finden:[533]

- Versorgungssicherheit

- Umweltverträglichkeit

- Wirtschaftlichkeit

4.2.3   Arbeitshilfe

In Anhang A.15.1 ist für die Energieziele ein exemplarisches Formblatt entwickelt worden, das im Rahmen der Eignungsprüfung angewendet und projektspezifisch angepasst werden kann. In Bild 4-5 sind exemplarisch konkrete Energieziele aufgeführt.

1. Energieziele festlegen	
1.1	Ein verantwortlicher Energiebeauftragter innerhalb der (eigenen) Verwaltung wird benannt.
1.2	Die Ver- und Entsorgungsverträge werden mit dem kommunalen Eigenbetrieb geschlossen.
1.3	Das Objekt wird als Passivhaus zertifiziert.
1.4	Der Private muss Energiemengenobergrenzen anbieten.
1.5	30 % des Primärenergiebedarfs sind durch regenerative Technologien zu decken.
1.6	Der Private muss die Nutzer durch Schulungsmaßnahmen zum Energiesparen anhalten.
☑ erfüllt	O nicht erfüllt

Bild 4-5: Exemplarische Energieziele eines ÖPP-Projektes[534]

4.3   Konzeption (Phase 2)

4.3.1   Beteiligte und Aufgaben

Die Phase 2 baut auf der bestandenen Eignungsprüfung auf und entwickelt die dortigen Festlegungen weiter mit dem Ergebnis, dass das ÖPP-Projekt in der entsprechenden Form ausgeschrieben oder – falls sich die ÖPP-Variante als unwirtschaftlich erweist – konventionell als Eigenbau-Variante weitergeführt wird. In der Phase 2 befinden sich die Beteiligten nur auf Seiten der öffentlichen Hand.

---

[533] Vgl. Muhrmann, C.: a.a.O., S. 20
[534] Eigene Darstellung

Der eingesetzte Projektleiter übernimmt die Führung des Projektes und bildet ein Projektteam bzw. passt das bisherige Projektteam entsprechend den konkreten Erfordernissen an. Ein Jurist mit vergaberechtlicher Kompetenz sowie Fachingenieure aus den Bereichen Elektro- und Versorgungstechnik oder mit vergleichbarer Qualifikation sollen dem Projektteam angehören. Ferner muss ein Mitarbeiter aus dem Bereich der Bauverwaltung und dem Bereich Gebäudemanagement eingebunden werden. Bei Bedarf sind auch weitere Externe zu beauftragen.

4.3.2   Handlungsmodule öffentliche Hand

4.3.2.1   Energiemengen- und -kostenprognose

Das Handlungsmodul Energiemengen- und -kostenprognose wird durch die Person verantwortet, die für die technische Beurteilung und monetäre Bewertung im Hinblick auf die Durchführung der Wirtschaftlichkeitsuntersuchung verantwortlich ist, i. d. R. ein Fachingenieur für technische Anlagen. Die Daten werden zunächst bei der Ermittlung des PSC benötigt. Aufgaben dieses Handlungsmoduls sind folgende:

• Prognostizieren der zu erwartenden Energiemengen je Energieträger

• Prognose der Energiepreise für die EnergieträgerBei der Prognose der Energiemengen ist zu differenzieren, welche Energiemengenrisiken auf den privaten Partner übertragen werden sollen. Das ergibt sich aus dem Handlungsmodul Energierisikoverteilung (Ziff. 4.3.2.2).

Bei der Prognose sind Kennwerte aus eigenen Erfahrungen oder Zielvorgaben anzusetzen. In Phase 2 ist erst eine grobe Abschätzung möglich, da noch keine Vorplanung vorhanden ist. Generell sind die Betriebsabläufe im Gebäude zu erfassen.

Neben der Einschätzung durch eigene Benchmarks der jeweiligen Liegenschaften in der Kommune können auch Kennwerte aus der einschlägigen Literatur herangezogen werden. Zur Orientierung sind in Bild 4-6 Energieverbrauchskennwerte zusammengefasst. Beim Stromverbrauch handelt es sich um Kennwerte, die sämtliche Stromverbräuche erfassen. Die Kennwerte sind projektspezifisch auf die Bereiche Nutzerstrom oder technische Anlagen des Gebäudes zu differenzieren.[535]

Für den weiteren Ansatz ist im Einzelfall zu entscheiden, welche energetischen Ziele die Kommune erreichen will, um den rechnerisch anzusetzenden Kennwert festzulegen. Die Entscheidung, ob der Minimal-, Mittel- oder Maximalwert anzusetzen ist, hängt zum einen von den Anforderungen an das Gebäude ab und zum anderen davon, ob und inwieweit von einem

---

[535] Teilkennwerte zu Energiemengenverbräuchen im Bereich Strom finden sich in der Richtlinienreihe VDI 3807.

effektiven Energiemanagement in der Bewirtschaftungsphase ausgegangen werden kann.[536] Minimalwerte werden nur erreicht, wenn dies der Fall ist.

Zur besseren Einschätzung der Energiemengen lässt der öffentliche Auftraggeber vor der Ausschreibung und Vergabe eine Vorplanung erstellen.

Anhand der Vorplanung ist es möglich, eigene Energiemengenermittlungen auf Basis der in Kapitel 2.3.3 vorgestellten Rechenverfahren zu erstellen und diese dem PSC zugrunde zu legen.

Die Mengenkennwerte sind in Phase 3 auf Plausibilität mit den angebotenen Verbrauchsmengen aus den Bieterangaben zu überprüfen und bei Bedarf anzupassen.

Nach Abschätzung der Energiemengen sind die Energiepreise zu ermitteln. Dazu müssen die bereits laufenden Verträge ausgewertet und Referenzpreise herangezogen werden, z. B. aus Berichten oder Vergleichsringen der KGSt. Oftmals sind die Kommunen mit den lokalen Stadtwerken als Eigenbetriebe verbunden. Aus politischen Motiven wird ein Wechsel zu einem anderen EVU nicht unternommen. Sollten jedoch Versorgungsverträge auslaufen, sind die neu zu erwartenden Energiepreise zu berücksichtigen und diese in Phase 3 mit den Angaben der Bieter zu überprüfen.

Gebäude / Energie	Büro 131000		Grundschule 412040		Gymnasium 415040		Berufsschule 420140		Sporthalle 511200	
	min	max	min	max	min	max	min	max	min	max
Wärme [kWh/(m² NF*a)]	45	80	55	90	55	90	54	90	50	110
Strom [kWh/(m² NF*a)]	11	26	5	10	8	13	10	20	9	22
Wasser [m³/(m² NF*a)]	0,08	0,17	0,07	0,15	0,08	0,14	0,09	0,17	0,1	0,25

Bild 4-6: Energieverbrauchskennwerte[537]

4.3.2.2   Energierisikoverteilung

In dem Handlungsmodul Energierisikoverteilung sollen die Mengen und Kosten definiert werden, die in den Verantwortungsbereich des privaten Partners fallen und im Vertrag entsprechend zugeordnet werden. Verantwortlich für das Handlungsmodul ist der Vergabe-

---

[536] Es können unterschiedliche Werte in der Prognose angesetzt werden, da bei der Ermittlung des PSCs für die öffentliche Hand und für den Privaten nicht von der gleichen Zielerreichung ausgegangen werden muss. Das ist projektspezifisch von den jeweiligen Randbedingungen abhängig.

[537] Eigene Darstellung. Die 6-stelligen Ziffern entsprechen der Bauwerkszuordnung (BWZ) nach der ARGE Bau. Die Wärmebedarfswerte sind überwiegend aus einem Gebäudebestand entwickelt, der bereits z. T. mehrere Jahrzehnte repräsentiert. Daher wurden die Werte im Hinblick auf die Beurteilung von Neubauten nach dem heutigen Stand der Technik und Vorschriften pauschal um 10 % reduziert. Kennwerte sind u. a. zu finden in ages (Hrsg.): Verbrauchskennwerte 2005, ages GmbH, Eigenverlag: Münster 2007; VDI 3807 Blatt 1 bis 4 Verbrauchskennwerte für Gebäude; Vermögens- und Hochbauverwaltung (Hrsg.): Betriebskosten und Verbräuche, Kennwerte von Hochbauten, Broschüre, 2009

rechtsexperte bzw. ein Projektteammitglied, das über juristische Fachkompetenz verfügt. Nachfolgende Ziele werden mit dem Handlungsmodul verfolgt:

- Risikoallokation der Energiemengen und -kosten

- Ausgewogenheit nach dem Grundsatz „Jeder Partner übernimmt das Risiko, welches in seiner Einflusssphäre liegt."

Im Hinblick auf die Energiekosten wurde die Problematik der Prognose zukünftiger Preissteigerungen in Kapitel 2.3.4.4 ausführlich dargestellt. Außerdem sind die Kostenangaben des privaten Partners mit einer entsprechenden Wertsicherungsklausel zu versehen, die in Kapitel 4.4.2.5 beschrieben wird. Ob der private Partner generell günstigere Beschaffungspreise beim Energieeinkauf erreichen kann als eine Kommune, ist nicht pauschal zu beantworten und hängt projektspezifisch von dem Auftraggeber sowie den Wettbewerbern ab. Große Kommunen, die einen professionellen Energieeinkauf betreiben, sind vermutlich effizienter im Hinblick auf den Energiepreis als ein mittelständischer Wettbewerbsteilnehmer im ÖPP-Verfahren, der bisher zwar die technische Instandhaltung von Immobilien beherrscht, jedoch nur wenige Erfahrungen bei der Energiebeschaffung besitzt. Da die jeweilige Kommune nicht vorhersehen kann, ob günstigere Konditionen als deren derzeitige Bezugspreise angeboten werden, sollen grundsätzlich im Vergabeverfahren die Energiepreise durch den Privaten angeboten werden. Gelegentlich werden die Energieversorger nicht in das Vergabeverfahren einbezogen, weil die Kommune als Energieversorger in Form eines Eigenbetriebs (anteilig beteiligt oder sogar vollständig) auftritt und kein Interesse an dem Energiebezug durch ein anderes EVU hat. Für die Gesamteffizienz des Projektes ist es auf jeden Fall als potentieller Nachteil zu werten, wenn die Bieter nicht aufgefordert werden Energiepreise selbst anzugeben. Um hier der Kommune grundsätzlich die Entscheidungsfreiheit zu gewähren, ob sie die Energieversorgung vollständig auf den Privaten übertragen möchte, bietet sich die folgende Vorgehensweise an:

- Angebote der Bieter in der ersten Verfahrensrunde mit Energiepreisen des Privaten

- nach Auswertung der ersten Angebotsrunde und Vergleich der angebotenen Energiepreise mit den eigenen Beschaffungskosten Entscheidung, ob die Versorgungsverträge durch den Privaten abgeschlossen werden sollen oder dieses von der Kommune übernommen wird

- im Fall der Übertragung auf den Privaten Vorsehen einer Kündigungsklausel, die es dem öffentlichen Auftraggeber ermöglicht, die Versorgungsverträge wieder selbst abzuschließen, weil er z. B. zwischenzeitlich eine professionelle Energiebeschaffung eingeführt hat und dadurch in der Lage ist, günstiger als der private Partner Energie einzukaufen. Hier sind lediglich die Laufzeiten der Versorgungsverträge angemessen zu berücksichtigen, die seit einiger Zeit Vertragslaufzeiten von 1-3 Jahren haben[538]

---

[538] Die Angabe beruht auf Aussagen von Vertriebsmitarbeitern verschiedener Energieversorgungsunternehmen.

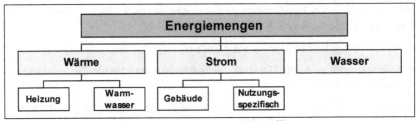

Bild 4-7: Differenzierung der Energiemengen eines Gebäudes[539]

Der weitere Aspekt bei der Energierisikoverteilung ist die Verantwortung für zu erwartende Energiemengen. Dabei ist eine grundsätzliche Differenzierung der Energiemengen, in Bild 4-7 dargestellt, vorzunehmen. Diese bestehen aus den drei Teilbereichen Wärme, Strom und Wasser. Diese drei Teilbereiche sind in weitere Unterbereiche zu gliedern. Die Wärme ist zu unterscheiden nach Heizungswärme und Warmwasser. Diese Abgrenzung ist deshalb von Bedeutung, weil das Risiko der unterschiedlichen jährlichen Witterung bzw. Temperaturschwankungen bei der Betrachtung der Heizungswärme berücksichtigt werden kann und dies üblicherweise geschieht. Der Wärmebedarf für die Warmwasserbereitung ist jedoch weitestgehend unabhängig von den klimatischen Bedingungen und somit nahezu konstant, sodass der von der Außentemperatur unabhängige Anteil nicht witterungsabhängig berücksichtigt werden kann.[540]

Elektrischer Strom wird in die Bereiche Gebäudestrom und nutzungsspezifischer Strom unterschieden. Im weiteren Sinne handelt es sich bei den nutzungsspezifischen Stromaufwendungen um solche, die durch Einbauten gem. der Kostengruppen 370 oder 470 (Nutzungsspezifische Einbauten) oder der Kostengruppe 600 (Ausstattung) der DIN 276 verursacht werden. Diese Einbauten werden regelmäßig nicht von dem privaten Partner geliefert und eingebaut, sondern durch den öffentlichen Auftraggeber in Eigenregie beschafft und eingebaut oder dem Auftragnehmer beigestellt, sodass dieser deren Instandhaltung nicht zu übernehmen hat.

Mit der Übernahme der Instandhaltungspflicht hat der private Partner einen wesentlichen Einfluss auf die entsprechende Anlage und damit auf die zu verantwortenden Energiemengen. Daraus ergibt sich, dass der Private das Risiko für die Energiemengen übernehmen kann, auf die er durch die Instandhaltung während der Bewirtschaftung Einfluss nimmt.

Der Energieverbrauch der nutzungsspezifischen Einrichtungen und der Ausstattung wird primär durch die Nutzer des Gebäudes beeinflusst und weniger durch den Betreiber des Objektes. Daher übernimmt der Private dieses Risiko nicht. Sofern jedoch die zu erwartende Nutzungsintensität ausreichend definiert ist und der private Partner durch einen weitergehenden Leistungsumfang in der Bewirtschaftungsphase stärkeren Einfluss durch personelle Präsenz

---

[539] Eigene Darstellung
[540] Vgl. VDI 3807 Blatt 1, S. 11

im Gebäude hat, kann das Risiko auch für sämtliche Energieverbräuche auf den Privaten übertragen werden.

Notwendig ist in diesem Fall jedoch die Übertragung von Hausmeisterdiensten und der Unterhaltsreinigung auf den Privaten. Dadurch ist sichergestellt, dass der Private täglich in der Immobilie vertreten ist und eventuelles Fehlverhalten der Nutzer im Gebäude kurzfristig feststellen kann.

Der Wasserverbrauch im Gebäude wird im Wesentlichen durch den Nutzer gesteuert und weniger durch den Privaten. Hier ist lediglich im Rahmen der technischen Anlagen darauf zu achten, dass wassersparende Komponenten vorgesehen und auch tatsächlich eingebaut werden. Die Kosten der Versorgung mit Wasser durch den Privaten sind i. d. R. höher als wenn die öffentliche Hand die Versorgung selbst übernimmt. Steht ein lokales Wasserversorgungsunternehmen zur Verfügung, werden die Preise für die öffentliche Hand und den Privaten stets die gleichen sein. Nachteilig wirkt sich jedoch die steuerliche Betrachtung aus, da Wasser in den Bereich der ermäßigten Steuersätze fällt.[541] Sofern die öffentliche Hand den Wasserversorgungsvertrag abschließt, sind für diese Leistung 7 % USt. abzuführen. Bei einem Versorgungsvertrag des Privaten mit der öffentlichen Hand wird die Wasserversorgung als Nebenleistung zur Hauptleistung des Privaten angesehen und dann ist für die Wasserversorgung der erhöhte Steuersatz von 19 % von dem Privaten abzuführen.[542] Daher ist es aus monetärer Sicht immer sinnvoll, die Wasserversorgung nicht durch den Privaten abschließen zu lassen, sondern durch die öffentliche Hand. Da die Wasserversorgung nur einen geringen Anteil an den gesamten Versorgungskosten ausmacht,[543] wiegt der steuerliche Nachteil nicht so stark gegenüber dem Vorteil, wenn ein ganzheitliches Leistungsbild an den privaten Partner übertragen wird. Ob eine Differenzierung bei den Versorgungsverträgen hinsichtlich Wasser und der Medien für Wärme und Strom vorgenommen werden soll, ist daher projektspezifisch zu entscheiden.

Im Rahmen der Interviews wurde regelmäßig die Sorge geäußert, dass die Energieverbrauchsmengen grundsätzlich zu hoch angeboten würden und in der Bewirtschaftungsphase geringere Energiemengen zu erwarten seien. Aus Sicht des Verfassers ist nicht davon auszugehen, sofern die Verfahren zur Energiemengenermittlungen nach aktuellem Stand der Wis-

---

[541] Vgl. Anlage 2 UStG Liste der dem ermäßigten Steuersatz unterliegenden Gegenstände

[542] Nebenleistungen sind umsatzsteuerrechtlich wie die Hauptleistung zu betrachten. Das gilt auch, wenn für die Nebenleistung ein besonderes Entgelt verlangt und bezahlt wird (vgl. BFH-Urteil vom 28.4.1966, V 58/63, BStBl. III S. 476). Eine Leistung ist grundsätzlich dann als Nebenleistung zu einer Hauptleistung anzusehen, wenn sie im Vergleich zu der Hauptleistung nebensächlich ist, mit ihr eng im Sinne einer wirtschaftlich gerechtfertigten Abrundung und Ergänzung zusammenhängt und üblicherweise in ihrem Zusammenhang vorkommt (vgl. BFH-Urteil vom 10.9.1992, a.a.O.). Davon wird in der Regel ausgegangen, wenn die Leistung für den Empfänger keinen eigenen Zweck, sondern das Mittel darstellt, um die Hauptleistung des Leistenden unter optimalen Bedingungen in Anspruch zu nehmen (vgl. BFH-Urteil vom 31.5.2001, a.a.O.).

[543] Im Rahmen der Auswertung der Praxisbeispiele hat sich gezeigt, dass die Kosten der Wasserversorgung in der Regel zwischen 2 % und 4 % bezogen auf die insgesamt anfallenden Versorgungskosten betragen.

senschaft angewendet werden. Da die angebotenen Energieverbräuche einen bedeutenden Anteil in der Barwertermittlung darstellen, ist nicht zu erwarten, dass sich die Wettbewerber im Vergabeverfahren bewusst „ungünstig" darstellen und grundsätzlich zu hohe Risikoaufschläge berücksichtigen. Die im Rahmen dieser Arbeit durchgeführten Interviews mit Vertretern von privaten Anbietern haben dieses Verhalten nicht bestätigen können.

Nach einem Anlaufzeitraum in der Bewirtschaftungsphase können die Energiemengen begrenzt (gedeckelt) werden. Dazu bietet es sich an, den Betrachtungszeitraum der ersten drei zu vergütenden Bewirtschaftungsjahre zu wählen und daraus den Mittelwert zu bilden.[544] Da erfahrungsgemäß die technischen Anlagen eines Gebäudes in den ersten zwei bis drei Bewirtschaftungsjahren nachgeregelt werden und auch die Nutzer des Gebäudes sich zunächst an die objektspezifischen Eigenschaften gewöhnen müssen, kann davon ausgegangen werden, dass der Energieverbrauch in den ersten Betriebsjahren höher ist als nach den notwendigen Anlageneinstellungen sowie der Eingewöhnung der Nutzer. Eine vertragliche Regelung zur Energiemengenbegrenzung nach einer Anlaufphase ist in der Arbeitshilfe (Ziffer 4.3.3 und Anhang A.15.2) berücksichtigt.

Das zuvor beschriebene Vorgehen ist gleichfalls eine Möglichkeit, den speziellen Randbedingungen bei Sanierungsprojekten zu begegnen.

Sofern im Rahmen der Sanierungsleistungen keine grundlegende Erneuerung der elektrischen Leitungen im Gebäude vorgesehen wird, kann der bereits angesprochene Aspekt zur Risikoallokation nicht berücksichtigt werden, wenn der private Partner weder die Ausstattung im Gebäude liefert noch deren Instandhaltung verantwortet. Die Rahmenbedingen in Sanierungsprojekten haben oftmals zur Folge, dass keine getrennten Stromkreise für Steckdosen und andere Stromverbraucher wie Beleuchtung etc. vorgesehen sind. Insofern können die Energiemengen nicht per se separat erfasst werden.

Um dennoch den privaten Partner aus seiner Risikosphäre für die Verantwortung des Gebäudestroms nicht zu entlassen, bietet sich auch hier die Berücksichtigung einer Anlaufregelung an. Letztlich ist im weiteren Vergabeverfahren das Feed-back der Marktteilnehmer abzuwarten, sodass eine Anpassung der Risikoallokation notwendig werden kann.

4.3.3   Arbeitshilfe

Für die Handlungsmodule Energieprognose und Energierisikoverteilung wurden keine Arbeitshilfen entwickelt worden. Vorrangig geht es um die effektive Umsetzung und Berücksichtigung in dieser ÖPP-Projektphase.

---

[544] Der Betrachtungszeitraum von drei Jahren entspricht den Ansätzen bei der Ermittlung der sog. Baseline bei Contracting-Projekten oder für die Angaben im Energieverbrauchsausweis. Vgl. DENA (Hrsg.): Leitfaden Energieeinspar-Contracting, a.a.O., S. 20 und §19 Abs. 3 EnEV (2009)

Im Hinblick auf die vertragliche Umsetzung der Energierisikoverteilung sind im Anhang A.15.2 Musterformulierungen aufgeführt. Sie beziehen sich auf die Übernahme des Energiemengenrisikos und das Sonderkündigungsrecht der Versorgungsverträge.

4.4 Ausschreibung und Vergabe (Phase 3)

4.4.1 Beteiligte und Aufgaben

Die Phase 3 wird durchgeführt, wenn sich während der Konzeption die ÖPP-Variante gegenüber der konventionellen Beschaffung als vorteilhafter herausstellt. Die grundsätzliche Bereitschaft der Kommune, eine langfristige Vereinbarung mit einem privaten Partner einzugehen, ist dann gegeben. In dieser Phase stoßen weitere Projektbeteiligte hinzu. Hierzu zählen vorrangig die Bieter im Vergabeverfahren. Außerdem ist eine stärkere Einbindung der Nutzer in das Projektteam der Auftraggeberseite vorzusehen.

In dieser Phase behält der eingesetzte Projektleiter die Leitung des Projektes und passt das bisherige Projektteam entsprechend den spezifischen Erfordernissen an. Es ist davon auszugehen, dass die Beteiligten aus der Phase 2 weiterhin im Projekt-Team verbleiben. Dazu werden in jedem Fall Kompetenzen für die Erstellung der ergebnisorientierten Beschreibung benötigt. Da diese Art der Ausschreibung auf Seiten der öffentlichen Hand eher selten vorkommt, ist die Einbindung von externen Beratern sinnvoll. Auf Seiten des Bieterkonsortiums ist das Pendant zur Auftraggeberseite zu formieren. Dazu gehört jeweils ein verantwortlicher Projektmanager, der das Angebotsteam führt. Entsprechend der Aufgabenstellung werden verschiedene Fachingenieure dazu benötigt, die in den einzelnen Handlungsmodulen die notwendige Zuarbeit zu leisten.

4.4.2 Handlungsmodule öffentliche Hand

4.4.2.1 Output-Spezifikationen

Für das Modul der Output-Spezifikation trägt wiederum der Projektleiter die Verantwortung. In Abhängigkeit von seiner eigenen Fachkompetenz unterstützen ihn die Bereiche Planen und Bauen sowie Bewirtschaftung. Ferner muss mindestens ein Vertreter aus dem Bereich der späteren Nutzer eingebunden werden, damit die relevanten Einflussparameter für das energetische Verhalten hinreichend genau abgestimmt werden können. Darüber hinaus wird i. d. R. ein technischer Berater hinzugezogen, um die funktionale Leistungsbeschreibung zu erstellen.

Die Ziele dieses Handlungsmoduls sind wie folgt zu beschreiben:

- Anforderungen an die angestrebte Energieeffizienz des Gebäudes

- Anforderungen an das Energiemanagement in der Betriebsphase

- Anforderungen an die Transparenz für das notwendige Controlling in den Phasen 4 und 5

Für die Energieeffizienz des Gebäudes sind die ggf. konkretisierten Vorstellungen aus der Phase 1 mit der Festlegung der Energieziele zu berücksichtigen. Sofern z. B. ein konkreter Standard wie ein „Passivhaus" nach den Kriterien des Passivhausinstitutes aus Darmstadt gefordert würde, sind dann aus Sicht des Verfassers keine weiteren outputorientierten Kriterien im Hinblick auf die Energieeffizienz des Gebäudes aufzustellen: Im Nachweisverfahren für das Passivhaus sind bereits sehr hohe Anforderungen an die Gebäudehülle und die technischen Anlagen bis hin zu maximalen Energieverbräuchen vorgegeben, die während der Ausführung detailliert nachgewiesen werden müssen.[545]

Wie in der Auswertung der Praxisbeispiele deutlich wurde, wird ein erhöhtes Energieeffizienzniveau erwartet, wenn eine pauschale Unterschreitung des EnEV-Referenzwertes um z. B. 20 % gefordert wird.[546] Sofern dieses durch die Angebote der Bieter nachgewiesen wird, kann noch nicht davon ausgegangen werden, dass es sich tatsächlich um ein energieeffizientes Gebäude handelt. Der ermittelte Energieverbrauch aus dem EnEV-Nachweisverfahren stellt lediglich eine relative Größe dar, die auf einem standardisierten Nutzungsprofil beruht und nicht den tatsächlich zu erwartenden Energieverbrauch widerspiegelt, zumal u. a. auch diverse Energieverbraucher im Rahmen des EnEV-Nachweises unberücksichtigt bleiben.

Die Einhaltung der EnEV ist im Rahmen des Verfahrens obligatorisch, da der private Partner eine genehmigungsfähige Planung schuldet. Daher ist es aus Sicht des Verfassers nicht sinnvoll, eine Unterschreitung der EnEV-Anforderungen im Rahmen der Ausschreibung zu fordern. Ein vereinfachtes qualitatives Verfahren zur Einschätzung, ob das Angebot des Bieters den zulässigen Referenzwert der EnEV voraussichtlich unterschreiten wird, ist im Kapitel 4.4.2.2 dargestellt.

Sinnvoll ist es hingegen, konkrete Zielgrößen in Bezug auf den Energieverbrauch zu definieren, die durch den Bieter einzuhalten sind. Dies kann entweder der tatsächlich zu unterschreitende Endenergiebedarf sein oder analog eine Anforderung an den Primärenergiebedarf, um dem ökologischen Aspekt angemessen Rechnung zu tragen.

Durch die grundsätzliche Risikoallokation hinsichtlich der Energiemengen ist ein entsprechender Grenzwert ohne Weiteres durch die Angebote der Bieter überprüfbar und wird vor Vertragsbeginn verbindlich vereinbart. So kann z. B. der Kennwert des Passivhausstandards von 15 kWh/m^{2}NF*a als einzuhaltender Grenzwert vorgegeben werden, ohne dabei ein „Qualitätsgeprüftes Passivhaus" analog den Bedingungen des Passivhausinstituts zu fordern. Dadurch würde dem Grundgedanken von ÖPP-Projekten, der Effizienzsteigerung, Genüge getan: Durch innovative Ansätze eines privaten Partners wird ein optimales Ergebnis erreicht.

---

[545] Passivhaus Institut (Hrsg.): a.a.O., S. 1 f.; im Hinblick auf die maximalen Energieverbräuche ist analog dem EnEV-Nachweis zu berücksichtigen, dass es sich bei dem Berechnungsverfahren des Passivhaus Institutes um ein vereinfachtes Verfahren handelt, das nicht die tatsächlich eintretenden Energieverbräuche in der Bewirtschaftungsphase berechnet. Anhand der Energiemengenangaben des Privaten ist der voraussichtliche Verbrauch zu erkennen.
[546] Vgl. hierzu Ziffer 3.1.3.2

Darüber hinaus ist es sinnvoll, weitere Kenngrößen für die Energieeffizienz vorzugeben, z. B. wie viel elektrische Energie [kWh/m^{2}NF p. a.] für die Beleuchtung maximal aufgewendet oder wie vielelektrische Antriebsleistung für die Luftförderung bei einer RLT-Anlage verbraucht werden darf. Die Einhaltung der Vorgaben kann und muss bereits im Rahmen der Ausführungsplanung der technischen Anlagen kontrolliert und überprüft werden, sodass sich hieraus die Notwendigkeit des Controllings im Hinblick auf die Einhaltung der energetischen Anforderungen während der Phase 4 ergibt.[547]

Ein weiterer entscheidender Bereich für ein erfolgreiches Energiemanagement sind die Leistungen in der Bewirtschaftungsphase, um eine Optimierung des Energieverbrauchs zu erreichen. Dazu gehören grundsätzlich folgende drei Aspekte, die im vergaberechtlichen Sinne als Mindestanforderungen in den Output-Spezifikationen für die Bewirtschaftungsphase aufzuführen sind:

• Nutzungsprofil

• Zählerkonzept

• Berichtswesen

• Nutzerschulungen

Die Inhalte eines *Nutzungsprofils* ergeben sich im Wesentlichen aus ihrem Einfluss auf das energetische Verhalten, wobei zwischen dem regelmäßigen Betrieb und dem außerregelmäßigen Betrieb unterschieden wird. Für den Regelbetrieb sind folgende Parameter bedeutend:

• Die Nutzungszeiten beschreiben die Öffnungszeiten bzw. wann das Gebäude für seinen originären Zweck genutzt wird. Dazu wird ein exemplarisches Wochenprofil erstellt, in dem die täglichen Nutzungszeiten wie Beginn und Ende dargestellt werden.

• Die Nutzungshäufigkeit beschreibt die Tage im Jahr, an denen von einem Normal- oder Regelbetrieb auszugehen ist. Dabei können Kategorien wie ganzjährig, nur außerhalb der Ferienzeit o. Ä. angegeben werden.

• Die Anzahl der anwesenden Personen ist mit einer ggf. konkreteren Vorgabe zu benennen, falls es zu planbaren An- und Abwesenheiten kommt.

Die vorgenannten Angaben sind für jeden Nutzungsbereich zu erstellen, sofern sie einen voneinander abweichenden Betrieb aufweisen. Falls es sich um den Objekttyp Sporthalle handelt, ist ein Musterbelegungsplan sinnvoll. Da der Wasserbedarf bei Sporthallen eine größere Bedeutung gegenüber anderen Gebäudetypen wie Verwaltung und Schule einnimmt[548] und da-

---

[547] Entscheidenden Einfluss auf den Energieverbrauch eines Gebäudes haben die detaillierte Ausführungsplanung, die Dimensionierung und die Wahl der Produkte der technischen Anlagen. In der ÖPP-Phase 4 werden daher die Grundlagen für den tatsächlichen Energieverbrauch gelegt, sodass die Kontrolle der vorgegebenen Kennzahlen und Grenzwerte durch den öffentlichen Auftraggeber in dieser Phase eine wesentliche Bedeutung hat.

[548] Vgl. dazu die Kennzahlen in Bild 4-6

mit auch von einem höheren Wärmebedarf für die Warmwassererzeugung für Duschen o. Ä. ausgegangen werden muss, ist zu Ermittlungszwecken für den Wärmebedarf eine konkretere Belegungsbeschreibung notwendig.

Darüber hinaus sind die als Sonderveranstaltungen bezeichneten Nutzungen außerhalb des Regelbetriebs zu benennen und analog den Angaben zu dem Regelbetrieb zu beschreiben. Eine Mustervorlage für das Nutzungsprofil ist in den Arbeitshilfen enthalten.[549]

Hinsichtlich des Zählerkonzeptes muss zunächst auf die grundlegende Differenzierung aus der Risikoallokation abgestellt werden. Eine weitergehende Untergliederung ist dahingehend sinnvoll, dass Bezug auf die Energiebereiche des EnEV-Ausweises genommen wird.[550]

Bild 4-8 verdeutlicht die Differenzierung noch einmal grafisch. Eine weitere Unterteilung erscheint nur in Einzelfällen notwendig. Sie ergibt sich ggf. aus verschiedenen Nutzungsbereichen einer Immobilie, die aus dem zuvor entwickelten Nutzungsprofil zu entnehmen sind. Dann müssen die Energiemengen gem. Bild 4-8 für jede Nutzungszone separat erfasst werden.

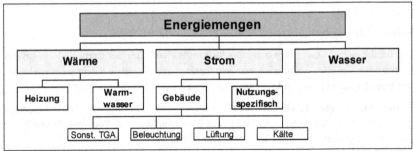

Bild 4-8: Energiezählerkonzept[551]

Das Zählerkonzept ist im Rahmen der Bauausführung durch den Auftraggeber zu prüfen und freizugeben in Form einer planerischen Ausarbeitung. Für die Ausarbeitung sollten folgende Unterlagen vorgelegt werden:[552]

---

[549] Siehe auch Ziff. 4.4.2.6 und Anhang A.15.3

[550] Es gab bereits mehrere Feldversuche, in denen die prognostizierten Verbräuche der Energiebedarfsausweise mit tatsächlichen Verbräuchen verglichen wurden, wobei regelmäßig die Problematik entsteht, die entsprechenden Energiemengen analog der EnEV auch zu erfassen. Da die DIN V 18599 weiterhin Bestand haben wird und als Grundlage für die Berechnungen der EnEV anzuwenden ist, erscheint es zweckmäßig, die entsprechenden Energieverbräuche zu erfassen, um während der Bewirtschaftung einen Soll-Ist-Vergleich zu ermöglichen. Vgl. dazu Fraunhofer Institut für Bauphysik (Hrsg.): Evaluierung des dena Feldversuchs Energieausweise für Nichtwohngebäude, IBP-Bericht WB 128/2005, S. 108 ff.

[551] Eigene Darstellung

[552] Die planerischen Unterlagen sind praxisrelevant, damit sowohl für ein Controlling als auch in der Bewirtschaftungsphase und bei einem Personenwechsel das Energiemanagement transparent ist.

- Zählerkonzept als Schema

- Zählernummernkonzept mit Darstellung in Grundrissen, wo die jeweiligen Zähler angeordnet sind

- Zonierungsplan als Grundriss zur Veranschaulichung, welche Bereiche und Räume einer Zone dem jeweiligen Zähler zugeordnet sind

Ein praxisorientierter Vorschlag für die Zählernummerierung mit Planunterlagen ist in Ziffer 4.5.3 dargestellt.

Im Rahmen des *Berichtswesens* ist darauf zu achten, dass ein regelmäßiger Informationsaustausch zwischen den Beteiligten stattfindet, aber auch keine „Informationsflut" entsteht. Es hat sich in der Praxis etabliert, quartalsweise eine Zusammenstellung mit den wichtigsten Kenndaten zu übermitteln, der im Rahmen des üblichen Berichtswesens für die Bewirtschaftungsleistung erbracht wird. Dabei werden nur die kumulierten Energieverbräuche aufgeführt. Im Hinblick auf die vereinbarten Energiemengenverbrauchsgrenzen wird darüber Auskunft gegeben, ob der Energieverbrauch den Erwartungen entspricht oder ob Abweichungen erkennbar sind. Für den Fall, dass ein Sollwert erheblich über den Prognosewerten liegt, sind Begründungen dafür und ggf. eingeleitete Gegenmaßnahmen zu beschreiben.

Über die Quartalsberichte hinaus muss zusätzlich ein jährlicher *Energiebericht* erstellt werden, der das Energieverhalten im Detail beschreibt und auswertet sowie perspektivische Entwicklungen aufzeigt. Ein allgemeiner Formulierungsvorschlag zu dieser Leistung ist in den Arbeitshilfe Output-Spezifikation bzw. Anhang A.15.5 beschrieben.

In Kapitel 2.3.4.6 wurde der Einfluss der Nutzer auf das energetische Verhalten und deren Zufriedenheit ausführlich beschrieben, sodass neben dem Energiebericht eine jährliche *Nutzerschulung* zum energetischen Verhalten durchzuführen ist, um hier nachhaltig eine positive Entwicklung zur Reduzierung des Energieverbrauchs zu erreichen.

Die Anforderungen an eine Urkalkulation für die Energieverbräuche und -kosten sind konkret anzugeben. Eine wesentliche Feststellung im Rahmen der Analyse der Praxisbeispiele war, dass bei fast keinem Projekt derartige Vorgaben zu finden sind. Wegen der langen Vertragslaufzeiten ist es jedoch sehr sinnvoll, eine Urkalkulation auch für das Energiemanagement zu hinterlegen und darüber hinaus eine Überprüfung der Einhaltung der Vorgaben vorzunehmen, da ggf. erst nach vielen Jahren der Bedarf entsteht, Nachtragsforderungen auf Basis der Urkalkulation zu entwickeln. Es muss gewährleistet sein, dass die erstellte Urkalkulation auch angewendet werden kann. Eine Musterformulierung dazu findet sich in den Arbeitshilfen im Anhang A.15.5.[553]

---

[553] Die Anforderungen an die Urkalkulation finden sich gelegentlich in dem originären Projektvertrag wieder. Die Anforderungen können jedoch auch im Rahmen allgemeiner Anforderungen an das Angebot beschrieben werden. Üblicherweise liegt den Vergabeunterlagen ein zusammengefasster Text bei, in dem die konkreten formalen Anforderungen an das Angebot explizit genannt werden.

Die praxisorientierte Ergänzung ist die Anpassungsregelung unter Ziffer 4.4.2.4, die eine einfache Anwendung ermöglicht, sofern sich lediglich Nutzungsparameter ändern.

4.4.2.2   Energiemengen- und -kostenbewertung der Angebote

Das Handlungsmodul Energiemengen- und -kostenbewertung der Angebote dient der Festlegung der energetischen Bewertungskriterien in monetärer und qualitativer Hinsicht. Die Prozessverantwortung trägt auch bei diesem Modul der entsprechende Projektleiter der Kommune. Er wird dabei im Wesentlichen durch den Energieberater bzw. die entsprechenden Fachingenieure unterstützt. Die Zielvorgaben für dieses Handlungsmodul lauten:

• qualitative Kriterien angemessen berücksichtigen

• Gewichtung der Energiekosten entsprechend den energetischen Ziele und individuellen Einschätzungen optimieren

• Energiekostenentwicklung abschätzen

Die qualitativen Kriterien für die energetische Beurteilung berücksichtigen im Wesentlichen die planerischen Eigenschaften und den Vergleich mit den gesetzlichen Vorgaben aus der EnEV und dem EEWärmeG.

Zur Beurteilung der energetischen Qualität der Planung bzw. des Entwurfs wird auf die Forschungsarbeit von *Hausladen* verwiesen, der ein detailliertes Konzept zur Bewertung und Beurteilung von Planungsentwürfen entwickelt und veröffentlicht hat. Daraus können für die differenzierte Beurteilung der Planung alle relevanten Kriterien mit einer entsprechenden Gewichtung und Bewertung entnommen werden.[554] Eine weitere qualitative Beurteilung im Hinblick auf die Einhaltung der Anforderungen der EnEV ist der direkte Vergleich mit den Qualitäten des Referenzgebäudes. Da der Rechenalgorithmus der EnEV lediglich die Qualitäten der Baukonstruktion und der technischen Ausrüstung berücksichtigt und alle anderen Parameter vom eigentlichen Entwurf unabhängig sind, können die Anforderungen aus der Anlage 2 der EnEV zugrunde gelegt und in vereinfachter qualitativer Form beurteilt werden. Dazu wird die angebotene Qualität des Bieterentwurfs mit der Referenzausführung auf einer Skala von -2 bis +2 verglichen, wobei folgende qualitative Beurteilung zugrunde gelegt werden kann:

-2	Anforderungen werden deutlich untererfüllt
-1	Anforderungen werden nicht erfüllt
0	Anforderungen sind gleich

---

[554] Vgl. dazu weiterführend Hausladen, G. et al. (Hrsg.): Entwicklung eines energetischen und raumklimatischen Planungswerkzeuges für Architekten und Ingenieure in der Konzeptphase bei der Planung von Nichtwohngebäuden sowie Erstellung eines Anforderungs- und Bewertungskatalogs für Architekturwettbewerbe, Technische Universität München, Lehrstuhl für Bauklimatik und Haustechnik, 2009

+1   Anforderungen werden übererfüllt

+2   Anforderungen werden deutlich übererfüllt

Durch einfaches Aufsummieren der Bewertungen erhält man einen Indikator des Angebotes im Hinblick auf die Anforderungen der EnEV. Sofern im Ergebnis ein Wert < 0 herauskommt, scheinen die Anforderungen der EnEV nicht erfüllt zu sein und der Anforderungswert überschritten. Sofern der Wert ≥ 0 ist, wird die EnEV eingehalten. Wenn der Wert ≥ 8 ist, wird der Anforderungswert der EnEV wesentlich unterschritten.[555] Durch dieses einfache Vorgehen kann eine erste grobe Abschätzung im Hinblick auf die Einhaltung der EnEV-Anforderungen unternommen werden. Eine entsprechende Arbeitshilfe ist im Anhang A.15.7 enthalten.

Darüber hinaus sind die Anforderungen des EEWärmeG zu prüfen.[556] Falls keine regenerativen Energieträger eingesetzt werden, ist bei der groben Abschätzung der EnEV-Anforderungen eine wesentliche Unterschreitung des gesetzlichen Anforderungswertes erforderlich, damit das EEWärmeG eingehalten wird. Falls die Unterschreitung der EnEV-Anforderungen nur gering sein sollte, ist vom Bieter ein genauer EnEV-Nachweis einzufordern. Der ökologische Ansatz der EnEV, den gesamten Endenergiebedarf zu einer primärenergetischen Kennzahl zusammen zu fassen, kann im Rahmen der Auswertung auch berücksichtigt werden. Bezugsgrößen sollten in diesem Fall jedoch die garantierten Energiemengen sein. Diese können in äquivalente Schadstoffemissionen umgerechnet werden. Unter Zuhilfenahme der Software GEMIS lassen sich diese selber ermitteln.[557] Eine Umrechnungstabelle mit den wesentlichen Energieträgern ist als Arbeitshilfe im Anhang A.15.6 dargestellt.[558]

Durch Umrechnung der angebotenen Energiemengen in Schadstoffemissionen kann ein relativer Vergleich zwischen den Bietern unter dem Aspekt der ökologischen Qualität vorgenommen werden, wobei das Angebot mit den geringsten Emissionen die höchste Punktzahl hinsichtlich der ökologischen Qualität bekommt und die anderen Angebote nach dem gewählten Bewertungsverfahren darunter rangieren. Durch dieses Vorgehen besteht auch die Möglichkeit, die Verwendung von sog. Öko-Strom-Produkten[559] in die Konzeption einzubeziehen.

---

[555] Die Werte wurden durch den Verfasser empirisch überprüft und können als gesichert angenommen werden.

[556] Die Anforderungen des EEWärmeG sind in Ziffer 2.3.2.2. näher erläutert.

[557] GEMIS (Globales Emissions-Modell Integrierter Systeme) ist eine Software, die vom Öko-Institut der Gesamthochschule Kassel in den Jahren 1987 bis 1989 erstmals entwickelt wurde und seitdem stetig fortentwickelt und aktualisiert wird. Sie dient als Instrument zur vergleichenden Analyse von Umweltauswirkungen durch die Energiebereitstellung und deren Nutzung. Vgl. weiterführend dazu im Internet: URL: <http:www.oeko.de>

[558] Die dort angegebenen Werte sind mit GEMIS 3.0 berechnet worden. Der CO_2-Ausstoß für Strom entspricht dem gemittelten Wert für die konventionelle Stromerzeugung für Deutschland. Dabei ist zu beachten, dass bspw. ein Atomraftwerk wesentlich weniger CO_2 emittiert als ein Kohlekraftwerk. Vgl. zu verschiedenen Kraftwerkstypen auch ausführlich Panos, K.: a.a.O., S. 271 ff.

[559] Zur Einführung in die Zertifizierung von Stromprodukten zu Ökostrom siehe Greenpeace e. V. (Hrsg.): Fokus Ökostrom Bestandsaufnahme und Perspektiven, Kurzstudie Februar 2009

Im derzeitigen EnEV-Nachweisverfahren kann der Einsatz solcher Produkte nicht berücksichtigt werden.[560]

Die angebotenen Energiemengen werden je nach Risikoallokation mit den Energiepreisen des Auftraggebers zu Energiekosten umgerechnet oder es werden die direkt angebotenen Energiekosten berücksichtigt. Zwei Einflussgrößen nehmen bei der monetären Bewertung der Energie eine relevante Bedeutung ein. Zum einen ist es die Prognose der zukünftigen Preissteigerungen der einzelnen Energieträger und zum anderen die Gewichtung der Investitions- und Bewirtschaftungskosten.

Die angesetzten Preissteigerungsraten lagen in den Praxisbeispielen mehrheitlich zwischen minimal 3 % und maximal 6 % p. a., wobei die Preissteigerungen zum Teil pauschal über die kumulierten Energiekosten angesetzt, aber auch differenziert nach den jeweiligen Energieträgern vorgenommen wurden. In Kapitel 2.3.4.4 wurde bereits herausgestellt, dass eine Prognose der zukünftigen Energiekosten kaum möglich ist. Wesentliche Anteile der Kosten für die Kommune und den privaten Partner sind die steuerlichen Lasten für die Energieträger. Deren Entwicklung ist nicht vorhersehbar. Die prozentuale Preissteigerung hat im Rahmen der Angebotsauswertung jedoch wesentliche Auswirkungen auf die Barwertermittlung. Das wird im Folgenden aufgezeigt.

In Bild 4-9 sind die Indexveränderungen verschiedener Energieträger sowie der zusammengefasste Verbraucherpreisindex im Zeitraum 1991 bis 2010 dargestellt und ausgewertet.[561] Der zusammengefasste Verbraucherpreisindex wird zugrunde gelegt, da dieser als sinnvoller Orientierungsmaßstab dient.[562] Die Daten zeigen, dass die Einzelwerte, bezogen auf den Mittelwert in Prozent p. a. eine große Schwankungsbreite zwischen den einzelnen Energieträgern aufweisen. Während Heizöl eine durchschnittliche Preissteigerung von hohen 6,3 % p. a. erfahren hat, beträgt die Preissteigerung bei festen Brennstoffen (Holz, Pellets etc.) nur bei 2,5 % p. a. Strom mit 2,8 % p. a., Gas mit 3,4 % p. a. und Fernwärme mit 4,6 % p. a. liegen dazwischen.

Vergleicht man die beiden Dekaden von 1991 bis 2000 und 2001 bis 2010, ergibt sich für Heizöl und für Holzbrennstoffe ein annähernd gleichbleibendes Preissteigerungsverhalten. Strom, Gas und Fernwärme weisen jedoch ein sehr unterschiedliches Bild auf. Die durchschnittliche Preissteigerung liegt in der zweiten Dekade über dem Mittelwert und entsprechend deutlich über dem Wert in der ersten Dekade.

---

[560] Die Auslegung der EnEV lässt derzeit nur zu, dass Strom, der in unmittelbarer Nähe oder Zusammenhang mit dem Gebäude erzeugt und in dem Objekt selber genutzt wird, von dem errechneten Endenergiebedarf abgezogen wird. Vgl. Fachkommission Bautechnik der Bauministerkonferenz (Hrsg.): Auslegungsfragen zur EnEV – Teil 11 vom 09.12.2009, Online im Internet, URL: <http://www.dibt.de>, S. 16 f.

[561] Die Angebotsauswertung wird i. d. R. über einen Betrachtungszeitraum von mindestens 20 Jahren vorgenommen und daher der Preissteigerungsindex seit 1991 betrachtet.

[562] Der VPI ist repräsentativ für Deutschland, ohne regionale Einflüsse zu berücksichtigen. Aufgrund der Unsicherheit in der Prognose scheint diese Verallgemeinerung vertretbar.

Jahr	VPI Energie COICOP 045	Delta Vorjahr	VPI Strom COICOP 0451	Delta Vorjahr	VPI Erdgas COICOP 0452	Delta Vorjahr	VPI Heizöl COICOP 0453	Delta Vorjahr	VPI Fernwärme COICOP 0455	Delta Vorjahr	VPI Holz COICOP 0456	Delta Vorjahr
1991	65,6		77,4		66,9		52,1		55,7		73,7	
1992	68,5	4,42 %	80,6	4,13 %	67,3	0,60 %	46,4	-10,94 %	67,3	20,83 %	80,7	9,50 %
1993	69,6	1,61 %	82,5	2,36 %	66,7	-0,89 %	47,3	1,94 %	67,4	0,15 %	84,2	4,34 %
1994	69,2	-0,57 %	84,4	2,30 %	66,1	-0,90 %	44	-6,98 %	65,1	-3,41 %	85,5	1,54 %
1995	68,6	-0,87 %	85,4	1,18 %	64,2	-2,87 %	41,9	-4,77 %	63	-3,23 %	87,2	1,99 %
1996	67,8	-1,17 %	80,4	-5,85 %	63	-1,87 %	49,4	17,90 %	63,1	0,16 %	90,1	3,33 %
1997	69,6	2,65 %	80,8	0,50 %	65,4	3,81 %	50,5	2,23 %	67,3	6,66 %	90,6	0,55 %
1998	68,2	-2,01 %	81,8	1,24 %	65,5	0,15 %	42	-16,83 %	65,7	-2,38 %	91,4	0,88 %
1999	69,8	2,35 %	85	3,91 %	64,1	-2,14 %	50,1	19,29 %	62,5	-4,87 %	92,9	1,64 %
2000	77,4	10,89 %	80,8	-4,94 %	74,6	16,38 %	77,0	53,69 %	72,8	16,48 %	94,8	2,05 %
2001	84,5	9,17 %	84,1	4,08 %	90,4	21,18 %	72,4	-5,97 %	86,9	19,37 %	95,4	0,63 %
2002	83,6	-1,07 %	87,9	4,52 %	85,3	-5,64 %	65,8	-9,12 %	86,1	-0,92 %	97,2	1,89 %
2003	86,5	3,47 %	92,2	4,89 %	89,6	5,04 %	68,3	3,80 %	85,9	-0,23 %	98,4	1,23 %
2004	89,9	3,93 %	96,0	4,12 %	90,5	1,00 %	76,0	11,27 %	87,7	2,10 %	99,3	0,91 %
2005	100	11,23 %	100,0	4,17 %	100,0	10,50 %	100,0	31,58 %	100,0	14,03 %	100	0,70 %
2006	110,2	10,20 %	103,9	3,90 %	118,1	18,10 %	110,9	10,90 %	115,2	15,20 %	101,9	1,90 %
2007	114,5	3,90 %	111,1	6,93 %	121,7	3,05 %	109,3	-1,44 %	119	3,30 %	105,4	3,43 %
2008	127,3	11,18 %	118,8	6,93 %	132,5	8,87 %	143,8	31,56 %	128,7	8,15 %	108,6	3,04 %
2009	124,3	-2,36 %	126,2	6,23 %	130,4	-1,58 %	99,7	-30,67 %	133,8	3,96 %	113	4,05 %
2010	124,7	0,32 %	130,2	3,17 %	118,7	-8,97 %	122,2	22,57 %	122,5	-8,45 %	117	3,54 %
1991-2010		3,54 %		2,83 %		3,36 %		6,32 %		4,57 %		2,48 %
1991-2000		1,92 %		0,54 %		1,36 %		6,17 %		3,38 %		2,87 %
2001-2010		5,00 %		4,89 %		5,16 %		6,45 %		5,65 %		2,13 %

Bild 4-9: Verbraucherpreisindizes relevanterer Energieträger von 1991 bis 2010[563]

---

[563] Eigene Darstellung, Daten sind online im Internet verfügbar, URL: <http://www.destatis.de>, Abruf: 18.03.2011, 11.49 Uhr; Basisjahr 2005 = 100 %; der grafische Verlauf der Werte ist im Anhang A.14 dargestellt.

Dabei ist zu berücksichtigen, dass die Steuern und Abgaben einen maßgeblichen Teil der Erhöhung ausmachen und es in der Vergangenheit immer deutliche Abhängigkeiten zwischen dem Preisverlauf von Heizöl und den anderen Energieträgern gab.[564] Die differenzierte Betrachtung der Indizes zeigt, dass eine Bewertung der angebotenen Energiemengen bzw. -kosten auch differenziert in die Angebotsbewertung eingehen muss. Im Rahmen der Barwertbetrachtung ist der Preissteigerungszinssatz (in Verbindung mit dem Diskontierungszinssatz) entscheidender Einflussparameter für die energetische Konzeption der Bieter. Exemplarisch wird dies am Beispiel anzubietender Wärmekosten verdeutlicht. Folgende Randparameter, bezogen auf m^2 BGF, werden angenommen:

- Projektgröße mit 10.000 m^2 BGF[565]

- Baukosten in Höhe von 1.300 EUR/m^2 BGF[566]

- Heizkosten von 7,50 EUR/m^2 BGF[567]

- Diskontierungszins 3,5 % p. a. und Preissteigerungszins von 3 % p. a. und 5 % p. a.[568]

In einer Barwertbetrachtung[569] über 25 Jahre ergeben sich Kosten in Höhe von 1.951.420 EUR unter Berücksichtigung einer Preissteigerung von 4 % und von 2.486.460 EUR bei 6 % Preissteigerung. Die Differenz der Barwerte beträgt 535.040 EUR. Dieser Wert ist äquivalent zu 4 % der gesamten Investitionskosten. Bei vergleichbaren Energiebezugskosten, die derzeit z. B. bei Erdgas und Pellets marktüblich sind, und entsprechender Wahl der Preissteigerungsraten im Rahmen der Angebotsauswertung, hätte der Bieter

---

[564] Vgl. dazu ausführlich Kapitel 2.3.4.3

[565] Die gewählte Projektgröße spiegelt die mittlere Projektgröße aller ÖPP-Hochbauprojekte wider. Vgl. Kap. 3

[566] Der gewählte Ansatz gilt für die Kostengruppen 300 + 400 gem. DIN 276 für Verwaltungsgebäude. Diese Kostengruppen sind relevant für die energetische Qualität des Gebäudes. Der Ansatz entspricht den Ergebnissen der Auswertungen der Praxisbeispiele (soweit zu entnehmen) und den eigenen Erfahrungswerten des Verfassers. Vgl. auch BKI (Hrsg.): BKI Baukosten Gebäude 2011, Statistische Kostenkennwerte Teil 1, Baukosteninformationszentrum Deutscher Architektenkammern: Stuttgart 2011

[567] Der Ansatz entspricht einem Durchschnittswert aus verschiedenen betrachteten ÖPP-Projekten. Vgl. auch GEFMA 950: fm Benchmarking-Bericht 2010/2011, Nutzungskosten in Abhängigkeit vom Baujahr, Heizkosten/m^2 BGF

[568] Die Problematik der Wahl eines geeigneten Diskontierungszinses bei der Betrachtung über einen derart langen Zeitraum wird hinlänglich diskutiert. In Großbritannien wird auf Basis empirischer Untersuchungen ein einheitlicher Wert in Höhe von 3,5 % p. a. herangezogen. In Deutschland wird empfohlen, den gegenwärtigen Zins für eine zehnjährige risikofreie Anlageform auf Grundlage der Zinsstrukturkurve der Deutschen Bundesbank anzuwenden. Zusätzlich wird die durchschnittliche Preissteigerung der Verbraucherpreise über die vergangenen 30 Jahre dazu addiert, welche bei ca. 2 % p. a. liegt. Daraus ergibt sich derzeit ebenfalls ein Wert von 3,5 % für den anzusetzenden Diskontierungszinssatz. Vgl. Gottschling, I.: a.a.O. , S. 197; BMVBS (2003d.): a.a.O., S. 63 f.

[569] Die Barwertberechnung wurde mit einem Microsoft Excel-Tool erstellt, welches in den Arbeitshilfen bzw. Anhang A.15.12 enthalten ist und zu eigenen Berechnungen verwendet werden kann. Die Berechnung betrachtet einen Zeitraum von 25 Jahren mit quartalsweiser Zahlung, entspricht 100 Zahlungen. Die jeweiligen Preissteigerungen und der angegebene Diskontierungszins sind jeweils berücksichtigt.

einen hohen Anreiz, eine Energieerzeugung mit festen Brennstoffen wie bspw. Pellets in seinem energetischen Konzept zu bevorzugen.[570] An dem Beispiel wird deutlich, dass die Wahl
und Differenzierung der Preissteigerungsraten der Energieträger eine wesentliche Einflussmöglichkeit für den Auftraggeber darstellen. In Bezug auf seine energetischen Ziele kann er
so Anreize für den privaten Partner setzen, damit er sein energetisches Konzept darauf aus-
richtet. Empfehlenswert ist daher aus Sicht der Kommune eine Unterscheidung der drei Perspektiven oder Schwerpunkte:

- geringe Investitionskosten

- Kostenwirtschaftlichkeit im Verhältnis zwischen Investitions- und Energiekosten

- vorrangig geringe Energiekosten bzw. -mengen

In Bild 4-10 sind für die vier wichtigsten Energieträger die Preissteigerungsindizes zu unterschiedlichen Schwerpunkten aufgeführt.[571] Der Verfasser empfiehlt die Kostenwirtschaftlichkeit und somit die Ansätze in der mittleren Zeile in Bild 4-10.

Neben dem Preissteigerungsindex ist die Gewichtung aller Kriterien eines Angebotes ein weiterer wesentlicher Einflussparameter für die Vergabeentscheidung und das konzeptionelle
Vorgehen der Bieter. Gerade ÖPP-Projekte und deren Vergabestruktur bringen den Vorteil,
dass gegenüber den konventionellen Beschaffungsvarianten der gesamten Wirtschaftlichkeit
größere Beachtung zukommt und nicht nur, wie häufig, Kostenwirtschaftlichkeit betrachtet
wird.

Gerade die ergebnisorientierte Leistungsbeschreibung bringt es mit sich, dass die Konzepte
und Angebote der Bieter sehr divergieren und somit der Einbezug der qualitativen Aspekte im
Rahmen der Angebotsbewertung bzw. Wirtschaftlichkeitsbetrachtung von entscheidender
Bedeutung ist.

Die Ökonomie versteht allgemein unter Wirtschaftlichkeit das Verhältnis von Leistungen zu
Kosten, woraus deutlich wird, dass bei reiner Betrachtung der Kostenwirtschaftlichkeit nicht
die richtigen Vergabeentscheidungen getroffen werden mit einem daraus folgenden ineffizien-
ten Management von Bau und Bewirtschaftung.[572]

---

[570] Der Autor hat im Rahmen eines Projektes einen Preisvergleich unternommen und hat für Pellets
und für Erdgas einen Preis von 4,5 ct pro kWh von entsprechenden Anbietern erhalten. Sand: April
2011 im Raum Süddeutschland.

[571] In Abhängigkeit der energetischen Ziele oder anderen Randbedingungen für ein Projekt können für
die Angebotsauswertung unterschiedliche Preissteigerungsindizes festgelegt werden. Sie sind in
den Vergabeunterlagen bekannt zu geben.

[572] Vgl. Arbeitskreis PPP im Management öffentlicher Immobilien im BPPP e. V. (2010): Arbeitspa-
pier und Handlungsempfehlungen - Qualität als kritischer Erfolgsfaktor der Wirtschaftlichkeit von
Immobilien, in Pfnür, A. (Hrsg.): Arbeitspapiere zur immobilienwirtschaftlichen Forschung und
Praxis, Band Nr. 23, S. 1

Schwerpunkt	Strom	Erdgas	Fernwärme	Feste Brennstoffe
Investititonskosten	3,00 %	3,50 %	4,50 %	2,00 %
Kostenwirtschaftlichkeit	**4,00 %**	**4,50 %**	**5,20 %**	**2,50 %**
Energiekosten	5,00 %	5,50 %	6,00 %	3,00 %

Bild 4-10: Preissteigerungsindizes in Prozent p. a. für die Angebotsbewertung[573]

Daneben gilt auch, dass Qualität von subjektivem Empfinden geprägt wird und insofern die Angemessenheit eines Preises für die zu erbringende Leistung unterschiedlich bewertet wird. Dies hat zur Folge, dass die Gewichtung der obersten Kriterien Kosten und Qualität in verschiedener Ausprägung vorgenommen werden kann. Die Gewichtungen sind in ÖPP-Phase 1, in der die energetischen Ziele einen entsprechenden Einfluss ausüben, zu bestimmen und projektspezifisch festzulegen. Im Wesentlichen lassen sich drei verschiedene Ansätze für die in dieser Arbeit betrachteten Objekttypen finden:[574]

• Die grundsätzlichen Anforderungen (Mindestanforderungen) der Vergabeunterlagen und an die einzuhaltenden Qualitäten werden durch das Angebot des Bieters erreicht. Die Qualität ist jedoch von untergeordneter Bedeutung: die Kostenwirtschaftlichkeit des Angebotes steht deutlich im Vordergrund. Die Gewichtung von Kosten zu Qualität wird mit 70 % zu 30 % vorgenommen. Alternativ kann das Verhältnis bis auf 80 % zu 20 % verändert werden, wobei in der zuletzt genannten Relation die qualitativen Aspekte stark in den Hintergrund treten. Die vorbenannten Gewichtungen werden empfohlen, wenn die Immobilie sich nicht im Eigentum der Kommune befindet und nach Vertragslaufzeit beim Privaten verbleibt oder mit einer Nutzungsänderung oder Drittverwendung gerechnet wird.

• Die Mindestanforderungen an die Qualität sollen möglichst überschritten werden und der Bieter soll einen Anreiz haben, durch ein verstärktes Augenmerk auf qualitative Aspekte in seinem Konzept Vorteile gegenüber einem Angebot zu erzielen, welches nur die Mindestanforderungen erfüllt. Der Bieter wird dazu angehalten, bei der Kostenwirtschaftlichkeit eine hohe Qualität zu erbringen. Die Gewichtung von Kosten zu Qualität wird dabei mit 60 % zu 40 % gewählt. Diese Gewichtung wird sinnvollerweise angewendet, wenn das Objekt auch nach der Vertragslaufzeit weiter wie zuvor genutzt werden soll und spätestens dann in das Eigentum der Kommune übergeht bzw. in ihrem Eigentum verbleibt.

• Die qualitativen Aspekte des Angebotes sollen genauso gewichtet werden wie die Kostenaspekte. Dadurch werden innovative Ansätze des Privaten gefördert und die in der Regel übliche Betonung auf Kostenwirtschaftlichkeit ist gleichrangig mit der Qualität der angebotenen Leistung. Die gewählte Gewichtung zwischen Kosten und Qualität liegt in diesem Fall bei jeweils 50 %. Gegenüber der vorherigen Variante kann diese bevorzugt werden, wenn spezielle Aspekte für die Nutzung, wie z. B. ein neues pädagogisches Konzept, um-

---

[573] Eigene Darstellung und Bewertung
[574] Vgl. Lohmann, T.: a.a.O., S. 90

gesetzt werden sollen, die funktionalen Anforderungen an das Gebäude den Vorrang ein-
räumen, oder wenn architektonische Aspekte wie Denkmalschutz eine wesentliche Rolle
spielen.

Grundsätzlich besteht die Möglichkeit der Qualität, eine höhere Gewichtung gegenüber der
Kostenwirtschaftlichkeit zuzuordnen. Dies ist jedoch nur bei Spezialimmobilien wie Museen
oder Botschaftsgebäuden etc. sinnvoll. Ob und inwiefern derartige Immobilien generell geeignet sind, als ÖPP-Projekt durch die öffentliche Hand beschafft zu werden, ist im Einzelfall
zu prüfen. Wie in Kapitel 2.1.6 dargelegt, ist mit zunehmender Spezifität eines Projektes davon auszugehen, dass andere Beschaffungsvarianten als ÖPP günstiger sind. Die qualitative
Gewichtung im Rahmen der Angebotsbewertung ist als Standardanwendung bereits entwickelt worden.[575]

Durch entsprechende Gewichtung der Energiekostenanteile an den Gesamtkosten können
energetische Anreize gesetzt werden. Allgemein lässt sich von einer Relation der einzelnen
Kostenanteile zueinander ausgehen, wie sie in verschiedenen Publikationen veröffentlicht
sind, in denen die tatsächlichen Kostenverteilungen der Investitions- und Bewirtschaftungskosten regelmäßig untersucht werden. Unter Zugrundelegung des aktuellen *fm Benchmarking-
Berichtes* ergibt sich eine Aufteilung für die in dieser Arbeit betrachteten Gebäude gem. Bild
4-11.[576]

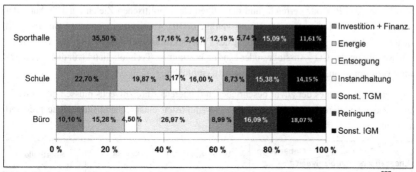

Bild 4-11: Lebenszykluskostenverteilung von Büro-, Schule- und Sporthallengebäuden[577]

---

[575] Vgl. dazu Lohmann, T.: a.a.O., S. 82 ff.
[576] In der aktuellen Ausgabe des fm Benchmarking Berichts sind mehr als 2.800 Gebäude mit einer
BGF von 10.5 Mio. m^2 untersucht worden. Vgl. weiterführend GEFMA 950 fm Benchmarking-
Bericht 2010/2011
[577] Eigene Darstellung und Bewertung, in der davon ausgegangen wird, dass die Finanzierungskosten
die Investitionskosten um 60 % erhöhen. Dies entspricht einem Finanzierungszinssatz von 4 % und
einer annuitätischen Zahlung über 25 Jahre mit vollständiger Tilgung des Darlehens, was als repräsentativ für die bisherigen umgesetzten ÖPP-Projekte unterstellt werden kann. Die Abbildung ist
erstellt in Anlehnung an Rotermund, U., Hülsmann, M.: Lebenszykluskosten unter der Lupe, in Der
Facility Manager, Mai 2011, S. 15 f.

Ausgehend von der in Bild 4-11 dargestellten Kostenverteilung kann von durchschnittlichen Anteilen der Energiekosten zwischen 15 % und 20 % bezogen auf die gesamten Lebenszykluskosten ausgegangen werden. Unter Berücksichtigung der Energieziele aus der ÖPP-Phase 1 lässt sich eine Teilgewichtung der anzubietenden Energiekosten vornehmen, um ein entsprechendes Anreizniveau für den privaten Partner bei der Entwicklung des Energiekonzeptes für das Gebäude zu schaffen.

Die Zahlen in Bild 4-12 sind aus den vorgenannten Überlegungen abgeleitet. Sie verstehen sich als Richtwerte für die anteilige Gewichtung der Energiekosten im Rahmen der Angebotsbewertung bezogen auf die Gesamtkostenverteilung nach Bild 4-11 (100 % während der Vertragslaufzeit eines ÖPP-Projektes). Die vorgeschlagenen (anteiligen) Gewichtungen berücksichtigen drei verschiedene Anreizniveaus: *Standard*, *Energieeffizienz* und *State of the Art*.[578]

Die Gewichtung für das Anreizniveau *Standard* wird in Anlehnung an den aktuellen Status quo der Bestandsgebäude vorgenommen und berücksichtigt, dass eine energetische Verbesserung allein aufgrund der strengeren gesetzlichen Anforderungen im Rahmen der Novellierung der EnEV vorausgesetzt werden kann.

Die Gewichtung *Energieeffizienz* ergibt sich durch eine Erhöhung des *Standards* um 5 %. Aus Sicht des Verfassers wird dadurch eine höhere Kostenwirtschaftlichkeit in Bezug auf die Gesamtkosten des Projektes erreicht und den allgemeinen politischen Zielen zur Erhöhung der Energieeffizienz angemessen Rechnung getragen. Das Anreizniveau *State of the Art* stellt quasi eine bewusst zu hohe Gewichtung des Energiekostenanteils dar. Aufgrund von Zielen wie Reduktion des CO_2-Ausstoßes oder Einsatz bestimmter Technologien kann diese Gewichtung vertretbar sein, ist jedoch i. d. R. nicht zu empfehlen.

Bei der Auswahl eines der zuvor beschriebenen (höheren) Anreizniveaus müssen die Gewichtungen der anderen Kostenanteile an den Gesamtkosten entsprechend ihrer Höhe reduziert werden.

Gebäudetyp Energetisches Anreizniveau	Verwaltung	Schule	Sporthalle
Standard	15,00 %	20,00 %	17,00 %
Energieeffizienz	**20,00 %**	**25,00 %**	**22,00 %**
State of the Art	25,00 %	30,00 %	27,00 %

Bild 4-12: Gewichtungsfaktoren Energiekosten[579]

---

[578] Der Ausdruck State of the Art beschreibt umgangssprachlich den höchst entwickelten und verfügbaren Zustand eines technischen Gerätes. Er wird in diesem Zusammenhang verwendet, da bei diesem Zustand i. d. R. nicht von einer Kostenwirtschaftlichkeit des Energiekonzeptes ausgegangen werden kann. Dies muss vielmehr individuell betrachtet werden.

[579] Eigene Darstellung

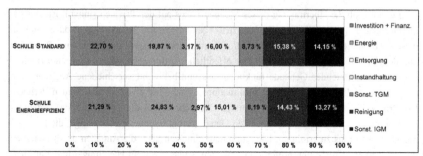

Bild 4-13:   Gewichtungen der Kostenanteile für die Anreizniveaus *Standard* und *Energieeffizienz*[580]

In Bild 4-13 sind exemplarisch die Gewichtungen aller Kostenanteile an den Gesamtkosten für den Gebäudetyp Schule und die Anreizniveaus Standard und Energieeffizienz dargestellt.

Grundsätzlich ist zu berücksichtigen, dass die vorgeschlagene Gewichtung von einer umfänglichen Leistungsverpflichtung des Auftragnehmers ausgeht.

Sofern nur einzelne Leistungsteile (z. B. Instandhaltung und Energiemanagement) in der Bewirtschaftungsphase an den privaten Partner übertragen werden, sind die Werte entsprechend den Teilgewichtungen in Bild 4-13 umzurechnen.

Zu berücksichtigen ist bei der Festlegung das Ergebnis aus dem Handlungsmodul Risikoallokation. Wenn der Private die Verantwortung nicht für alle Energiemengen, sondern bspw. nur für den Gebäudestrom trägt, ist die Gewichtung um einen Reduktionsfaktor zu berücksichtigen, der im Mittel mit 25 % angesetzt werden kann.[581]

4.4.2.3   Anreizregulierung

Das Handlungsmodul wird wiederum durch den Projektleiter der Kommune verantwortet. In Abstimmung mit Juristen und Fachingenieuren werden vertragliche Anreizmechanismen vorgegeben, die eine nachhaltige Einhaltung der energetischen Zielvorgaben und einen optimalen Energieverbrauch sicherstellen sollen. Die Anreizregelungen sollen folgende Zielvorgaben erfüllen:

- nachhaltige Energieverbrauchssenkung

- Anreize für technische Modernisierungen

- Ausgewogenheit bzgl. der Risikoallokation

Im Folgenden wird untersucht, wie mit einer anzubietenden Energiemengenverbrauchsobergrenze während der Bewirtschaftungsphase einer Immobilie umgegangen werden kann. Es

---

[580] Eigene Darstellung
[581] Zur Bedeutung sowie Unterscheidung der Begriffe Gebäudestrom und nutzungsspezifischer Strom vgl. Kapitel 2.3.4.1

wird geprüft, ob die Übertragung dieses Mengenrisikos auf den Privaten sinnvoll ist. Als Er-klärungsgrundlage wird hierzu die Prinzipal-Agenten-Theorie herangezogen, da es sich in diesem Zusammenhang um eine Informationsasymmetrie zwischen der Kommune (Prinzipal) und dem Privaten (Agenten) handelt. Der öffentliche Auftraggeber schreibt ein zu errichten-des oder zu sanierendes Gebäude funktional aus und bekommt verschiedene Angebote von den jeweiligen Bietern. Es herrscht Informations-asymmetrie zwischen den beiden Parteien. Der Private hat einen Informationsvorsprung. Dadurch, dass er die Konzeption des Gebäudes vorgenommen hat und über die relevanten Daten verfügt, ist nur er in der Lage, die Energie-mengen im Voraus zu ermitteln. Die Kommune hingegen kann die Angaben des Privaten zu diesem Zeitpunkt nicht überprüfen und bewerten, sodass hier ein Handlungs- und Entschei-dungsspielraum für den Privaten entsteht.[582]

Dieser Informationsvorsprung des Agenten basiert auf dem Informationsgrad,[583] der es dem Privaten ermöglicht, eine genaue Ermittlung der Energiemengen vorzunehmen.[584]

Daher ist es richtig und sinnvoll, dass der Private seine Angaben verantwortet und das damit verbundene Risiko trägt. Aufgrund der Rollenverteilung und Aufgaben entspricht diese Über-tragung dem Grundprinzip der optimalen Risikoallokation bei ÖPP-Projekten. Der Private wird seine Unsicherheit in Bezug auf die tatsächlich eintretenden Energiemengen durch einen entsprechenden Risikozuschlag bei seiner Energiemengenermittlung vornehmen. Dieser be-stimmt sich aus seiner eigenen Unsicherheit aufgrund einer ggf. nicht vorhandenen Planungs-tiefe und der Anwendung von Rechenverfahren, deren Ergebnisse nur Näherungswerte dar-stellen. Gerade in der Anlaufphase der Bewirtschaftung besteht ein erhöhtes Risiko, dass die tatsächlichen Energiemengenverbräuche gegenüber den Prognosewerten zu hoch sind und die Anlagentechnik über einen längeren Zeitraum von bis zu zwei Betriebsjahren justiert werden muss. Als vertrauensbildende Maßnahme empfiehlt es sich, dass der Auftraggeber mögliche Überschreitungen der angebotenen Energiemengenobergrenzen für diese Anfangsphase über-nimmt, damit der Private dies bei der Ermittlung seines Risikozuschlags angemessen berück-sichtigen kann.[585] Aus Sicht des Verfassers ist diese zeitlich befristete Erhöhung der Ober-grenzen auf ein sinnvolles Maß zu begrenzen. Im ersten Bewirtschaftungsjahr sollte die Kommune Überschreitungen von bis zu 10 % in ihrer Risikosphäre übernehmen, die dann im zweiten Betriebsjahr auf 5 % reduziert werden kann.

Der Zielkonflikt zwischen Kommune und Privaten kann weiter entschärft werden, wenn die unter Ziffer 4.4.2.2 aufgeführten Maßnahmen, wie eine erhöhte Gewichtung der Höhe der

---

[582] Göbel, E.: a.a.O., S. 100
[583] Der Informationsgrad beschreibt das Verhältnis von erforderlicher zur vorhandenen Information. Vgl. Hildebrand, K.: Informationsmanagement, Wettbewerbsorientierte Informationsverarbeitung, Oldenbourg Verlag: München 1995, S. 21
[584] Die erforderlichen Werkzeuge und die Beurteilung ihrer Grenzen sind in Kapitel 2.3.3 dargestellt.
[585] Zur Bedeutung von vertrauensbildenden Maßnahmen im Rahmen von Vertragsgestaltungen vgl. weiterführend Ripperger, T.: Ökonomik des Vertrauens, Analyse des Organisationsprinzips, Mohr Siebek Verlag: Tübingen 1998, S. 45 ff.

Energiekosten, bei der Angebotsbewertung vorgenommen wird. Durch den Wettbewerb kann unterstellt werden, dass die Bieter keine überhöhten Energiemengen anbieten, da sie davon ausgehen müssen, dass ihre Mitbewerber die Gewichtung in ihrer Angebotsstrategie berücksichtigen und möglichst geringe Energiemengen anbieten.

Zum Teil ist in den Verträgen eine Einsparverpflichtung bzw. Reduzierung der Energiemengen in einem 5-Jahres-Intervall von jeweils 5 % vorgegeben worden. Da es sich bei den ÖPP-Projekten entweder um neue oder um erheblich zu modernisierende Objekte handelt, kann bezogen auf eine Vertragslaufzeit von 25 Jahren (entspricht fünf 5-Jahres-Intervallen) nicht von einem Einsparpotential von 25 % (5*5 %) oder mehr ausgegangen werden. Eine vertraglich vereinbarte pauschale Reduzierungsverpflichtung wird durch den Bieter in der Ermittlung seiner Risikozuschläge zu berücksichtigen sein. Daher sind aufgrund einer solchen Regelung im Vertrag zu hohe Werte bei den Angeboten der Energiemengenobergrenzen zu erwarten. Es ist davon auszugehen, dass die Projekteffizienz durch diese Risikoallokation verringert würde: sie ist daher nicht zu empfehlen.[586]

Für die weitere Bewirtschaftungsphase ist eine Zielharmonisierung zwischen den Vertragspartnern anzustreben. Gemeinsames Ziel muss die höchstmögliche Reduzierung des Energieverbrauchs sein. Da der Private den größtmöglichen Einfluss auf die Konfiguration der technischen Anlagen und auf die Instandhaltung des Gebäudes nehmen kann, gilt es, die Unterschreitung von Energiemengen als Anreiz zu nehmen und als monetären Bonus zwischen den Vertragsparteien zu verteilen. Über den Verteilungsschlüssel kann während der Verhandlungsgespräche diskutiert werden.

Dabei lässt sich auf die Spieltheorie der ökonomischen Literatur zurückgreifen, die mithilfe formaltheoretischer Modelle derartige Situationen untersucht, oder auch auf die experimentelle Wirtschaftsforschung, die das Verhalten in experimentellen Beobachtungen mit Personen analysiert.[587]

In verschiedenen Untersuchungen wurde festgestellt, dass ein zu verteilender Geldbetrag bei einer endlichen Anzahl von Spielrunden, in der jeweils zwei rationale und nutzenmaximierende Spieler ein wechselndes Vorschlagsrecht haben, sehr häufig in einem Verhältnis von 50:50 aufgeteilt wird.[588] Daher erscheint es als angemessen, von dieser Verteilung der Einsparungen zwischen den Vertragspartnern auszugehen.

Die monetäre Bedeutung dieser Einsparverteilung ist in Bild 4-14 dargestellt. Exemplarisch wird aus den Praxisbeispielen eine 3-Feld-Sporthalle herangezogen und für den Bereich Wärmeenergie das mögliche Einsparungspotential ermittelt.

---

[586] Vgl. dazu Bild 2-5

[587] Vgl. zur Einführung in die Spieltheorie für die Untersuchung von Verhandlungen u. a. Güth, W.: Spieltheorie und ökonomische Beispiele, 2. Auflage, Springer Verlag: Berlin 1999 und Feess, E.: Makroökonomie, 3. vollst. überarbeitete Auflage, Vahlen Verlag: München 2004, S. 657 ff.

[588] Vgl. Gehrt, J.: Flexibilität in langfristigen Verträgen, Gabler Verlag: Wiesbaden 2010, S. 56 f.

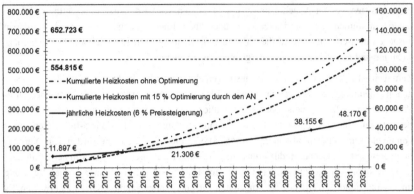

Bild 4-14: Einsparungspotential am Beispiel Sporthalle[589]

Dabei wurde die Kostenentwicklung für die Wärmeenergie mit einer Preissteigerungsrate von 6 % über die Vertragslaufzeit bewertet. Es wird weiter unterstellt, dass der Private in der Lage ist, die prognostizierten Energieverbräuche um 15 % über die Vertragslaufzeit zu reduzieren.

Allein für die dauerhafte Einsparung im Bereich der Wärmemenge ergibt sich für den Privaten ein Einsparpotential von ca. 50.000 EUR (50 %), sodass festgestellt werden kann, dass selbst bei kleinen ÖPP-Projekten eine Verteilung von 50:50 ausreichend Potential für den privaten Partner bietet.

Als Besonderheit bei den Anreizregelungen ist der Fall zu beachten, wenn die Kommune eine Anpassung der Energiemengen nach einem bestimmten Bewirtschaftungszeitraum vorsieht, z. B. eine Mittelwertbildung aus den Verbräuchen der ersten drei Bewirtschaftungsjahre. Da sich eine Reduzierung der anfänglich vereinbarten Energiemengenobergrenzen ungünstig auf das Potential des Privaten auswirkt, ist davon auszugehen, dass dieser bemüht ist, den tatsächlichen Energieverbrauch in Richtung seiner anfänglich angebotenen Energiemengenobergrenze zu steuern. Für den Auftraggeber wird es kaum möglich sein, entsprechende Maßnahmen durch den Privaten festzustellen. Daher ist hier ein weiterer monetärer Anreiz sinnvoll, damit der Private eine Reduzierung seiner im Angebot angegebenen Obergrenze akzeptieren kann. Aus Sicht des Verfassers empfiehlt es sich, während der Anlaufphase dem Privaten den möglichen Einsparungsbetrag zu 100 % zugute kommen zu lassen. Andernfalls wird sonst das Potential dermaßen verringert, dass es für den Privaten keinen Anreiz mehr gibt, sich in der weiteren Bewirtschaftungsphase um Energiemengenreduzierungen zu bemühen. Daher kann es auch sinnvoll sein, die Einsparungen zugunsten des privaten Partners zu erhöhen. Angemessen erscheint hierzu ein Verhältnis von 80:20.

Technische Modernisierungen zu pauschal in den Leistungsumfang des Privaten aufzunehmen, ist für den Privaten nicht kalkulierbar. Die technischen Entwicklungen der kommenden

[589] Eigene Darstellung

20 bis 30 Jahren sind nicht vorhersehbar und können daher kalkulatorisch nicht bewertet werden. Eine sinnvolle Möglichkeit zur Berücksichtigung im Vertrag ist, dass der öffentliche Auftraggeber außerplanmäßige Investitionen von dem privaten Partner fordern kann, wenn sie nachweislich während der Vertragslaufzeit amortisiert werden können. Dabei ist jedoch das Risiko der Amortisation von der öffentlichen Hand zu tragen. Das bedeutet, dass im Falle einer vorzeitigen Vertragskündigung der ausstehende Rückfluss durch die Kommune zu decken ist. Ferner ist sie verpflichtet am Ende der planmäßigen Vertragslaufzeit eine Entschädigung an den Privaten zu zahlen, wenn die durchgeführte Investition in der Restlaufzeit des Vertrages nicht amortisiert werden könnte. Ein exemplarischer Formulierungsvorschlag für diese Anreizregulierungen ist in Ziffer 4.4.2.6 bzw. Anhang A.15.9 beschrieben.

4.4.2.4 Anpassungsregelung

Das Handlungsmodul Anpassungsregelung wird durch den Fachingenieur mit entsprechender Kompetenz für technische Anlagen innerhalb des Projekt-Teams verantwortet. Die Aufgabe kann auch durch einen technischen Berater übernommen werden. Die zu treffende Anpassungsregelung hat folgende Zielvorgaben zu erfüllen:

- Flexibilität für mögliche Änderungen im Nutzungsprofil erreichen

- Vorteile der originären Vertragsbasis langfristig erhalten

- Umsetzung der Anpassungsregelung in einen Rechenalgorithmus

Es ist zu erwarten, dass sich Betriebsabläufe in einem Objekt während eines Zeitraums von 20 bis 30 Jahren verändern. Änderungen der Betriebszeiten ergeben sich z. B. in Schulen mit Halbtagsbetrieb, die nun ein Konzept zur offenen Ganztagsschule umsetzen. Verwaltungsgebäude haben bspw. einen geringeren Flächenbedarf aufgrund von Reorganisationsmaßnahmen oder Entscheidungen zum Outsourcing. Die anzubietenden Energiemengen des Privaten sind ein Vertragsbestandteil, der bei derartigen Leistungsanpassungen beeinflusst wird. Im Rahmen der Output-Spezifikationen ist bereits beschrieben worden, dass in Abstimmung mit den Nutzern des Gebäudes ein aussagekräftiges Nutzungsprofil erstellt werden muss, um die voraussichtlichen Energiemengen zu ermitteln. Dabei ist es sinnvoll, auf die tatsächliche Nutzung und nicht auf eine mögliche Nutzung abzustellen. Sowohl aus Sicht der öffentlichen Hand als auch des privaten Partners ist es ineffizient, wenn eine Nutzung zugrunde gelegt wird, die zunächst nicht eintreten wird. Aufgrund des Pauschalfestpreisgedankens wird auf Seiten der öffentlichen Hand regelmäßig versucht, auch für Nutzungsänderungen eine pauschalierte Leistung zu erhalten. Das wird jedoch i. d. R. dazu führen, dass tendenziell zu hohe Energieprognosen von den privaten Bietern vorgenommen werden, um mögliche höhere spätere Auslastungen des Gebäudes bereits einzukalkulieren. Das wiederum erhöht das Potential der Anreizregelung aus Kapitel 4.4.2.3 und führt daher zu Kostensteigerungen, weil die öffentliche Hand ein größeres Einsparpotential dem privaten Partner zuweist. Deshalb ist es sinnvoll, eine Regelung zu vereinbaren, die Anpassungen an den Betrieb berücksichtigen kann, weil Nachverhandlungen in der Regel überproportional hohe Transaktionskosten zur Folge haben. Gerade für relativ einfache Anpassungen, die voraussichtlich mehrfach während der Vertragslaufzeit zur Anwendung kommen, sind einfache Anpassungsregeln zu vereinbaren.[590]

Für die Ermittlung der Energiemengen ist ein allgemeiner Rechenansatz möglich, der alle relevanten Nutzungsparameter berücksichtigt. Aus den Darstellungen und Erläuterungen in den Kapiteln 2.3.3 und 2.3.4 ist folgender Ansatz hergeleitet:

$$V_{E,neu} = \sum P_{Nneu} \times a_P \times V_{E,VB} + a_{konst} \times V_{E,VB}$$

mit:

$V_{E,neu}$ = neue verbindliche Verbrauchsmenge des Energieträgers

P_{Nneu} = Quotient aus den neuen Nutzungsparametern und den Werten der Vertragsbasis (VB)

a_P = Faktor für den Anteil der Energiemenge, die durch P beeinflusst wird

a_{konst} = Faktor für den Anteil der Verbrauchsmenge, der durch P nicht beeinflusst wird

$V_{E,VB}$ = verbindliche Verbrauchsmenge bei Vertragsbeginn

Die Differenzierung zwischen den Anteilen der Energiemengen, die durch einen Nutzungsparameter beeinflusst werden (a_P) bzw. konstant bleiben (a_{konst}), ist notwendig, da es i. d. R. zu keiner lineare Änderung der gesamten Energiemenge kommt. Wenn z. B. die Nutzungszeit angepasst wird, ändert sich der Gesamtstromverbrauch des Gebäudes nicht linear im Verhältnis zu der Änderung der Nutzungsstunden. Die Energieverbrauchsmengen für die Außenbeleuchtung, die Gebäudeautomation, die Sicherheitsbeleuchtung u. a. werden dadurch gar nicht oder nur sehr geringfügig verändert. Da die Einflussfaktoren projektspezifisch sind, ist die allgemeine Formel auf die jeweiligen projektspezifischen Randbedingungen und für jeden Energieträger anzupassen. Exemplarisch wird an dieser Stelle von einem Verwaltungsgebäude ausgegangen und der Bereich Gebäudestrom betrachtet. Folgende Anpassungsformel kann hier zugrunde gelegt werden:

$$V_{ST,neu} = \frac{T_{RB,neu}}{T_{RB,VB}} \times \left\{ a_{fix} \times V_{ST,VB} + a_{MA} \times V_{ST,VB} \times \frac{F_{MA,neu}}{F_{MA,VB}} \right\} + a_{ww} \times V_{ST,VB} \times \frac{A_{M,neu}}{A_{M,VB}} \times \frac{A_{B,neu}}{A_{B,VB}}$$

$$+ a_{FW} \times V_{ST,VB} \times \frac{V_{FW,neu}}{V_{FW,VB}} + a_{AB} \times V_{ST,VB}$$

mit:

$V_{ST,neu}$ = neue Verbrauchsmenge Strom

$V_{ST, VB}$ =   Verbrauchsmenge Vertragsbasis (VB)

$T_{RB, neu}$ =   neue Regelbetriebszeit

$T_{RB, VB}$ =   Regelbetriebszeit Vertragsbasis (VB)

$F_{MA, neu}$ =   neue Fläche, die vom Nutzer in Anspruch genommen wird

$F_{MA, VB}$ =   Nutzfläche bei Vertragsbasis (VB)

$A_{M, neu}$ =   neue Anzahl Mitarbeiter

$A_{M, VB}$ =   Anzahl Mitarbeiter bei Nutzungsbeginn/Vertragsbasis (VB)

$A_{B, neu}$ =   neue Anzahl durchschnittliche Besucherzahl pro Woche

$A_{B, VB}$ =   Anzahl durchschnittliche Besucherzahl pro Woche zu Vertragsbeginn

a_{fix} =   Faktor für den Anteil des Stromverbrauchs, der nicht durch die Mitarbeiter, Warmwasserbezug oder Hilfsenergie beeinflusst wird.

a_{MA} =   Faktor für den Anteil des Stromverbrauchs, der durch die Mitarbeiter und deren genutzte Fläche beeinflusst wird.

a_{WW} =   Faktor für den Anteil des Stromverbrauchs, der durch den Warmwasserbedarf beeinflusst wird.

a_{FW} =   Faktor für den Anteil des Stromverbrauchs, der durch die Hilfsenergie beeinflusst wird.

a_{AB} =   Faktor für den Anteil des Stromverbrauchs, der durch die Außenbeleuchtung beeinflusst wird.

An diesem Beispiel ist erkennbar, dass es keine einheitlichen Anpassungsregeln für jedes Projekt geben kann. Die projektspezifischen Parameter sind jeweils zu berücksichtigen, sodass die Formel seitens des Auftraggebers vorgegeben werden sollte. Der private Partner hat im Zuge seiner Angebotsbearbeitung die jeweilige Größe der Faktoren zu ermitteln. Diese können im Rahmen einer Plausibilitätsüberprüfung durch den Auftraggeber konkretisiert und im Zuge der abschließenden Verhandlungen nochmals angepasst werden. Damit die Anpassungsregelungen nicht stetig zum Einsatz kommen, da ggf. nur geringe Änderungen in der Nutzung auftreten, sollten zusätzlich Schwellenwerte eingefügt werden, sodass erst bei größeren Nutzungsänderungen ein beiderseitiger Anspruch zur Anpassung der Energiemengen entsteht.

Eine Grundstruktur des Anpassungsalgorithmus ist als Arbeitshilfe im Anhang A.15.8 dargestellt. Darin sind für die verschiedenen Anteilsfaktoren a_p Werte vorgegeben, die einer ersten Plausibilitätsprüfung dienen können.[591]

---

[591] Der Verfasser hat im Rahmen der Erstellung dieser Arbeit verschiedene ÖPP-Projekte hinsichtlich der Auswirkungen auf die ermittelten Energiemengen untersucht und die Daten zusammengestellt.

4.4.2.5   Energiekosten- und Klimaentwicklung

Das Handlungsmodul Energiekosten- und Klimaentwicklung wird wie die *Anpassungsregelung* durch den Fachingenieur mit gebäudetechnischer Kompetenz aus dem Projektteam verantwortet. Die Aufgabe kann alternativ durch einen technischen Berater übernommen werden. Dazu werden folgende Aspekte mit dem Juristen zur sinnvollen Berücksichtigung im Vertrag abgestimmt:

- zukünftige Preissteigerungen bei der Wertsicherung der Versorgungsverträge und

- klimatische Auswirkungen auf den Energieverbrauch

Sofern der Auftraggeber sich entscheidet, das Vertragsmanagement und den Abschluss der Versorgungsverträge an den Privaten zu übertragen, sind die zum Einsatz kommenden Energieträger bzw. deren angebotene Preise wertzusichern.

Für die Wertsicherung der Energiepreise des Privaten wurde bereits in Kapitel 2.3.4.4 herausgestellt, dass der Verbrauchpreisindex (VPI) ungeeignet ist und die Entwicklung der Erzeugerpreise zugrunde zu legen ist. Den Indizes der Erzeugerpreise sind GP-Nummern zugeordnet.[592]

Die für das Energiemanagement relevanten Bereiche gliedern sich in die GP-Güterabteilungen 19 (Mineralölerzeugnisse), 35 (Energie) und 36 (Wasser). Die weitere Untergliederung wird nach Merkmalen wie z. B. Abgabe an Handel, Gewerbe oder Industrie vorgesehen. Die maßgebliche Differenzierung erfolgt aus der Abnahmemenge. Die folgenden GP-Unterkategorie-Nummern für Erzeugerpreise sind für das Energiemanagement relevant:[593]

- Heizöl leicht, GP-Nr. 1920 26 007

- Erdgas (bei Abgabe an Handel und Gewerbe), GP-Nr. 3522 22[594]

- Strom (bei Abgabe an Sondervertragskunden), GP-Nr. 3511 14[595]

---

[592] GP ist die Abkürzung für Gütersystematik für Produktionsstatistik.
[593] Den GP-Nummern liegt eine Ordnung aus 9 Ziffern zugrunde. Jeder GP 9-Steller bezeichnet eine Güterart, die einer Güterunterkategorie, dem GP 6-Steller untergeordnet ist. Diese wiederum ist dem GP 5-Steller, der Güterkategorie innerhalb einer Güterklasse, dem GP 4-Steller, zugeordnet. Die Güterklassen werden zusammengefasst zu Gütergruppen, den GP 3-Stellern, mehrere davon bilden den GP 2-Steller, die Güterabteilung. Vgl. Statistisches Bundesamt (Hrsg.): Handbuch zur Methodik, Kapitel 1, Stand: April 2010, Online im Internet, URL: <http://www.destatis.de>, Abruf: 13.05.2010, 21:45 Uhr, S. 10
[594] Der Index berücksichtigt Abnahmemengen im Bereich von ca. 100.000 kWh, was als Vergleichsmaßstab bei der Mehrzahl der ÖPP-Projekte geeignet ist. Bei umfangreicheren Projekten ist entsprechend von größeren Abnahmemengen auszugehen. Alternativ ist der Index bei Abgabe an die Industrie zu nennen, welcher jedoch Mengenabsätze zwischen 1.000 und 500.000 MWh berücksichtigt.
[595] Für den Begriff der Sondervertragskunden existiert keine Legaldefinition. Sie unterscheiden sich dadurch, dass sie nicht zu den sog. Tarifkunden zählen, denen üblicherweise private Haushalte zugeordnet werden. Kunden mit einer Abnahmemenge größer als 100.000 kWh, wozu üblicherweise die Betreiber von ÖPP-Immobilien zählen, sind i. d. R. als Sondervertragskunden einzustufen.

- Holz in Form von Plättchen oder Schnitzel, GP-Nr. 1610 23

- Pellets, Briketts o. Ä., GP-Nr. 1629 14

- Fernwärme, GP-Nr. 353

Sie unterscheiden sich u. a. dadurch, dass der VPI die gesetzliche Mehrwertsteuer bzw. Umsatzsteueränderungen berücksichtigt, der Erzeugerpreisindex dagegen nicht.[596]

Die genaue Abgrenzung zwischen den einzelnen Preisstatistiken ergibt sich aus den verschiedenen Wirtschaftsstufen, in denen die Preise erhoben werden. Bild 4-15 zeigt eine Übersicht darüber, inwieweit steuerliche Veränderungen in den einzelnen Indizes berücksichtigt sind.

Aus Bild 4-15 wird deutlich, dass Steueränderungen (ohne Mehrwert- bzw. Umsatzsteuer) in den Indizes berücksichtigt sind, sodass aus der sonst üblichen Risikoallokation hier kein Anspruch für den Privaten entsteht, wenn sich entsprechende Abgaben verändern.

Des Weiteren empfiehlt es sich, bei der Wertsicherung der Energiekosten auf den Termin der letzten Angebotsabgabe abzustellen. Regelmäßig wird in den Projektverträgen eine Pauschalpreisbindung bis zu mehreren Jahren nach Bewirtschaftungsbeginn gefordert.

Berücksichtigt man, dass nach Abgabe des letzten Angebotes und Fertigstellung des betriebsfähigen Gebäudes mehrere Jahre liegen können, ist zu erwarten, dass der Private in seinem Angebot einen hohen Risikozuschlag für mögliche Preissteigerungen in diesem Zeitraum berücksichtigt.

Da die Vorhersage der Preissteigerungen gerade im Energiekostenbereich von sehr vielen Faktoren abhängig ist, erscheint es im Sinne einer gerechten Risikoverteilung richtig, bei den Energiekosten einen frühen Zeitpunkt für den Beginn der Indexierung zu wählen.

Statistik	Verbrauchssteuern: Mineralöl-, Öko-, Erdgas-, Stromsteuer	Steuerähnliche Abgaben: z.B. Erdölbevorratung	Mehrwertsteuer
Einfuhrpreise	Nein	Nein	Nein
Erzeugerpreise	Ja	Ja	Nein
Verbraucherpreise	Ja	Ja	Ja
Ausfuhrpreise	Nein	Nein	Nein

Bild 4-15: Berücksichtigung von Steuerveränderungen in Preisindizes[597]

Hinweis darauf gibt die Konzessionsabgabenverordnung für Strom und Gas, wonach Stromlieferungen an Kunden, die jährlich mehr als 30.000 kWh beziehen, mit geringeren Konzessionsabgaben belastet werden als Tarifkunden. Vgl. § 2 Abs. 7 Konzessionsabgabenverordnung vom 9. Januar 1992 (BGBl. I S. 12, 407), die zuletzt durch Artikel 3 der Verordnung vom 1. November 2006 (BGBl. I S. 2477) geändert wurde.

[596] Die Umsatzsteuer ist nicht Bestandteil des Erzeugerpreises, da es sich um eine Verkehrssteuer handelt, die bei Gewerbetreibenden einen durchlaufenden Posten darstellt. Dagegen sind Verbrauchssteuern und die steuerähnlichen Abgaben in den Bestandteilen des Erzeugerpreises enthalten. Vgl. Statistisches Bundesamt (Hrsg.): Handbuch zur Methodik, Kapitel 2, S. 3, a.a.O.

Für die klimatischen Entwicklungen und Schwankungen ist eine jährliche Witterungsbereinigung für den Heizenergieverbrauch für Gebäude gem. VDI 3807 durchzuführen.[598]

Für die Kältemenge kann auch das Verfahren der VDI 3807 angewendet werden. Gerade im Hinblick auf die in Ziffer 2.3.4.2 erwähnte Häufung der heißen Sommertage erscheint es sinnvoll, das Prinzip der Gradtagszahlen für die Heizenergie auch für die Kühlenergie anzuwenden, um eine analoge Bereinigung vorsehen zu können.[599]

Kühlgradtage (KGT) errechnen sich in der internationalen Literatur wie folgt:[600]

$$\mathrm{KGT}(T_1, T_2) = \sum_{k=T_1}^{T_2} (\theta_t - 18{,}3); f\ddot{u}r\ Tage\ an\ denen\ \theta_t \geq 18{,}3$$

mit:

KGT = Anzahl Kühlgradtage

T_1 = erster Tag des Betrachtungszeitraums

T_2 = letzter Tag des Betrachtungszeitraums

θ_t = Tagesmitteltemperatur

Da Kühlgradtage nur auf Anforderung vom Deutschen Wetterdienst (DWD) herausgegeben werden, kann auch eine andere Grenztemperatur als 18,3 °C genutzt werden. Verschiedentlich werden Temperaturen von 18 °C, 20 °C und 22 °C als Maßstab für die Ermittlung von Kühlgradtagen angegeben.[601] Bei der Formulierung ist darauf zu achten, den Bezugszeitraum für die spätere Witterungsbereinigung sowie ggf. den Referenzstandort anzugeben.[602] Beide Angaben sind in den Vertrag aufzunehmen.

Eine Mustervertragsklausel für die Energiekosten- und Klimaentwicklung wurde als Arbeitshilfe entwickelt worden und im Anhang A.15.11 formuliert. Die Anwendung der Witterungsbereinigung wird im Handlungsmodul Energieabrechnung (HM.AN.5.C) beschrieben.

---

[597] Eigene Darstellung in Anlehnung an Statistisches Bundesamt (Hrsg.): Daten zur Energiepreisentwicklung, Lange Reihen von Januar 2000 bis Juni 2010, Statistisches Bundesamt 2010, Online im Internet, URL: <http://www.destatis.de>; Abruf: 10.08.2010, 21:45 Uhr

[598] Vgl. Ziffer 4.3 Bereinigung, in VDI 3807 Blatt 1, S. 11 ff.

[599] Eine genaue Definition für Gradtagszahlen im Hinblick auf Kühlung ist in der deutschsprachigen Literatur nicht aufzufinden, was ggf. auf den wesentlich heterogeneren Verlauf des Energiebedarfs für Kühlung im Vergleich mit dem des Heizenergiebedarfs zurückzuführen ist.

[600] Die Grenztemperatur von 18,3 °C entspricht 65 Fahrenheit. Vgl. dazu Prettenthaler, F. et al.: Auswirkungen des Klimawandels auf Heiz- und Kühlenergiebedarf in Österreich, StartClim2006.F, Online im Internet, URL: <http://www.austroclim.at/startclim>, Abruf: 29.4.2010, 16:28 Uhr, S. 10

[601] Vgl. Bopp, R.: Verbrauchsüberwachung Wärme und Kälte, Folienvortrag, Workshop Energiemanagement, Beitrag der Universität Ulm an der Medizinischen Hochschule Hannover am 20.6.2006

[602] Um Sicherheit bei der langfristigen Datenbeschaffung zu erhalten, sollte ein Referenzstandort gewählt werden, für den der DWD entsprechende Daten vorhält.

4.4.2.6 *Arbeitshilfen*

Für die Umsetzung der Handlungsmodule der öffentlichen Hand wurden folgende Arbeitshilfen entwickelt. Sie sind im Anhang unter der jeweiligen Angabe in den Klammern zu finden:

- Nutzungsprofil Regelbetrieb und Sonderveranstaltungen (A.15.3)

- Belegungsplan Sporthalle (A.15.4)

- energetisch relevante Output-Spezifikationen (A.15.5)

- Umrechnungstabelle Emissionswerte (A.15.6)

- Plausibilitätsprüfung EnEV-Anforderungen (A.15.7)

- Anpassungsregelung (A.15.8)

- Musterklausel Anreizregulierung (A.15.9)

- Musterklausel für die technische Modernisierung (A.15.10)

- Musterklausel Energiekosten- und Klimaentwicklung (A.15.11)

Unter derselben Bezeichnung sind die Arbeitshilfen in digitaler Dateiform im Format MS-Word oder MS-Excel (Version 97-2003) online verfügbar.

4.4.3 Handlungsmodule privater Partner

4.4.3.1 *Energiebewirtschaftung*

Das Handlungsmodul Energiebewirtschaftung wird auch durch den zuständigen Angebotsprojektmanager verantwortet, der sich in enger Abstimmung mit dem Immobilienbetreuer oder wenn möglich Energiemanager über das Energiecontrolling in der Bewirtschaftungsphase abstimmt. Für dieses Handlungsmodul lassen sich folgende Ziele formulieren:

- optimale Voraussetzungen für ein späteres Energiecontrolling der Immobilie schaffen

- Schnittstellen mit anderen Gewerken identifizieren

- Voraussetzungen für ein strategisches Benchmarking schaffen

Im Rahmen dieses Handlungsmoduls werden wiederum die Output-Spezifikationen der Vergabeunterlagen herangezogen, um die Mindestbedingungen für das aufzustellende Zählerkonzept zu ermitteln. Hieraus ergibt sich zunächst, welche Energiemengen für welche Nutzungsbereiche im Gebäude erfasst werden müssen.

An dieser Stelle ist aus Sicht des Betreibers zu prüfen, ob aus strategischen Überlegungen ggf. weitere Zähler in sein Zählerkonzept aufzunehmen sind. So bietet es sich an, spezifische technische Anlagen noch einmal separat zu erfassen, um weitere Benchmarks für die Analyse seines Portfolios zu erhalten.

Damit ein späteres Energiecontrolling auch Rückschlüsse auf die Konzeption und die Regulierung der technischen Anlagen ermöglicht, sind neben den reinen Zählerdaten weitere messtechnische Parameter zu berücksichtigen. Üblicherweise werden in den für diese Arbeit relevanten Gebäudetypen stets Anlagen der Gebäudeautomation vorgesehen, sodass alle wesentlichen Parameter wie Witterungsbedingungen, Systemtemperaturen (Vor- und Rücklauf des Wärme- und ggf. Kältenetzes) oder auch Störmeldungen erfasst werden. Dadurch ist u. a. frühzeitig zu erkennen, ob Anlagenteile außer Funktion sind. In der Regel wird bereits im Rahmen des Energiebewirtschaftungskonzeptes festgelegt, ob die Energiemengenzähler in die Gebäudeautomation integriert werden oder ob diese als autarkes System funktionieren und nur eine entsprechende Software-Schnittstelle (Bus-System) vorgesehen wird, um die notwendigen Informationen aus der Gebäudeautomation im Energiemonitoring zu verarbeiten. Hier bedarf es zusätzlich der Abstimmung mit der Planung der technischen Ausrüstung bzw. der Gebäudeautomation bzgl. eventuell notwendiger weiterer Messwerte, die ohne ein geplantes Energiemanagement nicht vorgesehen werden.

In der weiteren Konzeption der Energiebewirtschaftung spielt es eine Rolle, ob der Abschluss der Versorgungsverträge bei dem privaten Partner liegt. Wenn dies der Fall ist, kann durch den Privaten geprüft werden, ob die direkte Einbindung eines Energieversorgers sinnvoll erscheint. Regelmäßig bieten diese z. B. die Errichtung eines Blockheizkraftwerkes[603] an, mit dem eine effizientere Energieversorgung gewährleistet werden kann. Es ist jedoch projektspezifisch zu überprüfen, ob eine Einbindung vertraglich dargestellt werden kann.[604] Eine entsprechende Berücksichtigung im Energiekonzept wäre hier umzusetzen.

Sofern die Plausibilität des Konzeptes gewährleistet ist, kann das vorgesehene Energiebewirtschaftungskonzept in das Energiekonzept integriert werden.

4.4.3.2 Energiekonzept

Das Handlungsmodul Energiekonzept wird durch den zuständigen Angebotsprojektmanager des Privaten verantwortet, da es in den meisten Fällen entscheidenden Einfluss auf den Erfolg des Angebotes nimmt. Neben dem Projektmanager sind im engeren Sinne alle Planungsbeteiligten in dem Handlungsmodul beteiligt. Je nach spezieller Qualifikation können auch hier Spezialisten, z. B. „Passivhausplaner" erforderlich sein.

Ziele des Handlungsmoduls sind:

• Erreichen eines optimierten Energiekonzeptes

---

[603] Zur weiterführenden Informationen zu dem Thema Kraft-Wärme-Kopplung siehe Panos, K.: a.a.O., S. 347 ff.

[604] Die bereits empfohlene Sonderkündigungsregelung für den Auftraggeber hinsichtlich des Abschlusses der Versorgungsverträge führt hier zu einem möglichen Zielkonflikt. Der Energieversorger wird seinerseits eine längerfristige Bindung von min. 8 bis 12 Jahren voraussetzen, um z. B. eine Investition in ein BHKW zu tätigen. Dies wäre im ÖPP-Vertrag entsprechend zu berücksichtigen, wenn die Kommune ein Sonderkündigungsrecht erhalten will.

• Berücksichtigung der spezifischen Angebotsanforderungen

Das Handlungsmodul beginnt mit der Auswertung der Output-Spezifikationen der Vergabe-unterlagen, aus denen durch die jeweiligen Planungsbeteiligten die Mindestanforderungen der Ausschreibung identifiziert werden müssen. Daran schließen sich die architektonische Grund-konzeption und die Erstellung einer ersten Vorentwurfsplanung an. Durch die Fachingenieure der technischen Ausrüstung sind im Folgenden technische Varianten in Bezug auf die Anfor-derungen zu entwickeln und es ist zu überprüfen, welche Lösungsansätze technisch umsetzbar sind. Anhand von Kennwerten oder einer überschlägigen Schätzung der Investitionskosten sowie der Instandhaltungs- und Energiekosten werden die Lösungsansätze priorisiert. Neben der Kostenwirtschaftlichkeit[605] ist meistens der ökologische Aspekt (Primärenergiebedarf) zu beachten. Ferner sind funktionale und architektonische Mindestanforderungen unter energeti-schen Planungsoptimierungen zu berücksichtigen, z. B. Ausrichtung des Gebäudes auf dem Grundstück zu bestimmten Himmelsrichtungen und energiebewusste Raumanordnungen etc.

Dieser Prüfungsvorgang ist solange zu wiederholen bis mindestens zwei Lösungsansätze ge-funden wurden, um damit in eine detailliertere Betrachtung einzusteigen.[606] Hierbei ist das Handlungsmodul Energiemengen- und -kostenermittlung (Ziffer 4.4.3.3) anzuwenden, um genauere Energiemengen und ggf. -kosten zu ermitteln. Dazu müssen die weiteren relevanten Folgekosten, vorrangig die Instandhaltungskosten, berücksichtigt werden, da sie Einfluss auf die Kostenwirtschaftlichkeit des energetischen Konzeptes nehmen.[607]

Die Ergebnisse der Variantenuntersuchung sind daraufhin mit der Wertungsmatrix des Ge-samtangebotes zu vergleichen. Hier kommt den Vorgaben der Kommune aus dem Hand-lungsmodul Energiemengen- und -kostenbewertung (Ziffer 4.4.2.2) für den Privaten eine ent-scheidende Bedeutung zu. Für die Entscheidung, welches Energiekonzept zum angestrebten Angebotserfolg führen soll, sind die Ergebnisse auf Plausibilität anhand eigener oder interner Benchmarks zu überprüfen. Die Energiekonzeption, welche unter Abwägung aller Einfluss-größen, insbesondere der Angebotskriterien, die höchste Erfolgswahrscheinlichkeit aufweist,

---

[605] Das kostenwirtschaftlichste Energiekonzept hat den günstigsten Barwert bezogen auf die Investiti-ons-, Instandhaltungs- und Energiekosten. Da wesentliche Parameter projektspezifisch sind, z. B. Diskontierungsfaktor, Energiekosten und deren Preissteigerung, Vertragslaufzeit, einsetzbare Ener-gieträger, Vorplanung etc., kann sich bei jedem Projekt ein anderes Energiekonzept als kostenwirt-schaftlichste Lösung herausstellen. Ein Barwertrechner ist als Arbeitshilfe zu diesem Kapitel aufge-führt (A.15.12).

[606] Bevor eine detaillierte Planungsfortführung vorgesehen wird, sollte stets auf einer generellen Ebene das energetische Konzept entwickelt werden, sodass bei Vorliegen einer Lösung auch andere denk-bare Lösungsansätze betrachtet werden können. Vgl. dazu Daenzer, E. F., Huber, F.(Hrsg.): Sys-tems Engineering, Methodik und Praxis, 9. Auflage, Verlag Industrielle Organisation: Zürich 1997, S. 33

[607] Die Instandhaltungskosten sind im Lebenszyklus eines Gebäudes in Bezug auf die Gesamtkosten bedeutender als die Energiekosten, was bereits unter Ziffer 4.4.2.2. aufgezeigt wurde. *Stoy* macht in seiner Arbeit deutlich, dass die Instandhaltungskosten wesentlich durch den Technisierungsgrad ei-nes Gebäudes beeinflusst werden. Vgl. Stoy, C.: Benchmarks und Einflussfaktoren der Baunut-zungskosten, vdf Hochschulverlag: Zürich 2005, S. 147

wird abschließend erstellt und dem Angebot zur Erläuterung beigelegt. Ein Mustervorschlag für die Inhalte des Energiekonzeptes ist als Arbeitshilfe aufgeführt und im Anhang A.15.13 dargestellt.

4.4.3.3   Energiemengen- und -kostenermittlung

Die Verantwortung für dieses Handlungsmodul muss beim zuständigen Projektmanager des Privaten liegen, da hier neben den technischen Aspekten auch weitere Punkte wie die vertraglichen Regelungen das abschließende Ergebnis der Energiemengenermittlung beeinflussen. Die Energiemengen- und -kostenermittlung muss ein erfahrener Fachingenieur vornehmen, der über eine entsprechende Kompetenz in der Anwendung der rechnerischen Verfahren bei der Ermittlung von Energiemengen verfügt. Es ist möglich, die thermische Gebäudesimulation durch ein externes Ingenieurbüro oder einen Dienstleister vornehmen zu lassen und die Ergebnisse daraus weiterzuverarbeiten.

Folgende Ziele gelten für das Handlungsmodul:

- voraussichtliche Energiemengenverbräuche und -kosten für das Gebäude exakt ermitteln

- Eingabedaten für die Entwicklung und Bewertung des energetischen Konzeptes liefern

Nachdem die energetische Konzeption mindestens zwei Lösungsvarianten priorisiert hat, gilt es, die relevanten Energiemengen zu ermitteln. Die Ermittlung für nur zwei Lösungsvarianten ist angemessen, da ein wesentlicher Aufwand in der Eingabe des thermischen Gebäudemodells besteht. Aufgrund der gegebenen architektonischen und funktionalen Anforderungen werden von dem Architekten keine zwei gravierend voneinander abweichenden Entwürfe entwickelt, sodass die Variation in Bezug auf das energetische Konzept stärker in der unterschiedliche Anlagentechnik zu sehen sein wird.

Dazu kann der Energiekalkulator die notwendigen Eingabeparameter vereinfacht über eine Checkliste (diese ist in den Arbeitshilfen unter Ziffer 4.4.5 aufgeführt und im Anhang A.15.14 dargestellt) von den Fachplanern einholen. Hier geht es im Wesentlichen um die Erfassung der Qualitäten der Gebäudehülle sowie der anlagentechnischen Komponenten. Für die thermische Gebäudesimulation ist das entsprechende Gebäudemodell anschließend durch EDV-Einsatz zu erzeugen. Dabei spielen die Parameter der Nutzungsprofile eine wesentliche Rolle, weil aus ihnen die relevanten Einflussgrößen für den zu erwartenden Energieverbrauch hervorgehen. Darüber hinaus ist darauf zu achten, welcher Referenzzeitraum bei den Wetterdaten festgelegt wurde, um in der späteren Witterungsbereinigung darauf Bezug zu nehmen.[608]

Die Simulationsergebnisse sind anhand von Vergleichsobjekten zu plausibilisieren, da es zahlreiche Einstellparameter in der EDV-Anwendung gibt und gewährleistet werden muss, dass die Ergebnisse nicht durch Fehleingaben verfälscht werden.

---

[608] Die Witterungsbereinigung ist Bestandteil des Handlungsmoduls Energiekosten- und Klimaentwicklung (Ziffer 4.4.2.5).

Da die VDI den Wärme- und Kälteenergiebedarf auf der Ebene der Nutzenergie ermittelt, ist nach der Simulation die Anlagentechnik des Gebäudes zu bewerten und deren Aufwandszahlen[609] zu ermitteln.[610] Durch Multiplikation der Nutzenergiemengen mit den jeweiligen Anlagenaufwandszahlen ergibt sich der zu erwartende Energieverbrauch (Endenergiemenge) in der Bewirtschaftungsphase.[611] Die Daten werden daraufhin in die Energiematrix (eine Mustervorlage ist in den Arbeitshilfen aufgeführt und im Anhang A.15.15 erläutert.) übertragen. Zusätzlich sind die elektrischen Energiemengen für den Stromverbrauch zu ermitteln, wozu auf die Ansätze des Leitfadens elektrische Energie (LEE)[612] zurückgegriffen wird, die in der Energiematrix berücksichtigt sind.

Falls der Nutzerstrom vom privaten Partner verantwortet werden soll, ist die geplante Ausstattung des Gebäudes zu erfassen.

Falls diese durch den Privaten geliefert wird, sind diese Angaben in den entsprechenden Datenblättern der Ausstattungsgeräte zu recherchieren. Sofern es sich um Bestandsinventar handelt, welches durch den Privaten zu übernehmen ist, muss eine Bestandsaufnahme vorgenommen werden, aus der die Mengen und die Anschlusswerte der Geräte hervorgehen. Diese Angaben können in Verbindung mit dem Nutzungsprofil ausgewertet werden, sodass sich die Nutzerstrommengen und -kosten prognostizieren lassen.

Zusammen mit dem Projektmanager sollte abschließend der Risikozuschlag auf die Energiemengenkalkulation vorgenommen werden. In Abhängigkeit von den Schwellenwerten, deren Änderungen in den Nutzungsprofilen zu Anpassungen berechtigen, ist ein Risikozuschlag zwischen 5 % und 10 % berechtigt.[613]

Sind Energiepreise anzubieten, müssen Angebotspreise bei EVUs eingeholt werden. Wie unter Ziffer 2.3.4.3 dargestellt, sind sowohl der Strom- als auch der Gasmarkt soweit liberalisiert, dass es für die Energieversorgungsunternehmen möglich ist, bundesweit eine Energieversorgung anzubieten.

Unter Berücksichtigung der Energiemengen und Energiekosten können die Ergebnisse anhand der Angebotskriterien und Vorlagen dahingehend überprüft werden, ob das Angebotsoptimum erreicht ist. Abschließend sind durch den Fachingenieur die Faktoren der Anpassungsregelungen bei Nutzungsänderungen zu ermitteln und in das Muster-Formblatt (Arbeitshilfe in Ziffer 4.4.2.6) einzutragen.

---

[609] Die Anlagenaufwandszahlen berücksichtigen die Energieverluste durch die Erzeugung, Verteilung im Gebäude und Abgabe an den Raum.

[610] Zur Differenzierung von Nutzenergie und Endenergie siehe Kapitel 2.3.1

[611] Die anzubietende Energiemenge kann durch weitere Risikofaktoren aufgrund vertraglicher Regelungen bzw. projektspezifischer Randbedingungen erhöht werden.

[612] Vgl. dazu Ziffer 2.3.3.6

[613] Vgl. dazu Risikoerwartungswerte für Verbrauchsmengenüberschreitungen in ÖPP-Projekten in Stichnoth, P.: a.a.O., S. 82 sowie die Ausführungen in Kapitel 2.3.4.1

4.4.3.4   Arbeitshilfen

Für die Umsetzung der Handlungsmodule des Privaten wurden folgende Arbeitshilfen entwickelt und im Anhang unter der jeweiligen Angabe in den Klammern zu finden:

- Barwertrechner (A.15.12)

- Musterinhalte Energiekonzept (A.15.13)

- Checkliste Qualitäten (A.15.14)

- Energiematrix (A.15.15)

Unter derselben Bezeichnung sind die Arbeitshilfen in digitaler Dateiform im Format MS-Word oder MS-Excel (Version 97-2003) online verfügbar.

4.5   Planung und Bau (Phase 4)

4.5.1   Beteiligte und Aufgaben

In der Phase 4 beginnt die Umsetzung der vertraglichen Leistung gemäß üblicher Praxis durch einen Generalunternehmer des Privaten. Besonderheiten liegen in der Einbeziehung der späteren Bewirtschaftungsphase, die zusätzlich durch den Privaten verantwortet wird. Grundsätzlich kann davon ausgegangen werden, dass auch der Private an einer vollständigen Umsetzung der vertraglichen Leistung in der Bauphase interessiert ist, um zu vermeiden, dass sich anfängliche Schwierigkeiten mit Beginn der Bewirtschaftungsphase zeigen. Dennoch sollte der öffentliche Auftraggeber ein Planungs- und Baucontrolling im Hinblick auf die geschuldete Leistung vorsehen, um sicherzustellen, dass bis zur Fertigstellung die vereinbarten Qualitäten und Quantitäten tatsächlich umgesetzt werden. Je nach fachlicher Kompetenz und Auslastung kann das Controlling durch den Vertreter der öffentlichen Hand durchgeführt werden. Neben der Bewirtschaftungsphase, die ggf. von Leistungsänderungen durch das konkretisierte Planen und Bauen betroffen ist, ist auch der Leistungsbereich Finanzierung zu beachten.

Auf Seiten des öffentlichen Partners empfiehlt es sich, dass die zukünftige Projektleitung von derselben Person weitergeführt wird, um sicherzustellen, dass alle Ergebnisse des Verhandlungsverfahrens angemessen berücksichtigt werden.

Es ist jedoch auch möglich, das Controlling auf spezialisierte Externe zu übertragen.

Auf Seiten des Privaten sollte wenn möglich, auch auf Personenidentität geachtet werden, sodass der Projektmanager aus der Angebotsbearbeitung das Projekt auch in Phase 4 weiterhin verantwortet. Allerdings kommen im Rahmen der Realisierung neue Personen zum Projekt hinzu, um eine reibungslose Projektabwicklung zu gewährleisten. Für das Energiemanagement ist der Zeitraum vor der Inbetriebnahme des Objektes von besonderer Bedeutung. Hier sind alle Leistungen hinsichtlich Vollständigkeit und Funktionsfähigkeit zu überprüfen, damit ein einwandfreier Betrieb gewährleistet wird. Dabei wird i. d. R. bereits der spätere private Immobilienbetreuer eingebunden, um einen fließenden Übergang sicherzustellen.

4.5.2 Handlungsmodul Energiekonzeptcontrolling (öffentliche Hand)

Das Handlungsmodul Energiekonzeptcontrolling entspricht im Wesentlichen den bekannten Projektmanagementleistungen bei Planungs- und Bauleistungen.[614] In dieser Arbeit wurde der Begriff so gewählt, um an dieser Stelle eine Abgrenzung vorzunehmen. Das Handlungsmodul umfasst hier die Leistungen bzgl. des Energiemanagements während des Planens und Bauens des Objektes.

Die Verantwortung für das Modul trägt der Projektleiter der öffentlichen Hand. Er benötigt Unterstützung von Fachingenieuren bei der Überprüfung der Einhaltung der energetischen Kennwerte aus den Vergabeunterlagen. Bei besonderen Aufgaben wie der Zertifizierung eines Passivhauses kann es erforderlich sein, weitere Spezialisten zu beauftragen. Die Ziele des Handlungsmoduls sind wie folgt definiert:

- Sicherstellen der vereinbarten energetischen Qualität

- Überprüfen der Einhaltung der Anforderungen der Output-Spezifikationen

Die Überprüfung der vorgegebenen energetischen Kennzahlen wie z. B. die Einhaltung der Anschlusswerte der Beleuchtung pro m^2 NF kann während der Kontrahierungsphase nicht stattfinden, da diese aufgrund der notwendigen Planungstiefe erst im Rahmen der Ausführungsplanung vorgenommen werden kann.

Ein Teil der Anforderungen lässt sich dahingehend kontrollieren, dass der private Partner die Nachweise durch einen öffentlich bestellten und vereidigten Sachverständigen erstellen lässt, wie z. B. den EnEV-Nachweis im Rahmen der Baugenehmigung. Dadurch kann der Prüfaufwand auf Seiten der öffentlichen Hand reduziert werden.

Vor Inbetriebnahme des Gebäudes ist das Nutzungsprofil auf Aktualität zu überprüfen.[615] Ferner sind Energieversorgungsverträge abzuschließen, wenn diese nicht durch den Privaten übernommen werden.

4.5.3 Handlungsmodul Inbetriebnahme (privater Partner)

Die Inbetriebnahme des Objektes ist ein Schlüsselvorgang im Rahmen von ÖPP-Projekten. Der Private hat noch zu belegen, dass die energierelevanten Aspekte in Bezug auf die lang-

---

[614] Vgl. weiterführend Diederichs, C. J. et al.: Projektmanagementleistungen in der Bau- und Immobilienwirtschaft, in Schriftenreihe des AHO (Hrsg.), Heft Nr. 9, Bundesanzeiger Verlag: Berlin 2004
[615] Aufgrund der zeitlichen Dauer, i. d. R. mehrere Jahre, zwischen Erstellung der Outputspezifikation (Anfang Phase 3) und dem zugehörigen Nutzungsprofil und der Inbetriebnahme des Gebäudes (Ende Phase 4), kann es vorkommen, dass relevante Änderungen eingetreten sind, die ggf. Anpassungsregelungen erfordern.

fristige Bewirtschaftung vollständig und mängelfrei umgesetzt wurden, damit ein reibungsloser Betrieb gewährleistet wird.

Die Verantwortung für das Modul trägt der Projektmanager des Privaten, der im Idealfall bereits das Angebot bearbeitet hat und als Vermittler zwischen den Verantwortlichen für die Bauausführung und den späteren Betreibern fungiert. Hinzu kommt der Immobilienbetreuer oder Objektmanager der öffentlichen Hand, der für das Energiecontrolling im Rahmen der Bewirtschaftung verantwortlich ist. Ggf. wird ein Wechsel zwischen den handelnden Personen im Rahmen des verantwortlichen Projektmanagements stattfinden. Dies sollte aufgrund des hohen Komplexitätsgrades der Projekte jedoch vermieden werden.

Aus Sicht des Energiemanagements und im Rahmen dieses Handlungsmoduls wird vorausgesetzt, dass die bauliche Qualität der angebotenen Konzeption inhaltlich vollständig und fehlerfrei umgesetzt wurde.[616] Relevante Ziele dieses Handlungsmoduls sind:

- Sicherstellen der technischen Voraussetzungen für das Energiemanagement

- Schaffen von Transparenz für das Energiemanagement in der Bewirtschaftungsphase

Der Projektmanager des Privaten hat dafür Sorge zu tragen, dass die Zähler entweder aus dem Bewirtschaftungskonzept installiert wurden oder die Schnittstelle zur Gebäudeautomation hergestellt wurde, wenn die Zähler als autarkes System im Gebäude installiert worden sind.

Bild 4-16 stellt ein exemplarisches Zählerkonzept eines dreigeschossigen Gebäudes (UG, EG, OG) für die Strommengenerfassung dar. Für jedes Geschoss wird der Strom getrennt nach Verbrauchern (Beleuchtung, Steckdosenstrom etc.) erfasst und als autarkes System installiert. Die Daten werden über eine Schnittstelle und das Internet (DSL-Router) in ein anderes EDV-System übertragen.

Die Entscheidung, ob die Zähler in ein Gebäudeautomationssystem aufgenommen werden, hängt von den Projektbeteiligten ab. Wenn mehr als ein Objekt von einem Immobilienbetreuer verantwortet wird, ist es sinnvoll, für das Energiemanagement ein einheitliches System zu wählen und die Zähler zzgl. der relevanten Zusatzinformationen in einem offenen bzw. herstellerunabhängigen

System zu installieren, sodass bei einem Softwarewechsel o. Ä. eine Übertragung der Daten weiterhin gewährleistet bleibt.

Es empfiehlt sich daher, M-Bus-fähige Zähler zu installieren.[617] Die notwendigen Daten während der Inbetriebnahme bestehen aus:[618]

- Zuordnung Nutzungsbereich

---

[616] Von einer baubegleitenden Qualitätsüberwachung im Rahmen der Realisierung des Objektes wird ausgegangen.

[617] Zu den technischen Schnittstellen von Energiemengenzählern siehe Kap. 2.3.2.2

[618] Eine detailliertere Datenerfassung ergibt sich aus der Zählerliste, siehe Arbeitshilfe in Ziffer 4.5.4.

- Standort im Objekt

- Zählerinformationen

- Daten zur Erstinbetriebnahme

Da es sich um elektronische Zähler handelt und diese eine entsprechende Adressierung benötigen, ist es notwendig, von den verschiedenen Fachunternehmen, die für die Ausführung der gebäudetechnischen Anlagen beauftragt wurden, diese Informationen zu sammeln.

Für die eindeutige Zuordnung und Wiederauffindbarkeit ist eine nachvollziehbare Zählernummerierung erforderlich. Folgende Zählernummerncodierung wird dazu vorgeschlagen:[619]

[Energieträger]-[Zählertyp]-[Energiemengentyp]-[Objektebene]-[Raumnummer][620]

mit

Energieträger: T (Trinkwasser)

R (Regenwasser)

G (Gas)

W (Wärme)

K (Kälte

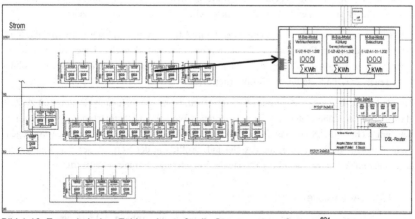

Bild 4-16: Exemplarisches Zählerschema für die Strommengenerfassung[621]

---

[619] Die Zählernummercodierung wurde vom Autor schon mehrfach in ÖPP-Projekten umgesetzt und bereits von weiteren Beteiligten für andere Projekte übernommen worden.

[620] Ein Zähler mit der exemplarischen Bezeichnung S-UZ-N-E-0.107 erfasst demnach die nutzungsspezifische Strommenge, ist ein Unterzähler und befindet sich im Erdgeschoss in dem Raum 0.0107.

[621] Eigene Darstellung

	E (Strom)
Zählertyp:	HZ (Hauptzähler)
	UZ (Unterzähler)
Energiemengentyp:	N (Nutzerstrom)
	B (Beleuchtung)
	L (Lüftung)
	T (sonstige TGA)
	...
Objektebene:	Ux (Untergeschoss 1-x)
	00 (Erdgeschoss)
	0x (Obergeschoss 1-x)
Raumnummer:	Nummer entsprechend Raumprogramm

Wenn die relevanten Informationen nicht aus der Gebäudeautomation abgerufen, sondern als zusätzliche Daten in das Zählersystem aufgenommen werden, ist eine analoge Zählernummercodierung für die zusätzlichen Messwerte notwendig. In die Grundrisse des Gebäudes sind die Zähler grafisch einzutragen und entsprechend der Codierung zu bezeichnen.

Als Hilfsmittel dient dazu eine Zählerliste, die in Ziff. 4.5.4 und Anhang A.15.16 aufgeführt ist. Neben der reinen Erfassung der Zähler mit detaillierten technischen Daten ist die transparente Dokumentation der Zähler im Gebäude erforderlich. Dies dient dem späteren Immobilienbetreuer als Grundlage für sein Monitoring.

Da die Zähler ihre Daten elektronisch weitergeben, ist es dennoch sinnvoll, von Zeit zu Zeit die angezeigten Zählerdaten mit den übertragenen Werten auf Übereinstimmung zu überprüfen, um sicher zu stellen, dass keine Übertragungsfehler bei den Informationen vorliegen. Acht Wochen vor Inbetriebnahme des Gebäudes sollte mit der Vergabe der Versorgungsverträge begonnen werden, sofern der Private die Versorgungsverträge verantwortet.

4.5.4   Arbeitshilfe

Für die Inbetriebnahme durch den privaten Partner ist im Anhang A.15.16 eine Zählerliste aufgeführt, in die alle relevanten Daten für die Energiezähler eingetragen werden können. Unter derselben Bezeichnung ist die Arbeitshilfe in digitaler Dateiform MS-Excel (Version 97-2003) online verfügbar.

4.6   Bewirtschaftung (Phase 5)

4.6.1   Beteiligte und Aufgaben

Die Phase 5 umfasst den längsten Zeitraum eines typischen ÖPP-Projektes, denn die Bewirtschaftungsphase dauert 20 bis 30 Jahre abzüglich der Dauer für Planen und Bauen oder Sanieren von regelmäßig ein bis drei Jahren.[622] Die zu erbringenden Leistungen wiederholen sich entweder regelmäßig oder sie treten außerplanmäßig auf.[623] So behandelt dieses Handlungsmodul nicht die „einmaligen" Leistungen, von denen nicht abzusehen ist, wann und wie oft sie eintreten.

Der Private übernimmt das Gebäude von der Realisierung in die Nutzung. Das ist mit unterschiedlichen Fachkompetenzen verbunden. So kann mit Beginn dieser Phase das Projekt in einen neuen Verantwortungsbereich übergehen, was einen Wechsel der handelnden Personen bedeutet. Insofern ist davon auszugehen, dass die ÖPP-Projekte in der Phase 5 von einem Immobilienbetreuer des Privaten weiter verantwortet werden. Je nach organisatorischem Aufbau nimmt der Immobilienbetreuer auch die Aufgabe des Energiemanagers wahr. Im Weiteren wird davon ausgegangen, dass zwischen Immobilienbetreuer und Energiemanager Personenidentität besteht.

Dem privaten Partner kommt hier die Aufgabe des operativen Energiemanagements zu, die regelmäßig wiederkehrende Tätigkeiten umfasst.

Auf Seiten der öffentlichen Hand ist die Betreuung der eigenen Liegenschaften abhängig von der Größe der öffentlichen Körperschaft und ihrer Organisationsstruktur. In kleineren Kommunen und Gemeinden wird die Gebäudewirtschaft regelmäßig noch von der Bauabteilung betreut, ergänzende Aufgaben wie der Abschluss von Versorgungsverträgen werden von anderen Abteilungen übernommen. Es bietet sich jedoch auch hier an, anlog wie bei dem privaten Partner einen Wechsel der handelnden Personen vorzunehmen.[624] Wie in Phase 4 kommt der Kommune nur eine Controllingfunktion für die zu erbringenden Leistungen in der Bewirtschaftungsphase zu. Eine Beauftragung von externen Beratern ist eher unüblich und i. d. R. auch nicht erforderlich.

4.6.2   Handlungsmodul Energiecontrolling (öffentliche Hand)

Das Handlungsmodul Energiecontrolling ist eine Teilleistung des ganzheitlichen Vertragscontrollings, das durch die öffentliche Hand durchzuführen ist. Die Verantwortung trägt die Per-

---

[622] Die Dauer für das Planen und Bauen ergeben sich aus den Auswertungen in Kapitel 3.

[623] Vgl. Diederichs, C. J. et al. (2006): a.a.O., S. 64

[624] Nach der Erfahrung des Verfassers werden viele ÖPP-Projekte von Gemeinden und kleineren Städten durchgeführt, in denen in der Regel noch kein eigenständiger Bereich für das Gebäudemanagement oder die Bewirtschaftung von Gebäuden eingerichtet ist. Auf Landesebene oder bei größeren Städten ist diese organisatorische Trennung üblich. Zur Verteilung von ÖPP-Projekten in den Gebietskörperschaften siehe Partnerschaften Deutschland AG (Hrsg.): a.a.O., S. 6

son, die üblicherweise für die Gebäudebewirtschaftung bei der jeweiligen Kommune zuständig ist. Sie wird hier im Sinne der Leistungsabgrenzung zu dem sonstigen Tätigkeitsfeld als Energiebeauftragter bezeichnet.[625] Ziele dieses Handlungsmoduls sind:

• Einhaltung der Bewirtschaftungsanforderungen durch den Privaten

• Wissensmehrung und Effizienzsteigerung durch Einbindung der Privatwirtschaft[626]

In dem Handlungsmodul werden durch den Energiebeauftragten die regelmäßigen[627] Berichte des Privaten vor allem im Hinblick auf die energetischen Kenngrößen und den einmal jährliche zu erstellenden Energiebericht überprüft, in dem ausführliche Auswertungen des Objektes zusammengetragen sind. Diese Unterlagen können im Rahmen des eigenen kommunalen Energiemanagements weiterverarbeitet und dieses kann dadurch weiterentwickelt werden. Die Daten lassen sich als Benchmarks für die Weiterentwicklung des eigenen Immobilienportfolios nutzen.[628]

Des Weiteren nimmt der Energiebeauftragte an den Nutzerschulungen teil und stimmt die Durchführung der Termine mit dem Privaten ab. Im Hinblick auf die vereinbarte Anpassungsregelung ist in Abstimmung mit den Nutzern einmal jährlich das vereinbarte Profil zu überprüfen.

Dies kann im Zuge der Prüfung des jährlichen Energieberichts geschehen. Sofern sich Nutzungsänderungen eingestellt haben, ist die Anpassungsregelung anzuwenden. Daneben muss die Entwicklung der Energiebeschaffungskosten überprüft werden. Sollte sich herausstellen, dass die Kommune langfristig günstigere Konditionen als der Private erreichen kann, ist von dem Sonderkündigungsrecht der Kommune Gebrauch zu machen.

4.6.3 Handlungsmodul privater Partner

4.6.3.1 Energiebericht

Das Handlungsmodul Energiebericht wird durch den Immobilienbetreuer des Privaten verantwortet. Da er auch für das technische Gebäudemanagement der Immobilie zuständig ist, ist es sinnvoll, diese Tätigkeiten zu kombinieren. In der Regel wird kein weiterer Beteiligter im Rahmen dieses Handlungsmoduls mitwirken. Als Ziele des Handlungsmoduls sind zu nennen:

• vollständiges Dokumentieren des energetischen Verhaltens des Gebäudes

• Erkennen von Einsparpotentialen

---

[625] Die Bezeichnung Gebäudemanager wird in Abgrenzung zum Begriff des Immobilienbetreuers des privaten Partners gewählt.
[626] Zu den vielfältigen Zielen eines ÖPP-Projektes siehe Kap. 2.1.1
[627] Im Hinblick auf sinnvolle Zeitintervalle haben sich nach Erfahrungen des Verfassers Quartalsberichte bewährt.
[628] Zur Einführung und Vertiefung eines Portfoliomanagements siehe Seilheimer, S.: Immobilien-Portfoliomanagement für die öffentliche Hand, Gabler Verlag: Wiesbaden 2007

- Optimieren der Energiekosten

Im Rahmen des Berichtswesens sind zunächst alle relevanten Energiedaten zu berücksichtigen, wobei zwischen den regelmäßigen Quartalsberichten und den jährlichen Energieberichten zu unterscheiden ist. In den Quartalsberichten ist es ausreichend, eine aggregierte Darstellung der wesentlichen Kennzahlen bzw. Verbräuche im Verhältnis zu den garantierten Maximalverbräuchen darzustellen. Daraus lässt sich eine tendenzielle Entwicklung des Energieverbrauchs erkennen. Sofern hier Abweichungen zwischen Prognose- und Ist-Verbrauch vorliegen, muss nach Erklärungen dafür gesucht werden.

I. d. R. sind zwei Ursachen zu berücksichtigen: zum einen die technischen Anlagen und zum anderen die Nutzer des Gebäudes und deren Verhalten. Zunächst sind die Zustandsdaten der technischen Anlagen auszuwerten. Sofern hierbei keine Auffälligkeiten zu erkennen sind und die Ist-Parameter der Anlagen den Planungsvorgaben entsprechen, kann ein fehlerhaftes Nutzerverhalten ursächlich sein. Dann gilt es, das Nutzerprofil mit dem tatsächlichen Nutzerverhalten zu vergleichen.

Im jährlichen Energiebericht sind die Daten weiter aufzubereiten. Dazu gehört neben der Auswertung des jährlichen Verlaufs auch ein Vergleich mit den Vorjahresdaten. Weitere Informationen, die in dem Energiebericht aufgeführt werden sollen, sind im Folgenden exemplarisch aufgeführt:

- Energieeinsatz je eingesetzter Energieart

- Grafiken je eingesetzter Energieart mit spezifischen Kennwerten

- Energieverbrauch mit grafischer Darstellung und spezifischen Kennwerten wie z. B. Verbrauch je Quadratmeter NF, Verbrauch je Nutzungseinheit. Die hierzu benötigten Daten sind eigenständig aus der Gebäudeautomation zu entnehmen.

- Verbrauchsdaten mit Gegenüberstellung der jeweiligen Verbrauchszeiten

- außerordentlich gestiegene oder reduzierte Verbrauchswerte mit Erläuterungen

- Nutzerverhalten und verursachergerechte Zuordnung der Energiedaten

- relevante Daten aus der Störfallstatistik

- Optimierungsvorschläge für den Energieeinsatz, unterteilt in kurz- und mittelfristige Maßnahmen, mit Empfehlungen für die Vorgehensweise zur Umsetzung und Zeitdauer für die Durchführung[629]

Ein Musterbericht ist als Arbeitshilfe unter Ziffer 4.6.4 und in Anhang A.15.17 aufgeführt.

---

[629] Eine differenzierte Betrachtung von betrieblichen Maßnahmen und investiven Maßnahmen siehe auch AMEV (Hrsg.): Hinweise zum Energiemanagement in öffentlichen Gebäuden (Energie 2010), Berlin 2010, Online im Internet, URL: <http://www.amev.de>

4.6.3.2   Energieabrechnung

Das Handlungsmodul Energieabrechnung wird auch durch den Immobilienbetreuer verantwortet. In Abhängigkeit von der vertraglichen Regelung, welcher Vertragspartner die Versorgungsverträge abschließt, kann der Immobilienbetreuer die Abrechnung mit dem Energieversorger direkt zugrunde legen oder muss die Daten vom öffentlichen Auftraggeber anfordern. Ziele dieses Handlungsmoduls sind:

- Transparenz der Energieverbrauchsdaten

- Ermittlung des möglichen Einsparbetrages zur Verteilung zwischen den Vertragspartnern

Nachdem die jährliche Verbrauchsabrechnung des Energieversorgers vorliegt, kann die Anreizregelung zur Verteilung des möglichen Einsparbetrages umgesetzt werden. Dabei ist zunächst die Witterungsbereinigung des tatsächlichen Verbrauchs nach den Regelungen gem. Ziff. 4.4.2.5 vorzunehmen. Dies gilt sowohl für das Medium Wärme als auch für Kälte.

Danach muss die Differenz zwischen dem tatsächlichen Verbrauch und der Prognosemenge des Privaten zu ermittelt werden. Bei einer Unterschreitung oder Überschreitung kommt die Anreizregulierung nach Ziffer 4.4.2.3 zur Anwendung. Eine weitere Unterscheidung wird ggf. erforderlich, wenn eine Harmonisierung der Energiemengen nach Ablauf der ersten drei Betriebsjahre vorgesehen ist.

4.6.3.3   Nutzerschulung

Das Modul Nutzerschulung liegt in Phase 5 wie die anderen Handlungsmodule des Privaten bei dem verantwortlichen Immobilienbetreuer. Diese Schulung findet einmal jährlich statt und wird sinnvollerweise nach Übergabe des Energieberichtes durchgeführt. Als Ziele des Handlungsmoduls sind zu nennen:

- Steigern der Energieeffizienz des Objektes durch Einbindung der Nutzer

- Steigern des energetischen Bewusstseins der Nutzer

- Ermitteln und Erhöhen der Nutzerzufriedenheit

Die jährlich stattfindende Nutzerschulung wird verantwortlich durch den Immobilienbetreuer durchgeführt. Die Abstimmungen zum Ablauf finden mit dem öffentlichen Auftraggeber und den Nutzerverantwortlichen, wie z. B. der Schulleitung, den Leitern von Sportvereinen oder Verantwortlichen aus der Verwaltungsspitze, statt.

Der Energiebericht enthält die Analyse des Energieverbrauchs des Objektes. Einige relevante Kennzahlen sind für die Schulung auszuwählen (z. B. Gesamtverbrauch der einzelnen Medien) und den Nutzern vorzustellen. Sinnvoll ist in diesem Zusammenhang besonders die Betrachtung der Emissionswerte, um auch das Bewusstsein für die ökologische Seite bei den Nutzern zu schärfen. In dem jährlichen Energiebericht sind bereits Maßnahmen und Vorschläge für eine Reduzierung des Energieverbrauchs zu erarbeiten. Die entsprechenden Potentiale, welche durch die gezielte Ansprache der Nutzer gesteigert werden können, wie z. B. das Lüftungsverhalten in der Heizperiode o. Ä., können hier zielgerichtet dem Nutzer vorgestellt werden.

In diesem Zusammenhang ist es sinnvoll, auch mit den Nutzern, so wie zwischen Kommune und privatem Partner eine Anreizregelung analog Ziff. 4.4.2.3 zu vereinbaren bzw. eine konkrete Zielvereinbarung zu treffen. Diese kann an den Ist-Verbrauchsdaten festgemacht und mit Zielwerten, die innerhalb einer vorgegebenen Dauer erreicht werden sollen, verbunden werden. Sofern eine Verbrauchsreduzierung erzielt wird, kann der eingesparte Energiekostenbetrag z. B. zweckgebunden für den Nutzer verwendet werden.

Um hier eine Zielverfolgung zu ermöglichen, sind z. B. die Veröffentlichung der Verbrauchsmengen auf einer Internetseite oder die monatliche Übergabe der Daten an den Nutzer durch den Immobilienbetreuer denkbar. Weitere Möglichkeiten zur Energieeinsparung z. B. in Schulen lassen sich den zahlreichen Veröffentlichungen, u. a. des Ministeriums für Wissenschaft des Landes Nordrhein-Westfalen, [630] entnehmen.

Es zeigt sich, dass die Nutzer wiederholt in die Funktionsweise und die Handhabung der technischen Anlagen aus Nutzersicht eingewiesen werden müssen, um sich energetisch sinnvoll verhalten zu können. Daher sind die Nutzer regelmäßig darüber aufzuklären, wie sie gezielt Einfluss auf die Konditionierung von Räumen und damit auf den Energieverbrauch nehmen können.

In verschiedenen Untersuchungen konnte gezeigt werden, dass mit der Möglichkeit der bewussten Einflussnahme der Nutzer auf das Raumklima eine wesentlich höhere Zufriedenheit und damit verbundene Leistungsfähigkeit einhergeht.[631]

4.6.4   Arbeitshilfe

Für den Energiebericht des privaten Partners ist im Anhang A.15.17 eine Musterinhaltsangabe aufgeführt. Unter derselben Bezeichnung ist die Arbeitshilfe zu den vorherigen Ausführungen als Datei im Format MS-Word (Version 97-2003) online verfügbar. Da die Energieabrechnung und die Nutzerschulung zu projektspezifisch sind, wurden hierfür keine Muster entwickelt.

---

[630] Für die Einbindung und Ansätze von Energiesparmaßnahmen in pädagogische Konzepte vgl. weiterführend Ministerium für Wirtschaft des Landes NRW (Hrsg.): Energieeinsparung in Schulen, Band I: Organisation und Didaktik, Düsseldorf 1999
[631] Hellwig, R. T.: Raumklima für Menschen, in Maas, A. (Hrsg.): Umweltbewusstes Bauen, Fraunhofer IRB Verlag: Stuttgart 2008, S. 355 ff.

5 Modellüberprüfung am Praxisbeispiel

Im Folgenden wird das Referenzmodell auf ein konkretes ÖPP-Projekt übertragen und überprüft. Der Vergleich belegt die Praxistauglichkeit und den Mehrwert des Referenzmodells.

5.1 Projektbeschreibung

Bei dem ÖPP-Projekt handelt es sich um einen Schulneubau in Norddeutschland, der als Inhabermodell mit einer Vertragslaufzeit von 25 Jahren von einem privaten Partner umgesetzt wird und sich in der Bewirtschaftungsphase befindet. Grundlage ist ein neues pädagogisches Konzept, das einen Ganztagsbetrieb u. a. mit Mensa für das Schulangebot umsetzt. Die Schulform wurde mit Beginn des Schuljahres 2007 beschlossen und musste interimsweise an verschiedenen Standorten umgesetzt werden, da kein Gebäude für den notwendigen Platzbedarf vorhanden war oder gefunden wurde. Die räumliche Zusammenführung der verteilten Standorte zur Umsetzung des pädagogischen Konzeptes war zwingend vorgesehen, sodass grundsätzlich ein Neubau erforderlich war.

Das zur Verfügung stehende Baufeld für den Neubau liegt nahe dem Stadtzentrum und grenzt direkt an ein vorhandenes Schulgebäude, für das die Sekundarstufe II mit einer Dreizügigkeit im Schulbetrieb Planungsgrundlage war. Der Neubau wurde vierzügig vorgesehen mit einem Flächenbedarf von ca. 4.400 m² NF. Zum Leistungsumfang des Privaten gehörten alle notwendigen Planungsleistungen, die zur Erlangung der Baugenehmigung und Herbeiführung der behördlichen Abnahmen des Gebäudes nach Baufertigstellung notwendig waren, dazu alle Leistungen der Bauausführung sowie die Bauzwischenfinanzierung und die langfristige Endfinanzierung für alle Leistungsbestandteile, die bis zur vollständigen Abnahme erbracht wurden. Für die Endfinanzierung kam – wie bei den meisten typischen Inhabermodellen und Schulprojekten – ein Forfaitierungsmodell mit Einredeverzicht zur Anwendung.

In der Bewirtschaftungsphase ist folgender Leistungsumfang durch den Privaten zu erbringen:[632]

- Objektmanagement und Objektbetrieb/Betriebsführung, insbesondere das technische Gebäudemanagement (Inspektion, Wartung und Instandsetzung des Objektes)

- Ver- und Entsorgung des Gebäudes mit allen notwendigen Medien, verbunden mit dem Abschluss der Versorgungsverträge durch den Privaten und Risikoübernahme bei Überschreitung maximaler Energieverbräuche

- Reinigung und Pflege des Objektes und seiner Außenanlagen inkl. Winterdienste

- Schutz- und Sicherheitsdienste, insbesondere der versicherungstechnische Verschluss des Objektes in der Verantwortung des Auftragnehmers[633]

---

[632] Der Leistungsumfang wird durch die Begriffe der GEFMA 200:2004-07 (Kosten im Facility Management) strukturiert.

- Objektverwaltung und Controlling, u. a. mit Versicherung aller üblichen Risiken im Zusammenhang mit dem Gebäude (Wiederaufbauverpflichtung)

- Supportleistungen, wie umfängliche Hausmeisterdienste und Schulverpflegung

Der auf den Privaten übertragene Leistungsumfang ist als umfänglich zu betrachten und folgt
somit dem Ansatz, dass ein höheres Effizienzpotential zu erwarten ist, wenn ein möglichst
großer Teil der übertragbaren Bewirtschaftungsleistungen durch den Privaten erbracht
wird.[634]

Der zeitliche Projektablauf der ÖPP-Phasen des Praxisbeispiels ist in Bild 5-1 dargestellt. Die
Entscheidung für die Umsetzung der neuen Schulform wurde Mitte 2007 getroffen, sodass ab
diesem Zeitpunkt der Handlungsbedarf entstand und aus Projektsicht die Phase 0 (Genesis)
begann. Der Übergang in die Phase 1 (Vorbereitung) war gleitend und initiiert durch die sei-
nerzeitige Verwaltungsspitze, die in der Beschaffungsvariante ÖPP die bessere Möglichkeit
gegenüber der bis dahin üblichen konventionellen Form sah. Der öffentliche Auftraggeber
ließ sich in der Phase 1 durch einen wirtschaftlichen Berater unterstützen. Dieser nahm eine
erste Eignungsprüfung vor, um im politischen Raum Akzeptanz für die neue Beschaffungs-
form zu erreichen.

Im Frühjahr 2008 wurde die Umsetzung des Schulneubaus in Form eines ÖPP-Projektes
durch die Stadtverordnetenversammlung beschlossen und die konkrete Konzeption (Phase 2)
begonnen. Neben dem wirtschaftlichen Berater beauftragte die Stadt einen juristischen Berater für die Sicherstellung der vergaberechtlichen Aspekte im Verfahren und die Erstellung des
Projektvertrages sowie einen dritten Berater für die technische Begleitung und Erstellung der
funktionalen Leistungsbeschreibung.

Die ÖPP-Phase 3 (Ausschreibung und Vergabe) begann im Juli 2008 mit der Bekanntma-
chung des Projektes. Es wurden fünf Bieter zur Angebotsabgabe aufgefordert, die ihr erstes
Angebot im Januar 2009 einreichten. Daraufhin wurde das Wettbewerbsfeld im Rahmen des
Verhandlungsverfahrens auf drei verbleibende Bieter reduziert, von denen ein abschließendes
Angebot im April 2009 einzureichen war. Der private Partner mit der höchsten Angebotsbe-
wertung auf Basis der Zuschlagskriterien wurde im Juni 2009 beauftragt.

Die betriebsbereite Fertigstellung des Schulneubaus war für das Schuljahr 2010/2011 vorgesehen, sodass im Juli 2010 die Bewirtschaftungsphase begann und planmäßig im Sommer
2035 endet. Eine Verlängerung des Vertrages ist zunächst nicht vorgesehen, sodass die Immobilie danach wieder vollständig in die Verantwortung des öffentlichen Auftraggebers übergeht.

---

[633] Der sogenannte versicherungstechnische Verschluss ergibt sich aus den üblichen Versicherungsbe-
dingungen der Gebäudeversicherer und fordert, dass z. B. ein Türschloss tatsächlich verriegelt sein
muss, damit die entsprechende Tür als verschlossen im Sinne der Versicherung zählt. Nur in diesem Fall ist ein Versicherungsschutz z. B. für Einbruchdiebstahl gewährleistet.

[634] Zur Übertragbarkeit von Leistungen auf den Privaten in der Bewirtschaftungsphase vgl. auch Gottschling, I.: a.a.O., S. 123

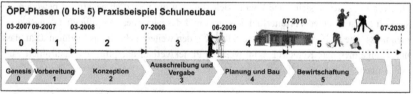

Bild 5-1: Zeitlicher Ablauf des ÖPP-Praxisbeispiels[635]

5.2 Vorbereitung (Phase 1)

Im Rahmen der Phase 1 sind nur die Anforderungen aus dem *Handlungsmodul Energieziele* von der öffentlichen Hand umzusetzen. Die Bedeutung der Thematik wurde in der Kommune bereits frühzeitig erkannt. Im Jahr 2001 nahm sie als Pilotkommune in ihrem Kreis an einem Projekt zur Einführung eines Energiecontrollings teil. Daher verfügt sie seit Abschluss des Projektes über Transparenz in ihrem Immobilienportfolio bzgl. der Energieverbräuche. Allerdings wurde die Thematik nicht in der Weise fortgeführt, wie sie allgemein als sinnvoll erachtet wird. Auch in dieser Kommune mit weniger als 20.000 Einwohnern wurden mit den vorhandenen Strukturen die zahlreichen Einflussmöglichkeiten auf das Energiemanagement noch nicht strukturiert. Gem. der AMEV-Broschüre *Energie 2010* stellt das Energiemanagement im kommunalen Bereich eine Querschnittsfunktion zwischen den verschiedenen Fachbereichen Bauamt/Gebäudemanagement, Finanzen und Gebäudenutzer dar.[636]

Sie muss je nach Größe der Kommune durch mindestens eine Person (Energiebeauftragter) oder ein Sachgebiet abgedeckt werden.[637] In der Beispielkommune ist die Aufgabe des Energiecontrollings in dem Fachgebiet Bauen angesiedelt. Jedoch verfügt es nicht über ausreichende Personalkapazitäten, um die notwendigen Aufgaben zu erfüllen. So sind im Zuge der Projektphase 1 keine konkreten Ziele in energetischer Hinsicht für das ÖPP-Projekt formuliert worden.

Weil sich die Stadt, wie viele Kommunen und Gemeinden, in einer defizitären Haushaltslage befand, bedurfte es politischer Überzeugungsarbeit, um dieses Projekt in Form der ÖPP-Beschaffung umzusetzen. Aufgrund der angespannten Haushaltslage wurde die Kostenwirtschaftlichkeit des Projektes deutlich in den Vordergrund gestellt. Das drückt sich primär in den vorgesehenen Investitionskosten aus, die von der Stadt und deren wirtschaftlichen Beratern in Phase 1 auf ca. 10,0 Mio. EUR netto geschätzt wurden.

---

[635] Eigene Darstellung

[636] Vgl. AMEV (Hrsg.): Hinweise zum Energiemanagement in öffentlichen Gebäuden (Energie 2010), Berlin 2010, S. 10

[637] Vgl. AMEV (Hrsg.): a.a.O., S. 10. Für Kommunen zwischen 10.000 und 20.000 Einwohnern wird bereits der Einsatz von mindestens einer Person empfohlen, um den Kernaufgaben des Energiemanagements nachzukommen. Vgl. Duscha, M., Hertle, H. (Hrsg.): Energiemanagement für öffentliche Gebäude, C.F. Müller Verlag: Heidelberg 1996, S. 94

Die Kommune setzte sich keine Energieziele. Dies ist grundsätzlich negativ zu bewerten, da sie sich selbst in einer Vorreiterfunktion sieht und deshalb einer „Verpflichtung" nachkommen muss. Die fehlenden Energieziele führen bei den weiteren Handlungsmodulen dazu, dass nur wenige messbare Kenngrößen im weiteren Projektverlauf überprüft und kontrolliert werden können.

5.3   Konzeption (Phase 2)

Für die *Energiemengen- und -kostenprognose* (Handlungsmodul HM.AG.2.C.1) konnten zunächst Benchmarks aus dem eigenen Energiecontrolling als Maßstab herangezogen werden. Dabei wurde jedoch deutlich, dass es sich gerade bei den erfassten Schulgebäuden um ältere Gebäude handelt, die einen relativ hohen Energieverbrauch aufweisen. Die Kennwerte bewegten sich bei den Referenzobjekten zwischen 85 und 110 kWh/m² NF p. a., was nach dem aktuellen Stand der EnEV als hohe Energieverbräuche anzusehen ist.[638] Gleiches gilt für die Wasserverbräuche und auch für die Stromkennwerte, sodass seitens des wirtschaftlichen Beraters die Mediane der entsprechenden Vergleichsgruppe für die Bewertung des PSC herangezogen wurden. Für die Energiekosten wurden die aktuellen Versorgungspreise der Stadt zugrunde gelegt.

Nach Auswertung der Angebote stellte sich heraus, dass der Wärmeverbrauch von den Privaten deutlich niedriger angeboten wurde als für die konventionelle Beschaffung angenommen, was dazu führte, den höchsten der angebotenen Energieverbrauchswerte (60 kWh/m² NF p. a.) für die konventionelle Beschaffung in dem Vergleich mit der Eigenrealisierung zu verwenden. Da keine Vorplanung seitens des Auftraggebers vorgenommen wurde, konnte auch keine rechnerische Energiemengenermittlung durchgeführt werden, sodass die zuvor beschriebene Verfahrensweise für den PSC als angemessen zu betrachten ist.

Die angebotenen Energiepreise lagen z. T. deutlich (im Mittel 10 %) über den aktuellen Versorgungspreisen der Kommune und hier bereits ein erstes Optimierungspotential erkennbar war. Es wurde jedoch keine Änderung hinsichtlich der Aufgabenübertragung vorgenommen, sondern die vollständige Übertragung der Versorgungsverträge auf den Privaten beibehalten. Damit bleibt offensichtlich vorhandenes Potential durch den Auftraggeber ungenutzt.

Im Weiteren wurde die *Energierisikoverteilung* (Handlungsmodul HM.AG.2.C.2) bzgl. der Übertragung der Energieversorgung auf den Privaten erörtert.

Der technische Berater sprach sich bei der Aufgabenübertragung an den Privaten für eine vollständige Übernahme aller Energiemengen durch den Privaten aus. Aufgrund der steten Präsenz im Gebäude sei davon auszugehen, dass der Private ausreichend Einfluss auf den Betrieb und die Nutzer in der Bewirtschaftungsphase nehmen könne, um dieses Mengenrisiko zu tragen. Dafür spreche ferner, dass die Ausstattung (KGR 600 gem. DIN 276) ohne bewegliche technische Geräte wie Notebooks etc. durch den Privaten geliefert werde. Grundsätzlich

---

[638] Vgl. dazu Benchmarks in Kap. 4.3.2.1

wurde entschieden, die Versorgungsverträge durch den Privaten abschließen zu lassen und damit auch Energiepreise anzubieten. Hierbei wurde nur pauschal zwischen den Medien Kaltwasser, Strom und Wärme differenziert und die Energiemenge für das Warmwasser der pauschalen Wärmemenge zugezählt.

Durch eine Anlaufregelung werde, so der Berater des Auftraggebers, sichergestellt, dass nicht durch einen zu hohen Risikoaufschlag bei der Energiemengenermittlung durch den Privaten zu hohe Verbrauchspauschalen zu Lasten der Kommune angeboten werden. Die Anlaufregelung sieht vor, dass der Mittelwert aus den ersten drei Bewirtschaftungsjahren danach als neue Obergrenze definiert wird. Der Bezugseinheitspreis des Privaten entspricht dabei dem Bezugseinheitspreis des Energieversorgers aus dem dritten Bewirtschaftungsjahr zzgl. eines fünfprozentigen Aufschlags für das originäre Management dieser Leistungen.

In Phase 3 wurden mit den verschiedenen Bietern Gespräche zu der vorgesehenen Risikoverteilung geführt. Dabei wurde seitens der Bieter auf die geringe Einflussmöglichkeit zur nutzerseitigen Ausstattung und deren Stromverbrauch verwiesen und daraufhin der nutzerseitige Strom aus den Mengenpauschalen des privaten Partners herausgenommen. Für eine tragfähige Kalkulation hätte der Auftraggeber in diesem Zusammenhang eine geplante Ausstattungsliste mit elektrischen Verbrauchern erstellen und dem Privaten zur Kalkulation des Nutzerstroms zur Verfügung stellen müssen. Da dies durch die Nutzer nicht zu leisten war bzw. diese sich nicht dazu in der Lage sahen, eine entsprechende Auflistung zu erstellen, wurde der nutzerseitige Stromverbrauch aus den Angeboten ausgeklammert. Ein Vergleich der angebotenen Energiepreise mit den Preisen der Eigenbeschaffung fand nicht statt. Es wurde auch kein Sonderkündigungsrecht des Auftraggebers vereinbart, das es ihm gestatten würde, die Versorgungsverträge mit einem EVU selbst abzuschließen.[639]

Bei der abschließenden *Energierisikoverteilung* im Projektvertrag ist bereits jetzt zu erkennen, dass nur wenige Anreize für den Privaten bestehen, in der Bewirtschaftungsphase des Projektes den Energiebedarf zu senken. Es wird deutlich, dass die Energierisikoverteilung infolge des Sicherheitsbestrebens auf Seiten der öffentlichen Hand nicht ausgewogen formuliert wurde.

5.4 Ausschreibung und Vergabe (Phase 3)

5.4.1 Handlungsmodule öffentliche Hand

Für die ergebnisorientierte Leistungsbeschreibung galt es zunächst, die *Output-Spezifikationen* (Handlungsmodul HM.AG.3.B.1) zu erstellen. Hinsichtlich der energetischen Qualität wurden keinerlei konkrete Anforderungen gestellt, sondern es wurde nur auf die Kostenwirtschaftlichkeit der Angebote gesetzt. Die Einhaltung der gesetzlichen Anforderungen, insbesondere der seinerzeit noch geltenden EnEV 2007 war dabei obligatorisch. Für die *Output-*

---

[639] Die vollständige Risikoallokation des Praxisbeispiels ist schematisch in der Anlage A.16.2 dargestellt.

Spezifikationen in der Bewirtschaftungsphase wurde zunächst ein Nutzerprofil für eine mittlere jährliche Nutzungsstundenzeit angegeben. Es gab lediglich einen Hinweis auf die geplante Schüleranzahl, aus der ein voraussichtlicher Betriebsablauf nur geschätzt werden konnte. Angaben über die regelmäßigen werktäglichen Öffnungszeiten sowie zu Sonderveranstaltungen, drei Termine pro Woche, wurden berücksichtigt. Weitere Vorgaben wurden nur im Rahmen des Jahresberichts mit einer tendenziellen Verbrauchsentwicklung verlangt. Vorgaben zu einem Zählerkonzept und seiner Dokumentation (Schemata, Grundrissdarstellungen o. Ä.) oder zu Nutzerschulungen bestanden nicht.

Die Übergabe einer Urkalkulation war zwar in den Vertragsunterlagen vorgesehen, Angaben für die Bewirtschaftungskosten wurden jedoch nicht gefordert. Die *Output-Spezifikationen* sind als unzureichend zu bezeichnen. Für die genaue Prognose der Energiemengen sind sinnvolle Annahmen zu treffen und diese sollten in Form eines aussagekräftigen Nutzerprofils durch den Auftraggeber konkret vorgegeben werden.

Darüber hinaus kann durch *Anpassungsregelungen* leicht auf Nutzungsprofiländerungen Rücksicht genommen werden. Ferner wurden keine Dokumentationsvorgaben während der Bewirtschaftungsphase vorgegeben. Da die Kommune bei Beendigung der Vertragslaufzeit das Objekt in seinen Besitz nimmt bzw. diese in ihre eigene Bewirtschaftungsverpflichtung übergeht, sollte eine vollständige und detaillierte Dokumentation der Vertragslaufzeit vorliegen. Im Fall von Änderungen der Bewirtschaftungsleistungen sollten hierfür Angaben in der Urkalkulation vorhanden sein.

Im Rahmen der *Energiemengen- und -kosenbewertung der Angebote* (Handlungsmodul HM.AG.3.B.2) sieht das Referenzmodell die Überprüfung der EnEV-Anforderungen vor. Seitens der Berater wurde bestätigt, dass die Angaben der Bieter im Energieausweis und deren Unterschreitung im Hinblick auf die ökologische Qualität (Primärenergiebedarf) in die Bewertung des Betriebskonzeptes eingingen. Jedoch nahm die Kommune keine Plausibilitätsprüfung der Angaben vor, da sie und auch der Berater aufgrund des Aufwandes keine konkrete Nachrechnung durchführten. Als Preissteigerungsindex wurde seitens der Berater ein pauschaler Ansatz in Höhe von 5 % gewählt, unabhängig von dem vorgesehenen Energieträger.[640] Begründet wurde dies mit der durchschnittlichen Entwicklung des COICOP 045 Energie der zurückliegenden acht Jahre.[641]

Für die Gesamtbewertung wurde über die Energiebewertung hinaus mit Rücksicht auf die stark zu betonenden funktionalen Anforderungen, das umzusetzende pädagogische Konzept und den Wunsch, die qualitativen Angaben der Bieter stärker zu würdigen, eine Gewichtung von 50 %:50 % für Preis und Qualität vorgenommen, wobei die Qualität des Betriebs und die Qualität von Planung und Bau mit einem Gewicht von jeweils 20 % belegt wurden. Die restlichen 10 % wurden dem Kriterium Vertrag und Risikostruktur zugeordnet.

---

[640] Vgl. dazu Bild 4-10
[641] Für die Differenzierung und Bedeutung der COICOP siehe Ziffer 4.4.2.2

Die *Energiemengen- und -kostenbewertung der Angebote* ist nur in Ansätzen ausreichend umgesetzt. Weder wurde eine Plausibilitätsprüfung des EnEV-Nachweises durchgeführt, noch sind differenzierte Gewichtungen der anteiligen Kosten des Barwertes (vgl. Bild 4-13) angesetzt worden. Ferner ist eine differenzierte Betrachtung der Energiepreissteigerungen für jeden Energieträger Voraussetzung, um eine sinnvolle Wirtschaftlichkeitsbetrachtung vornehmen zu können.

Eine *Anreizregulierung* (Handlungsmodul HM.AG.3.E.1) wurde so umgesetzt, dass der Private gem. der zuvor beschriebenen Risikoallokation (vgl. Ziffer 5.3) Überschreitungen der festgelegten Energiemengen nach Beendigung einer Anlaufphase langfristig zu übernehmen hat, wobei die Angebotsdaten bereits die Obergrenze darstellen.[642] Unterschreitungen bis zu 10 % kommen dem Auftraggeber zugute und weitere Unterschreitungen gehen vollständig an den Auftragnehmer. Eine Beteiligung des Auftraggebers in der Anlaufphase im Falle von Überschreitungen wurde nicht vorgesehen. Daraus ergibt sich zusammenfassend, dass für den Privaten in der Bewirtschaftungsphase kaum ein Anreiz vorliegt, die Energiemengen zu reduzieren, da Optimierungen größer als 10 % kaum realistisch erscheinen.

Dazu kommt die Tatsache, dass der Private die Versorgungsverträge abschließt und damit ein größeres Interesse haben wird, einen Energiemengenverbrauch knapp unterhalb der vereinbarten Obergrenze zu erreichen, um seinen maximalen Ertrag zu erhalten. Eine tatsächliche *Anreizregulierung* ist daher nicht gelungen.

Eine *Anpassungsregelung* (Handlungsmodul HM.AG.3.E.2) wurde grundsätzlich umgesetzt, wobei sie abweichend von der Musterformulierung in Kap. 4.4.2.4 stets die gesamte Energiemenge berücksichtigt bzgl. der Einflussparameter aus dem Nutzungsprofil. Berücksichtigung finden hierbei die jährlichen Nutzungsstunden sowie bzgl. des Wasserverbrauchs auch die Anzahl der Personen im Schulgebäude. In Bezug auf das Trinkwasser ist dieser Ansatz legitim, da der Wasserverbrauch sich linear zu der Anzahl der Personen verhält.[643]

Bei den Energiemengen für den Strom und die Heizung geht die Veränderung der Nutzungsstunden linear ein. Allerdings beinhaltet die Strommenge Anteile, z. B. für die Außen- und Sicherheitsbeleuchtung, die von den Nutzungsstunden unabhängig sind. Der Einflussparameter darf sich nur auf die Anteile beziehen, die er tatsächlich beeinflusst (vgl. Ziffer 4.4.2.4). Der Heizenergiebedarf eines Gebäudes verändert sich erst bei einer wesentlichen Änderung der Nutzungsstunden.[644] Vielmehr ist die Anzahl der Schüler pro Klassenraum eine relevante

---

[642] Sollten sich in der Anlaufphase Überschreitungen der angebotenen Pauschalen einstellen, gelten die Angebotsdaten weiterhin.

[643] Vgl. VDI 3807 Blatt 1, wobei sich die Kennzahl zum Wasserverbrauch, die sich auf die spezifische Fläche bezieht, aus der Kennzahl pro Person ableitet.

[644] Aufgrund der heutigen hohen Dämmanforderungen an Gebäude, hat eine Änderung der täglichen Nutzungszeit von wenigen Stunden nur geringfügige Auswirkungen auf den Heizenergiebedarf. Das zeigten verschiedene Simulationsberechnung des Verfassers. Erst bei wesentlichen Änderungen von mehr als vier Stunden Nutzungsdauer konnten relevante Verbrauchsmengenänderungen festgestellt werden.

Einflussgröße für die notwendige Heizenergie, da sie als innere Wärmelasten wirken und Klassenräume eine hohe Belegungsdichte aufweisen, im Unterschied z. B. zu Büroräumen. Es ist festzuhalten, dass eine *Anpassungsregelung* vorgesehen wurde. Die zugrunde liegenden Einflussparameter bewirken jedoch zu pauschale Anpassungen der verschiedenen Energieträger.

Bei der *Energiepreis- und Klimaentwicklung* (Handlungsmodul HM.AG.3.E.3) wurde auf die COICOPs für die entsprechenden Energieträger abgestellt. Da sich diese auf die vertraglichen Nettopreise des Privaten beziehen, sind Umsatzsteueränderungen bereits berücksichtigt. Bei einer Umsatzsteuererhöhung wird somit die Kommune „doppelt" belastet. Es empfehlen sich die Indizes der GP-Nummernkategorien nach Ziffer 4.4.2.5, die keine Umsatzsteuerentwicklung einbeziehen.

Eine jährliche Witterungsbereinigung der Energieverbräuche nach VDI 3807 wurde berücksichtigt wie alle notwendigen Angaben zum klimatischen Bezugszeitraum (durchschnittliche Gradtagszahl zwischen 1995 und 2005) und der Standort der Wetterstation. Das Handlungsmodul hat eine weitestgehende Übereinstimmung mit dem Referenzmodell.

5.4.2   Handlungsmodule privater Partner

Für die *Energiebewirtschaftung* (Handlungsmodul HM.AN.3.A) wurde seitens des privaten Partners die Nutzungszone Mensa/Küche von der restlichen Schule getrennt erfasst und der Strombedarf der technischen Anlagen des Gebäudes von den Steckdosen ebenfalls separiert. Eine darüber hinaus gehende Differenzierung der Energiemengenerfassung wurde für nicht erforderlich erachtet.

Die Gebäudeautomation wurde auf einen Leitstellenrechner aufgeschaltet, um den Betriebszustand des Gebäudes jederzeit überwachen zu können. Dadurch ist der private Betreiber in der Lage, notwendige Parameter der technischen Anlagen zu überwachen, um im weiteren Betrieb eine Optimierung der Anlagentechnik vornehmen zu können. Die Zähler wurden mit einer M-Bus-Schnittstelle ausgestattet und mit einem speziellen Softwaresystem für ein Energiemengencontrolling verbunden, das eine viertelstündige Auslesung der Zählerdaten ermöglicht.

Die privaten Bieter erstellten ihr *Energiekonzept* (Handlungsmodul HM.AN.3.B) auf Basis der Output-Spezifikationen.[645] Aufgrund der hohen lärmschutztechnischen Anforderungen, der geforderten großen Flexibilität bei der Klassenraumnutzung und Zuordnung sowie der vorzusehenden Möglichkeit der baulichen Erweiterung ohne erheblichen Mehraufwand bzw. Rückbau, sahen die Architekten zunächst mehrere Varianten (zwischen L-Form und Kammstruktur), von denen aufgrund der vielfältigen Anforderungen die L-Form die meisten

---

[645] Es wird bei den Handlungsmodulen des privaten Partners exemplarisch auf die Ergebnisse eines Bieter in dem Projekt zurückgegriffen.

Vorteile auswies.[646] Zur besseren Veranschaulichung befindet sich ein Lageplan des Gebäudes im Anhang A.16.1.

Mangels konkreter energetischer Anforderungen legten die Bieter die Qualitäten des Referenzgebäudes zugrunde, sodass bei der weiteren energetischen Optimierung nur Varianten hinsichtlich der Energieerzeugung und einer höheren Dämmqualität untersucht wurden. Bei der Wärmeerzeugung wurde geprüft, ob und inwieweit ein Holzpelletkessel gegenüber einer Gasbrennwerttherme wirtschaftliche Vorteile bringen kann. Da jedoch nach Rückfrage beim Auftraggeber der Preissteigerungsindex für Holzpellets keine Reduzierung gegenüber Gas erfahren sollte, ergab sich auf Seiten des Bieters kein Barwertvorteil, zumal beim Holzpelletkessel auch noch höhere Instandhaltungskosten gegenüber einem Gasbrennwertkessel zu berücksichtigen sind.

Im Rahmen einer Grenzwertbetrachtung zeigte sich, dass ein Preissteigerungsindex von 2,5 % gegenüber 5 % notwendig gewesen wäre, um einen Pelletkessel wirtschaftlich zu rechtfertigen.[647] Die Verbesserung der Dämmeigenschaften von Fenstern und der opaken Fassade ergab auch keinen rechnerischen Barwertvorteil, sodass im Wesentlichen die Anforderungen der EnEV umgesetzt wurden. Für die *Energiemengen- und -kostenermittlung* (Handlungsmodul HM.AN.3.C) führte der private Partner eine thermische Gebäudesimulation durch, mit deren Hilfe der notwendige Wärmebedarf ermittelt wurde. In Bild 5-2 sind die Monatswerte des Heizwärmebedarfs, der inneren und solaren Gewinne sowie der Transmissions- und Lüftungsverluste des Praxisbeispiels dargestellt.

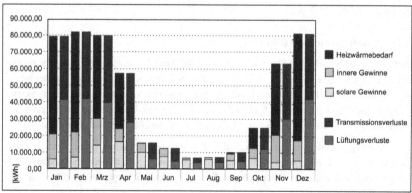

Bild 5-2: Heizenergiebilanz des Praxisbeispiels nach VDI 2067[648]

---

[646] Jeder Entwurf wies verschiedene Vor- und Nachteile auf, sodass unter Priorisierung der funktionalen und architektonischen Anforderungen nur ein Entwurf als optimal im Hinblick auf die Anforderungen und deren Bewertung durch den Auftraggeber anzusehen war.

[647] Der mittlere Preissteigerungsindex für Holz (COICOP 0456) lag zwischen den Jahren 2000 und 2010 bei 2,13 %. Vgl. dazu Bild 4-10

[648] Eigene Darstellung

Aufgrund der relativ ungenauen Vorgaben im Nutzungsprofil (u. a. nur Ca.-Angaben zur Anzahl von Sonderveranstaltungen) wurde vom Bieter ein Risikozuschlag von 10 % zur rechnerischen Energiemenge angesetzt. Er gelangte damit zu einem angebotenen Verbrauchswert
von 49 kWh/m² NF p. a. In Relation zu den Benchmarks ist das ein guter Wert.[649]

Die Energiemengen für Strom wurden mithilfe des Leitfadens elektrische Energie (LEE) ermittelt und ergaben einen Angebotswert von 14 kWh/m² NF p. a. Schwieriger war die Prognose der Energiekosten, die zum Zeitpunkt der Angebotsabgabe (Frühjahr 2009) stattfand und
erst ab Herbst 2010 maßgebend wurde, sodass vom Bieter hier ein Risikozuschlag für die
Energiepreisentwicklung von 6 % p. a. berücksichtigt wurde.

Der Verbraucherpreisindex für Strom hat sich demgegenüber von 2009 auf 2010 lediglich um
3,4 % erhöht.

Das zeigt, dass gerade bei der Energiepreisentwicklung stark wechselnde Preisentwicklungen
zu beobachten sind und daher das Kalkulationsrisiko nicht auf den Privaten übertragen werden sollte. Die Detailanalyse und Rückfrage bei den drei verbleibenden Bietern ergaben, dass
diese vergleichbare Strommengen ermittelten und lediglich um maximal 2 % in Bezug auf die
Endenergiemenge auseinander lagen. Bei der Wärmemenge hingegen lag ein Bieter um 10 %
und ein anderer um 8 % oberhalb der angebotenen Menge des zuvor beschriebenen Wettbe-
werbers. Die beiden anderen Bieter ermittelten jeweils ihre Energiemengen mithilfe der DIN
V 18599 und lagen hierdurch entsprechend höher. Nach VDI 2067 ergaben sie in diesem Fall
deutlich niedrigere Werte. Die angebotenen Energiekostenpauschalen des Bestbieters lagen
bei brutto 101.400 EUR p. a.

5.5   Planung und Bau (Phase 4)

Auf Seiten der öffentlichen Hand ist in Phase 4 das *Energiekonzeptcontrolling* (Handlungsmodul HM.AG.4.B) erforderlich. Der Auftraggeber beauftragte einen externen Berater für das
Vertragscontrolling. Da im Hinblick auf die energetischen Anforderungen keine konkreten
Anforderungen gestellt wurden, fand in diesem Projekt keine Überprüfung der Energiekennwerte aus der Ausführungsplanung und der Qualitätsangaben der technischen Anlagen statt.

Auf Nachfrage wurde dies damit begründet, dass mit der vertraglich vereinbarten Energiemengenobergrenze in der Bewirtschaftungsphase diesem Aspekt ausreichend Rechnung getragen werde und ein Controlling sich auf die rein fachliche Überprüfung der Ausführungsplanung beschränke.

Um zu erreichen, dass ein energetisches Niveau tatsächlich langfristig sichergestellt wird, ist
dieses Vorgehen ist nicht zu empfehlen

---

[649] Aufgrund der hohen Genauigkeit der Energiemengenermittlung setzte der Bieter keinen Risikozuschlag für evtl. Ungenauigkeiten im Rechenverfahren an.

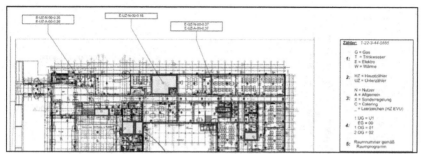

Bild 5-3: Zählerdarstellung im Grundrissplan des Praxisbeispiels[650]

Während der *Inbetriebnahme* (Handlungsmodul HM.AN.4.A) führte der zuständige Projektmanager des Privaten die energetische Inbetriebnahme des Gebäudes durch und sorgte zunächst dafür, dass entsprechende Planunterlagen für die Inbetriebnahme erstellt wurden. Dazu
wurden die eingebauten Zähler nach der empfohlenen Zählernummerncodierung (vgl. Ziffer
4.5.3) benannt und in den Grundrissen dargestellt.

Bild 5-3 zeigt einen exemplarischen Grundrissausschnitt mit den eingetragenen Zählerstand-
orten.

Für die Energieversorgung wurden drei Energieversorger angefragt. Aufgrund der Anlaufregelung, die keine Anreize für den Privaten beinhaltet, war es lediglich bedeutsam, dass die
angebotene Energiekostenpauschale nicht überschritten wurde. Die Mengen werden nach drei
Jahren gemittelt und der letztgültige Preis wird als Ausgangsbasis vereinbart. Da der Bieter
davon ausgeht, dass seine Prognosemenge langfristig unterschritten wird, gibt es lediglich den
Anreiz, die Energie zu dem kalkulierten Angebotspreis zu erwerben. Günstigere Konditionen
sind ausschließlich für den Auftraggeber von Vorteil. Die angebotenen Konditionen waren bei
einem lokalen Energieversorger zu bekommen, sodass kein weiterer Anlass bestand, einen
Versorger zu suchen, der einen günstigeren Preis anbot. Es zeigt sich, dass diese Regelung die
Ziele der öffentlichen Hand und des privaten Auftragnehmers nicht in Einklang bringt und
sich damit ungünstig auf die Energiekosten und nachteilig auf die Projekteffizienz auswirkt.

5.6   Bewirtschaftung (Phase 5)

In der Bewirtschaftungsphase setzt der Auftraggeber das *Energiecontrolling* (Handlungsmodul HM.AG.5.B) um. Adressat des Berichtswesens des privaten Partners ist das Bauamt, in
dem augenblicklich die Position des kommunalen Energieberaters vakant ist. Das Berichtswesen wird insofern primär für die allgemeine Bewertung der Service-Level-Agreements herangezogen. Die Betrachtung der Energiemengen hat eine untergeordnete Rolle eingenommen,
da die Energiekosten durch den Vertrag nach oben pauschaliert sind und der Auftraggeber
nach seiner Ansicht Kostensicherheit hat. Ein mögliches Einsparpotential wird nicht verfolgt.

---

[650] Eigene Darstellung

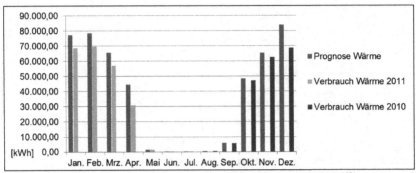

Bild 5-4: Wärmeverbrauch im ersten Bewirtschaftungsjahr des Praxisbeispiels[651]

Bei genauerer Betrachtung und Klärung mit den zuständigen Ansprechpartnern zeigte sich, dass eine zu geringe Kenntnis über die genauen Abrechnungsmodalitäten vorherrscht und zudem nicht deutlich geworden ist, welches Potential in einer möglichen Optimierung steckt, wenn allein die Energiepreise zu optimalen Konditionen beschafft würden.

Der *Energiebericht* (Handlungsmodul HM.AN.5.A1) ist wesentlicher Bestandteil des Energiemanagements des Privaten. Mangels konkreter Anforderungen seitens des Auftraggebers nimmt der Private in seinem regelmäßigen Berichtswesen die monatlichen Energieverbräuche zur Information auf. Da kein konkreter Energiebericht gefordert wurde, wird durch den Privaten auch kein separates Dokument erstellt, sondern lediglich im Rahmen des üblichen Berichtswesens der Energieverbrauch benannt.

Am Beispiel des Wärmeverbrauchs in Bild 5-4 wird der typische Jahresverlauf deutlich. Es ist erkennbar, dass die prognostizierten Energiemengen unterschritten werden. Absolut betrachtet ergibt sich ein tatsächlicher Verbrauch von 321.486 kWh im ersten Betriebsjahr. Gegenüber der vereinbarten Mengenobergrenze von 381.473 kWh bedeutet das eine Reduzierung von 15,7 %.

Beim Stromverbrauch ergibt sich eine Reduzierung gegenüber der Obergrenze von 214.639 kWh um 21 % sowie eine Überschreitung beim Wasserverbrauch von 9 % gegenüber den prognostizierten 908 m^3. Die Verbrauchsdaten sprechen für eine Anlaufregelung, da die prognostizierten Verbräuche deutlich über den tatsächlichen Werten liegen, außer beim Wasserverbrauch.

Da der Private einen Nachteil erleidet, wenn die Mengen harmonisiert werden, ist hier nicht zu erwarten, dass der Bieter diese Entwicklung positiv beeinflussen wird. Daher zeigt sich, dass die Regelungen noch nicht optimal gestaltet sind. *Nutzerschulungen* (Handlungsmodul HM.AN.5.A2) sind in den Output-Spezifikationen vorgesehen.

---

[651] Eigene Darstellung

Aufgrund der Anreizregelungen zugunsten des Auftraggebers (die ersten 10 % Einsparung werden vollständig dem AG zugewiesen) sieht der Private sich nicht veranlasst, hier tätig zu werden. Der vorliegende Sachverhalt zeigt, dass bei mangelnden Anreizen keine Motivation auf Seiten des Privaten zu erwarten ist, da aus seiner Sicht Nutzerschulungen zusätzliche Kosten bedeuteten.

Die *Energieabrechnung* (Handlungsmodul HM.AN.5.C) des Privaten kann noch nicht betrachtet werden, da dieses Modul erst ab dem vierten Bewirtschaftungsjahr nach Beendigung der Anlaufphase angewendet wird.

5.7 Bewertung des Praxisbeispiels

In Phase 1 wurde das Projektziel (geringe Investitionskosten) ohne Rücksicht auf energetische Belange definiert und damit die Möglichkeit versäumt, übergeordnete Festlegungen zu treffen, die im weiteren Verfahrensverlauf hätten berücksichtigt werden müssen wie z. B. ökologische Aspekte im Rahmen des Bewertungsverfahrens.

Insbesondere im Hinblick auf das bereits begonnene Energiecontrolling in der Kommune wäre das ÖPP-Projekt gut geeignet gewesen, das kommunale Energiemanagement weiterzuentwickeln und in der Bewirtschaftungsphase zu prüfen, inwieweit sich die Ansätze und Vorgänge auf andere Immobilien übertragen lassen.

Des Weiteren ist es Aufgabe der Kommune, die politischen und gesellschaftlichen Belange zu berücksichtigen und diese in den energetischen Zielvorgaben zu berücksichtigen. Es bestätigt sich, dass Energieziele für ÖPP-Projekte sehr bedeutsam sind. Die Ziele müssen durch die Kommune definiert und dürfen nicht allein – wenn überhaupt – durch eingeschaltete Berater vorgegeben werden.

In Phase 2 wurde bzgl. der Energierisikoverteilung grundsätzlich der richtige Weg gewählt und das Energiemengenrisiko vollständig auf den Privaten übertragen. Dieses Vorgehen ist nach dem Referenzmodell möglich und im Praxisbeispiel auch sinnvoll, da der Private vollumfängliche Leistungen in der Betriebsphase übernimmt. Der Auftraggeber hätte jedoch ein genaues Nutzerprofil und Angaben zu den Randbedingungen erstellen müssen, um eine präzise Energiemengenermittlung anstelle einer Schätzung zu ermöglichen.

Durch die Anlaufregelung und die Risikoverteilung allein zugunsten des Auftraggebers wurde keine Annäherung zwischen AG und AN erreicht, wie es im Referenzmodell vorgegeben wird. Die Regelung ist auf Risikominimierung der Kommune ausgerichtet und berücksichtigt dabei nicht die möglichen Chancen. Durch den Abschluss der Versorgungsverträge allein durch den privaten Partner und nicht durch die öffentliche Hand, ist in diesem Projekt ein konkreter monetärer Nachteil messbar.

Das Handlungsmodul Energiemengen- und -kostenprognose wird gem. Referenzmodell angewandt und zeigt ein geeignetes Vorgehen.

In Phase 3 wurden zunächst die Handlungsmodule des öffentlichen Auftraggebers betrachtet. Auffallend sind die wenigen Vorgaben in den Output-Spezifikationen. Der Auftraggeber setzt stark auf geringe Investitionskosten, die als primäres Projektziel (vgl. Ziffer 5.2) benannt wurden. Gleichwohl ist es sinnvoll, energetische Kenngrößen vorzugeben oder zumindest zu verlangen, dass der Private diese in seinem Energiekonzept angibt, damit in der Phase 4 eine Kontrollmöglichkeit besteht.

Für die Situation, dass sich ein Projekt erst für kurze Zeit in der Bewirtschaftungsphase befindet und der Private z. B. aufgrund von Zahlungsunfähigkeit seiner Leistungsverpflichtung nicht mehr nachkommt, muss sichergestellt werden, dass auch weiterhin das vereinbarte energetische Niveau umgesetzt werden kann.

Das Fehlen von Vorgaben in Bezug auf die Energieverbrauchsmessung resultiert aus den nicht festgelegten Energiezielen in der Vorbereitung (Phase 1) des Projektes, sodass dadurch ein Benchmarking auch nicht möglich ist. Belastbare Teilkennzahlen sind bei Wirtschaftlichkeitsbetrachtungen der Kommune für energetische Investitionen notwendig, die ein gezieltes Erfassen der Daten erfordern. Die generelle Empfehlung eines Zählerkonzeptes gem. Referenzmodell ist insofern richtig.

Die mangelhaften Anforderungen an eine Urkalkulation für die Leistungen der Bewirtschaftungsphase führten zwangsläufig zu einem erhöhten Aufwand im Falle von Änderungen oder einer Leistungsmehrung, die im originären Leistungsumfang bereits enthalten sind.[652]

Hinsichtlich der Kalkulation der Energiemengen zeigt sich auch die Bedeutung konkreter Nutzungsprofile, die in Abhängigkeit von der Kalkulationssicherheit bei fehlenden Angaben tendenziell zu höheren Risikozuschlägen bei den Bietern führen werden.

Die Gesamtgewichtung der Bewertungskriterien hat gezeigt, dass sie auf Seiten der Bieter die Umsetzung des pädagogischen Konzeptes der Schulform fördern, jedoch keine besonderen Anreize für ein energieeffizientes Gebäude setzen. Die Wahl des Preissteigerungsindex von 5 % für alle Energieträger führt zwar zu einem Anreiz bei den Bietern, die Energiekosten stärker zu berücksichtigen.

Es zeigt sich jedoch, dass eine differenzierte Bewertung der Energieträger notwendig ist, um die Varianten der Energiekonzepte hinsichtlich der Wirtschaftlichkeit beurteilen zu können. Eine Anpassungsregelung ist vorgesehen, berücksichtigt jedoch nicht die jeweiligen Einflüsse der Nutzungsparameter auf die verschiedenen Energiemengenanteile (keine Differenzierung der Energiemengen in konstante und variable Anteile).

Der Ansatz eines linearen Einflusses der Parameter auf die gesamte Energiemenge führt dazu, dass die Energiemengen zu stark erhöht oder verringert werden, was weder vom Auftraggeber noch vom Auftragnehmer angestrebt wird.

---

[652] Zu vertraglichen Nachverhandlungen in ÖPP-Projekten vgl. Gehrt, J.: a.a.O., S. 77 ff.

Die Handlungsmodule der Phase 3 des privaten Partners wurden gem. Referenzmodell umgesetzt und können insoweit als geeignet betrachtet werden.

In Phase 4 (Planung und Bau) führt der öffentliche Auftraggeber kein vorgesehenes Energiekonzeptcontrolling des energetischen Niveaus durch. Da jedoch keine spezifischen Anforderungen formuliert wurden, wäre ein Controlling nur in beschränktem Maße möglich gewesen. Hier zeigen sich wiederum die Bedeutung des Handlungsmoduls Output-Spezifikation (Phase 3) und die Notwendigkeit, messbare Kenngrößen festzulegen, um das grundsätzliche Energieniveau prüfen zu können. Die Inbetriebnahme in Phase 4 des Privaten gem. Referenzmodell wurde wie beschrieben umgesetzt und kann als geeignet angesehen werden. Die handelnden Personen auf Seiten des Privaten bestätigen, dass die Dokumentation der Zählerstandorte und die Darstellung des Zählerschemas für die verschiedenen Energieträger für die Bewirtschaftungsphase eine wesentliche Hilfe sind, um eine transparente Energieerfassung und -abrechnung zu ermöglichen.

In Phase 5 (Bewirtschaftungsphase) zeigt sich hinsichtlich des Energieverbrauchs, dass die Energiemengenermittlung des Privaten über dem anfänglichen Energieverbrauch (vgl. Bild 5-4) liegt. Dies spricht für die Anwendung der Anlaufregelung, um dem Privaten nicht dauerhaft eine zu hohe Gewinnspanne zu bieten. Die hier gewählte Anreizregelung stellt jedoch keine Motivation für den Privaten dar, die Energiemengen wesentlich zu reduzieren.

Am Beispiel des Wärmeverbrauchs ist zu erkennen, dass bei realitätsnaher Energiemengenermittlung durch eine thermische Gebäudesimulation realistische Verbräuche ermittelt werden können und das spätere Optimierungspotential nicht vergleichbar ist mit einem Bestandsobjekt, welches saniert wird.

Beim Stromverbrauch zeigt sich ein höheres Reduktionspotential in der Bewirtschaftungsphase. Eine Erklärung ist die Ca.-Angabe zu möglichen Sonderveranstaltungen in der Schule und Mensa, die in den Nutzungsprofilen nicht näher beschrieben wurden (hier ist nur die ungefähre Häufigkeit angegeben). Um überhöhte Mengen auszuschließen, sollte besser eine sinnvolle Anpassungsregelung gefunden werden, auf deren Basis die Energiemengenobergrenze leicht angepasst werden kann.

Der Energiebericht als wesentliches Berichtsinstrument wird zwar durch den Privaten in einem gewissen Rahmen erstellt, jedoch sind aus den Vorgaben der Output-Spezifikation lediglich erste Tendenzen zu der Energieverbrauchsentwicklung erkennbar. Maßnahmen zur Energieeinsparung und Ursachen zur Entwicklung des Verbrauchs benötigen allerdings weiterführende Angaben.

Das durchzuführende Controlling durch den AG muss durch den Energiebeauftragten übernommen werden, der aber nicht zur Verfügung steht. Gerade aufgrund der spezifischen Regelungen in diesem Projekt ist es dringend angeraten, dass diese Position durch den Auftraggeber besetzt wird, da ansonsten nicht von einem energieeffizienten Betrieb ausgegangen werden kann.

Nutzerschulungen sind bislang noch nicht durchgeführt worden, da sie nicht im Leistungsumfang des Privaten vorgesehen sind. Aufgrund der Erfahrungen in Vergleichsprojekten kann jedoch davon ausgegangen werden, dass sie wesentlich dazu beitragen können, den Energieverbrauch der Immobilie positiv zu beeinflussen.[653]

Das Praxisbeispiel belegt, dass diese Notwendigkeit als Mindestanforderung in der Output-Spezifikation aufgenommen werden muss, da sonst eine Umsetzung nicht zu erwarten ist. Es bestätigen sich die Empfehlungen des Handlungsmoduls.

Im Folgenden wird eine monetäre Einschätzung des vorhandenen Energiemanagementpotentials anhand des Barwertes über die Projektlaufzeit von 25 Jahren vorgenommen, wenn in dem Praxisbeispiel das Referenzmodell mit seinen Handlungsempfehlungen zu wesentlichen Punkten zur Anwendung gekommen wäre.[654]

Im IST-Szenario wird dabei angenommen, dass ausgehend von den angebotenen Energiekostenpauschalen des Privaten eine Reduzierung von 10 % bei Wärme und 20 % bei Strom als Grundlage für die langfristige Bewirtschaftung möglich ist. Diese Annahme beruht auf dem tatsächlichen Energieverbrauch im ersten Bewirtschaftungsjahr. Da der Private keine Optimierungen vorgenommen hat – vermutlich auch nicht vornehmen wird – und langfristig nicht mit Energieverbrauchsreduzierungen, die durch den AG initiiert werden, zu rechnen ist, wird im Mittel eine weitere einprozentige Einsparung p. a. zugrunde gelegt, die z.B. durch verbessertes Nutzerverhalten eintreten kann.

Als Preissteigerung p. a. wird für Gas von 4,5 % (p_1) und für Strom von 4,0 % (p_2) ausgegangen. Der Diskontierungszinssatz (i) wird mit 3,5 % angenommen.[655]

Ausgehend von einer Angebotspauschale des Privaten von brutto 29.837 EUR für Wärme und den vorgenannten Annahmen, ergibt sich für die langfristige Betrachtung ein Eingangspreis von 29.837 EUR * 0,89 = 26.554,93 EUR.[656] Der Barwert (B) über 25 Jahre errechnet sich wie folgt:[657]

$$ B = \sum_{k=1}^{25} \left(\frac{1 + p_1}{1 + i} \right)^k \times 26.554,00\,EUR = 733.102,24\,EUR $$

---

[653] Vgl. dazu die Ausführungen in Kapitel 2.3.4.6
[654] Zur Barwertberechnung wurde das MS Excel-Tool genutzt, welches online zur Verfügung steht. Vgl. Anlage A.15.12
[655] Vgl. dazu Ziff. 4.4.2.5
[656] Der Faktor 0,89 ist errechnet aus den Annahmen von 10 % Reduzierung durch den Privaten und 1 % Reduzierung durch den Nutzer.
[657] Vgl. Hoffmeister, W.: Investitionsrechnung und Nutzwertanalyse, 2. Auflage, Berliner Wissen-schafts-Verlag: Berlin 2008, S. 159

Ausgehend von einer Angebotspauschale des Privaten von 62.457 EUR für Strom ergibt sich für die Barwertbetrachtung ein Eingangspreis von 62.457 EUR * 0,79 = 49.341,08 EUR.[658] Der Barwert (B) über 25 Jahre errechnet sich wie folgt:

$$B = \sum_{k=1}^{25} \left(\frac{1 + p_2}{1 + i}\right)^k \times 49.341,43\,EUR = 1.283.815,77\,EUR$$

Der Barwert für beide Energieträger im IST-Szenario beträgt damit:

733.102,24 EUR + 1.283.815,77 EUR = 2.016.918,01 EUR

Für das Soll-Szenario wird angenommen, dass der Auftraggeber den Abschluss der Versorgungsverträge nach Prüfung der Angebote übernommen und somit einen Kostenvorteil von 10 % langfristig gesichert hätte. Dazu kommt die Annahme der Zielharmonisierung, bei der eine Anreizregelung getroffen worden ist, durch die der Auftraggeber zu 50 % an den Einsparungen beteiligt worden wäre. Das langfristige Potential wird dabei mit 8 % Energiereduktion abgeschätzt. Zusätzlich wird von effektiven Nutzerschulungen ausgegangen, die jährlich durchgeführt werden und zu einem weiteren Potential in Höhe von 4 % führen. Da eine hälftige Teilung zwischen AG und AN angenommen wird, ist mit 6 % Reduktion durch Bieteranreiz und Nutzerverhalten zu rechnen.

Aus dem tatsächlich gemessenen Verbrauch, der 20 % unter dem angebotenen Wert liegt, zzgl. der 10 % Einkaufsvorteil und 6 % durch AN und Nutzer, ergibt sich im Soll-Zustand ein Vorteil von insgesamt 26 %. Ausgehend von dem Angebotspreis ergeben sich für die Wärme Eingangskosten in Höhe von 29.837 EUR * 0,74 = 22.079,38 EUR.[659]

Der Barwert beträgt:

$$B = \sum_{k=1}^{25} \left(\frac{1 + p_1}{1 + i}\right)^k \times 22.079,38\,EUR = 609.545,69\,EUR$$

Für Strom ergibt sich ein Eingangswert von 62.457 EUR * 0,64 = 39.972,48 EUR.[660], woraus folgender Barwert resultiert:

---

[658] Der Faktor 0,79 ist errechnet aus den Annahmen von 20 % Reduzierung durch den Privaten und 1 % Reduzierung durch den Nutzer.

[659] Der Faktor 0,74 ist errechnet aus den Annahmen von 10 % Reduzierung durch Energiebeschaffung durch den AG, 10 % sind tatsächlich gemessen im ersten Bewirtschaftungsjahr und 6 % aus Anreizregelung und Nutzerschulung (hälftig an AG und AN).

[660] Der Faktor ist 0,64 errechnet aus den Annahmen von 10 % Reduzierung durch Energiebeschaffung durch den AG, 20 % sind tatsächlich gemessen im ersten Bewirtschaftungsjahr und 6 % aus Anreizregelung und Nutzerschulung (hälftig an AG und AN).

$$B = \sum_{k=1}^{25} \left(\frac{1 + p_2}{1 + i}\right)^k \times 39.972{,}48\ EUR = 1.040.044{,}85\ EUR$$

Damit ergibt sich ein Gesamtpotential in Höhe von

2.016.918,01 EUR – 609.545,69 EUR – 1.040.044,85 EUR = 367.327,47 EUR

Bezogen auf den angebotenen Projektbarwert des Privaten über die gesamte Vertragslaufzeit errechnet sich so ein Vorteil von 1,25 %.[661]

Berücksichtigt man zudem, dass durch die Preisanpassungsregelung ein weiterer monetärer Nachteil bei Erhöhung der Umsatzsteuer eintritt, sich durch die zu unterstellende Energiemengenreduktion auch ökologische Vorteile ergeben und die Möglichkeit des Know-how-Transfers zwischen Kommune und Privatem erhöht wird, ist der Nutzen der Modellanwendung sowohl qualitativ als auch quantitativ erwiesen.[662]

---

[661] Der ermittelte Projektbarwert in Höhe von 29.305 Mio. EUR ist eine Angabe des Beraters auf der Seite der öffentlichen Hand und vom Verfasser nicht verifizierbar.

[662] Der dem Vertrag zugrunde liegende Preisindex berücksichtigt die Umsatzsteueränderung, bezieht sich aber auf die Netto-Preise des Privaten. Blieben die Energiekosten über ein Jahr konstant, aber würde sich die Umsatzsteuer in diesem Jahr erhöhen, bekäme der Private diese Änderungen ‚doppelt' bezahlt.

6 Schlussbetrachtung

6.1 Zusammenfassung

Ziel der Arbeit ist die Erstellung eines Referenzmodells für das Energiemanagement bei ÖPP-Hochbauprojekten. Dabei sollen langfristig eine partnerschaftliche Zusammenarbeit der Vertragspartner öffentliche Hand und privater Partner zugrunde gelegt und die Besonderheiten bzw. Effizienztreiber eines ÖPP-Projektes besonders berücksichtigt werden.

In Kapitel 1 werden der Anlass der Arbeit sowie die Ergebnisse einer ausführlichen Literaturrecherche dargestellt. Dabei wird festgestellt, dass beide Themen, Energiemanagement und ÖPP, in zunehmendem Maße in der Literatur an Bedeutung gewonnen haben. Gerade zur Thematik ÖPP wurden verschiedene Forschungsarbeiten in den letzten Jahren veröffentlicht, die sich jedoch nur am Rande mit der Frage des Energiemanagements beschäftigen. Die relevanten Publikationen im Zusammenhang mit ÖPP werden identifiziert und in Kurzform benannt. Es ist festzuhalten, dass noch keine Veröffentlichung mit der Zielsetzung dieser Arbeit existiert. Sie schließt damit eine erste Lücke in der vorhandenen Literatur.

Kapitel 2 beschäftigt sich mit den wesentlichen Grundlagen von ÖPP, öffentlichem Hochbau und dem Energiemanagement. Dabei wird die noch junge Entwicklung von ÖPP aufgegriffen und die wesentlichen Effizienztreiber des Lebenszyklusgedankens durch Betrachtung von Planung, Bau, Finanzierung und Bewirtschaftung sowie eine ergebnisorientierte Leistungsbeschreibung und anreizorientierte Vergütung werden erläutert. Darüber hinaus werden die rechtlichen Spezifikationen eines ÖPP-Projektes aufgeschlüsselt, die dadurch gekennzeichnet sind, dass es sich um sog. unvollständige Verträge aufgrund ihrer langen Laufzeiten handelt und vergaberechtliche Besonderheiten im Zusammenhang mit dem Verhandlungsverfahren im Rahmen einer ÖPP-Beschaffung zur Anwendung kommen. Es wird herausgearbeitet, dass ÖPP-Projekte in Deutschland bereits einen nennenswerten Stellenwert einnehmen. Für den öffentlichen Hochbau werden die verschiedenen Anwendungsfelder für ÖPP-Projekte aufgezeigt.

In Kapitel 2.3 wird der Begriff des Energiemanagements grundlegend erläutert sowie eine Definition für diese Arbeit gegeben und dabei näher auf die Bedeutung der strategischen und operativen Ebene eingegangen.

Im Weiteren werden die verschiedenen Einflussbereiche auf das Energiemanagement wie Planung, Baukörper, technische Ausrüstung, Nutzerverhalten und Klima untersucht und beschrieben. In Kapitel 2.3.3 folgen eine Vorstellung der verschiedenen Rechenverfahren zur Energieermittlung und die Bewertung durch eine Nutzwertanalyse, um zu beurteilen, welche Verfahren für die Anwendung im Rahmen von ÖPP-Verfahren geeignet sind. Es zeigt sich dabei, dass es derzeit kein umfängliches Rechenverfahren gibt, welches alle Energiemengen eines Gebäudes berücksichtigt. Im Weiteren werden die speziellen Risikobereiche im Rahmen des Energiemanagements aufgezeigt und bewertet. Abschließend werden diese Erkenntnisse kurz zusammengefasst.

In Kapitel 3 werden 26 Fallbeispiele aus den Bereichen Verwaltung, Schule und Sporthalle mithilfe eines Analysefragenbogen eingehend betrachtet und hinsichtlich der relevanten Aspekte zum Energiemanagement analysiert. Zusammen mit den Erkenntnissen aus verschiedenen Expertengesprächen werden die Analysen ausgewertet. Wesentliche Erkenntnis dabei ist, dass kaum ein ÖPP-Projekt auf die Voraussetzungen für ein effektives und effizientes Energiemanagement ausgerichtet ist. Im Rahmen der Analyse ergibt sich ein insgesamt sehr heterogenes Bild. Die wesentlichen Schlussfolgerungen für die weitere Arbeit werden am Ende des Kapitels dargestellt.

In Kapitel 4 wird ein Referenzmodell für das Energiemanagement im Rahmen von ÖPP-Projekten entwickelt und dazu unter Berücksichtigung systemtheoretischer Ansätze ein Referenzprozessmodell mit 17 einzelnen Handlungsmodulen identifiziert und beschrieben. Die einzelnen Handlungsmodule berücksichtigen die jeweiligen aufeinanderfolgenden Projektphasen. Dazu werden die Verantwortlichen identifiziert und Handlungsempfehlungen für ein effektives Energiemanagement gegeben. Zur Steigerung der Effizienz sind die Module im Anhang A.13 als Prozessdiagramme mit insgesamt 17 Arbeitshilfen (Anhang A.15) in Form von Musterformularen und EDV-Tools dargestellt.

In Kapitel 5 wird das Referenzmodell anhand eines Praxisbeispiels überprüft und festgestellt, dass einige Handlungsmodule bereits erfolgreich umgesetzt werden. In anderen Bereichen zeigt das Referenzmodell Verbesserungsmöglichkeiten auf, die abschließend aufgeführt werden. Die zusammenfassende Bewertung verdeutlicht sowohl ein qualitatives als auch ein quantitatives Energieeffizienzpotential, welches bei Einsatz des Referenzmodells gehoben werden kann.

6.2   Kritische Würdigung

Das einheitliche, in Modulen aufgebaute Referenzmodell hat zum Ziel, die Vorgänge und Abläufe während der aufeinanderfolgenden Phasen eines ÖPP-Projektes für eine energieeffiziente Immobilie sicherzustellen. Aufgrund der Tatsache, dass sich erst seit einigen Jahren nur wenige ÖPP-Projekte in der Bewirtschaftungsphase befinden, kann noch nicht umfassend beantwortet werden, was ein energieeffizientes ÖPP-Projekt tatsächlich kennzeichnet. In der Fallbeispielanalyse konnte jedoch festgestellt werden, dass es zahlreiche Beispiele gibt, bei denen davon ausgegangen werden muss, dass keine optimale Energieeffizienz erreicht wird (vgl. Kapitel 3).

Eine Kritik kann sein, dass der Nutzen des entwickelten Referenzmodells im Rahmen eines ÖPP-Projektes noch nicht hinreichend nachgewiesen ist. Die letztliche Quantifizierung durch die Anwendung des Modells ist nicht nur unter dem Aspekt der Kosten zu sehen, sondern auch dem Aspekt des qualitativen Nutzens, der sich u. a. in Form einer geringeren CO_2-Emission ausdrückt oder in Lernprozessen bei der öffentlichen Hand und den Nutzern im bewussten Umgang mit Energie. Diese Arbeit gibt zunächst Handlungsempfehlungen, welche Prozesse und Tätigkeiten umgesetzt werden müssen, damit die grundsätzlichen Voraussetzungen für eine sowohl quantitative als auch qualitative Energieeffizienz geschaffen werden. Die Handlungsempfehlungen können nur Hilfestellung sein, da jedes ÖPP-Projekt spezifische Randbedingungen aufweist, die jeweils spezielle Anpassungen notwendig machen. Das untersuchte Praxisbeispiel zeigt zumindest, dass Optimierungspotential besteht.

Die Übertragbarkeit der Erkenntnisse ist allerdings nur eingeschränkt möglich. Anhand weiterer Praxisstudien ist die Repräsentativität noch zu überprüfen.

An manchen Stellen ist das Referenzmodell auf eine kleine Aktivitätenebene heruntergebrochen, die unternehmensspezifischen Freiraum vermissen lässt. Grundsätzlich ist der Freiraum gegeben und die beschriebenen Aktivitäten sollen insbesondere mittelständische Unternehmen und auch kleine Kommunen ermutigen und ihnen dabei helfen, das Thema Energiemanagement zu fördern. ÖPP-Projekte bieten gute Möglichkeiten, voneinander zu lernen.

Die vorgestellten Rechenverfahren verstehen sich als Referenzverfahren und sind verschiedentlich erprobt. Grundsätzlich stehen viele verschiedene EDV-Tools zur Verfügung, die ebenfalls zur Anwendung kommen können. Die vorgestellten Werkzeuge sind anerkannt, erprobt und leicht verfügbar.

6.3   Ausblick

Über ÖPP-Projekte wird auch in Zukunft kontrovers diskutiert werden. Das zeigen zahlreiche Beispiele aus dem politischen Umfeld verschiedener Projekte. Dennoch ist ein insgesamt positiver Trend zu verzeichnen, wenn man sieht, dass bei ÖPP-Hochbauprojekten im ersten Halbjahr 2011 bereits ein Investitionsvolumen in Höhe von 288 Mio. EUR unter Vertrag gebracht wurde gegenüber einem Ergebnis des gesamten Vorjahres in Höhe von 342 Mio. EUR.[663]

Mitte 2011 befanden sich mehr als 120 Projekte in der Ausschreibung oder Vorbereitung.[664]

Die Entwicklung des ÖPP-Marktes seit 2002 zeigt, dass diese Beschaffungsvariante stetig an Bedeutung gewinnt. Darüber hinaus werden die jüngst veröffentlichten Berichte über positive Sekundäreffekte für weitere Akzeptanz der Projekte sorgen.[665]

---

[663] Vgl. Partnerschaften Deutschland AG (Hrsg.): Öffentlich-Private Partnerschaften in Deutschland, 1. Halbjahr 2011, Online im Internet, URL: <http://www.partnerschaften-deutschland.de>, 04.08.2011, S. 10

[664] Vgl. ebenda, S. 5

[665] Vgl. hierzu auch die Ausführungen in Partnerschaften Deutschland AG (Hrsg.): ÖPP und Mittelstand, ÖPP-Schriftenreihe, Band 6, 2011, Online im Internet, URL: <http://www.partnerschaften-deutschland.de>, S. 11 f.

Die Befragung des Allensbacher Instituts bei den Nutzern von ÖPP-Projekten im Schulbereich belegt den Mehrwert gegenüber konventionell errichteten Projekten: „Die Aussagen der Schulleiter und Elternvertreter machen deutlich, dass sich in Schulen und anderen Bildungseinrichtungen, in denen ein privater Partner die Sanierung bzw. den Bau und den Betrieb übernommen hat, die Arbeitsatmosphäre im Vergleich zu früher deutlich verbessert hat. [...] Die Mehrzahl der Schüler scheint offenkundig zufrieden zu sein mit der Arbeit des privaten Partners.

Auch die Einschätzungen der Schulleiter, dass mit Beginn des ÖPP-Projektes an der Schule die Motivation der Schüler steigt und auch der Vandalismus deutlich abnimmt, stützt die Vermutung der verbesserten Zufriedenheit der Schüler."[666]

Eine zukünftig stärkere Sensibilisierung der Nutzer für den pfleglichen Umgang mit einer Immobilie und für ein energieeffizientes Verhalten, ist gerade für die heranwachsenden Generationen als Vorbildfunktion wichtig und notwendig.

Das Thema Energiemanagement beherrscht seit einiger Zeit bereits das öffentliche Meinungsbild und wird in den kommenden Jahren weiter in den Fokus rücken. Daher soll diese Arbeit dazu beitragen, dass ÖPP-Projekte energieeffizienter werden.

Während bereits erkennbar wird, dass mehr Technikeinsatz, um Energie zu sparen, dazu führt, dass auf der anderen Seite die Instandhaltungskosten steigen und somit ein wesentlicher Teil der Einsparungen aufgehoben wird, liegt ein großes Effizienzpotential weiterhin in der Energie, die gar nicht benötigt wird. Hierzu ist allerdings auch ein Umdenken in Bezug auf heutige Komfortansprüche (z.B. durch Klimatisierung) notwendig.

Umso wichtiger ist auch das Thema Nutzerverhalten und Nutzerzufriedenheit. Verschiedene Studien haben gezeigt, dass Menschen Hitze und Kälte sehr unterschiedlich empfinden, sodass ein starres Festhalten an Vorgaben gem. Arbeitsstättenrichtlinien nicht sinnvoll ist. Hier gilt es neue Lösungen und Wege zu suchen, wie gemeinsam mit den Nutzern einer Immobilie Energieeffizienz bei dennoch hoher Behaglichkeit im Gebäude erreicht werden kann.

---

[666] Institut für Demoskopie Allensbach (Hrsg.): Die Zufriedenheit mit ÖPP-Projekten im Schulbereich aus Sicht von Auftraggebern, Schulleitern und Elternvertretern – Ergebnisse einer repräsentativen Studie, Mai 2011, Online im Internet, URL: <http://www.ifd-allensbach.de>, S. 42 ff.

Anhang

A.1: ÖPP-Modelltypen

ÖPP-Modelltyp / Eigenschaften	Erwerber-modell (Typ I)	FM-Leasing-modell (Typ II)	Vermietungs-modell (Typ III)	Inhaber-modell (Typ IV)	Contracting-modell (Typ V)	Konzessions-/Gesellschafts-modell (Typ VI)
Leistungsbestandteile						
Leistungen des AN	Planung, Bau (Neubau/Sanierung), Finanzierung und Betrieb					
Verwertung	AG	AG/AN	AG/AN	AG	AG	AG/AN
Eigentumszuordnung						
wirtsch./dingl. Eigentaum am Grundstück	AN	AN	AN	AG	AG	AG/AN
wirtsch. Eigentum während Vertragslaufzeit	AG	AN	AN	AG	AG	AG/AN
dingl. Eigentum während Vertragslaufzeit	AN	AN	AN	AG	AG	AG/AN
wirtsch./dingl. Eigentum nach Vertragsende	AG	AG/AN	AG/AN	AG	AG	AG/AN
Risikoallokation						
Planen, Bauen, Finanzieren, Betrieb	AN	AN	AN	AN	AN	AN
Verfügbarkeit	AN	AN	AN	AN	AN	AN
Sach-/Preisrisiko während Vertragslaufzeit	AG	AN	AN	AG	AG	AG/AN
Auslastungsrisiko	AG	AG	AG	AG	AG	AN
Verwertungsrisiko	AG	AG/AN	AG/AN	AG	AG	AG/AN
Vergütungsart						
Leistungsentgelt während Vertragslaufzeit	fix	fix	fix	fix	fix	Nutzerentgelt
für Investitionskosten und Wagnis und Gewinn	Vollamortisation	Teilamortisation	Mietzins	Vollamortisation	Vollamortisation	Gebühr
für Bewirtschaftungsleistung und Wagnis und Gewinn	Betreiberentgelt	Betreiberentgelt	Betreiberentgelt	Betreiberentgelt	Betreiberentgelt	Gebühr
zusätzliches Entgelt für Kauf durch den AG	Nein	Restwert	Verkehrswert	Nein	Nein	abhängig vom Vertrag
Beurteilung aus Sicht des Privaten						
Wertsteigerungspotential während Vertragslaufzeit	Nein	Nein	Nein	Nein	Nein	Ja
Wertsteigerungspotential nach Vertragslaufzeit	Nein	Nein	Ja/Nein	Ja	Nein	abhängig vom Vertrag
Komplexität des Vertrags-modells	Gering	Mittel	Mittel	Gering	Gering	Hoch
Erfordernis Spezial-Know-how	Gering	Mittel	Mittel	Gering	Gering	Hoch

A.2: Beispielhafte Risikoallokation eines ÖPP-Projektes[667]

Risikoallokation in den ÖPP-Projektphasen

Konzeption	Kontrahierung	Errichtung	Nutzung	Verwertung
		PRIVATER PARTNER		
	Angebote	Planung Termine	Instandhaltung Verfügbarkeit	Werthaltigkeit
Beratung Politik	Vergabe	Baukosten	Energiemengen Mängelzustand	
		Altlasten Bausubstanz	Gesetze, Steuern Nutzungsänderung	Nachnutzung
		ÖFFENTLICHE HAND		
Wirtschaftlichkeits- nachweis	Genehmigung	Steuerung und Organisation	Zinsänderung höhere Gewalt	Weiterbetrieb

---

[667] Eigene Darstellung in Anlehnung an: Pfnür, A., Schetter, C., Schöbener. H.: a.a.O., S. 45; Gottschling, I.: a.a.O., S. 170

A.3: Energieformen[668,669]

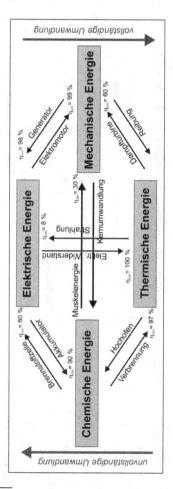

---

[668] Für die angegebenen Umwandlungswirkungsgrade vgl. Zahoransky, R. A.: a.a.O., S. 15 f., Golenhofen, K.: Basislehrbuch Physiologie, 4. Auflage, Verlag Elsevier: München 2006, Seite 110; o.V.:
Energiewandler, Online im Internet, URL: <http://de.wikipedia.org>; Abruf: 19.08.2009, 19:20
Uhr; o.V.: Wirkungsgrad, Online im Internet, URL: <http://de.wikipedia.org>; Abruf: 19.08.2009,
19:31 Uhr

[669] Der Wirkungsgrad kann 100 % nicht übersteigen. Bei der Anwendung der Brennwerttechnik, wo
die Kondensatwärme des Rauschgases teilweise genutzt wird, sprechen manche industrielle Anbie-
ter von Wirkungsgraden größer als 100 %. Dies rührt von dem benutzten Bezugswert Heizwert her,
der den Energiegehalt des Brennstoffes ohne Berücksichtigung der im Rauchgas enthaltenen laten-
ten Wasserdampfwärme angibt. Die korrekte Bezugsgröße ist der Brennwert, womit die angegebenen Wirkungsgrade wieder auf Werte unterhalb von 100 % sinken.

A.4: Regenerative Energieumwandlung[670]

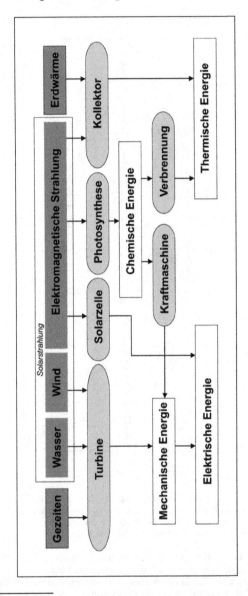

---

[670] Vgl. Wesselak, V., Schabbach, T.: Regenerative Energietechnik, Springer Verlag: Heidelberg 2009, S. 53

A.5: Einfluss der Luftfeuchte auf den PMV[671]

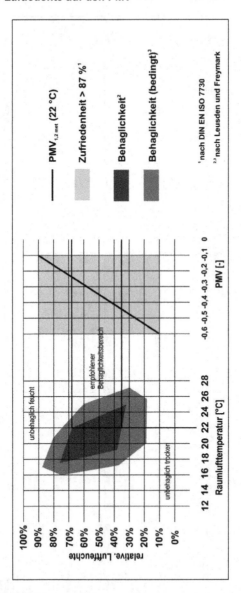

---

[671] Eigene Darstellung; in Anlehnung an. Leusden, P., F. Freymark, H.: Darstellung der Raumbehaglichkeit für den einfachen praktischen Gebrauch, Gesundheitsingenieur 72, 1951, Nr.16, S. 271 ff.

A.6: Auswertung der Berechnungsverfahren

Nr.	Kriterien	Gewichtung	Nutzenpunkte	Kunstwertverfahren Erfüllungsgrad	Kunstwertverfahren Gew. Nutzenpunkte	Wärmebilanzverfahren Erfüllungsgrad	Wärmebilanzverfahren Gew. Nutzenpunkte	DIN V 18599 Erfüllungsgrad	DIN V 18599 Gew. Nutzenpunkte	PHPP Erfüllungsgrad	PHPP Gew. Nutzenpunkte	VDI 2067 Erfüllungsgrad	VDI 2067 Gew. Nutzenpunkte	LEE Erfüllungsgrad	LEE Gew. Nutzenpunkte
1	**Nutzenergie**	20%													
1.1	Wärme		40,00	0	0,00	0,00	0,00	4,00	32,00	0,00	0,00	5,00	40,00	0,00	0,00
1.2	Kälte		40,00	0	0,00	0,00	0,00	3,00	24,00	0,00	0,00	5,00	40,00	0,00	0,00
1.3	Lüftung		20,00	0	0,00	0,00	0,00	3,00	12,00	0,00	0,00		0,00	0,00	0,00
	Beleuchtung														
	sonst. TGA														
	Nutzerstrom														
	Teilsumme		100,00		0,00		0,00		68,00		0,00		80,00		0,00
2	**Endenergie**	17%													
2.1	Wärme		34,00	3	20,40	4,00	27,20	5,00	34,00	4,00	27,20	0,00	0,00	0,00	0,00
2.2	Kälte		8,50	3	5,10	0,00	0,00	5,00	8,50	3,00	5,10	0,00	0,00	4,00	6,80
2.3	Lüftung		8,50	3	5,10	0,00	0,00	5,00	8,50	3,00	5,10	0,00	0,00	3,00	5,10
2.4	Beleuchtung		12,75	3	7,65	0,00	0,00	5,00	12,75	4,00	10,20	0,00	0,00	4,00	10,20
2.5	sonst. TGA		8,50	3	5,10	0,00	0,00	0,00	0,00	4,00	6,80	0,00	0,00	5,00	8,50
	Nutzerstrom		12,75	3	7,65	0,00	0,00	0,00	0,00	4,00	10,20	0,00	0,00	5,00	12,75
	Teilsumme		85,00		51,00		27,20		63,75		64,60		0,00		43,35
3	**Primärenergie**	3%													
3.1	Wärme		2,50	0	0,00	5,00	2,50	5,00	2,50	5,00	2,50	0,00	0,00	0,00	0,00
3.2	Kälte		2,50	0	0,00	0,00	0,00	5,00	2,50	5,00	2,50	0,00	0,00	5,00	2,50
3.3	Lüftung		2,50	0	0,00	0,00	0,00	5,00	2,50	5,00	2,50	0,00	0,00	5,00	2,50
3.4	Beleuchtung		2,50	0	0,00	0,00	0,00	5,00	2,50	5,00	2,50	0,00	0,00	5,00	2,50
3.5	sonst. TGA		2,50	0	0,00	0,00	0,00	5,00	2,50	5,00	2,50	0,00	0,00	5,00	2,50
3.6	Nutzerstrom		2,50	0	0,00	0,00	0,00	5,00	2,50	5,00	2,50	0,00	0,00	0,00	0,00
	Teilsumme		15,00		0,00		2,50		15,00		15,00		0,00		10,00
4	**Toleranz**	20%													
4.1	Wärme		25,00	2	10,00	3,00	15,00	3,00	15,00	3,00	15,00	5,00	25,00	3,00	15,00
4.2	Kälte		15,00	2	6,00	0,00	0,00	3,00	9,00	3,00	9,00	5,00	15,00	3,00	9,00
4.3	Lüftung		15,00	2	6,00	0,00	0,00	3,00	9,00	3,00	9,00	0,00	0,00	3,00	9,00
4.4	Beleuchtung		20,00	2	8,00	0,00	0,00	4,00	16,00	4,00	16,00	0,00	0,00	4,00	16,00
4.5	sonst. TGA		10,00	2	4,00	0,00	0,00	0,00	0,00	3,00	6,00	0,00	0,00	3,00	6,00
4.6	Nutzerstrom		15,00	2	6,00	0,00	0,00	0,00	0,00	3,00	9,00	0,00	0,00	0,00	0,00
	Teilsumme		100,00		40,00		15,00		49,00		64,00		40,00		55,00
5	**Nutzerverhalten**	15%													
5.1	Wärme		30,00	1	6,00	2,00	12,00	4,00	24,00	3,00	18,00	5,00	30,00	3,00	18,00
5.2	Kälte		7,50	1	1,50	0,00	0,00	4,00	6,00	3,00	4,50	5,00	7,50	4,00	6,00
5.3	Lüftung		7,50	1	1,50	0,00	0,00	4,00	6,00	3,00	4,50	0,00	0,00	3,00	4,50
5.4	Beleuchtung		11,25	1	2,25	0,00	0,00	4,00	9,00	4,00	9,00	0,00	0,00	2,00	4,50
5.5	sonst. TGA		7,50	1	1,50	0,00	0,00	0,00	0,00	3,00	4,50	0,00	0,00	0,00	0,00
5.6	Nutzerstrom		11,25	1	2,25	0,00	0,00	0,00	0,00	3,00	6,75	0,00	0,00	0,00	0,00
	Teilsumme		75,00		15,00		12,00		45,00		47,25		37,50		33,00
6	**Klima**	15%													
6.1	Wärme		25,00	0	0,00	3,00	15,00	4,00	20,00	3,00	15,00	5,00	25,00	0,00	0,00
6.2	Kälte		25,00	0	0,00	0,00	0,00	3,00	15,00	3,00	15,00	5,00	25,00	3,00	15,00
6.3	Lüftung		15,00	0	0,00	0,00	0,00	2,00	6,00	3,00	9,00	0,00	0,00	3,00	9,00
6.4	Beleuchtung		10,00	0	0,00	0,00	0,00	2,00	4,00	2,00	4,00	0,00	0,00	2,00	4,00
	Teilsumme		75,00		0,00		15,00		45,00		43,00		50,00		28,00
7	**Aufwand**	10%													
7.1	Wärme		8,33	5	8,33	4,00	6,67	2,00	3,33	3,00	5,00	1,00	1,67	3,00	5,00
7.2	Kälte		8,33	5	8,33	0,00	0,00	2,00	3,33	3,00	5,00	1,00	1,67	3,00	5,00
7.3	Lüftung		8,33	5	8,33	0,00	0,00	2,00	3,33	3,00	5,00	0,00	0,00	3,00	5,00
7.4	Beleuchtung		8,33	5	8,33	0,00	0,00	2,00	3,33	3,00	5,00	0,00	0,00	3,00	5,00
7.5	sonst. TGA		8,33	5	8,33	0,00	0,00	0,00	0,00	2,00	3,33	0,00	0,00	3,00	5,00
7.6	Nutzerstrom		8,33	5	8,33	0,00	0,00	0,00	0,00	3,00	5,00	0,00	0,00	0,00	0,00
	Teilsumme		50,00		50,00		6,67		13,33		28,33		3,33		25,00
	Maximum	100%	500,00		156,00		78,37		299,08		262,18		210,83		194,35

A.7: Analysefragen

A Organisation, Information, Kooperation und Dokumentation		
(7) Bewirtschaftung: Leistungsinhalt		
	A.7.1	Wird ein Berichtswesen zum Thema Energie von den Privaten gefordert?
	A.7.2	Werden konkrete Inhalte an das Berichtswesen (Kennzahlenvergleich, Maßnahmenvorschläge etc.) gefordert?
	A.7.3	Sind spezifische Monitoring-Konzepte des Gebäudes vorgegeben?
	A.7.4	Wird ein Benchmarking der Immobilie mit anderen Objekten der öffentlichen Partners, ggf. mit denen des privaten Partners vorgenommen?
	A.7.5	Ist eine wiederkehrende Schulung der Nutzer zum energetischen Verhalten vorgesehen?
B Funktionalitäten, Qualitäten und Quantitäten		
(1) Projektrahmendaten		
	B.1.1	Welche(r) Objekttyp(en) wird/werden in dem Projekt realisiert/saniert?
	B.1.2	Wie groß (m^2 BGF) ist die zu bewirtschaftende Fläche?
(4) Vergabeverfahren		
	B.4	Werden im Verfahren die energetischen Anforderungen modifiziert?
(5) Anforderungen energetisches Niveau		
	B.5.1	Sind ökologische Anforderungen (z.B. durch den Einsatz regenerativer Energieträger) gestellt?
	B.5.2	Werden klare Zielvorgaben zu den Energieverbrauchswerten angegeben?
	B.5.3	Sind besondere Anforderungen wie z.B. "Passivhausstandard" gefordert?
	B.5.4	Werden Ziele über die gesetzlichen Anforderungen hinaus gestellt?
	B.5.5	Werden konkrete Nachweisverfahren hinsichtlich der Energieeffizienz gefordert?

B Funktionalitäten, Qualitäten und Quantitäten		
	(6) Nutzungsprofil	
	B.6.1	Ist ein Nutzungsprofil vorgegeben worden?
	B.6.2	Welche Kriterien sind in dem Nutzungsprofil benannt?
	B.6.3	Sind Schwellenwerte oder Nutzungskorridore vorgesehen?
	B.6.4	Sind Sondernutzungen vorgesehen?
	B.6.5	Liegen Angaben zu den betrieblichen Abläufen bzw. dem zu erwartenden Nutzverhalten vor?
C Kosten, Erträge, Steuern, Risiken und Wirtschaftlichkeit		
	(1) Projektrahmendaten	
	C.1	Welchen monetären Werte haben die Investitions- und Bewirtschaftungskosten des Projektvolumens?
	(2) Risikoallokation	
	C.2.1	Welche Energiemengen (Wärme, Elektro etc.) werden vom privaten Partner veranwortet?
	C.2.2	Welche Energiemengen (Wärme, Elektro etc.) verbleiben im Risiko der öffentlichen Hand?
	C.2.3	Welche Energiekosten werden vom privaten Partner garantiert?
	C.2.4	Welche Energiekosten verbleiben im Risiko der öffentlichen Hand?
	C.2.5	Wie wird die langfristige Wertsicherung von Preisen/Kosten im Vertrag berücksichtigt?
	C.2.6	Wer trägt das Risiko technischer Entwicklungen in Bezug auf die Energieeffizienz?
	(3) Vergütungs-/Anreizfunktion	
	C.3	WelcheVersorgungsverträge (Wärme, Elektro etc.) werden vom privaten Partner abgeschlossen?
	(4) Vergabeverfahren	
	C.4	Wurde im Verfahren die Risikoallokation hinsichtlich der energetischen Anforderungen/Regelungen modifiziert?

E Recht		
	(1) Projektrahmendaten	
	E.1.1	Wer ist der Auftraggeber des Projektes?
	E.1.2	Wer ist der privater Partner?
	E.1.3	Welches Leistungsspektrum in der Bewirtschaftungsphase wird auf den Privaten übertragen?
	E.1.4	Welches PPP-Modell liegt dem Projekt zugrunde?
	(3) Vergütungs-/Anreizfunktion	
	E.3.1	Welche Anreizregelungen zur Reduzierung der Energiemengen sind vorgesehen?
	E.3.2	Welche Anreizregelungen zur Reduzierung der Energiekosten sind vorgesehen?
	(4) Vergabeverfahren	
	E.4.1	Welches Vergabeverfahren wurde angewendet?
	E.4.2	Welche Vergabekriterien wurden angesetzt?
	E.4.3	Wie waren die Vergabekriterien gewichtet?
	(8) Bewirtschaftung: Flexibilität	
	E.8.1	Wurden Anpassungsregelungen während der Bewirtschafttungsphase vorgesehen?
	E.8.2	Welche Regelungen finden Anwendung (Verhandlung, Rechenalgorithmus) ?
	E.8.3	Ist vom privaten Partner eine Urkalkulation für die Betriebsphase gefordert?
	E.8.4	Sind konkrete Anforderungen an die Urkalkulation bzgl. des Energiemanagements angegeben?
	E.8.5	Wurde die Urkalkulation vor der Abgabe auf diese Anforderungen (E.8.4) überprüft?
	E.8.6	Sind Anpassungen nach Vertragsschluss bereits vorgenommen worden?

A.8: Genutzte Quellen

Nr.	Bezeichnung	Quellen				
		Vergabe-unterlagen	Verträge	Interviews	Sekundär-berichte	Kenn-zahlen
	Verwaltung					
1	Amt für Bodenmanagement Büdingen	X	X		X	X
2	Amt für Bodenmanagement Limburg	X	X		X	X
3	Rathaus Dietzenbach	X	X	X		X
4	Finanzzentrum Kassel	X			X	
5	Verwaltungsgebäude Esslingen	X			X	
6	Dienstleistungszentrum Sattlerstraße	X			X	
7	Polizeirevier Radolfzell	X			X	
8	Rathaus in Freudenberg	X			X	
9	Finanzministerium Potsdam	X			X	
	Schule					
10	Gymnasium Kirchseeon	X			X	
11	Berufsschule in Pforzheim	X			X	
12	Schulen der Stadt Lage	X	X	X		X
13	Schul- Sportzentrum in Marienheide	X	X			X
14	Hauptschule in Velbert	X			X	
15	Grund- und Musikschule in Haan	X		X	X	
16	Berufskolleg Duisburg	X	X			
17	Sekundarschule in Barleben	X	X			X
18	Ganztagsschule Sülzetal	X	X		X	
19	Bildungszentrum SeeCampus	X			X	
20	Erweiterung Gymnasium Twistringen	X	X		X	
21	Schule Hessisch-Oldendorf	X	X			
22	Inselschule Fehmarn	X	X	X		X
23	Grund- & Gemeinschaftsschule an der Bek	X	X	X		X
	Sporthallen					
24	Sporthallen Stadt Münster	X	X		X	X
25	Sporthalle in Halstenbek	X	X	X		X
26	Dreifeldsporthalle in Mölln	X	X	X		X

A.9: Projektdatenblätter

Projektübersicht				
Nr.	**Bezeichnung**	**Nutzung**	**Bundesland**	**BGF [m²]**
1	Amt für Bodenmanagement Büdingen	Verwaltung	Hessen	6.475
2	Amt für Bodenmanagement Limburg	Verwaltung	Hessen	6.583
3	Rathaus Dietzenbach	Verwaltung	Hessen	9.941
4	Finanzzentrum Kassel	Verwaltung	Hessen	26.393
5	Verwaltungsgebäude Esslingen	Verwaltung	BaWü	34.870
6	Dienstleistungszentrum Sattlerstraße	Verwaltung	BaWü	6.890
7	Polizeirevier Radolfzell	Verwaltung	BaWü	2.315
8	Rathaus Freudenberg	Verwaltung	NRW	3.540
9	Finanzministerium Potsdam	Verwaltung	BRB	7.680
10	Gymnasium Kirchseeon	Schule	Bayern	16.960
11	Berufsschule in Pforzheim	Schule	BaWü	23.345
12	Schulen der Stadt Lage	Schule	NRW	2.220
13	Schulzentrum in Marienheide	Schule	NRW	22.901
14	Hauptschule in Velbert	Schule	NRW	7.570
15	Schule in Haan	Schule	NRW	5.231
16	Berufskolleg Duisburg	Schule	NRW	55.900
17	Sekundarschule in Barleben	Schule	NRW	4.900
18	Ganztagsschule Sülzetal	Schule	NRW	4.740
19	Bildungszentrum SeeCampus	Schule	BRB	12.310
20	Erweiterung Gymnasium Twistringen	Schule	NDS	2.925
21	Schulzentrum Hameln-Pyrmont	Schule	NDS	4.820
22	Inselschule Fehmarn	Schule	SH	7.788
23	Grund-/Gemeinschaftsschule Halstenbek	Schule	SH	10.415
24	Sporthallen Stadt Münster	Sporthalle	SH	6.300
25	Sporthalle in Halstenbek	Sporthalle	SH	1.950
26	Dreifeldsporthalle in Mölln	Sporthalle	SH	2.655

Nummer: 1

Projektbezeichnung: Amt für Bodenmanagement, Büdingen

Bundesland: Hessen

Bild:

Auftraggeber: Land Hessen

Privater Partner: GOLDBECK Public Partner GmbH

ÖPP-Modell: Mietmodell

Inbetriebnahme: 2009

Vertragslaufzeit: 30 Jahre

Leistungsumfang Betrieb: Instandhaltung, Energiemanagement, Reini-
                                             gung, Hausmeisterdienste

Zu bewirtschaftende Fläche (BGF):   6.475 m^2

Gesamtinvestitionskosten (brutto):   14.2 Mio. EUR

Nummer: 2

Projektbezeichnung: Amt für Bodenmanagement, Limburg

Bundesland: Hessen

Bild:

Auftraggeber: Land Hessen

Privater Partner: GOLDBECK Public Partner GmbH

ÖPP-Modell: Mietmodell

Inbetriebnahme: 2008

Vertragslaufzeit: 30 Jahre

Leistungsumfang Betrieb: Instandhaltung, Energiemanagement, Reini-
                                       gung, Hausmeisterdienste

Zu bewirtschaftende Fläche (BGF):   6.583 m^2

Gesamtinvestitionskosten (brutto):   13.5 Mio. EUR

Nummer: 3

Projektbezeichnung: Sanierung Rathaus Dietzenbach

Bundesland: Hessen

Bild:

Auftraggeber: Kreisstadt Dietzenbach

Privater Partner: GOLDBECK Public Partner GmbH

ÖPP-Modell: Inhabermodell

Inbetriebnahme: 2011

Vertragslaufzeit: 25 Jahre

Leistungsumfang Betrieb: Instandhaltung, Energiemanagement, Haus-
                                       meisterdienste

Zu bewirtschaftende Fläche (BGF):   9.941 m^2

Gesamtinvestitionskosten (brutto):   16.3 Mio. EUR

Nummer: 4

Projektbezeichnung: Finanzzentrum Kassel

Bundesland: Hessen

Bild:

Auftraggeber:	Land Hessen
Privater Partner:	BAM Deutschland AG
ÖPP-Modell:	Mietmodell
Inbetriebnahme:	2008
Vertragslaufzeit:	30 Jahre
Leistungsumfang Betrieb:	Instandhaltung, Energiemanagement, Reinigung, Pflege, Sicherheit
Zu bewirtschaftende Fläche (BGF):	26.393 m^2
Gesamtinvestitionskosten (brutto):	35.7 Mio. EUR

Nummer: 5

Projektbezeichnung: Verwaltungsgebäude Esslingen

Bundesland: Baden-Württemberg

Bild:

Auftraggeber: Landkreis Esslingen

Privater Partner: Berliner Public Consult

ÖPP-Modell: Inhabermodell

Inbetriebnahme: 2008

Vertragslaufzeit: 30 Jahre

Leistungsumfang Betrieb: Instandhaltung

Zu bewirtschaftende Fläche (BGF):   16.467 m^2

Gesamtinvestitionskosten (brutto):   23.0 Mio. EUR

Nummer: 6

Projektbezeichnung: Dienstleistungszentrum Sattlerstraße

Bundesland: Baden-Württemberg

Bild:

Auftraggeber: Klinikum Stuttgart

Privater Partner: Wolff & Müller Holding GmbH & Co. KG

ÖPP-Modell: Mietmodell

Inbetriebnahme: 2009

Vertragslaufzeit: 20 Jahre

Leistungsumfang Betrieb[672]:   Instandhaltung, Energiemanagement, Reinigung, Pflege, Sicherheit

Zu bewirtschaftende Fläche (BGF):   8.673 m²

Gesamtinvestitionskosten (brutto):   9.83 Mio. EUR

---

[672] Das Projekt ist als GU-Auftrag vergeben, der Auftraggeber hatte die ÖPP-Variante optional anbieten lassen.

Nummer: 7

Projektbezeichnung: Polizeirevier Radolfzell

Bundesland: Baden-Württemberg

Bild:

Auftraggeber: Land Baden-Württemberg

Privater Partner: Ed. Züblin AG

ÖPP-Modell: Inhabermodell

Inbetriebnahme: 2010

Vertragslaufzeit: 20 Jahre

Leistungsumfang Betrieb: Instandhaltung

Zu bewirtschaftende Fläche (BGF):   2.304 m^2

Gesamtinvestitionskosten (brutto):   3.9 Mio. EUR

Nummer: 8

Projektbezeichnung: Rathaus Freudenberg

Bundesland: Nordrhein-Westfalen

Bild:

Auftraggeber: Stadt Freudenberg

Privater Partner: Fechtelkord & Eggersmann GmbH

ÖPP-Modell: Mietmodell

Inbetriebnahme: 2008

Vertragslaufzeit: 25 Jahre

Leistungsumfang Betrieb: Instandhaltung

Zu bewirtschaftende Fläche (BGF):   2.308 m^2

Gesamtinvestitionskosten (brutto):   4.6 Mio. EUR

Nummer: 9

Projektbezeichnung: Finanzministerium Potsdam

Bundesland: Brandenburg

Bild:

Auftraggeber: Land Brandenburg

Privater Partner: Strabag Real Estate GmbH

ÖPP-Modell: Inhabermodell

Inbetriebnahme: 2010

Vertragslaufzeit: 30 Jahre

Leistungsumfang Betrieb: Instandhaltung, Reinigung, Pflege

Zu bewirtschaftende Fläche (BGF): 7.700 m^2

Gesamtinvestitionskosten (brutto):   16.0 Mio. EUR

Nummer: 10

Projektbezeichnung: Gymnasium Kirchseeon

Bundesland: Bayern

Bild:

Auftraggeber: Landkreis Ebersberg

Privater Partner: SKE Facility Management GmbH

ÖPP-Modell: Inhabermodell

Inbetriebnahme: 2008

Vertragslaufzeit: 20 Jahre

Leistungsumfang Betrieb: Instandhaltung, Energiemanagement, Reinigung, Pflege, Hausmeister

Zu bewirtschaftende Fläche (BGF): 11.802 m^2

Gesamtinvestitionskosten (brutto): 25.0 Mio. EUR

Nummer: 11

Projektbezeichnung: Berufsschule in Pforzheim

Bundesland: Baden-Württemberg

Bild:

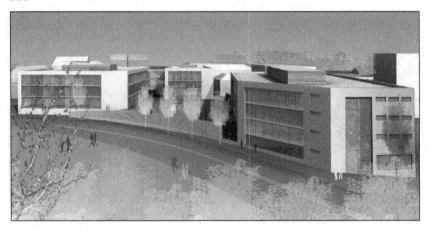

Auftraggeber: Stadt Pforzheim

Privater Partner: BAM Deutschland AG

ÖPP-Modell: Inhabermodell

Inbetriebnahme: 2009

Vertragslaufzeit: 30 Jahre

Leistungsumfang Betrieb: Instandhaltung, Energiemanagement, Reini-
                                             gung, Catering

Zu bewirtschaftende Fläche (BGF):   14.170 m^2

Gesamtinvestitionskosten (brutto):   48.1 Mio. EUR

Nummer: 12

Projektbezeichnung: Schulen der Stadt Lage

Bundesland: Nordrhein-Westfalen

Bild:

Auftraggeber: Stadt Lage

Privater Partner: GOLDBECK Public Partner GmbH

ÖPP-Modell: Inhabermodell

Inbetriebnahme: 2009

Vertragslaufzeit: 25 Jahre

Leistungsumfang Betrieb: Instandhaltung, Energiemanagement, Reini-
                                       gung, Hausmeisterdienste

Zu bewirtschaftende Fläche (BGF):   4.220 m^2

Gesamtinvestitionskosten (brutto):   7.5 Mio. EUR

Nummer: 13

Projektbezeichnung:	Schul- und Sportzentrum Marienheide
Bundesland:	Nordrhein-Westfalen
Bild:	

Auftraggeber:	Gemeinde Marienheide
Privater Partner:	GOLDBECK Public Partner GmbH
ÖPP-Modell:	Inhabermodell
Inbetriebnahme:	2012
Vertragslaufzeit:	22 Jahre
Leistungsumfang Betrieb:	Instandhaltung, Energiemanagement, Reinigung, Hausmeisterdienste
Zu bewirtschaftende Fläche (BGF):	22.901 m^2
Gesamtinvestitionskosten (brutto):	14.4 Mio. EUR

Nummer: 14

Projektbezeichnung: Hauptschule Velbert

Bundesland: Nordrhein-Westfalen

Bild:

Auftraggeber: Stadt Velbert

Privater Partner: MBN Bau AG

ÖPP-Modell: Inhabermodell

Inbetriebnahme: 2010

Vertragslaufzeit: 25 Jahre

Leistungsumfang Betrieb: Instandhaltung, Energiemanagement, Haus-
                                             meisterdienste, Reinigung, Pflege, Sicherheit

Zu bewirtschaftende Fläche (BGF):   7.650 m^2

Gesamtinvestitionskosten (brutto):   10.0 Mio. EUR

Nummer: 15

Projektbezeichnung: Grund- und Musikschule Haan

Bundesland: Nordrhein-Westfalen

Bild:

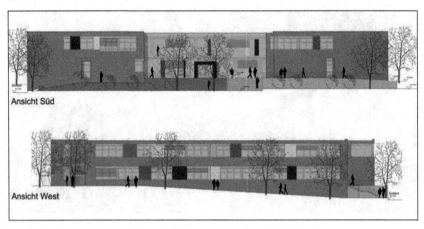

Auftraggeber: Stadt Haan

Privater Partner: Fechtelkord Eggersmann GmbH

ÖPP-Modell: Inhabermodell

Inbetriebnahme: 2011

Vertragslaufzeit: 25 Jahre

Leistungsumfang Betrieb: Instandhaltung, Energiemanagement

Zu bewirtschaftende Fläche (BGF):   4.579 m^2

Gesamtinvestitionskosten (brutto):   7.9 Mio. EUR

Nummer: 16

Projektbezeichnung: Berufskolleg Duisburg (Mitte)

Bundesland: Nordrhein-Westfalen

Bild:

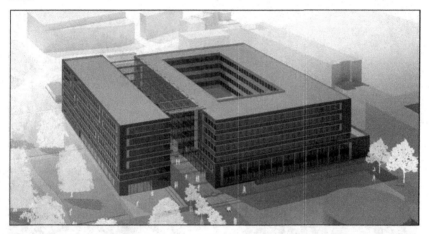

Auftraggeber: Stadt Duisburg

Privater Partner: GOLDBECK Public Partner GmbH

ÖPP-Modell: Inhabermodell

Inbetriebnahme: 2011

Vertragslaufzeit: 25 Jahre

Leistungsumfang Betrieb: Instandhaltung, Energiemanagement, Reini-
                                       gung, Catering, Hausmeisterdienste

Zu bewirtschaftende Fläche (BGF):   55.900 m²

Gesamtinvestitionskosten (brutto):   73.8 Mio. EUR

Nummer: 17

Projektbezeichnung: Sekundarschule Barleben

Bundesland: Sachsen-Anhalt

Bild:

Auftraggeber: Gemeinde Barleben

Privater Partner: GOLDBECK Public Partner GmbH

ÖPP-Modell: Inhabermodell

Inbetriebnahme: 2007

Vertragslaufzeit: 20 Jahre

Leistungsumfang Betrieb: Instandhaltung, Reinigung, Hausmeisterdienste

Zu bewirtschaftende Fläche (BGF):   4.900 m^2

Gesamtinvestitionskosten (brutto):   3.2 Mio. EUR

Nummer: 18

Projektbezeichnung: Ganztagsschule Sülzetal

Bundesland: Sachsen-Anhalt

Bild:

Auftraggeber: Gemeinde Sülzetal

Privater Partner: Gero AG

ÖPP-Modell: Inhabermodell

Inbetriebnahme: 2009

Vertragslaufzeit: 25 Jahre

Leistungsumfang Betrieb: Instandhaltung, Energiemanagement, Reini-
                                                     gung, Hausmeisterdienste, Sicherheit, Pflege

Zu bewirtschaftende Fläche (BGF):   4.078 m^2

Gesamtinvestitionskosten (brutto):   6.7 Mio. EUR

Nummer: 19

Projektbezeichnung: Bildungszentrum SeeCampus

Bundesland: Brandenburg

Bild:

Auftraggeber:	Kreis Oberspreewald-Lausitz
Privater Partner:	Hermann Kirchner Projektgesellschaft mbH
ÖPP-Modell:	Inhabermodell
Inbetriebnahme:	2010
Vertragslaufzeit:	30 Jahre
Leistungsumfang Betrieb:	Instandhaltung, Energiemanagement, Reinigung, Catering, Hausmeisterdienste, Sicherheit, Pflege
Zu bewirtschaftende Fläche (BGF):	12.025 m^2
Gesamtinvestitionskosten (brutto):	18 Mio. EUR

Nummer: 20

Projektbezeichnung: Erweiterung Gymnasium Twistringen

Bundesland: Niedersachsen

Bild:

Auftraggeber: Stadt Twistringen

Privater Partner: August Prien Bauunternehmung

ÖPP-Modell: Inhabermodell

Inbetriebnahme: 2011

Vertragslaufzeit: 25 Jahre

Leistungsumfang Betrieb: Instandhaltung

Zu bewirtschaftende Fläche (BGF):   4.700 m²

Gesamtinvestitionskosten (brutto):   6.2 Mio. EUR

Nummer: 21

Projektbezeichnung: Schule Hessisch-Oldendorf

Bundesland: Niedersachsen

Bild:

Auftraggeber: Landkreis Hameln-Pyrmont

Privater Partner: Depenbrock Bau GmbH & Co. KG

ÖPP-Modell: Inhabermodell

Inbetriebnahme: 2011

Vertragslaufzeit: 25 Jahre

Leistungsumfang Betrieb: Instandhaltung, Energiemanagement

Zu bewirtschaftende Fläche (BGF): $3.500 \ m^2$

Gesamtinvestitionskosten (brutto):   8.0 Mio. EUR

Nummer: 22

Projektbezeichnung: Inselschule Fehmarn

Bundesland: Schleswig-Holstein

Bild:

Auftraggeber: Stadt Fehmarn

Privater Partner: GOLDBECK Public Partner GmbH

ÖPP-Modell: Inhabermodell

Inbetriebnahme: 2010

Vertragslaufzeit: 25 Jahre

Leistungsumfang Betrieb: Instandhaltung, Energiemanagement, Reini-
                                       gung, Catering, Hausmeisterdienste

Zu bewirtschaftende Fläche (BGF):   7.788 m^2

Gesamtinvestitionskosten (brutto):   12.1 Mio. EUR

Nummer: 23

Projektbezeichnung: Grund- und Gemeinschaftsschule an der Bek

Bundesland: Schleswig-Holstein

Bild:

Auftraggeber: Gemeinde Halstenbek

Privater Partner: GOLDBECK Public Partner GmbH

ÖPP-Modell: Inhabermodell

Inbetriebnahme: 2011

Vertragslaufzeit: 22 Jahre

Leistungsumfang Betrieb: Instandhaltung, Energiemanagement, Reini-
                                       gung, Hausmeisterdienste

Zu bewirtschaftende Fläche (BGF):   10.415 m^2

Gesamtinvestitionskosten (brutto):   13.8 Mio. EUR

Nummer: 24

Projektbezeichnung: Sporthallen der Stadt Münster

Bundesland: Nordrhein-Westfalen

Bild:

Auftraggeber: Stadt Münster

Privater Partner: GOLDBECK Public Partner GmbH

ÖPP-Modell: Inhabermodell

Inbetriebnahme: 2005

Vertragslaufzeit: 30 Jahre

Leistungsumfang Betrieb :   Instandhaltung, Reinigung, Hausmeisterdienste

Zu bewirtschaftende Fläche (BGF): $6.300 \ m^2$

Gesamtinvestitionskosten (brutto):   7.6 Mio. EUR

Nummer: 25

Projektbezeichnung: Dreifeldsporthalle Feldstraße

Bundesland: Schleswig-Holstein

Bild:

Auftraggeber: Gemeinde Halstenbek

Privater Partner: GOLDBECK Public Partner GmbH

ÖPP-Modell: Inhabermodell

Inbetriebnahme: 2008

Vertragslaufzeit: 25 Jahre

Leistungsumfang Betrieb: Instandhaltung, Energiemanagement, Reini-
                                       gung, Hausmeisterdienste

Zu bewirtschaftende Fläche (BGF):   1.950 m^2

Gesamtinvestitionskosten (brutto):   3.6 Mio. EUR

Nummer: 26

Projektbezeichnung: Sporthalle Mölln

Bundesland: Schleswig-Holstein

Bild:

Auftraggeber: Stadt Mölln

Privater Partner: GOLDBECK Public Partner GmbH

ÖPP-Modell: Inhabermodell

Inbetriebnahme: 2010

Vertragslaufzeit: 25 Jahre

Leistungsumfang Betrieb: Instandhaltung, Energiemanagement, Reini-
                                       gung, Hausmeisterdienste

Zu bewirtschaftende Fläche (BGF):   2.655 m^2

Gesamtinvestitionskosten (brutto):   3.9 Mio. EUR

A.10 Auswertung der Fallbeispiele

	1 Amt für Bodenmanagement Büdingen	2 Amt für Bodenmanagement Limburg	3 Rathaus Dietzenbach	4 Finanzzentrum Kassel	5 Verwaltungsgebäude Esslingen	6 Dienstleistungszentrum Sattlerstraße	7 Polizeirevier Radolfzell	8 Rathaus Freudenberg	9 Finanzministerium Potsdam	10 Gymnasium Kirchseeon	11 Berufsschule in Pforzheim	12 Schulen der Stadt Lage	13 Schulzentrum in Marienheide	14 Hauptschule in Velbert	15 Schule in Haan	16 Berufskolleg Duisburg	17 Sekundarschule in Barleben	18 Ganztagsschule Sülzetal	19 Bildungszentrum SeeCampus	20 Erweiterung Gymnasium Twistringen	21 Schulzentrum Hameln-Pyrmont	22 Inselschule Fehmarn	23 Grund-/Gemeinschaftsschule Halstenbek	24 Sporthallen Stadt Münster	25 Sporthalle in Halstenbek	26 Dreifeldsporthalle in Mölln
Handlungsbereich A																										
(7) Bewirtschaftung: Leistungsinhalt																										
A.7.1	x	x	x	x	-	-	-	-	-	x	-	-	-	x	x	x	-	-	x	-	-	x	x	-	x	-
A.7.2	-	-	x	x	-	-	-	-	-	-	-	-	-	-	x	-	-	x	-	-	x	-	-	-	x	-
A.7.3	-	-	+	-	-	-	-	-	-	-	-	-	-	-	-	-	-	-	-	-	-	-	-	-	-	-
A.7.4	-	-	-	-	-	-	-	-	-	-	-	-	-	-	-	-	-	-	-	-	-	-	-	-	-	-
A.7.5	-	-	x	-	-	-	-	-	-	-	-	-	-	-	-	-	-	-	x	-	-	x	-	-	-	-
Handlungsbereich B																										
(1) Projektrahmendaten																										
B.1.1	x	x	x	x	x	x	x	x	x	x	x	x	x	x	x	x	x	x	x	x	x	x	x	x	x	x
B.1.2	x	x	x	x	x	x	x	x	x	x	x	x	x	x	x	x	x	x	x	x	x	x	x	x	x	x
(4) Vergabeverfahren																										
B.4	-	-	x	-	-	-	-	-	-	-	-	-	-	-	-	-	-	-	-	-	-	-	x	x	-	x
(5) Anforderungen energetisches Niveau																										
B.5.1	-	-	-	-	-	-	-	-	-	-	-	-	-	-	-	-	-	-	-	-	-	-	-	-	-	-
B.5.2	-	-	o	-	-	-	-	-	-	-	-	-	-	-	-	-	-	-	-	-	-	-	-	-	-	-
B.5.3	-	-	-	-	-	-	-	-	-	-	-	-	-	-	-	-	-	+	-	-	-	-	-	-	-	-
B.5.4	x	+	x	-	x	-	-	-	x	+	-	+	-	x	x	-	-	-	-	+	+	x	+	-	+	-
B.5.5	-	-	+	-	-	-	-	-	x	-	-	-	-	-	x	-	-	-	x	x	x	-	-	-	-	-
(6) Nutzungsprofil																										
B.6.1	x	x	x	x	x	x	x	x	x	x	x	x	x	x	x	x	x	x	x	x	x	x	x	x	x	x
B.6.2	-	-	-	-	-	-	-	-	-	-	-	-	-	+	-	-	-	-	-	-	-	-	-	-	-	-
B.6.3	-	-	-	-	-	-	-	-	-	-	-	-	-	-	-	-	-	-	-	-	-	-	-	x	-	-
B.6.4	-	-	-	-	-	-	-	-	-	-	-	-	+	-	-	-	-	-	-	-	-	-	-	-	-	-
B.6.5	-	-	-	-	-	-	-	-	-	-	-	-	-	-	-	-	-	-	-	-	-	-	-	-	-	-
Handlungsbereich C																										
(1) Projektrahmendaten																										
C.1	x	x	x	o	x	x	o	x	o	x	o	x	x	x	x	x	x	x	o	x	x	x	x	x	x	x
(2) Risikoallokation																										
C.2.1	+	+	+	+	-	-	-	-	+	x	+	+	+	+	+	+	-	+	+	+	+	+	-	-	-	+
C.2.2	+	+	+	+	+	+	+	+	+	+	+	-	+	+	+	+	+	+	+	+	+	+	+	+	+	+
C.2.3	-	-	-	+	-	-	-	-	+	+	+	+	+	-	-	-	+	-	-	+	-	+	x	-	-	-
C.2.4	x	x	x	x	x	x	x	x	x	x	x	x	x	x	x	x	x	x	x	x	x	x	x	x	x	x
C.2.5	-	-	-	-	-	-	-	-	-	x	+	-	-	-	-	x	x	-	-	+	x	-	-	-	-	-
C.2.6	-	-	-	-	-	-	-	-	-	-	-	-	-	-	-	-	-	-	-	-	-	-	-	-	-	-
(3) Vergütungs-/anreizfunktion																										
C.3	-	-	-	-	-	-	-	-	-	-	-	-	-	-	-	-	-	-	-	-	-	-	-	-	-	-
(4) Vergabeverfahren																										
C.4	-	-	-	-	-	-	-	-	-	-	-	-	x	-	-	-	-	-	-	-	+	-	-	-	x	x
Handlungsbereich E																										
(1) Projektrahmendaten																										
E.1.1	x	x	x	x	x	x	x	x	x	x	x	x	x	x	x	x	x	x	x	x	x	x	x	x	x	x
E.1.2	x	x	x	x	x	x	x	x	x	x	x	x	x	x	x	x	x	x	x	x	x	x	x	x	x	x
E.1.3	x	x	x	x	x	x	x	x	x	x	x	x	x	x	x	x	x	x	x	x	x	x	x	x	x	x
E.1.4	x	x	x	x	x	x	x	x	x	x	x	x	x	x	x	x	x	x	x	x	x	x	x	x	x	x
(3) Vergütungs-/anreizfunktion																										
E.3.1	-	-	x	-	-	-	-	-	-	x	-	x	-	-	x	x	-	x	-	-	-	-	+	-	x	x
E.3.2	-	-	-	-	-	-	-	-	-	-	-	-	-	-	-	+	-	-	+	-	o	+	+	-	-	x
(4) Vergabeverfahren																										
E.4.1	x	x	x	x	x	x	x	x	x	x	x	x	x	x	x	x	x	x	x	x	x	x	x	x	x	x
E.4.2	x	x	x	x	x	x	x	x	x	x	x	x	x	x	x	x	x	x	x	x	x	x	x	x	x	x
E.4.3	x	x	x	x	x	x	x	x	x	o	x	x	x	x	x	x	x	x	o	o	x	x	x	x	x	x
(8) Bewirtschaftung: Flexibilität																										
E.8.1	-	-	x	-	-	-	-	-	-	-	-	-	-	-	-	-	-	-	-	-	-	-	-	-	-	-
E.8.2	-	-	+	-	-	-	-	-	-	-	-	-	-	-	-	-	-	-	-	-	-	-	-	-	-	-
E.8.3	-	-	-	-	-	-	-	-	x	-	-	-	o	-	-	-	-	-	o	-	-	o	-	-	-	-
E.8.4	-	-	-	-	-	-	-	-	-	-	-	-	+	-	-	-	-	-	-	-	-	-	-	-	-	-
E.8.5	-	-	-	-	-	-	-	-	-	-	-	-	x	-	-	-	-	-	-	-	-	-	-	-	-	-
E.8.6	-	-	x	-	-	-	-	-	-	-	-	-	-	-	-	-	-	-	-	-	-	-	-	-	-	-

Legende: x   Merkmal vorhanden   +   Merkmal konkret gefasst

              -   Merkmal nicht vorhanden   o   Merkmal vorhanden, nicht spezifiziert

A.11: Interviewleitfaden

Interviewleitfaden „Expertengespräch"

zu Energiemanagement bei Öffentlich-Privaten Partnerschaften

1. Welche Einflussgrößen sind für die Energieeffizienz von ÖPP-Projekten relevant und wie werden sie bewertet?

   a) Ökologie (EnEV, Primärenergiebedarf, Einbindung regenerativer Energieträger, Schadstoffausstoß etc.)

   b) Kostenwirtschaftlichkeit (Verbrauchsmengen, Energiepreise, Investition und Folgekosten, Preissteigerungen)

   c) Objektplanung des Gebäudes

   d) Baukonstruktion

   e) Technische Ausrüstung

   f) Behaglichkeit

   g) Risikoallokation (Mengenrisiken, Kostenrisiken)

   h) Anreizsysteme (Beteiligung an Einsparung und/oder Überschreitungen, Einsatz/Reinvestition neuer Technologien)

   i) Nutzerverhalten

   j) Monitoring in der Nutzungsphase (Zählerkonzept)

   k) Flexibilität und Anpassungsregelungen

   l) Management der Versorgungsverträge

2. Welche Methoden werden in Bezug auf das Energiemanagement bereits angewendet (Contracting, Energieziele, Benchmarking, Energiebeauftragter, Verbrauchsprognosen)?

3. Welche Erfahrungen liegen zu den vorbenannten Methoden vor?

A.12: Interviewpartner

- *Dr. Andreas Iding*, Geschäftsführer, GOLDBECK Public Partner GmbH, Bielefeld

- *Dr. Mathias Finke*, Fachanwalt für Bau- und Architektenrecht, Kapellmann Rechtsanwälte, Hamburg

- *Petra Lesemann,* Fachbereichsleiterin Gebäudemanagement, Stadt Lage

- *Holger Lange*, Fachbereichsleiter Bauen und Liegenschaften, Gemeinde Halstenbek

- *Dr. Torsten Offergeld*, Senior Project Manager, WSP CBP Consulting Engineers AG, München

- *Hans-Peter Richter*, Leiter Lifecycle-Produkte, Bilfinger Berger Hochbau GmbH, Frankfurt am Main

- *Hendrik Seidel*, Sachverständiger für Energieeffizienz von Gebäuden, GOLDBECK Ost GmbH, Treuen

- *Hans-Jürgen Schimpf*, Fachbereichsleiter Kinder, Jugend, Sport, Schule und Kultur, Stadt Fehmarn

- *Gerhard Schwarz*, Inhaber, W. Hinz + G. Schwarz Gebäudetechnische Gesamtplanung, Köln

- *Dr. Stephan Seilheimer*, Senior Manager, Argoneo Real Estate GmbH, Frankfurt

- *Dr. Oliver Thiessen*, Projektentwickler, Hochtief PPP Solutions GmbH, Essen

- *Henrik Vogt*, Niederlassungsleiter, DU Diederichs Projektmanagement AG & Co. KG, Bonn

- *Olaf Kühl*, Projektleiter ÖPP, Investitionsbank Schleswig-Holstein, Kiel

A.13 Prozessdiagramme der Handlungsmodule

HM.AG.1.B Energieziel	Blatt 1/1

Verantwortung	Prozessablauf	Bemerkung

Verantwortung (Spalte links):

1. Bürgermeister (BM)
2. Projektleiter
3. Projektleiter/(Rat)
4. Projektleiter/GM
5. Projektleiter/GM
6. Projektleiter
7. BM/Projektleiter
8. Projektleiter/ (Berater)
9. Projektleiter/BM
10. Projektleiter
12. Kommune

Prozessablauf (Mitte):

Start — 1

Prüfen der notwendigen Fachkompetenz der Beteiligten — 2

Prüfen der politischen/ organisatorischen Vorgaben — 3

Prüfen der Einbindung regenerativer Energien — 4

Berücksichtigung vorhandener Vertragsstrukturen — 5

Berücksichtigung der Vorgaben auf andere Eignungsbereiche — 6

Festlegen der Energieziele — 7 → A.15.1 Energieziele (HM.AG.1.B)

ÖPP-Eignungstest durchführen — 8

ÖPP-Eignung gegeben — 9
nein → Projekt konventionell weiterverfolgen — 12 → Ende — 13
ja → ÖPP-Projektphase 2 beginnen — 10 → Ende — 11

Bemerkung (Spalte rechts): Vorläufer: Keiner

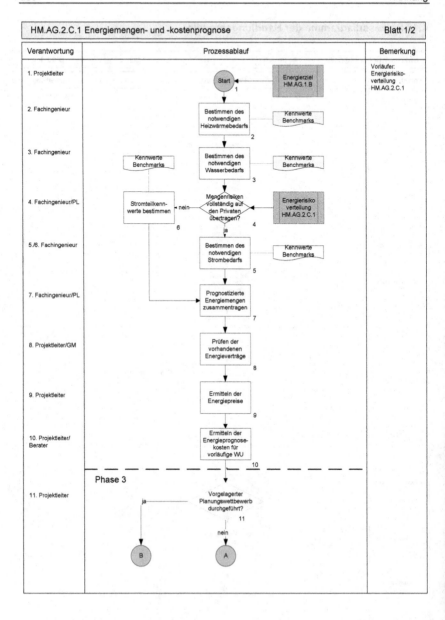

HM.AG.2.C.1 Energiemengen- und -kostenprognose	Blatt 1/2
Verantwortung	Prozessablauf	Bemerkung

1. Projektleiter

2. Fachingenieur

3. Fachingenieur

4. Fachingenieur/PL

5./6. Fachingenieur

7. Fachingenieur/PL

8. Projektleiter/GM

9. Projektleiter

10. Projektleiter/
    Berater

Phase 3

11. Projektleiter

Start

Energieziel
HM.AG.1.B

Bestimmen des
notwendigen
Heizwärmebedarfs

Kennwerte
Benchmarks

Bestimmen des
notwendigen
Wasserbedarfs

Kennwerte
Benchmarks

Kennwerte
Benchmarks

Mengenrisiken
vollständig auf
den Privaten
übertragen?

Stromteilkenn-
werte bestimmen

nein

Energierisiko
verteilung
HM.AG.2.C.1

ja

Bestimmen des
notwendigen
Strombedarfs

Kennwerte
Benchmarks

Prognostizierte
Energiemengen
zusammentragen

Prüfen der
vorhandenen
Energieverträge

Ermitteln der
Energiepreise

Ermitteln der
Energieprognose-
kosten für
vorläufige WU

Vorgelagerter
Planungswettbewerb
durchgeführt?

ja

nein

B

A

Vorläufer:
Energierisiko-
verteilung
HM.AG.2.C.1

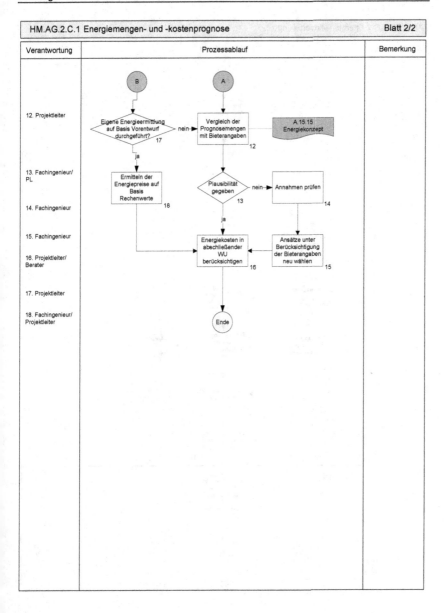

Verantwortung	Prozessablauf	Bemerkung

12. Projektleiter

13. Fachingenieur/ PL

14. Fachingenieur

15. Fachingenieur

16. Projektleiter/ Berater

17. Projektleiter

18. Fachingenieur/ Projektleiter

B

A

Eigene Energieermittlung auf Basis Vorentwurf durchgeführt? 17

—nein→

Vergleich der Prognosemengen mit Bieterangaben 12

A.15.15 Energiekonzept

ja

Ermitteln der Energiepreise auf Basis Rechenwerte 18

Plausibilität gegeben 13

—nein→ Annahmen prüfen 14

ja

Energiekosten in abschließender WU berücksichtigen 16

Ansätze unter Berücksichtigung der Bieterangaben neu wählen 15

Ende

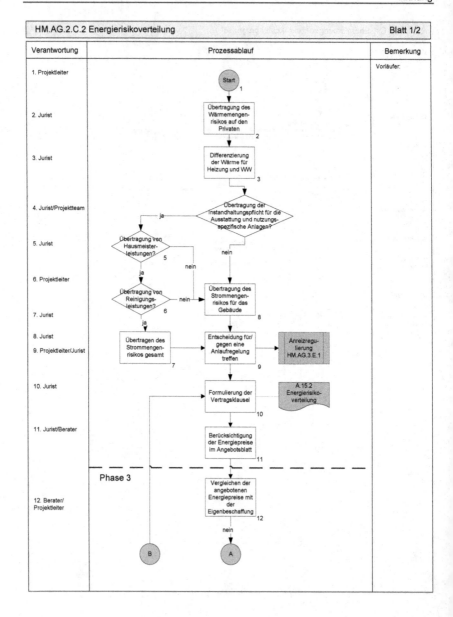

HM.AG.2.C.2 Energierisikoverteilung		Blatt 1/2
Verantwortung	Prozessablauf	Bemerkung

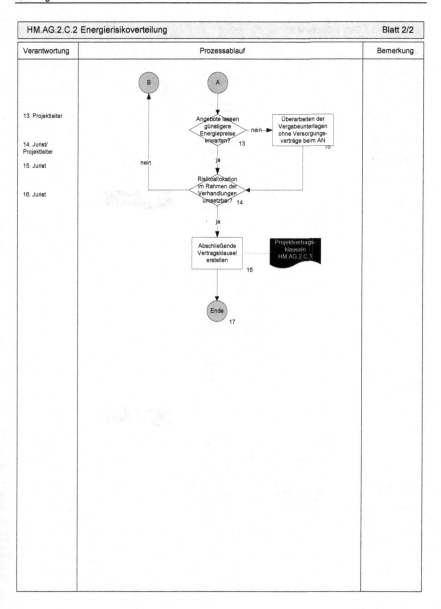

HM.AG.2.C.2 Energierisikoverteilung		Blatt 2/2
Verantwortung	Prozessablauf	Bemerkung

13. Projektleiter

14. Jurist/
Projektleiter

15. Jurist

16. Jurist

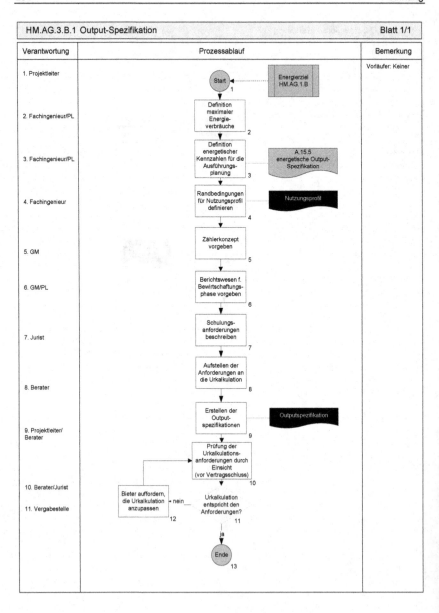

HM.AG.3.B.1 Output-Spezifikation   Blatt 1/1

Verantwortung	Prozessablauf	Bemerkung

Vorläufer: Keiner

1. Projektleiter

Start 1 ← Energierziel HM.AG.1.B

2. Fachingenieur/PL

Definition maximaler Energieverbräuche 2

3. Fachingenieur/PL

Definition energetischer Kennzahlen für die Ausführungsplanung 3 — A.15.5 energetische Output-Spezifikation

4. Fachingenieur

Randbedingungen für Nutzungsprofil definieren 4 — Nutzungsprofil

5. GM

Zählerkonzept vorgeben 5

6. GM/PL

Berichtswesen f. Bewirtschaftungsphase vorgeben 6

7. Jurist

Schulungsanforderungen beschreiben 7

8. Berater

Aufstellen der Anforderungen an die Urkalkulation 8

9. Projektleiter/ Berater

Erstellen der Outputspezifikationen 9 — Outputspezifikation

Prüfung der Urkalkulationsanforderungen durch Einsicht (vor Vertragsschluss) 10

10. Berater/Jurist

Bieter auffordern, die Urkalkulation anzupassen 12 ← nein — Urkalkulation entspricht den Anforderungen? 11

11. Vergabestelle

ja

Ende 13

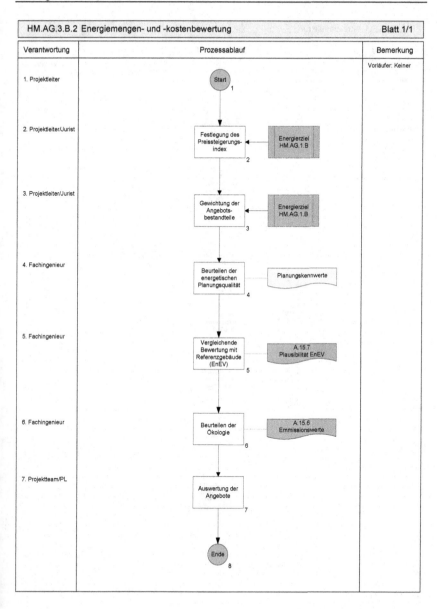

HM.AG.3.B.2 Energiemengen- und -kostenbewertung   Blatt 1/1

Verantwortung	Prozessablauf	Bemerkung

Vorläufer: Keiner

1. Projektleiter — Start (1)

2. Projektleiter/Jurist — Festlegung des Preissteigerungsindex (2) ← Energieziel HM.AG.1.B

3. Projektleiter/Jurist — Gewichtung der Angebotsbestandteile (3) ← Energieziel HM.AG.1.B

4. Fachingenieur — Beurteilen der energetischen Planungsqualität (4) — Planungskennwerte

5. Fachingenieur — Vergleichende Bewertung mit Referenzgebäude (EnEV) (5) — A.15.7 Plausibilität EnEV

6. Fachingenieur — Beurteilen der Ökologie (6) — A.15.6 Emmissionswerte

7. Projektteam/PL — Auswertung der Angebote (7)

Ende (8)

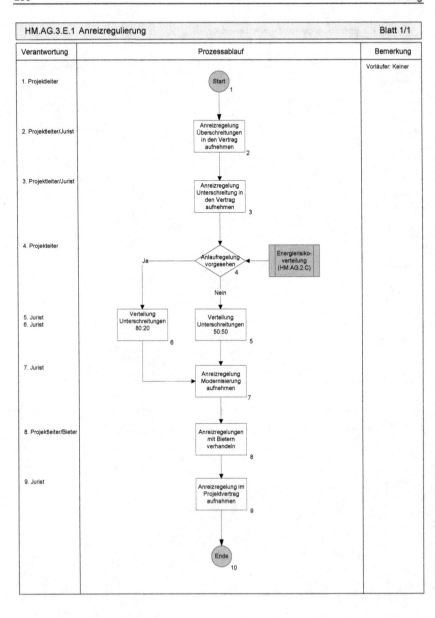

| HM.AG.3.E.1 Anreizregulierung | Blatt 1/1 |

| Verantwortung | Prozessablauf | Bemerkung |

Vorläufer: Keiner

1. Projektleiter

Start 1

2. Projektleiter/Jurist

Anreizregelung Überschreitungen in den Vertrag aufnehmen 2

3. Projektleiter/Jurist

Anreizregelung Unterschreitung in den Vertrag aufnehmen 3

4. Projekteiter

Anlaufregelung vorgesehen 4 — Ja / Nein

Energierisiko-verteilung (HM.AG.2.C)

5. Jurist
6. Jurist

Verteilung Unterschreitungen 80:20 6

Verteilung Unterschreitungen 50:50 5

7. Jurist

Anreizregelung Modernisierung aufnehmen 7

8. Projektleiter/Bieter

Anreizregelungen mit Bietern verhandeln 8

9. Jurist

Anreizregelung im Projektvertrag aufnahmen 9

Ende 10

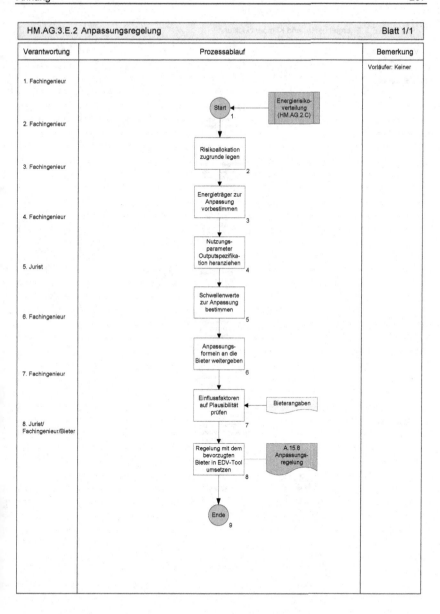

HM.AG.3.E.2 Anpassungsregelung   Blatt 1/1

Verantwortung	Prozessablauf	Bemerkung

Verantwortung:

1. Fachingenieur

2. Fachingenieur

3. Fachingenieur

4. Fachingenieur

5. Jurist

6. Fachingenieur

7. Fachingenieur

8. Jurist/
Fachingenieur/Bieter

Bemerkung: Vorläufer: Keiner

Prozessablauf:

Start 1 ← Energierisiko-verteilung (HM.AG.2.C)

Risikoallokation zugrunde legen 2

Energieträger zur Anpassung vorbestimmen 3

Nutzungs-parameter Outputspezifika-tion heranziehen 4

Schwellenwerte zur Anpassung bestimmen 5

Anpassungs-formeln an die Bieter weitergeben 6

Einflussfaktoren auf Plausibilität prüfen 7 ← Bieterangaben

Regelung mit dem bevorzugten Bieter in EDV-Tool umsetzen 8 → A.15.8 Anpassungs-regelung

Ende 9

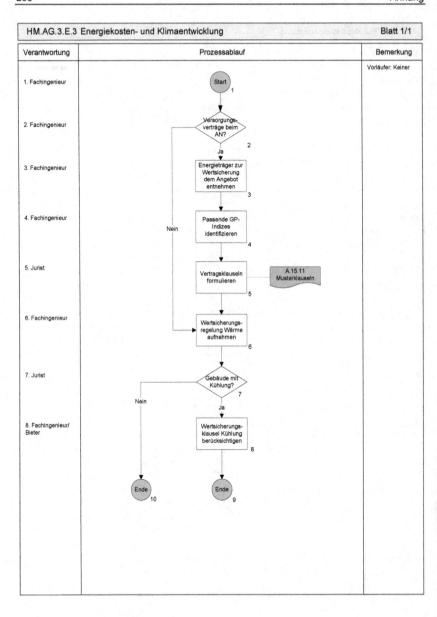

HM.AG.3.E.3 Energiekosten- und Klimaentwicklung · Blatt 1/1

Verantwortung — Prozessablauf — Bemerkung

Vorläufer: Keiner

1. Fachingenieur — Start (1)

2. Fachingenieur — Versorgungsverträge beim AN? (2) — Ja / Nein

3. Fachingenieur — Energieträger zur Wertsicherung dem Angebot entnehmen (3)

4. Fachingenieur — Passende GP-Indizes identifizieren (4)

5. Jurist — Vertragsklauseln formulieren (5) — A.15.11 Musterklauseln

6. Fachingenieur — Wertsicherungsregelung Wärme aufnehmen (6)

7. Jurist — Gebäude mit Kühlung? (7) — Ja / Nein

8. Fachingenieur/Bieter — Wertsicherungsklausel Kühlung berücksichtigen (8)

Ende (10) — Ende (9)

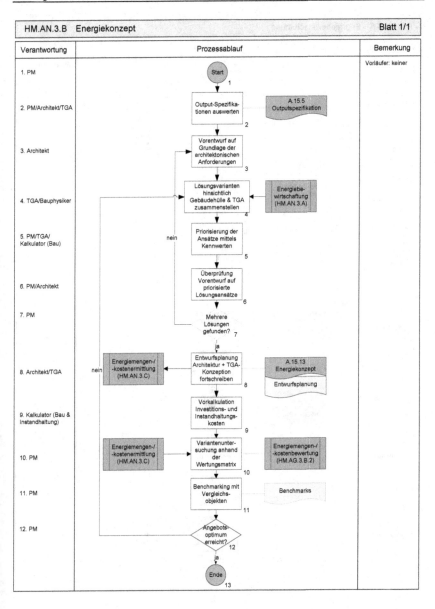

HM.AN.3.B Energiekonzept		Blatt 1/1
Verantwortung	Prozessablauf	Bemerkung

Verantwortung:

1. PM

2. PM/Architekt/TGA

3. Architekt

4. TGA/Bauphysiker

5. PM/TGA/ Kalkulator (Bau)

6. PM/Architekt

7. PM

8. Architekt/TGA

9. Kalkulator (Bau & Instandhaltung)

10. PM

11. PM

12. PM

Prozessablauf:

Start — 1

Output-Spezifikationen auswerten — 2 → A.15.5 Outputspezifikation

Vorentwurf auf Grundlage der architektonischen Anforderungen — 3

Lösungsvarianten hinsichtlich Gebäudehülle & TGA zusammenstellen — 4 → Energiebewirtschaftung (HM.AN.3.A)

Priorisierung der Ansätze mittels Kennwerten — 5 ← nein

Überprüfung Vorentwurf auf priorisierte Lösungsansätze — 6

Mehrere Lösungen gefunden? — 7 / ja

Entwurfsplanung Architektur + TGA-Konzeption fortschreiben — 8 ← nein Energiemengen-/-kostenermittlung (HM.AN.3.C) → A.15.13 Energiekonzept / Entwurfsplanung

Vorkalkulation Investitions- und Instandhaltungskosten — 9

Variantenuntersuchung anhand der Wertungsmatrix — 10 ← Energiemengen-/-kostenermittlung (HM.AN.3.C) → Energiemengen-/-kostenbewertung (HM.AG.3.B.2)

Benchmarking mit Vergleichsobjekten — 11 → Benchmarks

Angebotsoptimum erreicht? — 12 / ja

Ende — 13

Bemerkung:

Vorläufer: keiner

HM.AN.3.A	Energiebewirtschaftung		Blatt 1/1
Verantwortung		Prozessablauf	Bemerkung

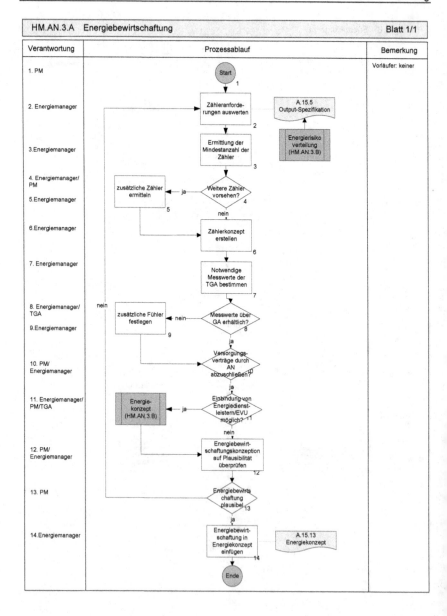

Verantwortung:

1. PM

2. Energiemanager

3. Energiemanager

4. Energiemanager/ PM

5. Energiemanager

6. Energiemanager

7. Energiemanager

8. Energiemanager/ TGA

9. Energiemanager

10. PM/ Energiemanager

11. Energiemanager/ PM/TGA

12. PM/ Energiemanager

13. PM

14. Energiemanager

Bemerkung: Vorläufer: keiner

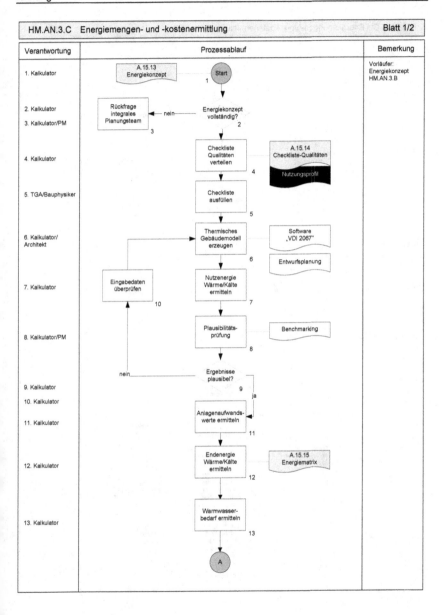

HM.AN.3.C   Energiemengen- und -kostenermittlung   Blatt 1/2

Verantwortung	Prozessablauf	Bemerkung

1. Kalkulator

A.15.13 Energiekonzept — Start — 1

Vorläufer: Energiekonzept HM.AN.3.B

2. Kalkulator
3. Kalkulator/PM

Rückfrage integrales Planungsteam ← nein ← Energiekonzept vollständig? 2 / 3

4. Kalkulator

Checkliste Qualitäten verteilen — 4 — A.15.14 Checkliste-Qualitäten / Nutzungsprofil

5. TGA/Bauphysiker

Checkliste ausfüllen 5

6. Kalkulator/ Architekt

Thermisches Gebäudemodell erzeugen 6 — Software „VDI 2067" / Entwurfsplanung

7. Kalkulator

Eingabedaten überprüfen 10 → Nutzenergie Wärme/Kälte ermitteln 7

8. Kalkulator/PM

Plausibilitäts- prüfung 8 — Benchmarking

9. Kalkulator

nein ← Ergebnisse plausibel? 9 / ja

10. Kalkulator

11. Kalkulator

Anlagenaufwands- werte ermitteln 11

12. Kalkulator

Endenergie Wärme/Kälte ermitteln 12 — A.15.15 Energiematrix

13. Kalkulator

Warmwasser- bedarf ermitteln 13

A

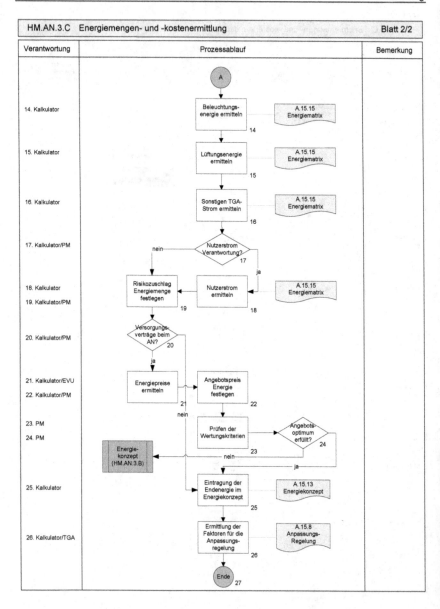

HM.AN.3.C Energiemengen- und -kostenermittlung		Blatt 2/2
Verantwortung	Prozessablauf	Bemerkung

HM.AG.4.B Energiekonzeptcontrolling	Blatt 1/1

Verantwortung	Prozessablauf	Bemerkung

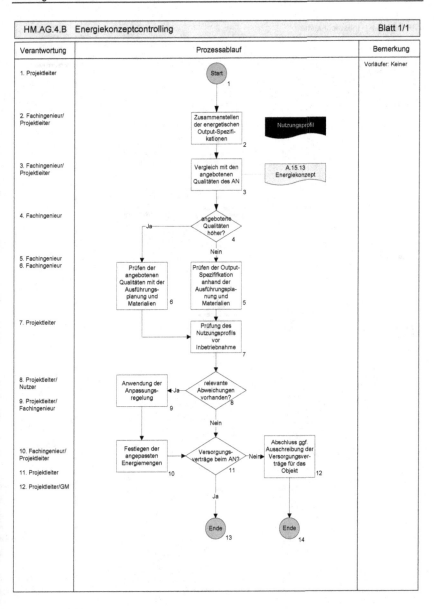

Verantwortung:

1. Projektleiter

2. Fachingenieur/ Projektleiter

3. Fachingenieur/ Projektleiter

4. Fachingenieur

5. Fachingenieur
6. Fachingenieur

7. Projektleiter

8. Projektleiter/ Nutzer

9. Projektleiter/ Fachingenieur

10. Fachingenieur/ Projektleiter

11. Projektleiter

12. Projektleiter/GM

Bemerkung: Vorläufer: Keiner

Prozessablauf:

1. Start

2. Zusammenstellen der energetischen Output-Spezifikationen — Nutzungsprofil

3. Vergleich mit den angebotenen Qualitäten des AN — A.15.13 Energiekonzept

4. angebotene Qualitäten höher? — Ja / Nein

5. Prüfen der Output-Spezifikation anhand der Ausführungsplanung und Materialien

6. Prüfen der angebotenen Qualitäten mit der Ausführungsplanung und Materialien

7. Prüfung des Nutzungsprofils vor Inbetriebnahme

8. relevante Abweichungen vorhanden? — Ja / Nein

9. Anwendung der Anpassungsregelung

10. Festlegen der angepassten Energiemengen

11. Versorgungsverträge beim AN? — Nein / Ja

12. Abschluss ggf. Ausschreibung der Versorgungsverträge für das Objekt

13. Ende

14. Ende

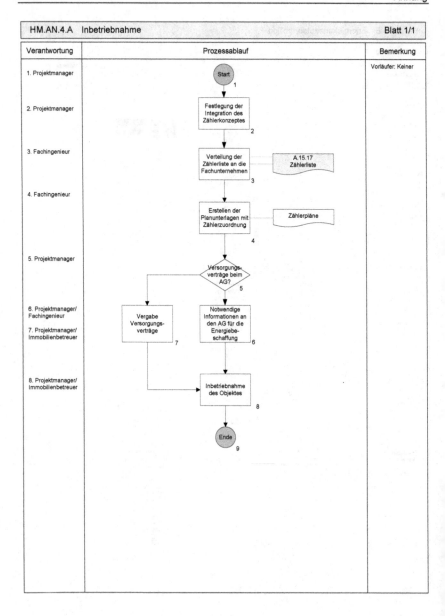

HM.AN.4.A Inbetriebnahme		Blatt 1/1
Verantwortung	Prozessablauf	Bemerkung

1. Projektmanager

2. Projektmanager

3. Fachingenieur

4. Fachingenieur

5. Projektmanager

6. Projektmanager/ Fachingenieur

7. Projektmanager/ Immobilienbetreuer

8. Projektmanager/ Immobilienbetreuer

Vorläufer: Keiner

Start — 1

Festlegung der Integration des Zählerkonzeptes — 2

Verteilung der Zählerliste an die Fachunternehmen — 3 — A.15.17 Zählerliste

Erstellen der Planunterlagen mit Zählerzuordnung — 4 — Zählerpläne

Versorgungsverträge beim AG? — 5

Vergabe Versorgungsverträge — 7

Notwendige Informationen an den AG für die Energiebeschaffung — 6

Inbetriebnahme des Objektes — 8

Ende — 9

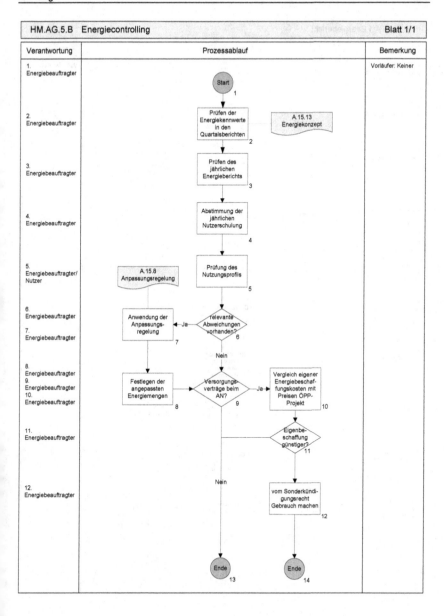

HM.AG.5.B Energiecontrolling		Blatt 1/1
Verantwortung	Prozessablauf	Bemerkung

Verantwortung:

1. Energiebeauftragter

2. Energiebeauftragter

3. Energiebeauftragter

4. Energiebeauftragter

5. Energiebeauftragter/ Nutzer

6. Energiebeauftragter
7. Energiebeauftragter

8. Energiebeauftragter
9. Energiebeauftragter
10. Energiebeauftragter

11. Energiebeauftragter

12. Energiebeauftragter

Prozessablauf:

Start — 1

Prüfen der Energiekennwerte in den Quartalsberichten — 2 · A.15.13 Energiekonzept

Prüfen des jährlichen Energieberichts — 3

Abstimmung der jährlichen Nutzerschulung — 4

Prüfung des Nutzungsprofils — 5 · A.15.8 Anpassungsregelung

Relevante Abweichungen vorhanden? — 6 → Ja → Anwendung der Anpassungsregelung — 7

Nein

Festlegen der angepassten Energiemengen — 8 · Versorgungsverträge beim AN? — 9 → Ja → Vergleich eigener Energiebeschaffungskosten mit Preisen ÖPP-Projekt — 10

Eigenbeschaffung günstiger? — 11

Nein

vom Sonderkündigungsrecht Gebrauch machen — 12

Ende — 13 · Ende — 14

Bemerkung: Vorläufer: Keiner

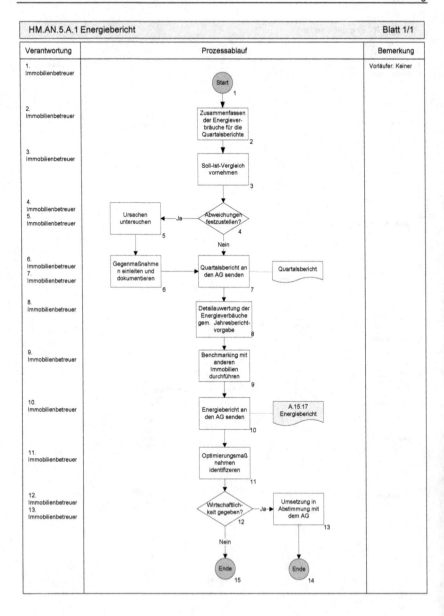

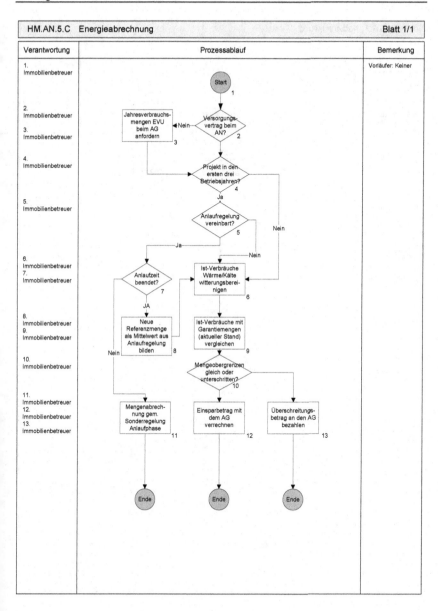

Verantwortung	Prozessablauf	Bemerkung

1.
Immobilienbetreuer

2.
Immobilienbetreuer

3.
Immobilienbetreuer

4.
Immobilienbetreuer

5.
Immobilienbetreuer

6.
Immobilienbetreuer
7.
Immobilienbetreuer

8.
Immobilienbetreuer
9.
Immobilienbetreuer

10.
Immobilienbetreuer

11.
Immobilienbetreuer
12.
Immobilienbetreuer
13.
Immobilienbetreuer

Vorläufer: Keiner

Start 1

Jahresverbrauchs-
mengen EVU
beim AG
anfordern 3 — Nein — Versorgungsvertrag beim
AN? 2

Projekt in den
ersten drei
Betriebsjahren? 4

Ja

Anlaufregelung
vereinbart? 5 — Nein

Ja — Nein

Anlaufzeit
beendet? 7

JA

Neue
Referenzmenge
als Mittelwert aus
Anlaufregelung
bilden 8

Nein

Ist-Verbräuche
Wärme/Kälte
witterungsberei-
nigen 6

Ist-Verbräuche mit
Garantiemengen
(aktueller Stand)
vergleichen 9

Mengeobergrenzen
gleich oder
unterschritten? 10

Mengenabrech-
nung gem.
Sonderregelung
Anlaufphase 11

Einsparbetrag mit
dem AG
verrechnen 12

Überschreitungs-
betrag an den AG
bezahlen 13

Ende   Ende   Ende

HM.AN.5.A.2 Nutzerschulung	Blatt 1/1

Verantwortung	Prozessablauf	Bemerkung

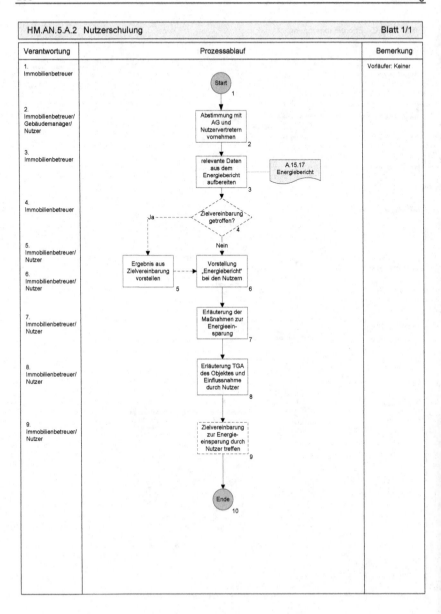

Verantwortung (linke Spalte):

1. Immobilienbetreuer

2. Immobilienbetreuer/ Gebäudemanager/ Nutzer

3. Immobilienbetreuer

4. Immobilienbetreuer

5. Immobilienbetreuer/ Nutzer

6. Immobilienbetreuer/ Nutzer

7. Immobilienbetreuer/ Nutzer

8. Immobilienbetreuer/ Nutzer

9. Immobilienbetreuer/ Nutzer

Bemerkung (rechte Spalte):

Vorläufer: Keiner

Prozessablauf:

- Start (1)
- Abstimmung mit AG und Nutzervertretern vornehmen (2)
- relevante Daten aus dem Energiebericht aufbereiten (3) — A.15.17 Energiebericht
- Zielvereinbarung getroffen? (4) — Ja / Nein
- Ergebnis aus Zielvereinbarung vorstellen (5)
- Vorstellung „Energiebericht" bei den Nutzern (6)
- Erläuterung der Maßnahmen zur Energieeinsparung (7)
- Erläuterung TGA des Objektes und Einflussnahme durch Nutzer (8)
- Zielvereinbarung zur Energieeinsparung durch Nutzer treffen (9)
- Ende (10)

A.14 Verlauf der Verbraucherpreisindizes relevanter Energieträger

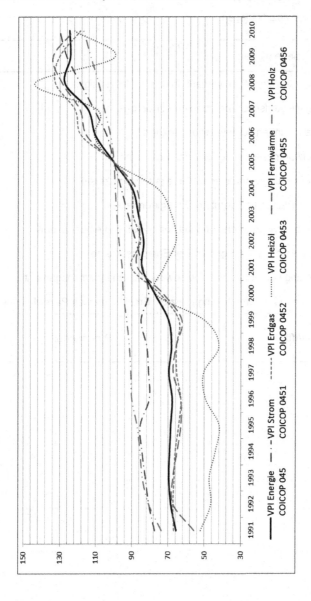

A.15 Arbeitshilfen

A.15.1 Energieziele festlegen

1. Energieziele festlegen	
Politische Vorgaben vorhanden und berücksichtigt	
Organisatorische Vorgaben berücksichtigt	
Auswirkungen auf Investitionsrahmen	
Fachkompetenz in der eigenen Kommune	
Überprüfung vorhandener Vertragsabhängigkeiten	
Auswertung durchgeführter Energieprojekte	
Energiemanagementbereiche vorhanden und eingebunden	
Berücksichtigung regenerativer Energiesysteme	
Nutzung von privatem Know-how für das Energiemanagement	
Konkrete Zielformulierung wie z.B. "Errichtung eines Passivhauses"	
O erfüllt	O nicht erfüllt

A.15.2 Energierisikoverteilung

§ xy Energiemengenverbrauchsgrenzen

Der Auftragnehmer hat für das Vertragsobjekt den Energieverbrauch pro Jahr ermittelt. Auf Grundlage der Angaben der funktionalen Leistungsbeschreibung [Anlage xx] garantiert der Bieter für die Dauer des Vertrages folgende jährlichen Höchstverbräuche:

Wärme: xxx kWh

davon Heizung: yyy kWh und Warmwasser: zzz kWh

Strom: xxx kWh

davon Kälte: yyy kWh und sonstiger Gebäudestrom: zzz kWh

[optional] Strom für nutzungsspezifische Verbrauchseinrichtungen: xxx kWh

[optional] Wasser: xxx cbm

[optional] Die angebotenen Energiemengen Wärme, Strom [optional gesamt oder nur nutzungsspezifisch] [und optional Wasser] unterliegen einer Anlaufregelung. Nach den ersten drei abgelaufenen Bewirtschaftungsjahren wird der Mittelwert der tatsächlich angefallenen Jahresmittelwerte berechnet. Sofern diese rechnerischen Mittelwerte geringer ausfallen als die vom Bieter garantierten Mengen zu Vertragsbeginn, werden die entsprechenden Mittelwerte als neue Energiemengenobergrenzen vereinbart.

§ xx Sonderkündigungsrecht Versorgungsverträge

xx.1 Dem AG steht das Recht zu, den Versorgungsvertrag mit dem AN zu kündigen, jedoch nicht vor Ablauf der zu diesem Zeitpunkt noch gültigen Versorgungsverträge zwischen dem AN und den jeweiligen Versorgungsunternehmen. Die vereinbarten Kündigungsmodalitäten in den bestehenden Verträgen zwischen dem AN und den Energieversorgungsunternehmen ist dabei zu berücksichtigen. Der AN wird dem AG den frühestmöglichen Zeitpunkt seiner Kündigung bekannt geben und auf Anforderung dem AG hierzu Einblick in die bestehenden Verträge geben. Die Kündigung der Versorgungspflicht ist durch den AG schriftlich anzuzeigen.

xx.2 Kündigt der AG den Versorgungsvertrag mit dem AN, entfallen die im Preisblatt (Anlage____) jeweils im Einzelnen benannten Vergütungsanteile für die zukünftigen Versorgungskosten. Im Falle der Kündigung kann der AN keine weitergehenden Ansprüche geltend machen.

A.15.3 Nutzungsprofil Regelbetrieb und Sonderveranstaltungen

Nutzungsprofil (Regelbetrieb) für den Nutzungsbereich: xxy						
	Nutzungszeit		Nutzungs-häufigkeit			
Wochentag	Beginn der Nutzung	Ende der Nutzung	ganzjährig	ganzjährig ohne Ferien	Tage pro Jahr	Bemerkungen
	[hh:mm]	[hh:mm]	[---]	[---]	[Tage]	
Montag	6: 30	18:00				
Dienstag						
Mittwoch						
Donnerstag						
Freitag						
Samstag						
Sonntag						

Nutzungsprofil (Sonderveranstaltungen/außerhalb des Regelbetrieb) für den Nutzungsbereich: xxy					
	Nutzungszeitraum		Nutzungs-häufigkeit		
Veranstaltung	Beginn der Nutzung	Ende der Nutzung	Veranstaltungen pro Jahr	Personen-anzahl	Bemerkungen
	[Tag, hh:mm]	[Tag, hh:mm]	[Anzahl]	[Anzahl]	
Weihnachtsfeier	Fr 12:00	Fr. 21:00	1	150	Musikanlage

A.15.4 Belegungsplan Sporthalle

Uhrzeit	Montag	Dienstag	Mittwoch	Donnerstag	Freitag	Samstag	Sonntag
07:00 07:30 08:00 08:30 09:00 09:30	Gesamtschule Schulsport 7:45 - 15:15 248 Personen	Gesamtschule Schulsport 7:45 - 9:30 35 Personen	Gesamtschule Schulsport 7:45 - 15:15 190 Personen	Gesamtschule Schulsport 7:45 - 9:30 35 Personen	Gesamtschule Schulsport 7:45 - 15:15 95 Personen		
10:00 10:30 11:00 11:30		Gesamtschule Leistungssport 9:30 - 11:30 20 Personen		Gesamtschule Leistungssport 9:30 - 11:30 20 Personen			
12:00 12:30 13:00 13:30 14:00 14:30 15:00 15:30		Gesamtschule Schulsport 11:30 - 15:30 105 Personen				SSV Handball Meisterschaft 13:00 - 18:30 20 Personen	TSV Volleyball Meisterschaft 14:00 - 18:30 30 Personen
16:00 16:30 17:00 17:30	SSV Handball Minis 16:00 - 18:00 18 Personen	SSV Handball C/D-Jugend 16:00 - 18:00 25 Personen	TSV Volleyball Jugend 16:00 - 18:00 30 Personen	TSV Volleyball Damen 16:00 - 18:00 20 Personen	SSV Turnen 16:00 - 18:00 35 Personen		
18:00 18:30 19:00	Betriebssport 18:00 - 19:30 10 Personen	TSV Leistungs- turnen, 18:00 - 19:30, 15 Pers.	TSV Leistungs- turnen, 18:00 - 19:30, 15 Pers.	TSV Leistungs- turnen, 18:00 - 19:30, 15 Pers.	SSV Gymnastik 18:00 - 19:30 20 Personen.		
19:30 20:00 20:30 21:00 21:30	SSV Handball Männer 19:30 - 21:30 20 Personen	SSV, 19:30 - 20:30, 10 Pers. SSV Gymnastik 20:30 - 22:00 25 Personen	SSV Handball Männer 19:30 - 21:30 20 Personen	TSV Volleyball Hobbys 19:30 - 21:30 20 Personen	TSV, 19:30 - 20:30, 12 Pers. SSV Fußball 20:30 - 22:00 20 Personen		
22:00 22:30 23:00							

A.15.5 Energetische Output-Spezifikationen[673]

Energetische Zielgrößen für Planung und Bau

Die Mindest-U-Werte der aktuell geltenden EnEV müssen um mindestens xy % unterschritten werden.

Ein Blower-Door-Test ist durchzuführen. Der Zielwert beträgt $n_{50} \leq h^{-1}$.

Die Einhaltung der nach Arbeitsstättenrichtlinie zumutbaren Innenraumtemperaturen ist zu gewährleisten. Der Nachweis erfolgt durch eine Thermische Simulationsberechnung für drei typische Räume. Die Auswahl der Räume ist einvernehmlich mit dem AG abzustimmen.

(Wärmeverteilnetze) Die Antriebsleistung im Betriebspunkt der Umwälzpumpen darf $1\ W_{el} / 1\ kW_{thermisch}$ nicht überschreiten.

(RLT-Anlagen) Die Lüftungsgeräte sind mit einer hocheffizienten Wärmerückgewinnung (Wirkungsgrad $\geq 75\ \%$) auszurüsten und müssen die Energieeffizienzklasse A+ nach RLT-Richtlinie 01 (aktuellste Fassung) erfüllen. Die Zentralgeräte und das Kanalnetz sind so auszulegen, dass die Stromaufnahme möglichst gering ist. Als Mindestforderung gilt:

- *0,2 Wh/m³ für Abluftanlagen*

- *0,4 Wh/m³ für Zu-/Abluftanlagen*

(Beleuchtung) Die Schaltung erfolgt generell manuell. Soweit baulich und entwurfsabhängig sinnvoll erfolgt die Schaltung der Leuchten zusätzlich über eine tageslicht- und präsenzabhängige automatische Steuerung. Die installierte elektrische Leistung für das gesamte Beleuchtungskonzept des Objektes ist auf 12 W/m² NF zu begrenzen. Es sind folgende max. spezifische Leistungen einzuhalten:

- *100 lux - 4 W/qm NF*

- *200 lux - 6 W/qm NF*

- *300 lux - 8 W/qm NF*

- *500 lux -12 W/qm NF*

(Projektvertragsklausel) Die Funktion der jeweiligen Heizungs- und Kälteanlagen werden im Rahmen einer zusätzlichen Funktionsprüfung, frühestens jedoch nach Ablauf einer Heiz- und Kälteperiode, nach Abnahme gemäß § zz des Projektvertrages unterzogen. Erst nach erfolgreichem Prüfungsergebnis geht die Beweislast für das Vorliegen von Mängeln dieser technischen Anlagen auf den AG über. Alle sonstigen Abnahmewirkungen bleiben davon unberührt.

---

[673] Die angegebenen Zahlenwerte dienen als erste Orientierungsgröße und sind projektspezifisch festzulegen.

Anforderungen Zählerkonzept

Für das Energiecontrolling ist ein Zählerkonzept für die Erfassung der Energieverbräuche zu erstellen. Grundsätzlich sind für alle Nutzungsbereiche die Energiemengen getrennt nach folgenden technischen Anlagen separat zu erfassen:

- *Heizung*

- *Kühlung*

- *Strom Lüftung/Klimatisierung*

- *Strom Beleuchtung*

- *Strom sonstige technische Ausrüstung*

- *Strom nutzungsspezifisch*

- *Wasserverbrauch (Sanitär, Klimatisierung und Regenwasser)*

Für die Zählung der Energiemengen sind busfähige Zähler einzusetzen, die weitere anlagentechnische Daten liefern können (z.b. M-BUS Wärmemengenzähler, die Systemtemperaturen und Durchflussmengen übertragen).

Anforderungen Berichtswesen/Nutzerschulungen

Das Berichtswesen beinhaltet alle Maßnahmen im Zusammenhang mit dem Energieeinsatz, insbesondere Strom, Heiz-, Kälteenergie, Wasser und der damit verbundenen Schadstoffemissionen. Folgende Aspekte sind dabei zu berücksichtigen:

- *Soll-Ist-Vergleich der Qualitätsanforderungen*

- *relevante Daten aus der Störfallstatistik*

- *Auswertung des Energieeinsatzes je eingesetzter Energieart*

- *Erstellen von Grafiken je eingesetzter Energieart mit spezifischen Kennwerten*

- *Auswertung der Energieverbräuche mit grafischer Darstellung und spezifischen Kennwerten wie z. B. Verbrauch je Quadratmeter NGF, Verbrauch je Nutzungseinheit.*

- *Analyse der Daten mit Gegenüberstellung der jeweiligen Tageszeiten*

- *Hinweise auf außerordentliche gestiegene oder reduzierte Verbräuche mit Erläuterungen*

- *Analyse des Nutzerverhaltens und verursachergerechte Zuordnung der Verbrauchsdaten*

  - *Konzepte zur Optimierung des Energieeinsatzes, differenziert nach kurz- und mittelfristigen Maßnahmen mit Handlungsempfehlungen für die Umsetzung und Angaben zu voraussichtlichen Zeitdauern*

Die Zählerstände sind so zu erfassen, dass ein Energiebericht mit monatlichen Verbrauchsangaben erstellt werden kann. Diese Daten sind zu speichern. Für einen zurückliegenden Zeitraum von mindestens 3 Jahren soll eine Darstellung mit spezifischen Kennwerten möglich sein.

Der AN wird alle vorbeschriebenen Daten, Auswertungen, Trends etc. einmal jährlich in einem Energiebericht erfassen und dem AG im Rahmen der Jahresbegehungen erläutern.

Der AN wird mindestens einmal jährlich im Objekte eine mehrstündige Nutzerschulung durchführen, in der den Nutzern die Entwicklung der Energieverbräuche im Objekt erläutert und objektspezifische Hinweise zu energieeffizienten Verhaltensweisen vermittelt werden.

Anforderungen Urkalkulation

Vom erfolgreichen Bieter ist vor Vertragsabschluss eine Urkalkulation abzugeben. Diese wird gemeinsam vom AG und AN vor Vertragsschluss geprüft, ob sie den Anforderungen genügt. Die Auftragskalkulation für die Bewirtschaftungskosten muss getrennt ausweisen:

- *die jeweiligen Einzelkosten der allgemeinen Leistungen und der Energiemanagementleistungen, detailliert nach den Einzelleistungen gem. der Leistungsbeschreibung für die Bewirtschaftungsphase*

- *die Aufschlüsselung des GU-Zuschlages sowie Wagnis und Gewinn*

A.15.6 Umrechnungstabelle Emissionswerte

Energieträger	Heizwert [MWh]	Emissionen [kg/MWh]			
		CO_2	SO_2	NO_x	Staub
Strom [MWh]	1	580,00	0,43	0,93	0,06
Heizöl [1.000 l]	10	3.600,00	2,30	3,00	0,20
Gas [m³]	1	2.500,00	0,20	1,60	0,10
Fernwärme [MWh]	1	180,00	0,11	0,01	0,01

A.15.7 Plausibilitätsprüfung EnEV-Anforderungen

Zeile	Bauteil/System	Eigenschaft (zu Zeilen 1.1 bis 1.13)	Referenzausführung/Wert (Maßeinheit)		Angebot Bieter [-2;2]	Bemerkung
			Raum-Soll-temperaturen im Heizfall ≥ 19 °C	Raum-Soll-temperaturen im Heizfall von 12 bis < 19 °C		
1.1	Außenwand, Geschossdecke gegen Außenluft	Wärmedurchgangskoffizient	$U = 0,28$ W/(m^2·K)	$U = 0,35$ W/(m^2·K)		
1.2	Vorhangfassade (siehe auch Zeile 1.14)	Wärmedurchgangskoffizient	$U = 1,40$ W/(m^2·K)	$U = 1,90$ W/(m^2·K)		
		Gesamtenergiedurchlassgrad der Verglasung	$g^\perp = 0,48$	$g^\perp = 0,60$		
		Lichttransmissionsgrad der Verglasung	$\tau_{D65} = 0,72$	$\tau_{D65} = 0,78$		
1.3	Wand gegen Erdreich, Bodenplatte, Wände und Decken zu unbeheizten Räumen (außer Bauteile nach Zeile 1.4)	Wärmedurchgangskoffizient	$U = 0,35$ W/(m^2·K)	$U = 0,35$ W/(m^2·K)		
1.4	Dach (soweit nicht unter Zeile 1.5), oberste Geschossdecke, Wände zu Abseiten	Wärmedurchgangskoeffizient	$U = 0,20$ W/(m^2·K)	$U = 0,35$ W/(m^2·K)		
1.5	Glasdächer	Wärmedurchgangs-koeffizient	$U_W = 2,70$ W/(m^2·K)	$U_W = 2,70$ W/(m^2·K)		
		Gesamtenergiedurchlassgrad der Verglasung	$g^\perp = 0,63$	$g^\perp = 0,63$		
		Lichttransmissionsgrad der Verglasung	$\tau_{D65} = 0,76$	$\tau_{D65} = 0,76$		
5.5	Raumlufttechnik	als Variabel-Volumenstrom-System ausgeführt:				
	Nur-Luft-Klimaanlagen	Druckverhältniszahl	$f_p = 0,4$			
		Luftkanalführung: innerhalb des Gebäudes				
6	Raumkühlung	Kältesystem: Kaltwasser Fan-Coil, Brüstungsgerät				
		Kaltwassertemperatur	14/18 °C			
		Kaltwasserkreis Raumkühlung: Überströmung	10%			
		spezifische elektrische Leistung der Verteilung hydraulisch abgeglichen, geregelte Pumpe, Pumpe hydraulisch entkoppelt, saisonale sowie Nacht- und Wochenendabschaltung	$P_{d,spez} = 30$ W$_{el}$/kW$_{Kälte}$			
7	Kälteerzeugung	Erzeuger: Kolben/Scrollverdichter mehrstufig schaltbar, R134a, Kaltwassertemperatur:				
		bei mehr als 5 000 m^2 mittels Raumkühlung konditionierter Nettogrundfläche, für diesen Konditionierungsanteil	14/18 °C			
		ansonsten	6/12 °C			
		Kaltwasserkreis Erzeuger inklusive RLT-Kühlung: Überströmung	30%			
		spezifische elektrische Leistung der Verteilung hydraulisch ungeregelte Pumpe, Pumpe hydraulisch entkoppelt, saisonale sowie Nacht- und Wochenendabschaltung, Verteilung außerhalb der konditionierten Zone. Der Primärenergiebedarf für das Kühlsystem und die Kühlfunktion der raumlufttechnischen Anlage darf für Zonen der Nutzungen 1 bis 3, 8, 10, 16 bis 20 und 31*) nur zu 50 % angerechnet werden.	$P_{d,spez} = 20$ W$_{el}$/kW$_{Kälte}$			

Gesamtbewertung 0

Legende	
<=0	EnEV-Anforderungen voraussichtlich nicht eingehalten, konkreter Nachweis erforderlich
>= 0 und <= 8	EnEV-Anforderungen voraussichtlich eingehalten , konkreter Nachweis nur bei Bedarf
<= 8	EnEV-Anforderungen werden deutlich unterschritten

A.15.8 Muster-Anpassungsregelung

Anpassung des Energieverbrauchs:

Dateneingabe und Ergebnisübersicht

Dateneingabe (neue Werte):
(vollständig ausfüllen, ggf. Vertragsw orte eingeben)

				Vertragsbasis	
$T_{RB,\,neu}$	70	h/Woche		60 h/Woche	
$F_{MA,neu}$	2.766,57	m²		2.766,57 m²	
$A_{PS,\,neu}$	120	Sitzungen pro Jahr		120 Sitzungen pro Jahr	
$L_{EDV,\,neu}$	18	kW		18 kW	
$A_{M,\,neu}$	175	-		175 Mitarbeiterzahl	

Ergebnisübersicht:

	neue Obergrenze	Delta
Fernwärme:	335.777,12 kWh/a	11%
Kälte:	45.263,75 kWh/a	3%
Strom:	329.474,43 kWh/a	8%

Vertragsbasis

Fernwärme:	297.951,50 kWh/a
Kälte:	43.909,95 kWh/a
Strom:	304.614,20 kWh/a

mit

$T_{RB,\,neu}$	Neue Regelbetriebszeit
$F_{MA,neu}$	Neue Fläche (Büro- und Besprechungsräume), die von Mitarbeitern genutzt wird.
$A_{PS,\,neu}$	Neue Anzahl der politischen Sitzungen
$L_{EDV,\,neu}$	Neue Angabe zu inneren Wärmelasten im EDV-Bereich
$A_{M,\,neu}$	Neue Anzahl der Mitarbeiter

A.15.9 Musterklausel Anreizregulierung

§ zz Anreizregulierung

Am Ende eines jeden Abrechnungsjahres übergibt die Auftragnehmerin dem Auftraggeber eine Auswertung der Verbräuche von Strom, Wärme, Wasser und Abwasser unter Angabe der jeweiligen Verbrauchsmengen über das zurückliegende Jahr. Grundlage für die Abrechnung zwischen AG und AN ist die Abrechnung mit dem jeweiligen Energieversorgungsunternehmen, das die entsprechenden Medien liefert.

Abweichungen in den Verbrauchsmengen behandeln die Parteien wie folgt:

- *Als Bemessungsgrundlage (100 %) bestimmen die Parteien die Angaben aus § xy Energiemengenverbrauchsgrenzen.*

- *Oberhalb der Bemessungsgrundlage (100 %) sich ergebende Energie- und Wasserbedarfe werden von der Auftragnehmerin getragen.*

- *Im ersten Betriebsjahr der Bewirtschaftungsphase übernimmt der AG Überschreitungen der Bemessungsgrundlage bis zu 20 %, im zweiten Betriebsjahr bis zu 10 % und im dritten bis zu 5 %.*

- *Einsparungen werden unter den Parteien im Verhältnis 50:50 geteilt. Die Auftragnehmerin erteilt der Gemeinde eine entsprechende Gutschrift auf die nächste zu stellende Quartalsrechnung.*

A.15.10 Musterklausel Technische Modernisierungen

§ zz Technische Modernisierungen

Soweit die Auftragnehmerin Optimierungen ohne Investitionen im Rahmen ihrer allgemeinen Leistungsverpflichtungen durchführen kann, ist sie zur Vornahme derselben berechtigt und verpflichtet (z.B. Energieverbrauchoptimierung durch Änderung der Anlagensteuerung/ -regelung pp.). Insbesondere ist Ziel, die laufende Optimierung des Gebäudemanagements bei voller Aufrechterhaltung der Nutzungsanforderungen gemäß der Leistungsbeschreibung für die Bewirtschaftungsphase. Soweit dieses ohne Investitionen erfolgen kann, ist die Gemeinde berechtigt, Anpassungen jederzeit zu verlangen. Investive Maßnahmen zur Optimierung und Modernisierung sind geschuldet, wenn der vorhandene Zustand der Sporthalle und ihrer Einbauten nicht mehr dem Zustand, welcher bei Abnahme geschuldet war, entspricht.

Investive Maßnahmen, die über die vorbeschriebenen Maßnahmen hinausgehen, wie z.B. der Einsatz neuer, noch nicht verbreiteter Technologien, sind dem AG vorzustellen und bedürfen seiner schriftlichen Zustimmung. Der AG ist berechtigt, die Umsetzung derartiger Optimierungs- und Modernisierungskonzepte gegen gesonderte Vergütung zu verlangen.

Besteht zwischen den Vertragsparteien Streit, ob investive Maßnahmen entgeltlich oder un-
entgeltlich auszuführen sind, entscheidet ein von den Parteien gemeinschaftlich zu berufener
und zu vergütender ö. b. u. v. Sachverständiger der IHK/Ing-kammer XYZ.

Für die Erreichung eines Optimierungsziels und Reduzierung der laufenden Bewirtschaf-
tungskosten erhält der AN eine Erfolgsvergütung. Der AG wird dem AN zu diesem Zweck an
jeder ihr zugute kommenden, nachgewiesenen Einsparung in Bezug auf den Vertragsgegen-
stand mit 50 % des erzielten Einsparungsbetrages beteiligen; die Regelungen zur Beteiligung
des AN an realisierten Einsparungen für Wärme, Wasser, Abwasser und Energie gemäß § xy
bleiben hiervon unberührt. Die Erfolgsvergütung wird der Auftragnehmerin am Ende jedes
Vertragsjahres auf Nachweis als Einmalbetrag zusätzlich vergütet.

A.15.11 Musterklausel Energiekosten- und Klimaentwicklung[674]

Der in § xy benannte Preis für die Versorgung des Vertragsobjekts mit Öl, Gas oder anderen
Energiequellen wird durch Anbindung an den Index GP-Nr. XYZ für das Medium [eintragen],
veröffentlicht vom Statistisches Bundesamt, Basisjahr 2005 = 100 %, wertgesichert.

Die Vertragsparteien vereinbaren als Ausgangspunkt den jeweiligen Index am tt.mm.jjjj. Die
Vertragsparteien prüfen jeweils in den ersten zwei Monaten eines jeden Vertragsjahres, ob
sich der entsprechende Index im Verhältnis zum Ausgangspunkt verändert hat, und passen
das Entgelt rückwirkend ab dem ersten Tag des ersten Monats des neuen Vertragsjahres ent-
sprechend an.

[Als Ausgangspunkte sollte das Datum der Abgabefrist für das letztverbindliche Angebot in
der Ausschreibung gewählt werden..]

Bei der Ermittlung der tatsächlichen Medienverbräuche sowie der optimierungsbedingten
Einsparungen der verbrauchsabhängigen Medien werden die tatsächlich vom Deutschen Wet-
terdienst für den Standort [einzutragen] festgestellten Wetterdaten kalkulatorisch nach Maß-
gabe der folgenden Berechnungsformel berücksichtigt:

$F_{bereinigt} = F_{Wärmeenergieverbrauch} \times Gm / G$

$F_{bereinigt}$ = *bereinigter Flächenverbrauch in kWh p. a. bezogen auf BGF*

$F_{Wärmeenergieverbrauch}$ = *vereinbarter Flächenverbrauch in kWh p. a. bezogen auf BGF*

G_m = *10jähriges Mittel der Gradtagszahlen für Standort der Jahre von/bis*

G = *aktuelle Gradtagszahl für Standort*

---

[674] In der Arbeitshilfe A.15.8 (Anpassungsregelung) ist ein separates Blatt für die Witterungsbereinigung gem. des hier erstellten Vorschlags enthalten.

Für die Prüfung der Einhaltung der garantierten Medienverbräuche werden die Werte F bereinigt und der tatsächlich gemessene Kälte- und Wärmeverbrauch herangezogen und die Differenz zu den jeweils bestimmten Medienverbrauchswerten ermittelt.

A.15.12 Barwertrechner

A. Energiekosten 1. Bewirtschaftungsjahr

	netto	USt. [19 %]	brutto
1.1 Strom	1,00 €	0,19 €	1,19 €
1.2 Wärme	1,00 €	0,19 €	1,19 €
gesamt	2,00 €	0,38 €	2,38 €

Barwert (25 Jahre Vertragslaufzeit) — *69,78 €*

B. Barwertberechnung

Diskontierungszins	3,500%
Preissteigerung Energiekosten	5,000%
Laufzeit in Jahren	25

Quartal	Energiekosten	
	nominal	Barwert
1	0,60 €	0,60 €
2	0,60 €	0,59 €
3	0,60 €	0,58 €
4	0,60 €	0,58 €
5	0,62 €	0,60 €
6	0,62 €	0,60 €
7	0,62 €	0,59 €
8	0,62 €	0,59 €
9	0,66 €	0,61 €
10	0,66 €	0,61 €
11	0,66 €	0,60 €
12	0,66 €	0,60 €
13	0,69 €	0,62 €
14	0,69 €	0,62 €
15	0,69 €	0,61 €
16	0,69 €	0,60 €
17	0,72 €	0,63 €
18	0,72 €	0,62 €
19	0,72 €	0,62 €
20	0,72 €	0,61 €

A.15.13 Energiekonzept

ÖPP-Projekt
xxx
Kommune: xyz!

X.X.X·Energiekonzept

Seitenumbruch

VERTRAULICH

Energiekonzept · Seite 1 von 15
H. Mohal

ÖPP-Projekt
xxx
Kommune: xyz!

Inhaltsverzeichnis

VERTRAULICH

Energiekonzept · Seite 2 von 15
H. Mohal

ÖPP-Projekt
xxx
Kommune: xyz!

Abschnittswechsel (Nächste Seite)

VERTRAULICH

Energiekonzept · Seite 3 von 15
H. Mohal

ÖPP-Projekt
xxx
Kommune: xyz!

1 → Einführung

1.1 → Aufgabenstellung
z.B. Zielvorgaben der Vergabestelle

1.2 → Rahmenbedingungen
Bewertungsmatrix: Angebot, technische Randbedingungen (z.B. Möglichkeiten der Grundstücksversorgung, Einschränkungen durch Verdingungsunterlagen)

1.3 → Vorgehensweise
Integrale Planung

VERTRAULICH

Energiekonzept · Seite 4 von 15
H. Mohal

A.15.14 Checkliste Qualitäten

Checkliste Eingabedaten

Projekt:

Phase / Planungsstand:
(z.B. indikatives Angebot, LAFO ...)

Übersicht:

		zuständig (Name eintragen)	bearbeitet / erledigt (ankreuzen)
Blatt 1:	Bauteildefinitionen	Seite 2 - 7	☐
Blatt 2:	Beleuchtung	Seite 8 - 9	☐
Blatt 3:	Lüftung	Seite 10 - 11	☐
Blatt 4:	Erzeugung Heizung / Warmwasser	Seite 12 - 14	☐
Blatt 5:	Verteilung und Übergabe Heizung	Seite 15 - 17	☐
Blatt 6:	Verteilung und Übergabe Warmwasser	Seite 18 - 19	☐
Blatt 7:	Kühlung	Seite 20 - 28	☐
Blatt 8:	sonstige Angaben / Besonderheiten	Seite 29	☐

A.15.15 Energiematrix

Ermittlung Endenergie			Verluste / COP	Endenergie			ggf. Sicherheits-aufschlag Angebot [%]	Energie-menge Angebot	
	BGF:	m²							
	Nutzenergie								
Strom Beleuchtung/TGA:	Realwert:			Realwert:					kWh/a
Beleuchtung innen:	aus Kalk. Übernehmen	kWh/a	0	= Nutzenergie	kWh/a		0,00%	#WERT!	kWh/a
Beleuchtung außen:	aus Kalk. Übernehmen	kWh/a	0	= Nutzenergie	kWh/a		0,00%	#WERT!	kWh/a
Lüftung:		0,00 kWh/a	0	aus Kalk. Übernehmen	kWh/a		0,00%	#WERT!	kWh/a
Warmwasser dezentral:	aus Kalk. Übernehmen	kWh/a		Bewertung Nutzenergie mit Verlusten	kWh/a		0,00%	#WERT!	kWh/a
Hilfsenergie Heizung:		0,00 kWh/a	0	Richtwert: 0,80 pro m² BGF	kWh/a		0,00%	#WERT!	kWh/a
allgemeine TGA:	aus Kalk. Übernehmen	kWh/a	0	= Nutzenergie	kWh/a		0,00%	#WERT!	kWh/a
									kWh/a
Zwischensumme:		0,00 kWh/a			0,00 kWh/a			#WERT!	
Strom Nutzer / Steckdosen:	aus Kalk. Übernehmen	kWh/a	0	= Nutzenergie	kWh/a		0,00%	#WERT!	kWh/a
Strom Kälte:	aus thermischer Simulation	kWh/a		Bewertung Nutzenergie mit Verlusten	kWh/a		0,00%	#WERT!	kWh/a
Heizenergie (ggf. inkl. zentrale WW-Bereitung):									
Strom (z.B. Wärmepumpe)	aus thermischer Simulation + Kalk. Warmwasser	kWh/a		Bewertung Nutzenergie mit Verlusten	kWh/a		0,00%	#WERT!	kWh/a
Gas	aus thermischer Simulation + Kalk. Warmwasser	kWh/a		Bewertung Nutzenergie mit Verlusten	kWh/a		0,00%	#WERT!	kWh/a
Fernwärme	aus thermischer Simulation + Kalk. Warmwasser	kWh/a		Bewertung Nutzenergie mit Verlusten	kWh/a		0,00%	#WERT!	kWh/a
Frischwasser:	aus Kalk. Übernehmen	m³/a							
Abwasser:	aus Kalk. Übernehmen	m³/a							

Preisermittlung:		Grundpreis/Jahr:	Verbrauchspreis:	Jährliche Kosten:	
Strom Beleuchtung/TGA:		0,00 €	0,00 €/kWh	#WERT!	€/a
Strom Nutzer / Steckdosen:		ggf. oben berücksichtigt?	0,00 €/kWh	#WERT!	€/a
Strom Kälte:		ggf. oben berücksichtigt?	0,00 €/kWh	#WERT!	€/a
Strom Heizung:		0,00 €	0,00 €/kWh	#WERT!	€/a
Gas Heizung:		ggf. oben berücksichtigt?	0,00 €/kWh	#WERT!	€/a
Fernwärme Heizung:		0,00 €	0,00 €/kWh	#WERT!	€/a
Frischwasser:		0,00 €	0,00 €/m³	#WERT!	€/a
Abwasser:		0,00 €	0,00 €/m³	#WERT!	€/a
				#WERT!	€/a

A.15.16 Zählerliste

Immx ÖPP-Projekt xyz
Bem Trinkwasser

Pos.	Zuordnung Netzung			Standort				Eingebauter Zähler				M-Bus Adresse	Inbetriebnahmedaten			
	Beschreibung	Medium	Bemerkung / Rangfolge	Bauteil	Raum	Raumnummer	Achse	Zählernummer	Hersteller	Bezeichnung / Fabrikat Nr.	m³/h		Datum	Stand	Einheit	Rechung bis Ende
												1			m³	
												2			m³	
												3			m³	
												4			m³	
												5			m³	
												6			m³	
												7			m³	
												8			m³	
												9			m³	
												ggf. weitere / zusätzliche Zähler bis Adresse 30 maximal!!				

A.15.17 Energiebericht

ÖPP-Projekt
Kommune xxx

Leistungen·Energiemanagement 20XY

-------- Seitenumbruch --------

ÖPP-Projekt
Kommune xxx

Inhaltsverzeichnis

-------- Abschnittswechsel (Nächste Seite) --------

ÖPP-Projekt
Kommune xxx

1. Allgemeines

2. Verbrauchsmesseinrichtung

Im Jahr 20xx bestanden die Leistungen des Bieters xyz aus dem Betrieb und der Instandhaltung der installierten Verbrauchsmesseinrichtung.

Als zusätzliche Leistungen ist die Erstellung der erforderlichen Instrumente für das Energiemanagement in Verbindung mit den entsprechenden Anforderungen an das Berichtswesen, und Kostenmanagement. Dazu zählen insbesondere:

- die Anfertigung zusätzlicher Übersichten und Tabellen für die Auswertung der Energieverbräuche im Rahmen der Quartals- und Jahresberichte
- die Programmierung der Darstellung auf der Internetseite http://www...

3. Verbrauchsdatenerfassung

Die Zählerstände wurden mit Hilfe des Softwaretools monatlich abgerufen und die Energieverbräuche ermittelt und dokumentiert. Zur Kontrolle der installierten Verbrauchsmesseinrichtung ist eine jährliche Kontrollablesung durch den Haustechniker durchgeführt worden, um die Lösungsansatz-Funktion der Zähler und der Software zu verifizieren. Ebenfalls erfolgte eine stichtagsbezogene Übermittlung der Zählerstände der Hauptzählerstände an das Versorgungsunternehmen zur Abrechnung der Verbrauchsmengen durch den Haustechniker.

ÖPP-Projekt
Kommune xxx

4. Energiecontrolling

4.1 Kennzahlenvergleich

Für das gesamte Jahr 20xx wurden die monatlichen bzw. jährlichen Verbrauchsdaten ausgewertet. Der Halbenergieverbrauch wurde auf Basis der Gradtagszahlen des Jahres 20xx und des festgelegten Referenzjahres entsprechend witterungsbereinigt.

Im Jahr 20xx erfolgte ein Kennzahlenvergleich mit den Verbrauchskennwerte 20xx, z.B. egau-GmbH-Münster. Damit war eine Beurteilung des energetischen Verhaltens des Objektes differenziert nach den unterschiedlichen Energieverbräuchen möglich.

Das Ergebnis des Kennzahlenvergleichs ist im Jahresbericht (Kapitel 5.2.5) dargestellt.

4.2 Schwachstellenanalyse

Bereits anhand der Ergebnisse des Kennzahlenvergleichs war zu erkennen, dass die Höhe des Stromverbrauchs im Objekt auf Optimierungs- bzw. Einsparpotenziale hinweist. Mit Hilfe der vor Ort installierten Mess- und Regeltechnik (Gebäudeleittechnik) als auch durch Kontrollgänge und Sichtprüfungen des Haustechnikers und des Immobilienbetreuers konnte als Ursache für einen erhöhten Stromverbrauch folgende Schwachstellen identifiziert werden:

- ...
- ...

4.3 Optimierungsvorschläge

Ein Ansatzpunkt für das zurückliegende Jahr 20xx ist insbesondere die Aufklärung der Nutzer mit dem Ziel, ein ressourcenschonendes Nutzerverhalten sicherzustellen. Der Gemeinde wurde mitgeteilt, ...

Eine Erfolgskontrolle der Maßnahme soll im Rahmen der regelmäßigen Kontrollgänge und Sichtprüfungen des Haustechnikers und des Immobilienbetreuer durchgeführt werden.

A.16 Praxisbeispiel

A.16.1 Energierisikoverteilung im Praxisbeispiel

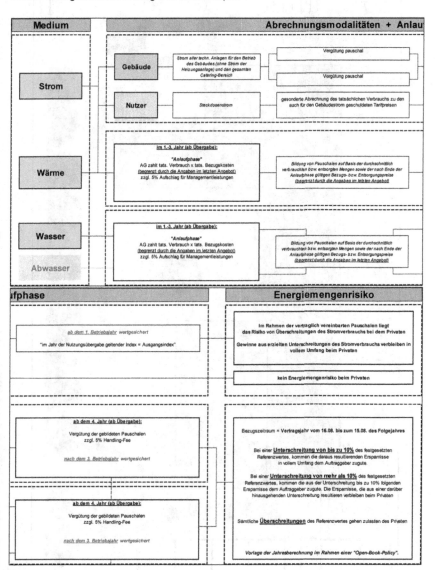

A.16.2 Lageplan Praxisbeispiel

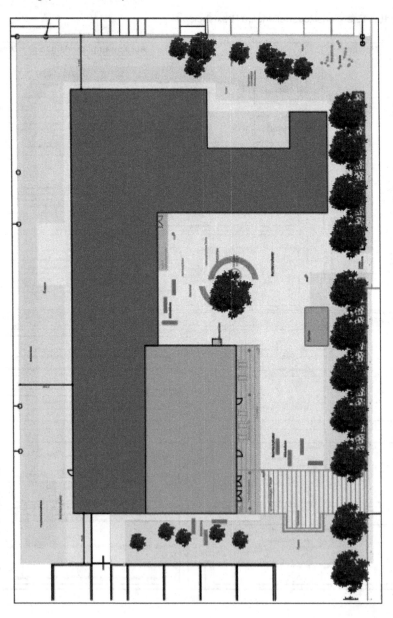

Literaturverzeichnis

Buchveröffentlichungen

Althaus, S., Heindl, C.: Der öffentliche Bauauftrag. Handbuch für den VOB-Vertrag, id Verlag: Mannheim 2010

Ahne, W., Liebich, H.-G., Stohrer, M., Wolf, E.: Zoologie, Schattauer Verlagsgesellschaft: Stuttgart 2000

Alfen, H. W., Daube, D.: Der Wirtschaftlichkeitsvergleich, in Littwin, F.; Schöne, F.-J. (Hrsg.): Public Private Partnership im öffentlichen Hochbau, Verlag W. Kohlhammer: Stuttgart 2006

Alfen, H. W., Elbing, C.: Der Wirtschaftlichkeitsvergleich: Berücksichtigung von Risiken, in Littwin, F.; Schöne, F.-J. (Hrsg.): Public Private Partnership im öffentlichen Hochbau, Verlag W. Kohlhammer: Stuttgart 2006

Alfen, H. W.; Fischer, K.: Der PPP-Beschaffungsprozess, in Weber, M.; Schäfer, M.; Hausmann, F.L. (Hrsg.): Public Private Partnership, Verlag C.H. Beck: München 2006

Arendt, S.; Berger, M.; Käsewieter, H.-W.; Marke, D.: Änderungen während der Betriebszeit, in Knop, D. (Hrsg.): Public Private Partnership, Jahrbuch 2009, Eigenverlag Con-Vent GmbH: 2009

Arndt, R. H.: Getting a fair deal: Efficient risk allocation in the private provision of infrastructure, Dissertation, The University of Melbourne, Melbourne: 2000

Atteslander, P.: Methoden der empirischen Sozialforschung, 9. Auflage, Gryter Verlag: Berlin 2000

Birbaumer, N., Schmidt, R. F.: Biologische Psychologie, Springer-Verlag: Berlin 1999

Bauer, H.: Privatisierung von Verwaltungsaufgaben, in Veröffentlichungen der Vereinigung deutscher Staatsrechtler e. V. (Hrsg.), Tagungsband 54, De Gruyter Verlag: Berlin 1995

Beckers, T., Droste, K., Napp, H.-G.: Potentiale und Erfolgsfaktoren von Public Private Partnerships, in Suhlrie, D. (Hrsg.): Öffentlich-Private Partnerschaften, Gabler Verlag: 2009

Berker, T.: Energienutzung im Heim als soziotechnische Praxis. Untersuchungsergebnisse, Trends und Strategien. In Fischer, C. 8hrsg.): Strom sparen im Haushalt. Trends, Einsparpotentiale und neue Instrumente für eine nachhaltige Energiewirtschaft. Oekom-Verlag: München 2008

Berner, F., Hirschner, J. (Hrsg.): Entwicklung eines standardisierten Verfahrens zur Gesamt-kalkulation von PPP-Projekten - Band 1 - Grundlagen, Online im Internet, URL:<http://www.ppp-kalkulation.de>, Abruf: 18.06.2010, 23:10 Uhr

Bischoff, T.: Public Private Partnership (PPP) im öffentlichen Hochbau: Entwicklung eines ganzheitlichen anreizorientierten Vergütungssytems, in Schulte, K.-W. (Hrsg.): Schriften zur Immobilienökonomie, Band 51, Immobilien Manager Verlag: Köln 2009

Blum, U., Dudley, L., Leibbrand, F., Weiske, A.: Angewandte Institutionenökonomik, Theo-rien –Modelle – Evidenz, Gabler Verlag: Wiesbaden 2005

BMVBS (Hrsg.): PPP-Handbuch – Leitfaden für Öffentlich-Private-Partnerschaften, 2. voll-ständig überarbeitete und erweiterte Auflage, vvb Vereinigte Verlagsgesellschaft: Bad Homburg 2009

Boll, P.: Investitionen in Public-Private-Partnership-Projekte im öffentlichen Hochbau unter Berücksichtigung der Risikoverteilung, in Schulte, K.-W. (Hrsg.): Schriften zur Im-mobilienökonomie, Band 43, Immobilien Manager Verlag: Köln 2007

Bone-Winkel, S., Schulte, K.-W., Sotelo, R., Allendorf, G. J., Roperts-Ahlers, S.-E.: Immobili-eninvestition, in Schulte, K.-W.(Hrsg.): Immobilienökonomie, Bd. 1, 4. Auflage, Oldenbourg Verlag: München 2008

Brinberg, D., McGrath, J. E.: Validity and the Research Process, Sage Publications: London 1985

Brüssel, W.: Baubetrieb von A bis Z, 4. Auflage, Werner Verlag: Düsseldorf 2002

Budäus, D.; Grüning, G.: Public Private Partnership Konzeption und Probleme eines Instru-ments zur Verwaltungsreform aus Sicht der Public Choice-Theorie in Budäus, 2. Auflage in Budäus, D. (Hrsg.): Public Management – Diskussionsbeiträge (Heft 26), Universität Hamburg 1996

Budäus, D.; Grüning, G.; Steenbock, A.: Public Private Partnership I – State of the Art, in Budäus, D. (Hrsg.): Public Management – Diskussionsbeiträge, Heft 32, Universität Hamburg 1997

Cerbe, G.: Grundlagen der Gastechnik: Gasbeschaffung – Gasverteilung – Gasverwendung, Hanser Verlag: Wien 2008

Cordes, S.: Die Rolle von Immobilieninvestoren auf dem deutschen Markt für Public Private Partnerships (PPPs), Verlag der Bauhaus-Universität Weimar: Weimar 2009

Cropley, A.: Qualitative Forschungsmethoden: Eine praxisnahe Einführung, Klotz Verlag: Eschborn 2002

Daenzer, E. F., Huber, F. (Hrsg.): Systems Engineering, Methodik und Praxis, 9. Auflage, Verlag Industriele Organisation: Zürich 1997

Daniels, K.: Trends und Entwicklungen in der Gebäudetechnik, in: Schulte, K.-W., Pierschke, B. (Hrsg.): Facilities Management, Rudolf Müller Verlag: Köln 2000

David, R., de Boer, J., Erhorn, H., Reiß, J., Rouvel, L., Schiller, H., Weiß, N., Wenning, M.: Heizen, Kühlen, Belüften & Beleuchten Bilanzierungsgrundlagen zur DIN V 18599, Fraunhofer IRB Verlag: Stuttgart 2006

Diederichs, C. J. (1996): Grundlagen der Projektentwicklung, in: Schulte, K.W. (Hrsg.): Handbuch der Immobilienprojektentwicklung, Rudolf Müller Verlag: Köln 1996

Diederichs, C. J. (1999): Führungswissen für Bau- und Immobilienfachleute, Springer-Verlag: Berlin 1999

Diederichs, C. J. et al. (2004): Projektmanagementleistungen in der Bau- und Immobilienwirtschaft, in Schriftenreihe des AHO (Hrsg.), Heft Nr. 9, Bundesanzeiger Verlag: Berlin 2004

Diederichs, C. J. (2005): Führungswissen für Bau- und Immobilienfachleute 1. Grundlagen, 2. erweiterte und aktualisierte Auflage, Springer-Verlag: Berlin 2005

Diederichs, C. J. (2006): Immobilienmanagement im Lebenszyklus, 2. erweiterte und aktualisierte Auflage, Springer-Verlag: Berlin 2006

Diederichs, C. J. et al. (2006): Interdisziplinäres Projektmanagement für PPP-Hochbauprojekte, in Schriftenreihe des AHO (Hrsg.), Heft Nr. 22, Bundesanzeiger Verlag: Berlin 2006

Drucker, P.F.: Management: Tasks, Responsibilities, Practices, Harper & Row: New York 1974

Duscha, M., Hertle, H. (Hrsg.): Energiemanagement für öffentliche Gebäude, C.F. Müller Verlag: Heidelberg 1996

Eickmeyer, H.; Bissinger, S.: Kommunales Management: Organisation, Finanzen und Steuerung, Kohlhammer-Verlag: Stuttgart 2002

Erdmann, G.: Energieökonomik, Verlag der Fachvereine: Zürich 1992, S. 287

Erlei, M., Leschke, M., Sauerland, D.: Neue Institutionenökonomik, Schäffer-Poeschel Verlag: Stuttgart 1999

Fanger, P. O.: Mensch und Raumklima, in Rietschel, H., Esdorn, H.: Raumklimatechnik – I. Grundlagen, Springer-Verlag: Berlin 1994

Feess, E.: Makroökonomie, 3. vollst. überarbeitete Auflage, Vahlen Verlag: München 2004

Feldmann, H.: Eine institutionalistische Revolution? Zur dogmenhistorischen Bedeutung der modernen Institutionenökonomie, Duncker & Humblot Verlag: Berlin 1995

Flandrich, D: Energieverbrauchsverhalten. Eine theoretische Analyse, Sonderpunkt Wissenschaftsverlag: Münster 2006

Fischer, K.: Lebenszyklusorientierte Projektentwicklung öffentlicher Immobilien als PPP – ein Value-Management-Ansatz, Verlag der Bauhaus Universität Weimar: Weimar 2008

Gehrt, J.: Flexibilität in langfristigen Verträgen, Gabler Verlag: Wiesbaden 2010

Getto, P.: Entwicklung eines Bewertungssystems für ökonomischen und ökologischen Wohnungs- und Bürogebäudeneubau, DVP-Verlag: Berlin 2002

Glück, B.: Thermische Bauteilaktivierung, C.F. Müller Verlag: Heidelberg 1999

Göbel, E.: Neue Institutionenökonomik, Konzeption und betriebswirtschaftliche Anwendungen, Schäffer-Poeschel Verlag: Stuttgart 2002

Golenhofen, K.: Basislehrbuch Physiologie, 4. Auflage, Verlag Elsevier: München 2006

Gossauer, E.: Nutzerzufriedenheit in Bürogebäuden. Eine Feldstudie. Dissertation, Universität Karlsruhe, 2008

Gottschling, I.: Projektanalyse und Wirtschaftlichkeitsvergleich bei PPP-Projekten im Hochbau – Entscheidungsgrundlagen für Schulprojekte, Heft 26, Mitteilungen des Fachgebiets Bauwirtschaft und Baubetrieb, Technische Universität Berlin: 2005

Gramm, C.: Privatisierung und notwendige Staatsaufgaben, Duncker & Humblot Verlag: Berlin 2001

Güth, W.: Spieltheorie und ökonomische Beispiele, 2. Auflage, Springer Verlag: Berlin 1999

Hamel, J., Dufor, S., Fortin, D.: Case Study Methods, Qualitative Research Methods Series 32, Sage Publications: London 1993

Hausladen, G.; de Saldanha, M.; Nowak W.; Liedl, P.: Einführung in die Bauklimatik. Klima- und Energiekonzepte für Gebäude, Ernst & Sohn Verlag: Berlin 2003

Hausmann, F. L., Mutschler-Siebert, A.: Vergaberecht, in Weber, M.; Schäfer, M.; Hausmann, F.L. (Hrsg.): Public Private Partnership, Verlag C.H. Beck: München 2006

Hellwig, R. T.: Raumklima für Menschen, in Maas, Anton (Hrsg.): Umweltbewusstes Bauen, Fraunhofer IRB Verlag: Stuttgart 2008, S. 339-362

Hildebrand, K.: Informationsmanagement, Wettbewerbsorientierte Informationsverarbeitung, Oldenbourg Verlag: München 1995

Hoffmeister, W.: Investitionsrechnung und Nutzwertanalyse, Verlag Kohlhammer: Stuttgart 2000

Hoffmeister, W.: Investitionsrechnung und Nutzwertanalyse, 2. Auflage, Berliner Wissenschafts-Verlag: Berlin 2008

Hofmann, H.: Private Public Partnership, in Diederichs, C. J. (Hrsg.): Handbuch der strategischen und taktischen Bauunternehmensführung, Bauverlag: Wiesbaden 1996, S. 427-443

Horvarth, P.: Controlling, 8. vollständig überarbeitete Auflage, Vahlen Verlag: München 2001

Iding, A.: Entscheidungsmodell der Bauprojektentwicklung, DVP-Verlag: Wuppertal 2003

Isenhöfer, B., Väth, A.: Projektentwicklung, in : Schulte, K.-W.(Hrsg.): Immobilienökonomie, Bd. 1, 2. Auflage, Oldenbourg Verlag: München 2000

Jansen, H.: Neoklassische Theorie und Betriebswirtschaftslehre, in Horsch, A., Meinhövel, H., Paul, S.: Institutionenökonomie und Betriebswirtschaftslehre, Vahlen Verlag: München 2005, S. 49-64

Jarass, H., Pieroth, B.: Grundgesetz für die Bundesrepublik Deutschland, Kommentar, 7. Auflage, Beck Juristischer Verlag: München 2004

Jochimsen, R.: Theorie der Infrastruktur, Grundlagen der marktwirtschaftlichen Entwicklung, Mohr Verlag: Tübingen 1966

Junghans, A.: Bewertung und Steigerung der Energieeffizienz kommunaler Bestandsgebäude, Gabler Verlag: Wiesbaden 2009

Juran, J. M.; Godfrey, A .B.: Juran's Quality Handbook, 5th Edition, McGraw-Hill: 1999

Kahmann, M. (Hrsg.): Messinformationstechnik für die liberalisierten Energiemärkte Elektrizität und Gas, Expert-Verlag: Renningen 2001

Kaltschmitt, M.: Energiesystem, in Kaltschmitt, M., Streicher, W., Wiese, A. (Hrsg.): Erneuerbare Energien, 4. Auflage, Springer Verlag: Berlin 2006

Kirsch, D.: Public Private Partnership – Eine empirische Untersuchung der kooperativen Handlungsstrategien in Projekten der Flächenerschließung und Immobilienentwicklung, Rudolf Müller Verlag: Köln 1997

Kohnke, T.: Die Gestaltung des Beschaffungsprozesses im Fernstraßenbau unter Einbeziehung privatwirtschaftlicher Modelle, Heft 15, Mitteilungen des Fachgebiets Bauwirtschaft und Baubetrieb, Technische Universität Berlin: 2001

Krimmling, J.: Energieeffiziente Gebäude, 2. Auflage, Fraunhofer IRB Verlag: Stuttgart 2007

Krimmling, J., Preuß, A., Deutschmann, J. U., Renner, E.: Atlas Gebäudetechnik, Rudolf Müller Verlag: Köln 2008

Krömker, D.: Globaler Wandel, Nachhaltigkeit und Umweltpsychologie, in Lantermann, E.-D.& V. Linneweber: Enzyklopädie der Psychologie. Grundlagen, Paradigmen und Methoden der Umweltpsychologie, Hogrefe Verlag: Göttingen 2008

Kroll, M.: Vertragsgestaltung im Leasing der öffentlichen Hand, in Kroll, M. (Hrsg.): Leasing-Handbuch für die öffentliche Hand, 8. Auflage, Leasoft-verlag: Lichtenfels 2003

Lehmitz, S.: Volkswirtschaftliche Auswirkungen der „Privatisierung" von öffentlichen baulichen Anlagen, Heft 28, Mitteilungen des Fachgebiets Bauwirtschaft und Baubetrieb, Technische Universität Berlin: 2005

Lenz, B., Schreiber, J., Stark, T.: Nachhaltige Gebäudetechnik, Institut für internationale Architektur-Dokumentation: München 2010

Lichtmess, M.: Vereinfachungen für die energetische Bewertung von Gebäuden, Dissertation, Bergische Universität Wuppertal 2010

Linnhoff, U., Pellens, B.: Investitionsrechnung, in Busse von Colbe, W., Coenenberg, A., Kajüter, P., Linnhoff, U.: Betriebswirtschaft für Führungskräfte, Schäffer-Poeschel Verlag: Stuttgart 2000

Littwin, F.; Schöne, F.-J. (Hrsg.): Public Private Partnership im öffentlichen Hochbau, Verlag W. Kohlhammer: Stuttgart 2006

Lohmann, T.: Effizienz bei Öffentlich Privaten Partnerschaften, Bauwerk Verlag: Berlin 2009

Miksch, J.: Sicherungsstrukturen bei PPP-Modellen aus Sicht der öffentlichen Hand, dargestellt am Beispiel des Schulbaus, Universitätsverlag der TU Berlin: Berlin 2007

Lucas, K.: Thermodynamik, 4. Auflage, Springer-Verlag: Berlin 2006,

Mack, B., Hackmann, P.: Stromsparendes Nutzungsverhalten erfolgreich fördern, in: Fischer, C. (Hrsg.): Stromsparen im Haushalt. Trends, Einsparpotenziale und neue Instrumente für eine nachhaltige Energiewirtschaft. Oekom Verlag: München 2008, S. 108-123

Meier, C.: Richtig bauen, 5. Auflage expert Verlag: Renningen 2008

Meyer-Hofmann, B., Riemenschneider, F., Weihrauch, O. (Hrsg.): Public Private Partnership, 2. Auflage, Carl Heymanns Verlag: München 2008

Mühlenkamp, H.: „Public Private Partnership" ökonomisch analysiert – Eine Abhandlung aus Sicht der Transaktionskostenökonomik und der Neuen politischen Ökonomie, in: Budäus, D. (Hrsg.): Kooperationsformen zwischen Markt und Staat – Theoretische Grundlagen und praktische Ausprägungen von Public Private Partnership, Nomos Verlag: Baden-Baden 2005

Muhrmann, C.: Energiemanagement in öffentlichen Gebäuden, C.F. Müller Verlag: Heidelberg 2009

Neumann, D., Szabados, I.: Rechtliche Rahmenbedingungen, Bundes- und Haushaltsrecht, in Weber, M.; Schäfer, M.; Hausmann, F. L. (Hrsg.): Public Private Partnership, Verlag C. H. Beck: München 2006

Ninck, A., Bürki, L.: Systemik, 2. Auflage, Verlag für industrielle Organisation: Zürich 1998

Nitz, P., Wagner, A.: Schaltbare und regelbare Verglasungen, BINE Themen Info 1/02, BINE Informationsdienst: Bonn 2002

Nüster, O.: Die baubetrieblichen und bauökonomischen Aspekte des Vertragswesens der Projektentwicklung aus der Sicht „Unvollständiger Verträge", Dissertation, Technische Universität Dortmund, 2005

Odin, S.: Prozesse des Facility-Managements, in: Zehrer, H./Sassa, E. (Hrsg.): Handbuch des Facility Management – Grundlagen, Arbeitsfelder, ecomed Verlag: Landsberg

Oehler, H.: Liberalisierung der Energiemärkte, in Zahoransky, R. A. (Hrsg.): Energietechnik, 3. Auflage, Vieweg Verlag: Wiesbaden 2007

Offergeld, T.: Wirtschaftlichkeit von Immobilien im Lebenszyklus, Gabler Verlag: Wiesbaden 2010

Ordelheide, D., Rudolph, B., Büsselmann, E. (Hrsg.): Betriebswirtschaftslehre und ökonomische Theorien, Schäfer-Poeschel Verlag: Stuttgart 1990

Oschatz, B.: Erarbeitung eines Leitfadens für den Abgleich Energiebedarf – Energieverbrauch, Fraunhofer IRB Verlag: Stuttgart 2009

Panos, K.: Praxisbuch Energiewirtschaft, 2. Auflage, Springer Verlag: Berlin 2007

Pelzener, A.: Lebenszykluskosten von Immobilien, in Schulte, K.-W. (Hrsg.): Schriften zur Immobilienökonomie, Band 36, Immobilien-Manager-Verlag: Köln 2006

Pfeiffer, M.: Immobilienwirtschaftliche PPP-Modelle im Schulsektor: Großbritannien und Deutschland im Vergleich, Hrsg.: BPPP Bundesverband Public Private Partnership, Ottokar Schreiber Verlag: Hamburg 2004

Pfund, A., Schütter, C. Schöbener, H. Risikomanagement bei Public Private Partnerships, Springer Verlag: Heidelberg 2009

Picot, A., Dietl, H., Franck, E.: Organisation: eine ökonomische Perspektive, 3. Auflage, Schäffer-Poeschel Verlag: Stuttgart 2002

Picot, A.: Ökonomische Theorien der Organisation – Ein Überblick über neuere Ansätze und deren betriebswirtschaftliche Awendungspotential, in: Ordelheide, D., Rudolph, B., Büsselmann, E. (Hrsg.): Betriebswirtschaftslehre und ökonomische Theorien, Schäffer-Poeschel Verlag: Stuttgart 1990

Pierschke, B.: Facilities Management in Schulte, K. W.: Immobilienökonomie, Band 1: Betriebswirtschaftliche Grundlagen, 2. Auflage, Oldenbourg Verlag: München 2000

Pistohl, W: Handbuch der Gebäudetechnik, Band 2, 7. Auflage, Werner-Verlag: Köln 2009

Rauschenbach, J., Gottschling, I.: Wirtschaftlichkeitsuntersuchung, in Bundesministerium für Verkehr, Bau und Städtebau, Deutscher Sparkassen- und Giroverband (Hrsg.): PPP-Handbuch, 2. Auflage, Vereinigte Verlagsgesellschaft: Homburg 2009

Recknagel, H., Sprenger, E., Schramek, E.-R. (Hrsg.): Taschenbuch für Heizung und Klimatechnik, 70. Auflage, Oldenbourg Industrieverlag: München 2001

Reichard, C.: Institutionelle Wahlmöglichkeiten bei der öffentlichen Aufgabenwahrnehmung, in Budäus, D. (Hrsg.): Organisationswandel öffentlicher Aufgabenwahrnehmung, Baden-Baden: 1998, S. 121-175

Rebhan, E.: Energiehandbuch. Gewinnung, Wandlung und Nutzung von Energie, Springer Verlag: Berlin 2002

Richter, R., Furbotn, E. G.: Neue Institutionenökonomie: eine Einführung und kritische Würdigung, 2. Auflage, Mohr Siebeck Verlag: Tübingen 1999

Richter, W. et al.: Bestimmung des realen Luftwechsels bei Fensterlüftung aus energetischer und bauphysikalischer Sicht, Fraunhofer IRB Verlag: Stuttgart 2003

Richter, W.: Handbuch der thermischen Behaglichkeit – Sommerlicher Kühlbetrieb, Bundesanstalt für Arbeitsschutz und Arbeitsmedizin: Dortmund 2007

Riebeling, K.-H.: Eigenkapitalbeteiligungen an projektfinanzierten PPP-Projekten im deutschen Hochbau, Gabler Verlag: Wiesbaden 2009

Ripperger, T.: Ökonomik des Vertrauens, Analyse des Organisationsprinzips, Mohr Siebek Verlag: Tübingen 1998

Ropeter, S.-E.: Investitionsanalyse für Gewerbeimmobilien, Rudolf Müller Verlag: Köln 1998

Roquette, A., Kuß, M.: Rechtliche Rahmenbedingungen für Public Private Partnership, in Schulte, K.-W., Schäfers, W., Pöll, E., Amon, M. (Hrsg.): Handbuch Immobilienmanagement der öffentlichen Hand, Rudolf Müller Verlag: Köln 2006

Russ, C.: Tageslichtnutzung und Sonnenschutz – eine Einführung, in Russ, C. et al.: Sonnenschutz – Schutz vor Überwärmung und Blendung, Fraunhofer IRB Verlag: Stuttgart 2008

Schach, R., Sperling, W.: Baukosten: Kostensteuerung in Planung und Ausführung, Springer-Verlag: Berlin 2001, S. 290

Schädel, V.: PPP als strategisches Geschäftsfeld mittelständischer Bauunternehmern, in Schriftenreihe der Professur Betriebswirtschaftslehre im Bauwesen, Bauhaus-Universität: Weimar 2008

Schäfer, M., Karthaus, A.; Kommunalrecht, in Weber, M.; Schäfer, M.; Hausmann, F.L. (Hrsg.): Public Private Partnership, Verlag C.H. Beck: München 2006

Schäfer M., Thiersch, S.: Rechtliche Rahmenbedingungen, in Weber, M.; Schäfer, M.; Hausmann, F. L. (Hrsg.): Public Private Partnership, Verlag C.H. Beck: München 2006

Schede, C., Pohlmann, M.: Vertragsrechtliche Grundlagen, in Weber, M.; Schäfer, M.; Hausmann, F. L. (Hrsg.): Public Private Partnership, Verlag C. H. Beck: München 2006

Schiffer, H.-W.: Energiemarkt Deutschland, 10. Auflage, TÜV Media: Köln 2008

Schild, K., Brück, H.: Energie-Effizienzbewertung von Gebäuden, Vieweg + Teubner Verlag: Wiesbaden 2010

Schneider, D.: Investition, Finanzierung und Besteuerung, 7. Auflage, Gabler Verlag: Wiesbaden 1992

Schneider, D.: Allgemeine Betriebswirtschaftslehre, 3. Auflage, Oldenbourg Verlag, 1987

Schmoigl, R.: Energie- und Umweltmanagement von Gebäuden, in Schulte, K. W., Schäfers, W. (Hrsg.): Handbuch Corporate Real Estate Management, Rudolf Müller Verlag: Köln 1998

Schulte, K.-W. (Hrsg.): Immobilienökonomie, Bd. 1, 2. Auflage, Oldenbourg Verlag: München 2000

Schulte, K..-W., Allendorf, G., Ropeter, S.-E.: Immobilieninvestition, in Schulte, K.-W. (Hrsg.): Immobilienökonomie, Bd. 1, 2. Auflage, Oldenbourg Verlag: München 2000

Schulte, K.-W., Schäfers, W. (Hrsg.): Handbuch Corporate Real Estate Management, Rudolf Müller Verlag: Köln 1998

Schulte, K.-W., Schäfers, W., Pöll, E., Amon, M. (Hrsg.): Handbuch Immobilienmanagement der öffentlichen Hand, Rudolf Müller Verlag: Köln 2006

Seilheimer, S.: Immobilien-Portfoliomanagement für die öffentliche Hand, Gabler Verlag: Wiesbaden 2007

Sester, P., Bunsen, C.: Vertragliche Grundlagen – Finanzierungsverträge, in Weber, M. et al. (Hrsg.): Praxishandbuch Public Private Partnership, C.H. Beck Verlag: München 2006, S. 436-497

Siebel, U. R.; Röver, J.-H.; Knütel, C.: Rechtshandbuch Projektfinanzierung und PPP, 2. ergänzte und erweiterte Auflage, Carl Heymanns Verlag: Köln 2008

Sinnebichler, H., Koller, A.: Studie zur Energieeffizienz innovativer Gebäude-, Beleuchtungs- und Raumklimakonzepte, Projektabschlussbericht, Fraunhofer-Institut für Bauphysik: Holzkirchen 2009

Simon, J.: Technische und wirtschaftliche Struktur der Gasversorgung in Deutschland, GRIN Verlag: Norderstedt 2006

Simonis, H.: Wie viel Privatisierung ist sinnvoll?, in Töpfer, A. (Hrsg.): Die erfolgreiche Steuerung öffentlicher Verwaltungen – Von der Reform zur kontinuierlichen Verbesserung, Gabler Verlag: Wiesbaden 2000, S. 94-110

Stake, R. E.: The Art of Case Study Research, Sage Publications: London 1995

Stichnoth, P.: Entwicklung von Handlungsempfehlungen und Arbeitsmitteln für die Kalkulation betriebsphasenspezifischer Leistungen im Rahmen von PPP-Projekten im Schulbau, Dissertation, Schriftenreihe Bauwirtschaft I, Band 18, Universität Kassel 2010

Stoy, C.: Benchmarks und Einflussfaktoren der Baunutzungskosten, vdf Hochschulverlag: Zürich 2005

Striening, H.-D.: Prozess-Management: Versuch eines integrierten Konzeptes situationsadäquater Gestaltung von Verwaltungsprozessen – dargestellt am Beispiel in einem multinationalen Unternehmen, Europäische Hochschulschriften, Peter Lang Verlag: Bern 1988

Tettinger, P. J., Erbguth, W., Mann, T.: Besonderes Verwaltungsrecht, 10. Auflage, C. F. Müller Verlag: Heidelberg 2009

Thiessen, O.: Untersuchung der Gestaltung des Vertragsendes bei PPP-Hochbauprojekten aus baubetrieblicher Sicht, Universität Duisburg-Essen: Duisburg 2007

Tigerstedt, R.: Lehrbuch der Physiologie des Menschen, Band 1, 10. Auflage, S. Hirzel Verlag: Stuttgart 1923

Topp-Blatt, B.: Die Verfahren zur Vergabe öffentlicher Aufträge, Lexxion Verlag: Berlin 2008

Unger, J.: Alternative Energietechnik, 3. Auflage, Vieweg + Teubner Verlag: Wiesbaden 2009

Vogg, W.: Elektrizität und Magnetismus in Theorie und Praxis, Books on demand: Noderstedt 2008

Welter, F.: Strategien, KMU und Umfeld, Handlungsmuster und Strategiegenese in kleinen und mittleren Unternehmen, Dunkler & Humblot Verlag: Berlin 2003

Wesselak, V., Schabbach, T.: Regenerative Energietechnik, Springer Verlag: Heidelberg 2009

Willms, M.: Private Finanzierung von Infrastrukturinvestitionen, Nomos Verlagsgesellschaft: Baden-Baden 1998

Wöhe, G.: Einführung in die Allgemeine Betriebswirtschaftslehre, 20. Auflage, Verlag Vahlen: München 2000

Wolf, K., Runzheimer, B.: Risikomanagement und KonTraG: Konzeption und Implementierung, 2. Auflage, Gabler Verlag: Wiesbaden 2000

Wübbenhorst, K.: Konzept der Lebenszykluskosten – Grundlagen, Problemstellungen und technologische Zusammenhänge, Verlag für Fachliteratur: Darmstadt 1984

Zengler, F.: Information im Schnittstellenbereich zwischen technischen und kaufmännischen Berichtswesen, Diplomarbeit, Universität Dortmund 1998

Zahoransky, R. A.: Energietechnik, 3. Auflage, Vieweg Verlag: Wiesbaden 2007

Zilch, K., Diederichs, C. J., Katzenbach, R., Beckmann, K. J. (Hrsg.): Handbuch für Bauingenieure, 2. aktualisierte Auflage, Springer-Verlag: Berlin 2012

DIN-Normen, Richtlinien

DIN 276-1:2006-11 Kosten im Bauwesen - Teil 1: Hochbau

DIN 4108-2:2003-07 Wärmeschutz und Energie-Einsparung in Gebäude - Teil2: Mindestanforderungen an den Wärmeschutz

DIN 32736:2000-08 Gebäudemanagement – Begriffe und Leistungen

DIN 66001:1983-12 Informationsverarbeitung; Sinnbilder und ihre Anwendung

DIN V 4108-4:2007-06 Wärmeschutz und Energie-Einsparung in Gebäude - Teil4: Wärme- und feuchteschutztechnische Bemessungswerte

DIN 4710:2003-01 Statistiken meteorologische Daten zur Berechnung des Energiebedarfs von heiz- und raumlufttechnischen Anlagen in Deutschland

DIN EN ISO 6946:2008-04 Bauteile - Wärmedurchlasswiderstand und Wärmedurchgangskoeffizient - Berechnungsverfahren

DIN EN ISO 7730:2006-05: Ergonomie der thermischen Umgebung - Analytische Bestimmung und Interpretation der thermischen Behaglichkeit durch Berechnung des PMV- und PPD-Indexes und Kriterien der lokalen thermischen Behaglichkeit

DIN 8930-5:2003-11 Kälteanlagen und Wärmepumpen – Terminologie: Contracting

DIN EN 1434 Wärmezähler

DIN EN 12792:2004-01 Lüftung von Gebäuden – Symbole, Terminologie und graphische Symbole

DIN EN 13757-2:2005-02 Kommunikationssysteme für Zähler und deren Fernablesung - Teil 2: Physical und Link Layer

DIN EN 13757-3:2005-02 Kommunikationssysteme für Zähler und deren Fernablesung - Teil 3: Spezieller Application Layer

DIN EN 13757-4:2005-10 Kommunikationssysteme für Zähler und deren Fernablesung - Teil 4: Zählerauslesung über Funk

DIN EN 13829:2001-02 Wärmetechnisches Verhalten von Gebäuden - Bestimmung der Luftdurchlässigkeit von Gebäuden - Differenzdruckverfahren (ISO 9972:1996)

DIN EN 16001 – Energiemanagementsysteme – Anforderungen mit Anleitung zur Anwendung

DIN V 4108-6:2003-06 Wärmeschutz und Energieeinsparung in Gebäuden -Teil6: Jahresheizwärme- und Jahresheizenergiebedarfs

DIN V 18599-1:2007-02 Energetische Bewertung von Gebäuden- Berechnung des Nutz-, End- und Primärenergiebedarfs für Heizung, Kühlung, Lüftung, Trinkwarmwasser und Beleuchtung - Teil 1: Allgemeine Bilanzierungsverfahren, Begriffe, Zonierung und Bewertung der Energieträger

DIN V 18599-4:2007-02 Energetische Bewertung von Gebäuden- Berechnung des Nutz-, End- und Primärenergiebedarfs für Heizung, Kühlung, Lüftung, Trinkwarmwasser und Beleuchtung - Teil 4: Nutz- und Endenergiebedarf für Beleuchtung

DIN V 18599-100:2009-10 Energetische Bewertung von Gebäuden- Berechnung des Nutz-, End- und Primärenergiebedarfs für Heizung, Kühlung, Lüftung, Trinkwarmwasser und Beleuchtung - Teil 100: Änderungen zu DIN V 18599-1 bis DIN V 18599-10

DIN V 18599 Beiblatt 1:2010-01 Energetische Bewertung von Gebäuden- Berechnung des Nutz-, End- und Primärenergiebedarfs für Heizung, Kühlung, Lüftung, Trinkwarmwasser und Beleuchtung - Beiblatt 1:Bedarfs-/Verbrauchsabgleich

DIN 31051:2003-06 Grundlagen der Instandhaltung

DIN 32736:2000-08 Gebäudemanagement

DIN EN 45020:2007-03 Normung und damit zusammenhängende Tätigkeiten - Allgemeine Begriffe

DIN VDE 0418-5:1973-04 Bestimmungen für Elektrizitätszähler, Teil 5: Fernzählgeräte

VDI 2067 Blatt 1 Wirtschaftlichkeit gebäudetechnischer Anlagen – Rechenverfahren zum Energiebedarf beheizter und klimatisierter Gebäude

VDI 3807, Blatt 1 Energie- und Verbrauchskennwerte für Gebäude, Grundlagen, 2007-03

VDI 3807 Blatt 2 Energieverbrauchskennwerte für Gebäude, Heizenergie- und Stromverbrauchskennwerte, 1998-06

VDI 3807 Blatt 3 Wasserverbrauchskennwerte für Gebäude und Grundstücke, 2000-07

VDI 3807 Blatt 4 Energie- und Wasserverbrauchskennwerte für Gebäude, Teilkennwerte elektrische Energie, 2008-08

VDI 4710 Blatt 2 Meteorologische Daten in der technischen Gebäudeausrüstung - Gradtage, 2007-05

Verwendete Gesetzestexte, Verordnungen und Vorschriften

Arbeitsstätten-Richtlinie, Lufttemperatur, ASR 6, Stand: Mai 2001

Bauordnung für das Land Nordrhein-Westfalen – Landesbauordnung (BauO NRW), Bekanntmachung der Neufassung vom 01. März 2000

EDL-G - Gesetz über Energiedienstleistungen und andere Energieeffizienzmaßnahmen (EDL-G) vom 04.11.2010 (BGBl. I S. 1483)

EEG - Gesetz für den Vorrang erneuerbarer Energien (Erneuerbare-Energien-Gesetz vom 25. Oktober 2008 (BGBl. I S. 2074), das zuletzt durch Artikel 12 des Gesetzes vom 22. Dezember 2009 (BGBl. I S. 3950) geändert worden ist

EEWärmeG - Gesetz zur Förderung Erneuerbarer Energien im Wärmebereich(Erneuerbare-Energien-Wärme-Gesetz vom) vom 7. August 2008 (BGBl. I S. 1658)

GEFMA 124-1:2009-11: Energiemanagement, Grundlagen und Leistungsbild

GEFMA 200:2004-07: Kosten im Facility Management

GEFMA 540:2007-09: Energie-Contracting, Erfolgsfaktoren und Umsetzungshilfen

GEFMA 950: fm Benchmarking-Bericht 2010/2011

Gesetz zur Beschleunigung der Umsetzung von öffentlich-privaten Partnerschaften und Verbesserung gesetzlicher Rahmenbedingungen für Öffentlich-Private Partnerschaften, BGBl. Teil 1 Nr. 56 vom 7.9.2005

Gesetz zur Öffnung des Messwesens bei Strom und Gas für Wettbewerb vom 29. August 2008

GemO BW - Gemeindeordnung für Baden-Württemberg in Fassung vom 24. Juli 2000, zuletzt geändert am 4. Mai 2009

GO NRW - Gemeindeordnung für das Land Nordrhein-Westfalen in Fassung vom 17. Mai 1994, zuletzt geändert am 31. Dezember 2009

GWB - Gesetz gegen Wettbewerbsbeschränkungen

HOAI - Honorarordnung für Architekten und Ingenieure, 3. Auflage, Verlagsgruppe Jehle-Rehm: München: Berlin 2001

Kommission der Europäischen Gemeinschaften (Hrsg.): Grünbuch zu öffentlich-Privaten Partnerschaften und den gemeinschaftlichen Rechtsvorschriften für öffentlichen Aufträge und Konzessionen, KOM (2004) 327 endg. vom 30.04.2004

Verordnung für die Konzessionsabgaben für Strom und Gas, Konzessionsabgabenverordnung (KAV) vom 9. Januar 1992 (BGBl. I S. 12, 407), die zuletzt durch Artikel 3 der Verordnung vom 1. November 2006 (BGBl. I S. 2477) geändert worden ist

Verordnung für die verbrauchsabhängige Abrechnung von Heiz- und Warmwasserkosten (HeizkostenV) in der Fassung der Bekanntmachung vom 5. Oktober 2009

Richtlinie 1996/92/EG des Europäischen Parlaments und des Rates vom 19. Dezember 1996 betreffend gemeinsame Vorschriften für den Elektrizitätsbinnenmarkt

Richtlinie 2006/32/EG des Europäischen Parlamentes und des Rates vom 05. April 2006 über Endenergieeffizienz und Energiedienstleistungen und zur Aufhebung der Richtlinie 93/76/EWG des Rates

Richtlinie 2004/18/EG des Europäischen Parlaments und des Rates vom 31. März 2004 über die Koordinierung der Verfahren zur Vergabe öffentlicher Bauaufträge, Lieferaufträge und Dienstleistungsaufträge

Richtlinie 2002/91/EG des Europäischen Parlamentes und des Rates vom 16. Dezember 2002 über die Gesamtenergieeffizienz von Gebäuden

Urteil des EuGH vom 05.10.200, Kommission / Frankreich, C-337/98

Urteil des EuGH vom 19.06.2008, Pressetext / Republik Österreich (Bund), C-454/06

Verordnung (EG) Nr. 1177/2009 der Kommission vom 30.11.2009 zur Änderung der Richtlinien 2004/17/EG, 2004/18/EG und 2009/81/EG des Europäischen Parlaments und des Rates im Hinblick auf die Schwellenwerte für Auftragsvergabeverfahren

Zeitschriftenaufsätze

Alfen, H. W., Leupold, A.: Public Private Partnerships in der German Public Real Estate Sector, in: European Public Private Partnership Law, Vol. 2, 2007, S. 25-29

Alhajji, A. F., Huettner, D.: OPEC and World Crude Markets from 1973 to 1994: Cartel, Oligopoly or Competitive?, in: Energy Journal, Vol. 21, Nr. 3 (2000), S. 31-60

Boer, J.: Lichttechnisches und energetisches Verhalten von Fassaden moderner Verwaltungsbauten, in Bauphysik 28, Jg. 2006, Heft 1, S. 27-44

Breid, V.: Aussagefähigkeit agencytheoretischer Ansätze im Hinblick auf die Verhaltenssteuerung von Entscheidungsträgern, in: Zeitschrift für betriebswirtschaftliche Forschung, 47(9/1995), S.821-854

Breuling, D.: Wärmezähler: Funktion und Einbaufehler aus der Praxis, in IKZ-Haustechnik, Ausgabe 9/2004, Seite 30-33

Buschbacher, P., Horschler, S.: Sechs Rechenprogramme für die DIN V 18599 kommen zu völlig verschiedenen Ergebnissen, in Deutsche Ingenieurblatt, 10/2008, S. 28-32

Coase, R.H.: The Nature of the Firm, Economica, 4, 1937, S. 386-405

Dahm, C.: Energieeffiziente Beleuchtung (Teil2), in GEB, Heft 09/2009, S. 34-37

Donnerbauer, R.: Contracting – Potentiale noch nicht gehoben, in: Der Facility Manager, September 2003, S. 71-74

Fehlauer, K., Winkler, H., Brätz, M.: Qualitätsprüfung für Energieausweis-Software, in Bauphysik, 31. Jg. 2009, Heft 3, S. 174-185

Gleave, S.: Die Marktabgrenzung in der Elektrizitätswirtschaft, Zeitschrift für Energiewirtschaft 32(2), 2008, S. 122 - 126

Glück, B.: Strahlungstemperatur der Umgebung, in Gesundheitsingenieur 118, Heft 6, 1997, S. 305-309

Hellwig, R. T.: Raumklimatische Planungsgrundlagen für Klassenräume, Bauphysik 32, Jg. 2010, Heft4, S. 240-252

Hauser, G., Kempkes, C., Schlitzberger, S.: Vergleichende Untersuchungen von Standard-Klimasätzen (Testreferenzjahren) mit gemessenen Langzeit-Klimadatensätzen für den Standort Kassel, in Bauphysik 28, Jg. 2006, Heft 4, S. 221-233

Knauff, M.: Im wettbewerblichen Dialog zur Public Private Partnership, in NZbau 2005, S. 249-256

Knauff, M.: Vertragsverlängerungen und Vergaberecht, in NZBau 2007, S. 347-352

Knorr, M.: Energieeinsparpotential in Schulen mit Einzelraumregelsystemen, in HLH Bd. 55, Nr. 12 2004, S. 76-78

Krölls, A.: Rechtliche Grenzen der Privatisierungspolitik, in Gewerbearchiv 1995, S. 129 ff.

Kruzewicz, M., Schuchardt, W.: Public-Private-Partnership - neue Formen der lokaler Kooperationen in industrialisierten Verdichtungsräumen, in: Der Städtetag, 1989, S. 761-766

Leusden, P., F. Freymark, H.: Darstellung der Raumbehaglichkeit für den einfachen praktischen Gebrauch, Gesundheitsingenieur 72, 1951, Nr.16, S. 271 bis 273

Loderer, C.: A Test of the OPEC Cartel Hypothesis: 1974-1983, Journal of Finance, Vol. 40, Nr. 3, 1985, pp. 991-1008

Mayen, T.: Privatisierung öffentlicher Aufgaben: Rechtliche Grenzen und rechtliche Möglichkeiten, in: DÖV Die öffentliche Verwaltung, Jahresregister 54, Jahrgang 2001, S. 110-137

McCleary, B.: PFI in Großbritannien – Erfahrungen mit der privaten Finanzierung öffentlicher Projekte, in: Deutsches Architektenblatt, Ausgabe Ost, 24. Jahrgang, Heft 09/09, S. 8-16

Pfafferott, J., Herkel, S., Wagner, A.: Müssen unsere Bürogebäude klimatisiert werden?, in: HLH, Jg. 2004, Heft 3, S. 24-31

Paulsen, E.: Energie-Contracting, in Arconis, Heft 1, Fraunhofer IRB-Verlag: Stuttgart: 1999

Picot, A.: Transaktionskostenansatz in der Organisationstheorie. Stand der Diskussion und Aussagewert, in: Die Betriebswirtschaft, 42. Jahrgang, 1982, H. 2, S. 267-284

Richter, R.: Sichtweise und Fragestellung der Neuen Institutionenökonomie, in: ZWS, 110 Jg. 1990, S. 571-591

Rigden, A., Fisher, P.: Practice Paper – The property aspects of privatization, in: Journal of Property & Investment, Vol. 13 No 2 1995, S. 41-50

Rotermund, U., Hülsmann, M.: Lebenszykluskosten unter der Lupe, in Der Facility Manager, Mai 2011, S. 15

Rozynski, M.: Passive Kühlung und sommerliche Überhitzung, in Bauphysik 28, Jg. 2006, Heft 5, S. 330-332

Sangenstedt, H. R.: Wer haftet für Softwarefehler?, in Deutsches Ingenieurblatt, Ausgabe 10/2008, S. 64

Schoch, F.: Privatisierung von Verwaltungsaufgaben, in Deutsches Verwaltungsblatt 1994, S. 962 ff.

Steiger, S., Wellisch, U., Hellwig, R.: Untersuchung der Eignung verschiedener Fassaden für automatisierte Fensterlüftung in Schulen mit einem Entscheidungsbaumverfahren, in Bauphysik 32, Jg. 2010, Heft 4, S. 253-262

Voss, K., Lichtmeß, M., Wagner, A., Lützkendorf, T.: Eine Frage des Maßstabs – Bewertungsmaßstäbe für Energieeffizienz, in Deutsche Bauzeitung, Ausgabe 03/2010, S. 67-69

Weizel, J.: EnEV-Schulen sind besser als Passivhaus-Schulen, in Deutsches Ingenieurblatt, Ausgabe 06/2007, S. 28-32

Internetquellen

AMEV (Hrsg.): Hinweise zum Energiemanagement in öffentlichen Gebäuden (Energie 2010), Berlin 2010, Online im Internet, URL<http://www.amev.de>

Arbeitskreis PPP im Management öffentlicher Immobilien im BPPP e. V. (2006): Risiken immobilienwirtschaftlicher PPPs aus Sicht der beteiligten Akteure. In: Andreas Pfnür (Hrsg.): Arbeitspapiere zur immobilienwirtschaftlichen Forschung und Praxis, Band Nr. 4; Online im Internet, URL: <http://www.bppp.de>; Abruf: 18.02.2009, 10:45 Uhr

Bayerisches Landesamt für Umwelt: Kosten und Wirtschaftlichkeit, Online im Internet, URL:<http:/ /www.lfu.bayern.de/energieeffizienz/beleuchtung/kosten_   wirtschaftlich- keit/index.htm>, Abruf: 13.08.2010, 14:30 Uhr

Berger, M.: Vertragsanpassung nach Auftragserteilung; in Betriebswirtschaftliches Institut der Bauindustrie (Hrsg.): PPP-Newsletter Nr. 13/2008 vom 26.03.2008, Online im Internet, URL: < http://www-bwi-bau.de>, Abruf: 02.03.2009, 20:31 Uhr

Berger, M.: Änderung von langfristigen Verträgen; in Betriebswirtschaftliches Institut der Bauindustrie (Hrsg.): PPP-Newsletter Nr. 6/2010 vom 01.04.2010, Online im Internet: < http://www-bwi-bau.de>, Abruf: 05.04.2009, 20:31 Uhr

BINE Informationsdienst (Hrsg.): Energie in der Geschichte, Online im Internet, URL:<http://www.bine.info/hauptnavigation/publikationen/publikation/was-ist-energie/energie-in-der-geschichte/>; Abruf: 28.04.2009, 19:10 Uhr

Bund deutscher Steuerzahler, o.V., Online im Internet, URL: <http://www.steuerzahler.de/webcom/show_article.php/_c-43/_lkm-24/i.html#11>; Abruf: 30.05.2009, 11:29 Uhr

Bundesgerichtshof (Hrsg.): Bundesgerichtshof erklärt „HEL"-Preisanpassungsklauseln in Erdgas-Sonderkundenverträgen für unwirksam, Mitteilung der Pressestelle Nr. 61/2010, Online im Internet, URL:<http://juris.bundesgerichtshof.de>, Abruf: 06.04.2010, 19:47 Uhr

Bundesumweltministerium für Umwelt, Naturschutz und Reaktorsicherheit (Hrsg.): Entwicklung der erneuerbaren Energien in Deutschland 2009, Online im Internet: < http://www. erneuerbare-energien.de/files/pdfs/ allgemein/application/pdf/ ee_hintergrund_2009_bf.pdf>, Abruf: 21.05.2010, 15:20 Uhr

Bundesministerium für Verkehr, Bau und Stadtentwicklung (Hrsg.): Erfahrungsbericht Öffentlich-Private-Partnerschaften in Deutschland, Online im Internet URL: <http://www.bmvbs.de/>; Abruf: 31.05.2009. 16:35 Uhr

Bundesministerium für Verkehr, Bau und Stadtentwicklung (2003a): PPP im öffentlichen Hochbau, Kurzzusammenfassung der wesentlichen Ergebnisse, Gutachten der Beratergruppe PricewaterhouseCoopers, Freshfield Bruckhaus Deringer, VBD, Bauhaus Universität Weimar, Creative Concept; Berlin 2003, Online im Internet, URL: <http://www.bmvbs.de/dokumente/-,302.1045592/Artikel/dokument.htm>; Abruf: 31.05.2009, 16:06 Uhr

Bundesministerium für Verkehr, Bau und Stadtentwicklung (2003b): PPP im öffentlichen Hochbau, Band I: Leitfaden, Gutachten der Beratergruppe PricewaterhouseCoopers, Freshfield Bruckhaus Deringer, VBD, Bauhaus Universität Weimar, Creative Concept; Berlin 2003, Online im Internet, URL: <http://www.bmvbs.de/dokumente/-,302.1045592/Artikel/dokument.htm>; Abruf: 31.05.2009, 16:35 Uhr

Bundesministerium für Verkehr, Bau und Stadtentwicklung (2003c): PPP im öffentlichen Hochbau, Band II: Rechtliche Rahmenbedingungen, Gutachten der Beratergruppe PricewaterhouseCoopers, Freshfield Bruckhaus Deringer, VBD, Bauhaus Universität Weimar, Creative Concept; Berlin 2003, Online im Internet, URL:

<http://www.bmvbs.de/dokumente/-,302.1045592/Artikel/dokument.htm>;   Abruf:
31.05.2009, 16:35 Uhr

Bundesministerium für Verkehr, Bau und Stadtentwicklung (2003d): PPP im öffentlichen
Hochbau, Band III: Wirtschaftlichkeitsuntersuchungen, Gutachten der Beratergruppe
PricewaterhauseCoopers, Freshfield Bruckhaus Deringer, VBD, Bauhaus Universität
Weimar, Creative Concept; Berlin 2003, Online im Internet, URL:
<http://www.bmvbs.de/dokumente/-,302.1045592/Artikel/dokument.htm>;   Abruf:
31.05.2009, 16:50 Uhr

Bundesministerium für Verkehr, Bau und Stadtentwicklung (Hrsg.): PPP-Schulstudie, Leitfaden IV: PPP-Wirtschaftlichkeitsuntersuchungen, Online im Internet: <http://
http://www.bmvbs.de/Anlage/original_1044737/Leitfaden-4.pdf>,   Abruf:
30.10.2009, 17:30 Uhr

Bundesministerium für Wirtschaft und Technologie (Hrsg.): Änderungsverordnung EnEV
2009, Stand 18.06.2009 (nichtamtliche Fassung mit Begründung), Online im Internet, URL:<http://www.bmwi.de>, Abruf: 14.07.2009, 17:49 Uhr

Deutsche Energie-Agentur (Hrsg.): Energieumwandlung, Online im Internet, URL:
<www.thema-energie.de/energie-im-ueberblick/technik/physikalische-
grundlagen/energieumwandlung.html>; Abruf: 30.03.2009, 19:05 Uhr

Deutsche Energie-Agentur (Hrsg.): Leitfaden Energiespar-Contracting, 3. Auflage, Eigenverlag: Berlin 2003, Online im Internet, URL: <http://www.dena.de/de/themen/thema-
bau/publikationen/publikation/leitfaden-contracting>; Abruf: 19.02.2009, 20:31 Uhr

Deutsche Energie-Agentur (Hrsg.): Ölpreisentwicklung, Online im Internet, URL:
<www.thema-energie.de/energie-im-ueberblick/zahlen-daten-
fakten/energiekosten/oelpreisentwicklung.html>; Abruf: 30.05.2010, 21:05 Uhr

Deutsches Pelletinstitut (Hrsg.): Grafiken, Online im Internet, URL:<http://www.depi.de>,
Abruf: 10.05.2011, 16:45 Uhr

Eisler, R.: Energie, in Wörterbuch der philosophischen Begriffe, Online im Internet,
URL:<http://
www.www.textlog.de/1240.html>; Abruf: 27.03.2009, 21:45 Uhr

Fachkommission Bautechnik der Bauministerkonferenz (Hrsg.): Auslegungsfragen zur EnEV
– Teil 11 vom 09.12.2009, Online im Internet, URL:<http:/www.dibt.de>

Feist, W. (Hrsg.): Leitfaden für energieeffiziente Bildungsgebäude, Veröffentlichung des Passivhausinstitutes, Online im Internet, URL:<http://www.passiv.de>; Abruf:
10.12.2010, 23:10 Uhr

Hacke, U. (2007): Supporting European Housing Tenants in Optimizing Resource Consumption. Ergebnisse einer Befragung von 2.637 Mietern aus Frankreich, Nord-Irland und

Deutschland im Rahmen des EU-Projektes SAVE@Work4Homes. Online im Internet, URL:<http://www.iwu.de>, Abruf: 18.10.209, 12:47 Uhr

Hacke, U. (2008): Thesenpapier: Nutzerverhalten im Mietwohnbereich, Institut für Wohnen und Umwelt (Hrsg.), Online im Internet, URL:<http://www.iwu.de>, Abruf: 18.07.2010, 21:36 Uhr

Haucap, J.: Kontrollregime für den Wassersektor, Folienpräsentation vom 9.5.2011, Online im   Internet,   URL:<www.dice.uni-duesseldorf.de/Aktuelles/Dokumente/haucap_wasser_hessen>,   Abruf: 19.6.2011, 17:1 Uhr

Hennings, D.: Leitfaden elektrische Energie, vollst. überarbeitete Fassung Juli 2000, Institut für Wohnen und Umwelt (Hrsg.), Online im Internet, URL:<http://www.iwu.de>, Abruf: 15.02.2009, 18:47 Uhr

IPCC (Hrsg.): Climate Change 2007: Synthesis Report, Online im Internet, URL:http://www.ipcc.ch>, Abruf: 25.07.2008, 15:49 Uhr

Jones Lang Lasalle (Hrsg.): Oscar 2008 – Büronebenkostenanalyse, Online im Internet, URL: <http://www.joneslanglasalle.de/ResearchLevel1/ OSCAR%202008%20(DE).pdf>, Abruf: 31.05.2009, 18:07 Uhr

Kreditanstalt für Wiederaufbau (Hrsg.): DIN 18599, Online im Internet, URL:<http:// http://www.kfw.de/kfw/de/Inlandsfoerderung/Aktuell_im_Fokus/DIN_18599.jsp>, Abruf 30.10.2010, 22:30 Uhr

Malberg, H.: Über den Klimawandel zwischen gestern und heute, Online im Internet, URL:http://www.schmank.de/malberg.htm>, Abruf: 7.4.2010, 22:36 Uhr

Monopolkommission (Hrsg.): Strom und Gas 2009: Energiemärkte im Spannungsfeld von Politik und Wettbewerb, Sondergutachten 54, Gutachten gem. § 62 Abs. 1 EnWG, Online im Internet, URL: <http://www.monopolkommission.de>, Abruf: 10.04.2010, 17:38 Uhr

M-Treasury: Value for Money Assessment Guidance, November 206, Online im Internet, URL: <http://www.hm-treasury.gov.uk/d/vfm_assessmentguidance-061006opt.pdf>, Abruf: 26.07.2009, 16:45 Uhr

o.V.: 4. Sachstandsbericht des IPCC über Klimaänderungen – Kurzzusammenfassung, Online im   Internet,   URL:<http://www.bmbf.de/pub/IPCC-kurzfassung.pdf>,   Abruf: 19.10.2009, 18:47 Uhr

o.V.: Behaglichkeits-Rechner, Online im Internet: <http://www.ib.bauklimatik.de/>, Abruf: 16.01.2010, 21:43 Uhr

o.V.: Energie (Begriffsklärung), Online im Internet, URL: <http://de.wikipedia.org>; Abruf: 23.06.2009, 19:20 Uhr *o.V.:* Energieeffizient Bauen, Online im Internet, URL:<http://www.kfw.de>, Abruf: 02.04.2011, 19:45 Uhr

o.V.: Energieerhaltungssatz, Online im Internet, URL: <http://www.de.wikipedia.org/wiki/ Energieerhaltung>; Abruf: 28.03.2009, 22:35 Uhr

o.V.: Energiewandler, Online im Internet, URL: <http://de.wikipedia.org>; Abruf: 19.08.2009, 19:20 Uhr

o.V.: Index der Erzeugerpreise gewerblicher Produkte - Was beschreibt der Indikator?, Online im Internet, URL:<http://www.destatis.de>, Abruf: 13.05.2010, 21:05 Uhr

o.V.: Interview mit Hendrik Müller Vorstandsvorsitzender der 18599 Gütegemeinschaft e. V., Online im Internet, URL:<http://www.18599siegel.de/aktuelles/die-berechnung-sicherer-fuer-die-anwender-zu-machen-ist-das-hauptziel-interview/>, Abruf: 28.09.2010, 19:30 Uhr

o.V.: Leitfaden „Elektrische Energie im Hochbau", Online im Internet: URL:<http://www. energieland.hessen.de>, Abruf: 20.12.2010, 20:32 Uhr

o.V.: Passivhaus Projektierung – Bilanzwerkzeuge, Online im Internet, URL:<http://www. passiv.de>, Abruf: 14.03.2011, 21:30 Uhr

o.V.: Strompreis, Online im Internet, URL: <http://de.wikipedia.org/wiki/strompreis>; Abruf: 30.05.2010, 23:15 Uhr

o.V.: VDI-Richtlinienausschuss 3807, Online im Internet: <http://www.vdi..de/4349.0.html>, Abruf: 16.01.2011, 21:43 Uhr

o.V.: Was beschreibt der Verbraucherpreisindex?, Online im Internet, URL:<http://www. destatis.de>, Abruf: 13.05.2010, 20:58 Uhr

o.V.: Wer wir sind, Online im Internet, URL:<http:/http://www.partnerschaften-deutschland.de/wer-wir-sind/>, Abruf: 10.11.2011, 17:30 Uhr

o.V.: Wirkungsgrad, Online im Internet, URL: <http://de.wikipedia.org>; Abruf: 19.08.2009, 19:31 Uhr

Oschatz, B.: Erarbeitung eines Leitfadens zum Abgleich Energiebedarf – Energieverbrauch, Fraunhofer IRB Verlag: Stuttgart 2009, Online im Internet, URL:<http://www.irb-online.de>; Abruf: 28.06.2009, 19:47 Uhr

Partnerschaften Deutschland AG (Hrsg.): Öffentlich-Private Partnerschaften in Deutschland 2009, Bericht vom 28.01.2010, Online im Internet: <http://www.partnerschaften-deutschland.de>, Abruf:06.03.2010, 17:44 Uhr

Partnerschaften Deutschland AG (Hrsg.): Öffentlich-Private Partnerschaften in Deutschland 2010, Bericht vom 08.02.2011, Online im Internet: <http://www.partnerschaften-deutschland.de>, Abruf:09.03.2010, 21:44 Uhr

Passivhaus Institut (Hrsg.): Zertifizierung als „Qualitätsgeprüftes Passivhaus" – Kriterien für Passivhäuser mit Nicht-Wohnutzung (NiWo), Stand 17.03.2011, Online im Internet, URL:<http://www.passiv.de>, Abruf: 20.03.2011, 12:45 Uhr

Peper, S. et al.: Passivhausschule Frankfurt Riedberg, Messtechnische Untersuchung und Analyse, Passivhaus Institut (Hrsg.), Online im Internet, URL:<http://www.passiv.de>, Abruf: 10.12.2010, 19:43 Uhr

Pressemitteilung Nr. 037/2007 vom 4. April 2007, Bundesministerium für Verkehr, Bau und Stadtentwicklung (Hrsg.): Tiefensee: 120 PPP-Projekte in Vorbereitung – Durchbruch geschafft; Online im Internet, URL: < http://www.bmvbs.de/Bauwesen/Public-Private-Partnership-PPP/Pressemeldungen-,2845.990920/Tiefensee-120-PPP-Projekte-in-.htm?global.back=/Bauwesen/Public-Private-Partnership-PPP/-%2c2845%2c1/Pressemeldungen.htm%3flink%3dbmv_liste%26link.sKategorie%3d >; Abruf: 31.05.2009. 16:35 Uhr

Prettenthaler, F. et al.: Auswirkungen des Klimawandels auf Heiz- und Kühlenergiebedarf in Österreich, StartClim2006.F, Online im Internet, URL:<http://www.austroclim.at/startclim>, Abruf: 29.4.2010, 16:28 Uhr

Riegel, G. W.: Ein softwaregestütztes Berechnungsverfahren zur Prognose und Beurteilung der Nutzungskosten von Bürogebäuden, Dissertation, Heft 8, Fachgebiet Massivbau, TU Darmstadt 2004, Online im Internet, URL:<http.://www.ifm.tu-darmstadt.de>, Abruf: 8.12.2007, 22:53 Uhr

Ryder, P.: Klassische Thermodynamik, Institute of Solid State Physics, Universität Bremen, Online im Internet, URL:<http://www.ifp.uni-bremen.de/ryder/lv/gk/tdy.pdf >; Abruf: 25.03.2009, 23:05 Uhr

Statistisches Bundesamt (Hrsg.): Daten zur Energiepreisentwicklung, Lange Reihen von Januar 2000 bis Juni 2010, Statistisches Bundesamt 2010, Online im Internet, URL:<http://www.destatis.de>; Abruf: 10.08.2010, 21:45 Uhr

Statistisches Bundesamt (Hrsg.): Erzeugerpreise gewerblicher Produkte, Lange Reihen ab 1976 bis Juli 2010, Statistisches Bundesamt 2010, Online im Internet, URL:<http://www.destatis.de>; Abruf: 12.08.2010, 21:45 Uhr

Statistisches Bundesamt (Hrsg.): Handbuch zur Methodik, Kapitel 2, Stand: April 2010, Online im Internet, URL:<http://www.destatis.de>, Abruf: 13.05.2010, 21:45 Uhr

Tuschinski, M.: EnEV 2012 und EU-Gebäuderichtlinie, Interview mit Jürgen Stock, Ministerialrat im Bundesbauministerium in Bonn, Online im Internet, URL:<http://www.enev-online.de>, Abruf: 01.05.2011, 12:45 Uhr

Sonstige

ages (Hrsg.): Verbrauchskennwerte 2005, ages GmbH, Eigenverlag: Münster 2007

Analyse der Immobilienmarktplätze im Internet – aus Sicht gewerblicher Immobilienanbieter, Studie von TNS EMNID, Bielefeld, Juni 2001

Arbeitskreis PPP im Management öffentlicher Immobilien im BPPP e. V. (2010): Arbeitspapier und Handlungsempfehlungen - Qualität als kritischer Erfolgsfaktor der Wirtschaftlichkeit von Immobilien, in Pfnür, A. (Hrsg.): Arbeitspapiere zur immobilienwirtschaftlichen Forschung und Praxis, Band Nr. 23

BMVBS (Hrsg.): Möglichkeiten und Grenzen des Einsatzes von Public Partnership Modellen im kommunalen Hoch- und Tiefbau, Leitfaden II: Kriterienkatalog PPP-Eignungstest Schulen, Mai 2007

BKI (Hrsg.): BKI Baukosten Gebäude 2011, Statistische Kostenkennwerte Teil 1, Baukosteninformationszentrum Deutscher Architektenkammern (BKI): Stuttgart 2011

Bonengel, T., Richter, M., Halbach-Velken, E.: Private (Vor-)Finanzierung öffentlicher Baumaßnahmen: Ein praxisorientierter Leitfaden, Bundesvereinigung Mittelständischer Bauunternehmen e. V. Eigenverlag: Bonn 1999

Bopp, R.: Verbrauchsüberwachung Wärme und Kälte, Folienvortrag, Workshop Energiemanagement, Beitrag der Universität Ulm an der Medizinischen Hochschule Hannover am 20.6.2006

Deutscher Bundestag Drucksache 15/5668

Deutsches Institut für Urbanistik (Hrsg.): PPP-Projekte in Deutschland 2009, Eigenverlag: Berlin 2009

Deutsche Zentralbibliothek für Wirtschaftswissenschaften ZBW (Hrsg.): Economics Information System (Literaturdatenbank ECONIS), Online im Internet, URL:<http://www.zbw.eu/kataloge/econis.htm>

Domschke, W.: Die Open Metering System Specifikation – Der interoperable Smart Metering Standard?, Folienvortrag im Rahmen einer DVGW Informationsveranstaltung in Frankfurt a. M., 19. April 2011

Fraunhofer-Informationszentrum Raum und Bau IRB (Hrsg.): Raumordnung Städtebau Wohnungswesen Bauwesen (Literaturdatenbank RSWB), Online im Internet, URL:<http://www.irb.fraunhofer.de/rswb>

Fraunhofer Institut für Bauphysik (Hrsg.): Evaluierung des dena Feldversuchs Energieausweise für Nichtwohngebäude, IBP-Bericht WB 128/2005

GBI-Genios Deutsche Wirtschaftsdatenbank GmbH (Hrsg.): WISO Die Datenbank für Hochschulen (Literaturdatenbank wiso-net), Online im Internet, URL:<http://www.wiso-net.de>

Gehbauer, F.: Baubetriebstechnik I, Reihe V, Heft 16, Institut für Maschinenwesen im Baubetrieb, Universität Karlsruhe, 1997

Greenpeace e. V.(Hrsg.): Fokus Ökostrom Bestandsaufnahme und Perspektiven, Kurzstudie Februar 2009

Hausladen, G. et al.(Hrsg.): Entwicklung eines energetischen und raumklimatischen Planungswerkzeuges für Architekten und Ingenieure in der Konzeptphase bei der Planung von Nichtwohngebäuden sowie Erstellung eines Anforderungs- und Bewertungskatalogs für Architekturwettbewerbe, Technische Universität München, Lehrstuhl für Bauklimatik und Haustechnik, 2009

Hauptverband der Deutschen Bauindustrie (Hrsg.): ÖPP-Projektdatenbank, Online im Internet, URL:<http://www.oepp-plattform.de/projektdatenbank/>

Hochschulbibliothekszentrum des Landes Nordrhein-Westfalen (Hrsg.): Digitale Bibliothek (Literaturdatenbank DigiBib), Online im Internet, URL:<http://www.digibib.net>

Institut für Demoskopie Allensbach (Hrsg.): Die Zufriedenheit mit ÖPP-Projekten im Schulbereich aus Sicht von Auftraggebern, Schulleitern und Elternvertretern - Ergebnisse einer repräsentativen Studie, Mai 2011, Online im Internet, URL:<http://www.ifd-allensbach.de>

Jacob, D., Winter, C., Stuhr, C.: PPP bei Schulbauten - Parameter für einen Public Sector Comparator, Freiburger Forschungshefte, Technische Universität Bergakademie Freiberg: 2003

Jacob, D., Winter, C., Stuhr, C.: PPP bei Schulbauten - Leitfaden Wirtschaftlichkeitsvergleich, Freiburger Forschungshefte, Technische Universität Bergakademie Freiberg: 2003

Jahns, C., Darkow, I.-L.: Case Studies of Research and Teaching - An Introduction, Vortrag am Supply Management Institute der European Business School, Oestrich-Winkel, 2005

Jakobiak, R.: Energieeffizienz III – Beleuchtung, Folienvortrag im Rahmen eines VDI-Seminars, Düsseldorf, 13.12.2007

Kalitzky, T.: Strom- und Emissionshandel als integrierte Bestandteile des Energiekostencontrolling, Vortragsfolien im VDI-Wissensforum: Effizientes Energiemanagement und -controlling, Frankfurt, 20. Juni 2008

Karlsruher Institut für Technologie (Hrsg.): Karlsruher Virtueller Katalog (Literaturdatenbank KVK), Online im Internet, URL:<http://www.ubka.uni-karlsruhe.de/kvk.html>

Ministerium für Wirtschaft des Landes NRW (Hrsg.): Energieeinsparung in Schulen, Band I: Organisation und Didaktik, Düsseldorf 1999

Partnerschaften Deutschland AG (Hrsg.): Öffentlich-Private Partnerschaften in Deutschland, 1. Halbjahr 2011, Online im Internet, 04.08.2011, URL:<http://www.partnerschaften-deutschland.de>

Partnerschaften Deutschland AG (Hrsg.): ÖPP-Beleuchtungsprojekte, ÖPP-Schriftenreihe,
Band 2, 2010, Online im Internet, URL:<http://www.partnerschaften-
deutschland.de>

Partnerschaften Deutschland AG (Hrsg.): ÖPP und Mittelstand, ÖPP-Schriftenreihe, Band 6,
2011, Online im Internet, URL:<http://www.partnerschaften-deutschland.de>

Passivhaus Institut (Hrsg.): Passivhaus Projektierungspaket 2007, Fachinformationen PHI-
2007/1, überarbeitete Auflage 2007

PricewaterhouseCoopers AG (Hrsg.): pwc: public services Nachrichten für Experten, Ausgabe März 2009, Fritz Schmitz Druck: Krefeld 2009

Schäfer, M., Schede, C.: Standardisierte PPP-Verträge reichen nicht, in: Immobilienzeitung
vom 16.10.2003, Serie „PPP im öffentlichen Hochbau", Teil 1: Vertragsgestaltung,
S. 9

Storn, A.: Totes Kapital – Die Neue Institutionenökonomik verändert das Denken von Wissenschaftlern und Politikern, in: DIE ZEIT vom 27.11.2003

Umweltbundesamt (Hrsg.): Leitfaden für die Innenraumhygiene in Schulgebäuden, Umweltbundesamt: Berlin 2008

United Nations Development Industrial Organization (Hrsg.): Guidelines for Infrastructure
Development through Built-Operate-Transfer (BOT) Projects, Eigenverlag, Wien
1996

*Vermögen und Bau Baden-Württemberg (Hrsg.):*Betriebskosten und Verbräuche, Kennwerte
von Hochbauten, Broschüre, 2009

Index

A

B

C

D

E

Glossar

Anreizorientierung

Die Anreizorientierung ist wesentlicher Effizienztreiber einer ÖPP. Durch entsprechende vertragliche Regelungen soll sichergestellt werden, dass der Auftragnehmer angehalten wird, das Projekt in der Bewirtschaftungsphase zu optimieren, ohne seine originäre Leistungsverpflichtung zu verringern. Dies wird i. d. R. über sog. Service Level Agreements oder Bonus-Malus-Systeme erreicht.

Barwert

Der Barwert gibt den Gegenwartswert einer zukünftigen oder vergangenen Zahlung oder eines zukünftigen Zahlungsstroms an. Dadurch können Zahlungen zu verschiedenen Zeitpunkten in einem Wert zusammengefasst werden. Der zukünftige oder vergangene Zahlungsstrom wird dabei mit einem sog. Diskontierungszinssatz abgezinst.

Bonus-Malus-System

Leistungsorientiertes Vergütungssystem, das auf den vertraglich vereinbarten Qualitätsstandards basiert. Wird eine höhere Qualität geliefert, kann eine Mehrvergütung (Bonus) erfolgen. Werden die Standards unterschritten, erfolgt ein Abzug vom Entgelt (Malus).

Contracting

Contracting (englisch: vertragschließend) ist die Übertragung von eigenen Aufgaben auf ein Dienstleistungsunternehmen. In seiner Hauptanwendungsform bezieht sich der Begriff auf die Bereitstellung bzw. Lieferung von Betriebsstoffen (Wärme, Kälte, Strom, Dampf, Druckluft usw.) und den Betrieb zugehöriger Anlagen. Contracting versteht sich weniger als direkte Tätigkeit, sondern vielmehr als Strategie. Am bekanntesten ist die Form des Energieeinspar-Contractings. Vertragsinhalt ist hier die Erfüllung einer vom Contractor gegebenen Einspargarantie über einen vordefinierten Zeitraum (3 bis 8 Jahre). Der Contractor refinanziert seine Maßnahmen i. d. R. durch die Einsparungen.

Effizienzvorteil

Angabe des wirtschaftlichen Vorteils (monetäre Sicht) des ÖPP-Projektes gegenüber der konventionellen Beschaffungsvariante.

Endenergie

Energiemenge an der „Gebäudehülle" nach Energieträgern. Verluste der Anlagentechnik für Erzeugung, Speicherung, Verteilung und Übergabe sind hierbei berücksichtigt.

Energieeinsparverordnung (EnEV)

Umsetzung der europäischen Richtlinie EPBD (Energy Performance of Buildings Directive) in deutsches Recht, gültig seit Ende 2007. Sie geht aus der ehemaligen Wärmeschutzverordnung hervor und berücksichtigt alle relevanten Energieaufwendungen eines Gebäudes. Die EnEV gibt einen kumulierten Primärenergiebedarf für alle Energieträger auf Basis eines Referenzgebäudes vor, den ein neu zu errichtendes Gebäudes im Rahmen des Nachweisverfahrens unterschreiten muss.

Energiemanagement

Energiemanagement umfasst alle strategischen und operativen Maßnahmen beginnend mit der Projektvorbereitung über die Konzeption und Vergabe sowie während der Planung, der Realisierung und der Nutzung eines Gebäudes mit dem Ziel, eine wirtschaftliche Energieanwendung zu gewährleisten.

Erneuerbare-Energien-Wärmegesetz (EEWärmeG)

Das EEWärmeG schreibt seit 01.01.2009 vor, dass Eigentümer neuer Gebäude einen Teil ihres Wärmebedarfs (und Kältebedarfs) aus erneuerbaren Energien decken müssen. Der Eigentümer kann frei entscheiden, welche Form erneuerbarer Energien genutzt werden soll. Im Gesetz ist vorgegeben, dass ein bestimmter Prozentsatz der Wärme und/oder Kälte mit der jeweiligen Energie erzeugt wird. Der Prozentsatz ist abhängig von der Energieform. Wer keine erneuerbaren Energien nutzen möchte, kann zwischen verschiedenen Ersatzmaßnahmen wählen.

European Energy Exchange (EEX)

Die European Energy Exchange AG (EEX) mit Sitz in Leipzig entstand im Jahr 2002 durch die Fusion der deutschen Strombörsen Frankfurt und Leipzig. Von einer rein deutschen Strombörse hat sie sich zu einem führenden Handelsplatz für Energie und energienahe Produkte entwickelt.

Forfaitierung (mit Einredeverzicht)

Finanzierungsform, bei der der private Partner die Forderung aus der Leistungserstellung der Phase 4 (Planung und Bau) gegenüber der öffentlichen Hand an einen Kreditgeber verkauft. Der Auftraggeber verzichtet förmlich gegenüber der Bank auf Einwendungen und Einreden aus dem zugrunde liegenden Projektvertrag sowie auf das Recht zur Aufrechnung (sog. Einredeverzicht). Daraus resultieren günstigere Finanzierungskonditionen, weil die Bank bei der Risikobewertung nicht auf das Projekt und den privaten Partner, sondern auf die Bonität der öffentlichen Hand abstellen kann.

Inhabermodell

Das ÖPP-Inhabermodell findet sehr häufige Anwendung. Der private Auftragnehmer übernimmt Planung, Bau (Errichtung und/oder Sanierung), Finanzierung und Betrieb einer Immobilie zur Nutzung durch den öffentlichen Auftraggeber. Das Grundstück, und bei Sanierungsprojekten auch die bestehenden Gebäude, befinden sich im Eigentum des öffentlichen Auftraggebers. Bei Neubauprojekten gehen die Gebäude mit der Erstellung sukzessive in das Eigentum des öffentlichen Auftraggebers über. Dem Privaten wird ein umfassendes Nutzungs- und Besitzrecht an Grundstück und Gebäude zur Ausübung seiner Leistungsverpflichtung während der Bewirtschaftungsphase eingeräumt. Darüber hinaus existieren noch verschiedene andere Modelle.

Jahresarbeitszahl

Die Jahresarbeitszahl (JAZ) ist der Maßstab für die Effizienz einer Wärmepumpenanlage. Sie ermittelt sich aus dem Quotienten der erzeugten Wärme [kWh p. a.] und dem dafür eingesetzten Strom [kWh p. a.] und sagt aus, wie viel Heizungswärme im Verhältnis zum eingesetzten Strom von der Wärmepumpe im Laufe eines Jahres im betreffenden Objekt erzeugt wurde. Sehr effiziente Anlagen können eine JAZ ≥ 5 erreichen. Aus ihr lassen sich auch Rückschlüsse auf die durch die Stromerzeugung entstehenden Emissionen ziehen. Die JAZ dient des Weiteren als Messlatte für staatliche Förderungen bei Wärmepumpen.

Konventionelle Realisierung

Die in Eigenregie durch den öffentlichen Auftraggeber durchführbare Projektlösung in Bezug auf die ÖPP-Ausschreibung. Die quantitative Bewertung dieses (theoretischen) Vorgehens dient als Grundlage für den Public Sector Comparator.

Kostenwirtschaftlichkeit

Die Kostenwirtschaftlichkeit betrachtet i. d. R. nur die monetären Werte von verschiedenen Angeboten. Bei ÖPP-Projekten setzen sich die Kosten aus den Bestandteilen der Investitions-, Finanzierungs- und Bewirtschaftungskosten zusammen. Durch eine entsprechende Gewichtung der einzelnen Bestandteile kann der Fokus auf bestimmte Kostenanteile gesetzt werden, häufig sind es die Investitionskosten. Bei der Kostenwirtschaftlichkeit haben i. d. R. qualitative Aspekte wie z. B. die Ökologie eine untergeordnete Bedeutung. Das kostenwirtschaftlichste Energiekonzept eines privaten Partners für ein ÖPP-Projekt hat den günstigsten Barwert im Bieterwettbewerb und im Vergleich zu dem PSC bezogen auf die Investitions-, Instandhaltungs- und Energiekosten.

Lebenszyklusansatz

Der Lebenszyklusansatz versteht sich als ganzheitliche Betrachtung eines Projektes oder Produktes auf seine Lebensdauer. Bei ÖPP-Hochbauprojekten handelt es sich um die fünf Aspekte Planen, Bauen, Betreiben, Finanzieren und Verwerten. Ziel ist es, über eine lange Lebensdauer, üblicherweise werden 20 bis 30 Jahre angesetzt, durch eine optimale Risikoverteilung und wirtschaftlichen Ressourceneinsatz ein effizientes Ergebnis zu erreichen.

Neue Institutionenökonomik (NIÖ)

Die NIÖ ist eine neuere Theorie der Volkswirtschaftslehre, die die Wirkung von Institutionen auf private Haushalte und Unternehmen untersucht. Unter Institutionen versteht die NIÖ formale und informelle Regeln einschließlich der Mechanismen ihrer Durchsetzung, welche das Verhalten von Individuen in Transaktionen beschränken. Es werden Spielräume u. a. bei Preisen, Marktmacht, unvollständigen Verträge, asymmetrischen Informationen, beschränkter Rationalität und Transaktionskosten explizit berücksichtigt. Die NIÖ unterscheidet sich somit in wesentlichen Punkten von der neoklassischen Theorie.

Nutzenergie

Zwischengröße, die der Nutzer an der Bilanzgrenze „Raumhülle" von der Anlagentechnik anfordert, um vorgegebene Parameter für Innentemperatur, Warmwasserbedarf oder Beleuchtung sicherzustellen.

Öffentlich-Private Partnerschaft (ÖPP)
Eine ÖPP im weiteren Sinne besteht aus einzelnen oder mehreren Elementen der Organisations-, Durchführungs- und Finanzierungsprivatisierung. Im Zusammenhang dieser Arbeit handelt sich um eine langfristige, vertraglich geregelte und partnerschaftliche Zusammenarbeit zwischen öffentlicher Hand und Privatwirtschaft. Der Leistungsumfang des privaten Partners beinhaltet das Planen, Bauen, Finanzieren und Betreiben, ggf. auch die Verwertung des Objektes.

Ökostrom
Umgangssprachlich wird mit dem Begriff Ökostrom elektrische Energie bezeichnet, die auf ökologisch vertretbare Weise aus erneuerbaren Energiequellen erzeugt wird. Es existiert keine einheitliche Definition. Der Bundesverband Erneuerbare Energie lässt die Bezeichnung ‚Ökostrom‘ zu, wenn der entsprechende Strom wenigstens zur Hälfte aus regenerativen Energien, wie Windenergie, Bioenergie, Solarenergie, Hydroenergie oder Geothermie stammt. Die andere Hälfte muss dann aus Kraft-Wärme-Kopplungsanlagen kommen. Allerdings kann auch herkömmlicher Strom – auch solcher aus Kohle- und Atomkraftwerken – mithilfe von käuflichen Zertifikaten als Ökostrom etikettiert werden.

Output-Spezifikationen
Die Output-Spezifikationen sind zentraler Bestandteil der funktionalen Leistungsbeschreibung. Sie stellen das Ergebnis der gewünschten und nutzerspezifischen Leistung dar, ohne jedoch vorzugeben, wie diese erreicht werden soll. Durch diese Vorgehensweise erhofft sich der Auftraggeber, ein hohes Innovationspotential bei den Bietern zu fördern und dadurch die Effizienz des Projektes zu steigern.

Partnerschaftliche Zusammenarbeit
Bedeutende Abgrenzung im Rahmen einer ÖPP zu herkömmlichen Formen der Zusammenarbeit zwischen öffentlicher Hand und Privatwirtschaft. Durch ausgewogene Risikoverteilung, konkrete Anreizorientierung und ausgeprägte Konfliktlösungsansätze sollen dabei Innovationsspielräume für den Privaten ermöglicht und Umsetzungsschwierigkeiten sowie negative Wirtschaftlichkeitseffekte weitgehend vermieden werden.

Primärenergie
Energiemenge, die über den Energiegehalt des Energieträgers hinaus vorgelagerte Prozessketten der Rohstoffgewinnung, Umwandlung und Verteilung beinhaltet. Sie wird aus der Endenergie durch sog. Primärenergiefaktoren ermittelt.

Prinzipal-Agenten-Theorie

Die Prinzipal-Agenten-Theorie bzw. Agenturtheorie (teils auch Prinzipal-Agenten-Modell genannt) ist ein Modell der Neuen Institutionenökonomik. Prinzipal bezeichnet den Auftraggeber und Agent den Auftragnehmer (AN). Der AN besitzt üblicherweise einen Wissensvorsprung (Informationsasymmetrie), der in unterschiedlicher Weise entweder zum Vorteil oder zum Nachteil des Auftraggebers genutzt werden kann. Die PA-Theorie bietet ein Modell, um das Handeln von Menschen und Institutionen in einer Hierarchie zu erklären. Sie trifft auch generelle Aussagen zur Gestaltung von Verträgen.

Projektfinanzierung

Projektindividuelle Form der Finanzierung, in dessen Rahmen eine rechtlich eigenständige Zweckgesellschaft (sog. *Special Purpose Vehicle*) für die Realisierung des Projektes gegründet wird. Diese wird mit dem für die Durchführung notwendigen Eigen- und Fremdkapital ausgestattet.

Public Sector Comparator (PSC)

Vergleichswert, der die voraussichtlichen Kosten der Eigenrealisierung durch die öffentliche Hand über die Vertragslaufzeit des Projektes erfasst. Der PSC dient als Vergleichswert in der Wirtschaftlichkeitsuntersuchung (Vergleich von PSC und ÖPP-Angebot). Der (mögliche) Unterschied zwischen PSC und ÖPP-Angebot wird als Effizienzvorteil bezeichnet.

Referenzmodell

Ein Referenzmodell hat folgende Eigenschaften: auf der Basis des allgemeinen Referenzmodells können spezielle Modelle (für die Konstruktion bestimmter Sachverhalte) geplant werden und das Referenzmodell kann als Vergleichsobjekt herangezogen werden. Das Referenzmodell steht daher als idealtypisches Modell für die Klasse der zu betrachtenden Sachverhalte. In dieser Arbeit ist der Sachverhalt das Energiemanagement.

Risikoallokation

Die Risikoallokation beschreibt die Verteilung der projektspezifischen Risiken auf den öffentlichen Auftraggeber und den privaten Partner. Nach allgemeiner Auffassung hat derjenige Partner die Risiken zu übernehmen, die er am ehesten beeinflussen und steuern kann. In ÖPP-Hochbauprojekten trägt z. B. am besten der Private alle typischen Baurisiken, während die öffentliche Hand bspw. das Auslastungsrisiko der Immobilie trägt.

Service Level Agreements (SLAs)

Die Service Level Agreements beschreiben auf Basis von Kennzahlen den Leistungsstandard, der sich aus den Output-Spezifikationen ermittelt. Sie definieren den vereinbarten und akzeptierten Qualitätsstandard zwischen den Vertragsparteien und dienen als Grundlage für Bonus-Malus-Regelungen.

Thermische Gebäudesimulation

Die thermische Gebäudesimulation (TG) ist den technisch-analytischen Simulationsverfahren zuzuordnen. Die TG trifft Aussagen zum Energiebedarf und Komfort eines Raumes. Die TG ist zu unterscheiden von thermischen Anlagensimulationen (TA). Sie ermöglicht die Beurteilung einer thermischen Anlagentechnik (Heizung und/oder Klimatisierung) mit dem Ziel der detaillierten Dimensionierung oder ggf. Optimierung einzelner Anlagenkomponenten.

Transaktionskosten

Kosten, die im Zusammenhang mit der Anbahnung, der Realisierung und des Controlling eines ÖPP-Projektes anfallen. Darunter fallen z. B. Beraterkosten, Verwaltungskosten, Aufwendungen für das Vertragscontrolling oder Bieterentschädigungen.

Verhandlungsverfahren

Das Verhandlungsverfahren ist ein besonderes Vergabeverfahren, bei dem der Auftraggeber (öffentliche Hand) sich an Bieter seiner Wahl wendet, mit denen er über die Auftragsbedingungen verhandelt. Es darf nur in Ausnahmefällen Anwendung finden wie z. B. bei ÖPP-Projekten, bei denen es sich um komplexe Leistungsbilder für den Auftragnehmer handelt, die i. d. R. nicht erschöpfend beschrieben werden können. Die Bieter werden meistens über einen öffentlichen Teilnahmewettbewerb ausgesucht. Mit einer Auswahl von ca. fünf Bietern geht der Auftraggeber in die Verhandlung.

Arbeitshilfen online

Die in der Arbeit und im Anhang aufgeführten Arbeitshilfen stehen auf der Verlags-Homepage www.springer.com auf der Webseite dieses Buches zum Download zur Verfügung. Sie finden unter dem Link folgende Dateien:

A.15.1_Energieziele.xlsx

A.15.2_Energierisikoverteilung.doc

A.15.3_Nutzungsprofil.doc

A.15.4_Belegungsplan-Sporthalle.xls

A.15.5_Output-Spezifikationen.doc

A.15.6_Umrechnungstabelle-Emmissionswerte

A.15.7_Plausibilitaet-EnEV.xls

A.15.8_Anpassungsregelung-Muster.xls

A.15.9_Anreizregulierung-Muster.doc

A.15.10_Technische-Optimerung-Muster.doc

A.15.11_Energiekosten-Klimaentwicklung-Muster.doc

A.15.12_Barwertrechner.xls

A.15.13_Energiekonzept.doc

A.15.14_Checkliste-Qualitaeten.xls

A.15.15_Energiematrix.xls

A.15.16_Zaehlerliste.xls

A.15.17_Energiebericht.doc